森林土壤
有机碳研究

王清奎◎著

中国农业出版社
北　京

前　言
FOREWORD

森林是陆地生态系统的主体、人类重要的自然资源之一，不仅为我们提供木材和林副产品等物质，还能够提供重要的生态功能和社会功能等，关系到社会经济效益和环境效益，乃至人类生存。森林是水库、钱库、粮库、碳库和种库（生物基因和物种库），为系统精准推进森林质量提升提供了行动指南。全球森林面积约 40.6 亿 hm^2，约占总陆地面积的 1/4，存储了 6 620 亿 t 碳，而我国森林面积为 2.2 亿 hm^2，森林植被总碳储量 91.86 亿 t。森林是陆地生态系统最重要的碳库。森林植被通过光合作用可吸收固定大气中的二氧化碳，发挥巨大的碳汇功能，具有碳汇量大、成本低、生态附加值高等特点。因此，森林固碳是国际社会公认的应对全球气候变化、实现碳中和目标的经济有效方式，是实现和支撑“双碳”目标最绿色、最经济的途径，与国家生态文明建设相契合。森林约吸收了人类活动排放二氧化碳的 24%，2001—2010 年，中国森林生态系统年均固碳 1.61 亿吨，抵消了同期中国化石燃料碳排放量的 11.3%。可以说，森林是应对气候变化和促进今世后代繁荣和福祉的关键。

土壤是陆地生态系统的核心和最珍贵的自然资源，亦是人类赖以生存的基础。全球约有 1.5×10^{18} g 碳以有机的形式储存于土壤中，土壤碳库已被认为是陆地生态系统最大的碳库，约是陆地植被碳库的 3 倍，是大气碳库的 2 倍。森林土壤碳库占全球土壤碳库的 47%，其对全球碳的循环和稳定起着重要的作用。鉴于土壤碳库与大气碳库之间巨大的碳交换量，森林土壤碳库的微小变化将对大气二氧化碳浓度产生深远的影响。土壤碳库的变化主要取决于碳的输入和输出，当土壤碳的输入大于输出时，土壤就是一个潜在的碳库，可有效缓解大气二氧化碳浓度升高的趋势，形成负反馈作用，减缓气候变化；当土壤碳的输入小于输出时，土壤转变成碳源，大气二氧化碳浓度继续升高，形成正反馈作用，推动气候进一步恶化。鉴于此，土壤有机碳的形成与分解成为当前全球变化背景下全球生态学、林学等学科的研究热点和前沿领域。

凋落物（包括地上凋落物和地下凋落物）是森林土壤有机碳的主要前体，其性质及其所处的微环境存在差异，它们输入的变化对土壤有机碳循环的长期影响是森林土壤碳循环研究的薄弱环节。传统的腐殖质理论认为腐殖化过程是植物凋落物向土壤有机碳转化的必经过程，但是该理论面临着挑战。微生物残体是土壤有机碳的重要组分虽然已经得到广泛认可，但是土壤微生物残体的研究还处在起步阶段，面临着诸多机遇与挑战。准确定量微生物残体及其对土壤有机碳的贡献以及揭示其调控机制有助于明晰土壤碳库潜力。土壤有机碳分解的微小变化会对全球碳平衡产生重大影响。土壤有机碳的分解与环境温度的关系通常采用温度敏感性来刻画，是预测陆地生态系统碳循环对气候变化响应的重要参数。深入理解温度敏感性可以揭示土壤有机碳对气候变化的响应和适应，改进全球碳循环模型。外源有机碳的输入可以在短期内引起土壤有机碳分解的变化，即产生激发效应。该现象在陆地生态系统中普遍存在，是调控土壤有机碳平衡的重要因子。生物质炭广泛存在于土壤中，因它极其稳定，生物质炭还林被认为可能成为应对全球气候变化的一条重要途径。深入探讨生物质炭的分解过程、稳定性，以及其对土壤性质和碳循环的影响，有助于提高对生物质炭的环境效应的理解和认知。深层土壤（<20 cm）所储存的有机碳已超过表层土壤，但是深层和表层土壤有机碳的性质及其所处的环境等存在较大差异，导致它们的循环过程及其对环境变化的响应不同。认知深层土壤有机碳循环过程对估算全球土壤碳循环具有重要意义。

为此，本书重点从凋落物的输入调控对土壤有机质的影响、土壤微生物残体、土壤有机碳分解的温度敏感性及激发效应、森林土壤生物质炭和深层土壤有机碳等方面系统总结了编者团队的研究成果以及国内外相关研究成果。该书主要由王清奎、田鹏、赵学超、贺同鑫、井艳丽、孙兆林、朱依凡等编写。其中，王清奎负责该书的总体框架设计和修订、完成第六章深层土壤有机碳的编写，并参加了其他章节的编写；贺同鑫主要负责第一章植物光合碳输入的变化对土壤有机碳循环的调控作用的编写，井艳丽主要负责第二章土壤微生物残体的编写，赵学超主要负责第三章土壤有机碳分解的温度敏感性的编写，田鹏主要负责第四章土壤有机碳分解的激发效应的编写，朱依凡和孙兆林主要参加了第五章森林土壤生物质炭的编写。

本书可以供林学、生态学、环境学等学科的本科生和研究生，以及从事森林、农田、草地和湿地等生态系统土壤碳循环及相关研究的人员使用和参考。本书中的部分研究得到了国家自然科学基金委重点基金项目、面上项目、科技部“973”计划、国家重点研发项目、中国科学院等项目的支持，在此一并感谢。由于著者知识和水平限制，书中难免存在不当之处，敬请谅解。

王清奎

2024 年春

目 录
CONTENTS

第一章　植物光合碳输入的变化对土壤有机碳循环的调控作用

在陆地生态系统中植物通过光合作用吸收并固定大气中的 CO_2 形成光合产物，然后一部分形成地上植物生物量，一部分输送到根系，形成根系凋落物和分泌物等。在森林生态系统中，凋落物是土壤有机碳的主要前体。广义上来讲，凋落物一般包括地上部分的枯枝落叶以及花、果、地下部分的死亡根系和根系分泌物等，通常可以简单地划分为地上凋落物和地下凋落物。全球陆地生态系统每年约有 60 Pg（$1\ Pg = 10^{12}\ kg$）的光合碳形成凋落物。这些凋落物以不同的形式进入土壤中，并经过长期的分解、腐化等非生物和生物过程，凋落物中的部分物质形成土壤有机碳并存留在土壤中（Trumbore et al.，2008）。据估算，全球每年通过凋落物分解归还到土壤的有机碳约为 50 Pg（Palviainen et al.，2004）。由于地上凋落物和地下凋落物的理化性质以及它们所处的微环境的差别，它们在土壤有机碳循环中的作用和重要性会有所不同。全球变暖、大气 CO_2 浓度升高、大气氮沉降增加、干旱等全球气候变化使植物光合产物的生产能力及其在地上和地下器官之间的分配发生变化，从而改变了地上凋落物和地下凋落物的数量和性质，进而影响它们在土壤有机碳循环中的作用。然而，总量巨大的土壤有机碳库是生态系统长期积累的结果，并且由于其具有较大的空间变异性，在短期内很难被检测到土壤有机碳比较明显的变化。在长期研究过程中，人们发现可以通过人为地改变凋落物向土壤中的输入来增强或降低土壤有机碳的循环过程，以便在短期内能够观察到土壤有机碳库及其循环过程的变化（Nadelhoffer et al.，2004；Crow et al.，2009a）。虽然近二十年来，国内外科研工作者在此方面已经开展了一些研究工作，但是凋落物的输入和土壤有机碳循环之间的联系仍然是陆地生态系统碳循环中最鲜为人知的部分，凋落物输入的变化对土壤有机碳循环的长期影响也是森林生态系统碳循环研究的薄弱环节。因此，本章主要基于编者在亚热带森林生态系统中开展的野外研究工作，并结合国内外已有的相关试验研究，重点介绍调控植物光合碳向土壤输入的主要方法、植物光合碳输入对土壤有机碳库、土壤呼吸和土壤生物的影响。

第一节　调控植物光合碳向土壤输入的主要方法

一、凋落物的添加与去除试验

在陆地生态系统中，可以通过添加与去除地上凋落物以及去除根系的方法（detritus input and removal treatments，简称为 DIRT）人为地改变有机物质向土壤中输入来研究土壤有机碳循环的变化（Sulzman et al.，2005；Wang et al.，2013；王清奎，2011），森林生态系统凋落物添加与去除控制试验示意如图 1-1 所示。DIRT 试验是一个控制土壤有机物质输入来源和速率的长期试验，其主要用来研究凋落物的输入对土壤有机碳和养分积累及其动态的影响（Nadelhoffer et al.，2004）。该试验是 1956 年 Wisconsin 大学的 Francis Hole 博士在两个森林生态系统和一个草地生态系统中首次建立的，主要是通过添加和去除地上凋落物来控制植物地上部分对土壤的有机物质输入；而对于地下凋落物，通常是通过放置挡板的方式来阻止根系向样地内生长以控制植物地下部分对土壤的有机物质输入。DIRT 试验通常包括对照、加倍添加地上凋落物、去除地上凋落物、去除根系、同时去除地上凋落物和根系等处理。该试验最初的目的是研究不同凋落物的输入对土壤有机碳和养分积累的影响，后来随着同位素等技术的成熟和广泛应用，利用这些处理也可以研究土壤有机碳的组成、土壤呼吸及其来源等的变化。目前科研工作者已经在全球多个森林生态系统中布设了该试验，形成了联网研究。在国外主要有美国 Massachusetts 州的 Harvard 森林、Pennsylvania 州的 Bousson 枫树林、Oregon 州的 Andrews 温带针叶林、美国 Michigan 州的橡树林和匈牙利的 Síkfökút 森林。2005 年，中国科学院会同森林生态实验站在杉木人工林中布设了类似的试验，2010 年对该试验进行了完善，增加了试验处理，扩大了小区面积，以深入研究凋落物输入改变后土壤有机碳循环过程的变化，从而揭示在全球变化背景下凋落物对我国亚

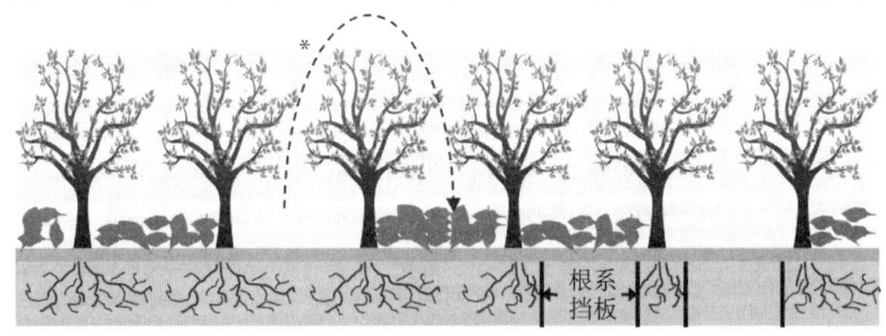

图 1-1　森林生态系统凋落物添加与去除控制试验示意
（* 表示将地上凋落物从去除小区移至加倍小区）

热带森林土壤有机碳循环的影响及其机制。

二、树干环割

树干环割（stem girdling）是指环状割除树木的树皮和韧皮部，以阻止光合产物向下运输并进入土壤。马尾松林树干环割林相图如图 1-2 所示。树干环割可以立即终止光合产物从树冠通过韧皮部向根系的运输，但土壤中的无机盐和水分仍然可以通过木质部向上运输。因此，环割没有立即影响到土壤的湿度，而且也没有改变根系在土壤中的位置或即可切断根系和菌根（Högberg et al.，2001）。树干环割常用来研究光合产物的地下分配对土壤呼吸和土壤微生物群落结构的影响（Nakane et al.，1996；Chen et al.，2010；Högberg et al.，2010）。在欧洲赤松林，Högberg 等（2001）采用树干环割的方法证明了光合产物向细根的分配减少后根系呼吸明显降低，其原因可能是碳供应减少导致细根衰老和死亡，以及根系微生物的活性降低和死亡。譬如，梅莉（2006）在水曲柳和落叶松林中进行树干环割试验，发现树干环割后高级根系的非结构性碳水化合物含量首先下降，而低级根系的非结构性碳水化合物含量保持在一定水平，在树干环割的后期高级根系中非结构性碳水化合物含量下降到一定阈值后，低级根系中非结构性碳水化合物含量才迅速下降并首先死亡。此外，由于树干环割不仅阻止了地上光合产物向地下根系输送，从而阻断根系呼吸，而且对根系-土壤系统干扰较小，因此，近些年来此方法也常用来区分自养呼吸和异养呼吸，即对照区与树干环割区的土壤呼吸的差值即为自养呼吸，树干环割区所测得的土壤呼吸即为异养呼吸。

图 1-2 马尾松林树干环割林相图

三、壕沟法

壕沟法（root trenching）是在样地四周通过挖沟、截断根系的方法来阻止样地外植物根系向样地内生长，并采取措施阻止样地内新根的生长，从而控制植物地下部分对土壤的有机物质输入，研究森林土壤碳循环的壕沟法如图1-3所示，该方法也被称为根系排除法或根系去除法（Hanson et al.，2000；Tóth et al.，2007；Feng et al.，2009）。该方法操作相对简单，通常是用铁锹在小区四周挖壕沟，切断植物根系后插入挡板以阻止根向小区内生长。壕沟深度与植物根系分布深浅有关，一般情况下壕沟的深度为0.6～0.8 m。事实上，壕沟法是DIRT试验的一部分，即去除根系的处理。与树干环割相似，壕沟法也是野外分离土壤自养呼吸和异养呼吸的方法之一。与其他方法相比较，壕沟法具有以下优点：对保留的树木干扰较少；不破坏土壤结构；维持了大部分的野外条件，如土壤温度日变化和季节变化、降水、土壤的基本性质等。一般是在挖壕沟一段时间后开始测定样地的土壤呼吸，与没有挖壕沟的样地的土壤呼吸相比较，计算土壤呼吸的不同组分以及它们占土壤呼吸的比例。

图1-3　研究森林土壤碳循环的壕沟法

虽然这些试验方法可以用来测量土壤自养呼吸和异养呼吸，但是在野外精确区分和量化土壤自养呼吸和异养呼吸还是非常困难的，至今尚无完美的研究方法。前面所述的三种研究方法在测量和量化土壤自养呼吸和异养呼吸时均存在一些不足。添加或去除地上凋落物会不同程度地改变土壤微环境，尤其是土壤温度、湿度和基质有效性。它们是影响微生物活动的重要因素，它们的改变可能会降低研究结果的准确性。同时，有研究发现，长期添加或去除地上凋落物可能影响土壤中根系的生长和空间分布（Huang et al.，2015），这使得研究结果变得更加复杂。无论是树干环割还是壕沟法，它们都存在一个难以解决的问题：处理所产生的死亡根系残留在样地土壤中，这些根系的分解对精确量化土壤自养呼吸和异养呼吸将有较大的影响。因此，如何评估在土壤中残留的这些根系的影响对准确测定土壤呼吸及其不同组分的大小十分重要，但这也是目前野外研究的难点。虽然有学者对此进行了初步探讨，比较了在试验处理后不同时间点所测得的土壤呼吸的差异，但这些研究结果也仅限于所研究的林地，是否具有普适性尚无法确定。不同区域因温度、降水、土壤因子，以及不同树种的根系性质等方面存在差异，土壤中残留根系的分解速率也不相同，完全分解所需要的时间不容易确定。同时，如果样方内死亡根系完全分解所需要的时间较长，特别是在温度较低的地区，而较长的分解时间可能会导致样地土壤的有机质含量、温度、湿度、微生物等发生变化，从而也会在一定程度上影响研究结果。就树干环割而言，有研究发现，树干环割后林木细根不会立即死亡，一般在林冠对碳的固定和光合碳向根系的供应中断几天乃至几周后细根才会死亡，细根死亡所需要的时间与细根中非结构性糖类的含量、树种等有关（Pregitzer et al.，1997）。譬如，糖槭细根中的非结构性糖类的含量为4%～6%，在光合碳供应中断后细根的存活时间只有7～10d。相对于树干环割，壕沟法对土壤的物理干扰要大一些。此外，壕沟法一般要求样方内没有林木，这样使试验样方的面积受到限制。同时，由于挡板的作用，样方内土壤水分的流通及其与外界的交换受到一定程度的影响，导致样方内土壤的含水量与样方外存在差异，从而对研究结果产生影响。总之，野外实地开展凋落物的输入调控对土壤有机碳循环，尤其是土壤呼吸组分影响的研究方法还存在一些问题，这些问题的解决将会促进森林土壤有机碳循环领域的研究，增加对森林土壤有机碳循环的理解。

第二节　植物光合碳输入对土壤有机碳库的影响

一、地上凋落物对土壤有机碳的影响

地上凋落物是森林生态系统中土壤营养元素的主要来源和补给者，在分解过程中不断释放养分归还到林地土壤中，以满足植物生长需求。去除地上凋落物不仅减少了土壤养分的来源，而且使土壤失去了地上凋落物的保护作用，降低了土壤持水能力，可能会造成水土和养分流失加剧。因此，地上凋落物在森

林土壤有机碳和养分循环中占有重要地位。凋落物的数量和质量都容易受到全球变暖、大气 CO_2 浓度升高、氮沉降增加等环境变化的影响。凋落物输入的数量和质量的微小变化都可能引起土壤碳循环的巨大变化。地上凋落物的添加或去除可以通过改变凋落物层的数量与分解速率来影响土壤碳库的大小及其组成。但是，关于改变地上凋落物的数量对土壤有机碳的影响还存在很大的不确定性。为了探讨凋落物输入的变化对土壤有机碳和养分的影响，我们在湖南会同森林生态系统国家科学观测研究试验站暨中国科学院会同森林生态实验站杉木人工林中建立的 DIRT 长期试验，在第 4 年采集了不同处理的 0～10cm 和 10～20cm 两层土壤，分析了土壤的主要养分、有机碳及其组分。研究结果显示，同时去除地上凋落物和根系（NI）即无凋落物输入的处理使 0～10cm 土层的土壤硝态氮含量增加了 35.3%，只去除地上凋落物（NL）或只去除根系（NR）分别使 10～20cm 土层的土壤硝态氮的含量降低了 45.1%和 15.7%（表 1-1），而去除根系使 0～10cm 土层土壤有效磷含量显著降低了 56.4%。这可能是去除地上凋落物虽然减少了凋落物养分的输入，但去除根系后土壤养分无法被植物吸收利用，降低了土壤养分的损失。根据三因素方差分析结果，地上凋落物和根系对硝态氮、全氮含量的影响存在显著的交互作用（表 1-2），地上凋落物和土层深度的交互作用对土壤有效磷含量的影响也显著。

表 1-1 凋落物添加与去除 4 年后杉木林土壤养分的变化

土层（cm）	处理	全氮（$g \cdot kg^{-1}$）	碳：氮比值	铵态氮（$mg \cdot kg^{-1}$）	硝态氮（$mg \cdot kg^{-1}$）	有效磷（$mg \cdot kg^{-1}$）
0～10	CK	1.4	11.3	8.6	5.1	1.1
	NL	1.5	11.0	7.7	4.7	1.2
	NR	1.5	11.1	7.2	5.6	0.48
	NI	1.3	11.1	7.46	6.9	0.87
10～20	CK	1.1	9.8	9.4	5.1	1.21
	NL	1.2	10.5	7.4	2.8	0.80
	NR	1.2	10.6	10.2	4.3	1.22
	NI	1.0	10.4	7.5	5.5	0.65

注：CK 表示对照；NL 表示去除地上凋落物；NR 表示去除根系；NI 表示去除地上凋落物和根系。

表 1-2 根系和地上凋落物去除及土层深度对土壤养分和有机碳组分的影响及其交互作用的三因素方差分析结果（F 值）

项目	地上凋落物（L）	根系（R）	土层深度（D）	$L \times D$	$R \times D$	$L \times R \times D$
全氮	2.8	0.002	28.4	0.04	0.006	0.04

（续）

项目	地上凋落物（L）	根系（R）	土层深度（D）	$L\times D$	$R\times D$	$L\times R\times D$
碳：氮比值	0.02	0.12	4.9	0.27	0.37	0.55
铵态氮	6.1	0.19	2.5	3.06	1.31	0.69
硝态氮	0.09	21.9	21.5	4.23*	1.04	3.21
有效磷	0.48	2.62	0.19	4.28*	1.13	0.43
土壤有机质	1.81	0.03	31.2	0.04	0.06	0.13
可溶性碳	3.53	2.71	34.5	2.69	1.79	1.17
微生物量碳	0.27	0.44	68.2	7.62*	2.45	0.085
高锰酸钾氧化碳	0.07	0.35	30.0	0.19	0.005	0.89

注：* 表示差异显著水平。

在亚热带地区湖南会同杉木人工林中，我们研究发现，去除地上凋落物 4 年后土壤有机碳的含量没有发生显著变化（表 1－3）。在全球其他地区的森林中也发现了类似的研究结果。在 Harvard 森林、Bousson 森林以及澳大利亚东南部的桉树林，去除和添加地上凋落物没有影响土壤有机碳的含量（Nadelhoffer et al.，2004；Yano et al.，2005）。然而，有些研究发现改变地上凋落物的输入影响了土壤有机碳的含量。在美国的 Andrews 森林，添加地上凋落物增加了土壤有机碳含量（Busse et al.，2009；Crow et al.，2009a）；在匈牙利 Síkfökút 森林以及中国亚热带尾叶桉林和厚荚相思林人工林，去除地上凋落物降低了土壤有机碳含量（Tóth et al.，2007；Xiong et al.，2008）；在加拿大颤杨林，去除枯枝落叶层对表层土壤有机碳的降低作用比去除植物的影响还要更大（Kabzems et al.，2005）。这些研究结果说明添加或去除地上凋落物对土壤有机碳含量的影响不仅与实验处理时间的长短有关，可能还受森林类型、植物种类、气候和土壤的性质等因素影响。譬如，在荷兰，Van Vuuren 等（1993）发现去除地上凋落物降低了 *Erica tetralix* 灌丛林地土壤有机碳含量，而对 *Molinia caerulea* 灌丛林地土壤有机碳含量没有影响；在 Síkfökút 森林虽然去除地上凋落物降低了土壤有机质的含量，但是添加地上凋落物对土壤有机质的含量没有产生影响（Tóth et al.，2007）。在石楠林中，添加地上凋落物虽然没有影响土壤有机碳含量，但提高了土壤碳：氮比值（Rinnan et al.，2008），说明添加地上凋落物影响了土壤有机碳的性质。Crow 等（2009b）在美国 Bousson 森林中发现一个比较有意义的现象，即添加新鲜的木质凋落物增加了土壤中轻组有机碳含量，提高了土壤有机碳的矿化潜力，这表明添加到土壤中的有机物质不会都变成稳定性的有机碳。

表 1-3　凋落物添加和去除 4 年后杉木林土壤有机碳及其活性组分的变化

土壤深度	处理	土壤有机碳 (g・kg^{-1})	可溶性碳 (mg・kg^{-1})	微生物生物量碳 (mg・kg^{-1})
0～10cm	CK	16.0	450.0	166.9
	NL	16.0	399.1	183.3
	NR	17.0	434.9	161.4
	NI	15.0	420.0	167.0
10～20cm	CK	11.4	357.0	130.9
	NL	12.0	357.1	123.1
	NR	13.0	387.2	143.6
	NI	11.0	382.7	119.3

注：CK 表示对照；NL 表示去除地上凋落物；NR 表示去除根系；NI 表示去除地上凋落物和根系。

与土壤有机碳总量的变化在短期内难以检测出来不同，可溶性有机碳、微生物生物量碳和高锰酸钾易氧化碳等土壤有机碳的活性组分对环境变化反应比较敏感，在短期内比较容易发生变化。例如，在美国的 Andrews 森林，去除有机物质层显著降低了土壤中的活性碳库（Lajtha et al.，2005）；添加凋落物在降低了土壤活性碳的同时，增加了土壤有机碳的稳定性（Crow et al.，2009a）。但是，与土壤有机碳相似，目前不同实验所得出的关于地上凋落物添加或去除对土壤活性有机碳组分的影响差异很大，有的甚至相反。然而，我们基于杉木人工林 DIRT 长期试验第 4 年采集的土壤样品所得出的研究结果显示，去除地上凋落物使 0～10cm 土壤中可溶性有机碳的含量降低了 11.3%（表 1-3）。在欧洲山毛榉林、无梗花栎混交林和德国 Steigerwald 保护区的一个针阔混交林，添加或去除地上凋落物后土壤有机层中可溶性有机质的含量发生了显著增加或下降（Kalbitz et al.，2007），这是因为去除地上凋落物减少了凋落物中易溶性有机碳向土壤中的淋溶。然而，在 Andrews 森林，加倍添加地上凋落叶和木质凋落物都没有影响土壤溶液中可溶性有机碳的含量，虽然在 30cm 深处土壤溶液中可溶性有机碳含量在加倍添加地上凋落叶和木质凋落物之间存在显著差异（表 1-4；Yano et al.，2005）。在 Andrews 森林中，不同处理间土壤可溶性有机碳含量的差异性不显著，凋落物对土壤可溶性有机碳含量的影响表现出时间变异性，具有明显的季节性和年际变化（表 1-4，图 1-4）。上述相互矛盾的研究结果说明凋落物对土壤活性碳库的影响是比较复杂的，在不同森林生态系统中并不会完全相同。

表 1-4　在美国 Andrews 森林加倍添加地上凋落物 3 年和 4 年后土壤水溶液中可溶性有机碳（DOC）和可溶性有机氮（DON）含量的变化（mg·L^{-1}）

处理年限	试验处理	30cm		100cm	
		DOC	DON	DOC	DON
3 年	对照	4.1	0.14	0.9	0.08
	加倍凋落叶	2.9	0.09	1.1	0.12
	加倍木质凋落物	7.5	0.26	1.4	0.25
4 年	对照	6.1	0.06	0.7	0.04
	加倍凋落叶	3.0	0.05	0.9	0.02
	加倍木质凋落物	12.3	0.07	1.2	0.05

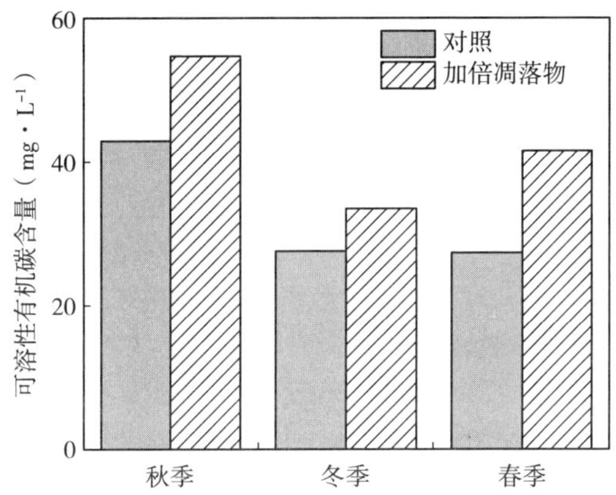

图 1-4　在 Andrews 森林加倍添加地上凋落物后土壤溶液中可溶性有机碳含量的季节变化

地上凋落物输入的变化不仅可以影响可溶性有机碳的含量，还能改变土壤溶液中可溶性有机碳的化学组成与性质。在 Andrews 森林，添加地上凋落物降低了 30cm 处土壤溶液中亲水化合物的含量，增加了疏水化合物的含量，并提高了土壤溶液中可溶性有机碳的碳：氮比值（Yano et al.，2005；Crow et al.，2009a）。这表明添加地上凋落物增加土壤有机层己糖和酚酸含量，刺激微生物活性，使可溶性有机碳中易分解的组分被消耗。

不同地上凋落物处理下土壤水溶液中疏水性可溶性有机碳占可溶性有机碳总量的比例见图 1-5。

地上凋落物中的含碳有机物是土壤微生物的重要物质来源，添加或去除地上凋落物能够改变土壤中微生物生物量碳的含量（表 1-5），但是不同研究之间结果存在较大的差异。譬如，在美国 Wyoming 州 3 个不同生态系统中，添

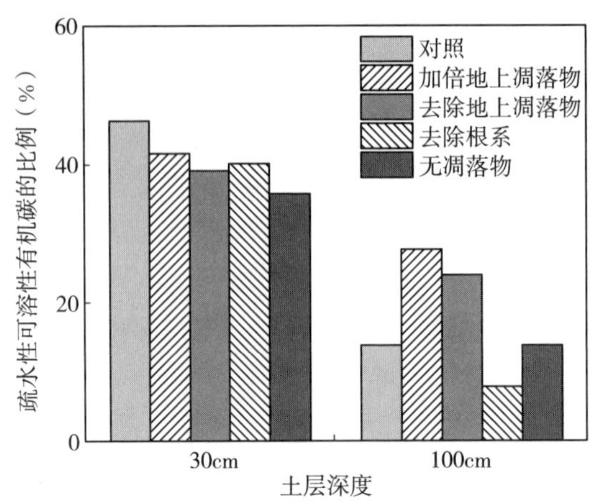

图 1-5　不同地上凋落物处理下土壤水溶液中疏水性可溶性有机碳占可溶性有机碳总量的比例

加地上凋落物使土壤微生物生物量碳和微生物生物量氮分别增加 13%和 46%（Hooker et al.，2008）。去除地上凋落物 7 年后热带森林土壤微生物生物量降低了 67%～69%（Li et al.，2004）。但也有研究显示，添加或去除凋落物对土壤微生物生物量碳没有影响（Fisk et al.，2001；Brant et al.，2006）。而在加拿大 13 年生白云杉林，去除地表的凋落物层没有引起表层土壤微生物生物量氮的变化（Matsushima et al.，2007）；甚至有研究发现，添加凋落物降低了土壤微生物生物量（Jonasson et al.，2004）。在杉木人工林中我们发现在去除地上凋落物 4 年后 0～10cm 土壤中微生物生物量碳的含量增加了 10.2%（表 1-3）。凋落物对土壤微生物生物量的影响不仅与凋落物的数量有关，还与凋落物的质量有关（Wang et al.，2019）。

表 1-5　添加或去除地上凋落物对土壤微生物生物量碳和氮含量的影响（$mg \cdot kg^{-1}$）

森林类型	实验处理	微生物生物量碳	微生物生物量氮	数据来源	备注
次生林	对照	5.79	0.60	Fisk et al.，2001	试验处理 8 年
	去除凋落物	5.54	0.62		
常绿阔叶林	对照	2 498.9		Feng et al.，2009	试验处理 2～3 年
	去除凋落物	2 015.1			
加勒比松林	对照	809.5		Li et al.，2004	试验处理 7 年，湿季
	去除凋落物	268.6			
	对照	617.1			试验处理 7 年，干季
	去除凋落物	182.9			

（续）

森林类型	实验处理	微生物生物量碳	微生物生物量氮	数据来源	备注
次生林	对照	925.7		Li et al.，2004	湿季
	去除凋落物	274.3			
	对照	310.5			干季
	去除凋落物	129.5			
杉木林	对照	311		Wang et al.，2013	试验处理 1 年
	去除凋落物	252			
	加倍凋落物	383			
杉木林	对照	166.9		Wang et al.，2017	试验处理 4 年
	去除凋落物	183.3			
油松林	对照	237.0	68.7	Wang et al.，2016	试验处理 3 年
	去除凋落物	182.7	41.7		
桉树林	对照	560.7	67.1	Wang et al.，2019	高质量凋落物
	去除凋落物	539.1	66.3		
	加倍凋落物	592.1	67.1		
	对照	402.4	47.4		低质量凋落物
	去除凋落物	373.1	46.0		
	加倍凋落物	445.4	52.5		
热带雨林	对照	1 244	267	Nemergut et al.，2010	试验处理 1.5 年
	去除凋落物	733	200		
	加倍凋落物	1 422	311		

此外，我们在添加和去除凋落物后的第 3 年采集了杉木人工林表层土壤（0～10cm），分析了不同处理下土壤的 $\delta^{13}C$ 和 $\delta^{15}N$ 值，以及利用 ^{13}C 核磁共振的方法测定了土壤有机碳的主要官能团。研究结果显示，凋落物输入的变化对土壤 $\delta^{13}C$ 影响不显著，但改变了土壤 $\delta^{15}N$（表 1－6）。加倍添加地上凋落物增加了土壤的 $\delta^{15}N$ 值，而去除地上凋落物则对土壤 $\delta^{15}N$ 值有降低趋势。去除根系对土壤的 $\delta^{15}N$ 值影响不显著。通过对土壤 ^{13}C NMR 图谱的分析，发现凋落物输入的变化影响了土壤有机碳中官能团的比例。加倍添加地上凋落物增加了土壤有机碳中芳香族碳和羧基碳含量，降低了脂肪族碳含量，而去除地上凋落物则相反；去除根系和无凋落物输入的处理降低了脂肪族碳和连氧脂肪碳含量，增加了芳香族碳和羧基碳含量。以上结果表明，地上凋落物是土壤中芳香族碳和羧基碳的主要来源，而根系是脂肪族碳和连氧脂肪碳的

主要来源。

表 1-6 杉木人工林不同凋落物处理 3 年后土壤 δ ¹³C、δ ¹⁵N 和主要官能团的变化

处理	$\delta^{13}C$ (‰)	$\delta^{15}N$ (‰)	脂肪族碳 (%)	连氧脂肪碳 (%)	芳香碳 (%)	羰基碳 (%)
CK	−26.58	8.81	16.54	50.00	26.46	6.99
DL	−26.42	10.31	15.78	49.70	27.10	7.41
NL	−26.91	7.75	16.85	50.19	26.21	6.74
NR	−26.43	8.96	15.63	49.44	27.07	7.87
NI	−26.37	8.42	14.57	48.76	28.61	8.06

二、根系对土壤有机碳的影响

植物根系不仅具有吸收养分的功能，它们的空间分布、新陈代谢、根系分泌物、根系脱落物及死根的分解都可能会对土壤有机质产生影响。植物通过根系周转和根系分泌物向土壤中输入有机物质，而且不同种类的植物向土壤中输入的有机物质的数量和质量不尽相同，从而影响土壤有机碳的含量和质量。在陆地生态系统中，根系作为植物将光合产物直接输入到土壤的唯一途径，其生物量占到陆地生态系统净初级生产力的 70%以上（De Graaff et al.，2011），而直径小于 2 mm 的细根的生物量可以占到总根系生物量的 73%（Yuan et al.，2010）。因此，理解光合产物通过根系向土壤的输入对土壤有机碳及其循环的影响，是深入理解全球碳循环的重要部分。

在森林生态系统中，树木环割和壕沟法是两种不破坏土壤结构的可行方法，它们不仅阻断光合产物向土壤的输入，而且还可能增加土壤可溶性有机碳的淋失，进而降低土壤有机碳的含量（Lajtha et al.，2005；Dannenmann et al.，2009）。在加拿大颤杨林，去除根系引起表层土壤有机碳的降低（Kabzems et al. Haeussler，2005）；在 Síkfökút 森林，去除根系 5 年后土壤有机碳的含量也出现了下降（Tóth et al.，2007）。然而，也有研究显示，短期的树干环割或去除根系对土壤有机碳没有影响。例如，在欧洲栗林，树干环割没有引起土壤有机碳和可溶性有机碳的变化（Frey et al.，2006）；同样，我们在杉木人工林中的研究结果也显示去除根系 4 年时土壤有机碳及其活性组分基本没有发生变化（表 1-3）。这些存在差异的研究结果说明根系对土壤有机质的影响是受多个因素控制的，例如实验处理时间、树种、土壤类型、气候区。在中国南亚热带地区，树干环割降低了厚荚相思林土壤有机碳和可溶性有机碳的含量，而对桉树林没有影响（Chen et al.，2010），表明树干环割对土壤有机碳的影响存在树种差异性。在 Andrews 森林的 DIRT 实验中，去除根

系虽然降低了 30cm 处土壤溶液中可溶性有机碳的含量，但增加了 30cm 和 100cm 处土壤溶液中总氮和硝态氮含量（Frey et al.，2006）。事实上，根系对土壤活性有机质组分的影响是具有时间动态变化的，并具有很强的季节性（图1-6和表 1-7）。在欧洲山毛榉成熟林中，树干环割后的第 1 年和第 2 年 7 月，土壤水溶液中可溶性有机碳的含量与对照相比降低了 21.7%和 20.0%，但是在秋季和冬季树干环割对土壤水溶液中可溶性有机碳的含量没有影响（图 1-6）。由表 1-7 可以得知，树干环割对可溶性总氮含量的影响大于可溶性有机碳含量，并且与土壤溶液采样时间有关。同时，树干环割和采样时间均显著影响了土壤水溶液中可溶性有机碳含量与总氮含量的比值。综上可知，树木环割和去除根系对土壤可溶性有机碳的影响是比较复杂的，具有树种和区域差异。

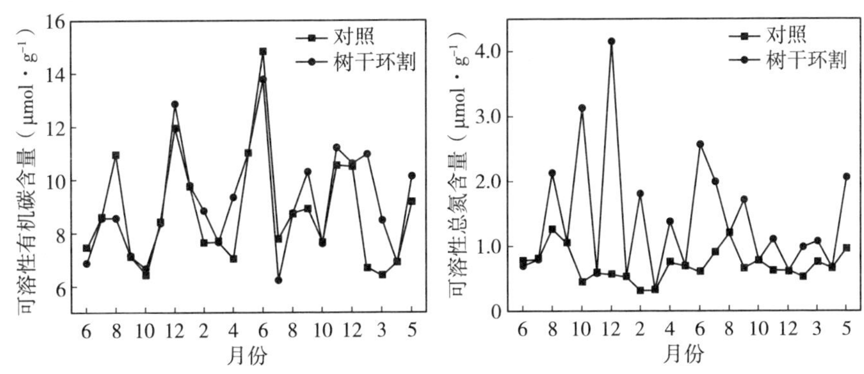

图 1-6 树干环割后 1～2 年土壤水溶液中可溶性有机碳和总氮的动态变化

表 1-7 树干环割和采样时间对土壤水溶液中可溶性有机碳和总氮影响的显著性

项目	第 1 年			第 2 年		
	环割	时间	环割×时间	环割	时间	环割×时间
DOC	ns	**	ns	ns	**	ns
DTN	**	**	**	**	**	**
DOC∶DTN	**	**	**	**	**	**

注：DOC 表示可溶性有机碳，DTN 表示可溶性总氮；ns 表示差异不显著，** 差异显著水平 <0.01。

关于地上凋落物和根系对土壤有机碳积累的重要性虽然已开展了大量研究工作，但研究结果还存在差异，目前尚没有形成一致的结论。虽然有些研究表明土壤有机碳在去除地上凋落物和去除根系处理中下降程度是相似的（Lajtha et al.，2014；Wang et al.，2013），即地上凋落物和根系对土壤有机碳的作用是没有差别的，但是，大量的研究结果显示根系凋落物对土壤有机碳的贡献远大于地表凋落物，即土壤有机质主要来自地下根系的输入（Rasse et al.，

2005)。例如，Kramer 等（2010）利用同位素分析和生物标志物的方法发现根系碳在土壤及微生物所含碳中占有主导地位，进一步证实了根系对土壤有机碳的重要性。这可能与地上凋落物和根系所处的微环境差别有关。地上凋落物处于土壤表面，容易被分解并以 CO_2 的形式损失掉，而包括菌根在内的根系碳能有更好的机会被土壤颗粒物理保护起来（Rasse et al.，2005)，这也是根系碳在土壤中的驻留效率高于地上凋落物的一个重要原因。

第三节　植物光合碳输入对土壤呼吸的影响

土壤呼吸是指在没有受到外界各种因素扰动的土壤中产生的全部代谢作用，主要包括一个非生物学过程（即含碳矿物质的化学氧化作用)、三个生物学过程（根系呼吸、土壤微生物呼吸和土壤动物呼吸）（Singh et al.，1977)。土壤呼吸是陆地生态系统的第二大碳通量，也是土壤碳库向大气中排放 CO_2 的主要途径。据估算，全球陆地生态系统土壤每年释放的 CO_2 为 70～90 Pg。因此，探讨凋落物输入的变化对土壤呼吸的影响对于全球碳平衡预算和全球变化潜在效应的估计是最基本的数据，是全球碳循环和全球变化研究的重要内容。凋落物对土壤呼吸的影响是一个非常复杂的生物学过程，可以通过多种途径直接地和间接地来实现。在本节中，土壤呼吸主要指土壤的自养呼吸和异养呼吸，基本上对应于植物根系呼吸和土壤微生物呼吸。

一、地上凋落物输入对土壤呼吸的影响

凋落物是土壤微生物的重要能量来源，其数量和质量的变化会影响微生物的群落组成和活性，进而能够影响土壤呼吸，尤其是异养呼吸。同时，地上凋落物输入的变化会影响植物根系的生长和空间分布（Huang et al.，2015)，从而引起自养呼吸的变化。目前在不同森林类型和不同区域森林中所进行的研究得出的结果基本上都表现为添加地上凋落物促进土壤呼吸，去除地上凋落物降低土壤呼吸。但是，添加或去除地上凋落物对土壤呼吸的影响强度在不同研究之间存在较大的差别。譬如，在 Andrews 森林的 DIRT 试验中，加倍添加或去除凋落物显著增加或降低了土壤呼吸（Crow et al.，2009b)，在长沙天际岭国家森林公园也发现了类似的结果，即添加或去除地上凋落物分别使土壤呼吸升高 17.0%或降低 15.0%（王光军等，2009)，但远低于 Sayer 等（2007）在热带森林中所得到的研究结果，即添加地上凋落物使土壤呼吸升高了 43%。在荷木林中，高强等（2015）发现去除地上凋落物使土壤呼吸显著降低 25.3%，而加倍添加地上凋落物没有显著改变土壤呼吸。由此可见，地上凋落

物输入的变化对土壤呼吸的影响在不同森林类型和区域中具有较大的差异。

在亚热带杉木人工林中，Wang 等（2013）利用 DIRT 长期控制试验，在试验处理后的第 9 个月开始连续监测了 4 年土壤呼吸的变化。2011—2014 年不同处理的杉木人工林土壤呼吸季节变化明显，且处理没有改变其季节变化模式，均为生长季（4—11 月）较高，而非生长季（12 月至翌年 3 月）较低（图 1－7）。对照区的土壤呼吸速率在 2011 年和 2013 年较高，平均值分别为 1.39 和 1.49 μmol・m^{-2}・s^{-1}；在 2012 年和 2014 年较低，平均值分别为 1.17 和 0.99 μmol・m^{-2}・s^{-1}。去除地上凋落物使土壤呼吸平均降低了 23.4%。2011—2014 年去除地上凋落物的土壤呼吸速率每年平均值分别为 1.06、0.91、1.11 和 0.78 μmol・m^{-2}・s^{-1}，比对照区的土壤呼吸速率分别降低了 23.7%、22.2%、25.5%和 21.2%。

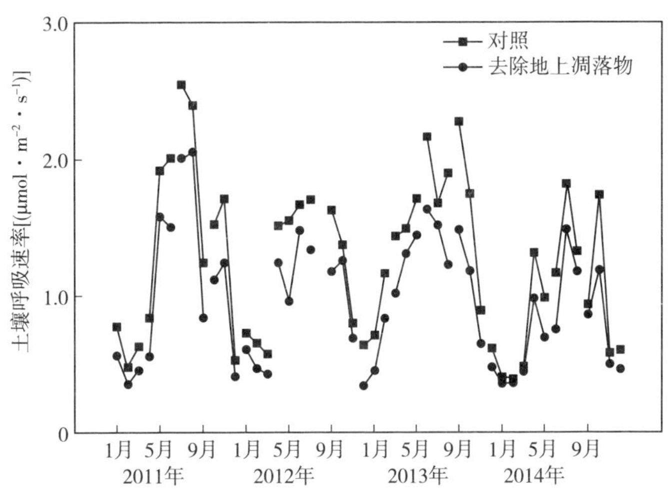

图 1－7　去除地上凋落物对杉木人工林土壤呼吸影响的变化动态

土壤温度和含水量是影响土壤呼吸的重要因素。双因素模型模拟结果显示，土壤呼吸与土壤温度和含水量具有显著的相关关系，而且相关系数在非生长季比生长季更高（表 1－8）。非生长季较高的相关系数说明在湖南会同地区杉木人工林中土壤温度和含水量在非生长季对土壤呼吸的共同调控作用强于生长季。虽然土壤呼吸与土壤温度呈正相关关系，与土壤含水量呈负相关关系（图 1－8），但是土壤温度在非生长季对土壤呼吸的影响比生长季大，而土壤含水量在生长季对土壤呼吸的影响比非生长季大。这表明在温度较低时土壤温度对土壤呼吸的作用更强，而在土壤水分较高时土壤含水量对土壤呼吸的抑制作用更大。在生长季去除地上凋落物降低了土壤含水量对土壤呼吸的抑制作用，而在非生长季地上凋落物增加了土壤含水量对土壤呼吸的抑制作用，这表明去除地上凋落物可以通过改变微环境来影响土壤呼吸。

表 1-8　杉木人工林土壤呼吸速率与土壤温度和含水量的关系（$R_S = ae^{bT}W^c$）

项目	a	b	c	r^2
生长季				
CK	3.372	0.060	−0.565	0.476
NL	1.128	0.066	−0.320	0.437
NR	2.693	0.062	−0.530	0.494
NI	2.277	0.056	−0.529	0.471
非生长季				
CK	0.125	0.142	−0.015	0.879
NL	0.528	0.119	−0.272	0.761
NR	1.703	0.111	−0.578	0.699
NI	0.074	0.134	−0.195	0.759
年平均				
CK	2.522	0.071	−0.554	0.690
NL	1.007	0.071	−0.318	0.656
NR	2.309	0.070	−0.532	0.697
NI	1.755	0.064	−0.503	0.661

注：CK 表示对照；NL 表示去除地上凋落物；NR 表示去除根系；NI 表示去除地上凋落物和根系。T 和 W 分别表示 0～5cm 土层的土壤温度和含水量。

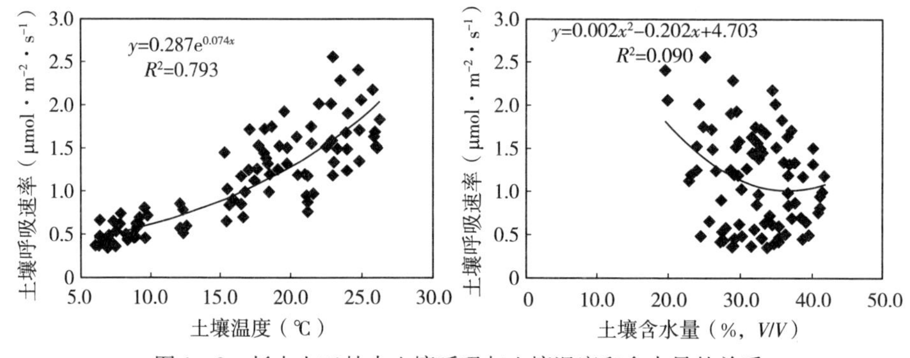

图 1-8　杉木人工林中土壤呼吸与土壤温度和含水量的关系

针对地上凋落物添加或去除对土壤呼吸的影响，一些实验发现加倍添加地上凋落物对土壤呼吸的增加程度大于去除地上凋落物对土壤呼吸的降低程度（Nadelhoffer et al.，2004；Sulzman et al.，2005）。譬如，张超等（2013）在樟树林和马尾松混交林去除地上凋落物处理下土壤呼吸速率年均降低了 24.3%，而在加倍添加地上凋落物处理下土壤呼吸速率年均增加了 39.6%，这表明地上凋落物的输入可能刺激土壤中现存的土壤有机质的分解，导致了土壤呼吸的大幅度增加（Nadelhoffer et al.，2004）。此现象早在1926年就被发现，后来被称为“激发效应”（priming effect），即向土壤中添加简单或复杂的有机物质引起土壤中原有有机碳的短期变化。在Andrews森林中添加地上凋落物产生的正激发效应为11.5%～21.6%，估算每年由于凋落物的输入导致土壤向大气中多释放137～256g·m^{-2}有机碳（Crow et al.，2009a）。这对估计生态系统土壤碳储量具有重要意义。因此，关于添加凋落物引起激发效应的研究越来越受到重视，有关土壤有机碳分解的激发效应将在第四章进行详细介绍。

二、去除根系对土壤呼吸的影响

来自根系及其微生物的自养呼吸是土壤呼吸的重要组成部分，去除根系后不仅土壤自养呼吸变为零，而且还可能会降低土壤微生物可利用的碳源。因此，已有的研究均发现去除根系显著降低了土壤呼吸（Brant et al.，2006；Crow et al.，2009b），但是在不同地区和森林类型中土壤呼吸的下降程度存在较大的变异。在热带人工林中，Hanson等（2000）发现在去除根系7年后土壤呼吸速率下降56%，在刚果Pointe Noire地区的桉树林中去除根系使土壤呼吸下降了59%（Epron et al.，2006）。在瑞士山地混交林中，Ruehr等（2010）发现根系去除后在生长季土壤呼吸降低了50%。但是，在我国亚热带地区的一些研究发现去除根系对土壤呼吸的降低幅度小于50%。譬如，在亚热带樟树林中刘智等（2012）通过壕沟法去除根系发现土壤呼吸下降了23.1%，在杉木人工林中朱凡等（2010）发现去除根系以后土壤呼吸速率降低了30.4%。然而，还有研究发现在去除根系的初期没有降低土壤呼吸，反而增加了土壤呼吸。在Síkfökút森林，土壤呼吸在去除根系的前3年显著增加，在去除根系5年后才显著降低（Tóth et al.，2007），Lee等（2003）在日本北方寒温带落叶松林中也得出了类似的研究结果。这可能是由于死亡根系的分解过程造成土壤CO_2释放的增加。综上可知，不同生态系统中去除根系后土壤呼吸的变化存在很大的差异，说明生态系统类型或植被类型对根系呼吸的影响很大，其次测定方法、测定时间、立地特征、气候条件以及林分特征的差异也影响土壤呼吸。

在杉木人工林中通过DIRT试验中的去除根系处理，Wang等（2013）研究发现根系去除使土壤呼吸降低了24.9%，结合去除地上凋落物使土壤呼吸降低了23.4%，表明在杉木人工林中地上凋落物和根系对土壤呼吸的影响是相似的。2011—2014年根系去除小区的土壤呼吸速率分别为1.10、0.88、1.01和0.79 μmol·m^{-2}·s^{-1}，与对照小区相比，分别降低了20.9%、

24.8%、32.2%和 20.2%（Wang et al.，2017；图 1-9）。同时去除地上凋落物和根系的土壤呼吸速率降低的幅度更大，分别降低了 0.90、0.74、0.84 和 0.60 $\mu mol \cdot m^{-2} \cdot s^{-1}$，降低幅度分别为 35.3%、36.8%、43.6%和 39.4%。

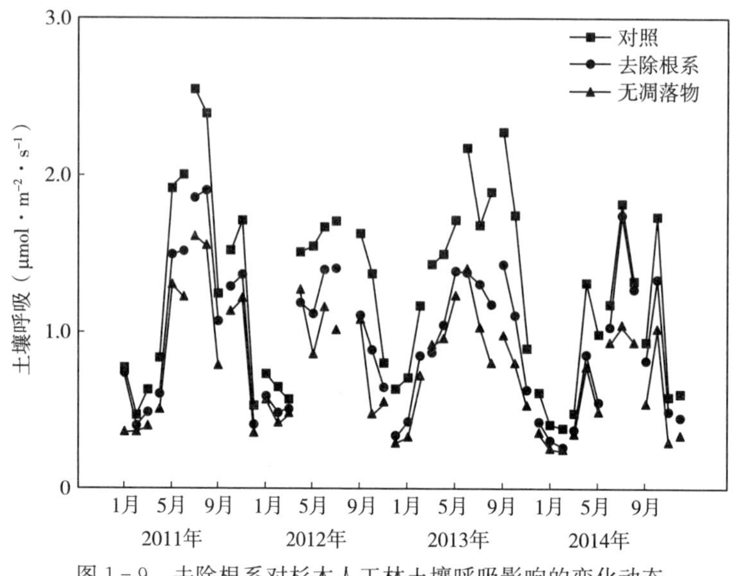

图 1-9 去除根系对杉木人工林土壤呼吸影响的变化动态

为了量化土壤释放的 CO_2 有多少分别来自地上凋落物分解、根系呼吸和土壤有机质分解，我们利用下面的公式来计算地上凋落物分解、根系呼吸和土壤有机质分解释放的 CO_2 量：

$$地上凋落物分解（R_L）= R_{CK} - R_{NL}$$

$$根系呼吸（R_R）= R_{CK} - R_{NR}$$

$$土壤有机质分解（R_{SOM}）= R_{NI}$$

式中，R_{CK}、R_{NL}、R_{NR}和 R_{NI}分别代表在对照区、去除地上凋落物区、去除根系区及同时去除根系和地上凋落物区的土壤呼吸。由表 1-9 可见，土壤有机质分解为杉木人工林土壤释放 CO_2 的最主要途径，在 4 年内对土壤 CO_2 释放的平均贡献率为 55.9%，在生长季和非生长季分别为 55.8%和 53.7%。地上凋落物分解和根系呼吸对土壤 CO_2 释放的贡献率比较接近。地上凋落物分解 4 年的平均贡献率为 21.9%，在生长季和非生长季分别为 21.6%和 22.9%；根系呼吸 4 年的平均贡献率为 22.3%，在生长季和非生长季分别为 22.6%和 23.4%。此外，根系呼吸对土壤 CO_2 释放的贡献率存在较大的年际变化。根系呼吸的贡献率变化范围从 2011 年（在 4 年中含水量最低的一年）的 19.2%到 2013 年（在 4 年中温度最高的一年）28.4%，相比较而言，地上凋落物分解的贡献率年际变化相对比较小，变化范围为 21.6%到 22.4%。

表 1-9　杉木人工林地上凋落物分解、根系呼吸和土壤有机碳分解对土壤 CO_2 释放的贡献（%）

项目	地上凋落物分解	根系呼吸	土壤有机碳分解
生长季	21.6	22.6	55.8
非生长季	22.9	23.4	53.7
年平均	21.9	22.3	55.9
2011 年	21.6	19.2	59.3
2012 年	21.6	22.1	56.3
2013 年	22.4	28.4	49.2
2014 年	21.9	19.4	58.8

目前关于地上凋落物和根系对土壤 CO_2 释放的影响及相对贡献的大小仍有不小的争议。有些研究认为根系对土壤 CO_2 释放有更大的影响（Sulzman et al.，2005），而在次生林中则有研究发现地上凋落物的影响更大（Li et al.，2004）。我们通过对亚热带杉木人工林 4 年的观测，发现地上凋落物和根系对土壤 CO_2 释放的贡献基本相同（Wang et al.，2017）。这些结果表明土壤 CO_2 释放对凋落物输入调控的响应可能与测量时间的长短、根系及凋落物的生物量和分解速率等有关。另外，地上凋落物和根系对土壤 CO_2 释放的影响也许存在交互作用（Subke et al.，2004），但是这些研究观测的时间仅有半年或一年，相对较短，需要在更长的时间尺度上探讨地上凋落物和根系对森林土壤 CO_2 释放的共同作用。

三、树干环割对土壤呼吸的影响

大部分树干环割实验的结果显示，树干环割显著降低土壤呼吸，但是不同实验所得到的土壤呼吸降低的强度存在差别。对于 120 年生的挪威云杉林，土壤呼吸在树干环割 2 个月后降低了 53%（Frey et al.，2006）；在同时去除凋落物的情况下，树干环割 4 个月后土壤呼吸下降了 50%；然而在巴西桉树林，土壤呼吸树干环割后的 3 个月内仅降低了 16%～24%（Binkley et al.，2006），在中国亚热带地区的厚荚相思林和尾叶桉林树干环割也仅使土壤呼吸分别降低 27%和 14%（Chen et al.，2010）。这些不同研究之间实验结果的差异可能与树干环割后土壤呼吸的测定时间有关，因为树干环割对土壤呼吸的降低作用也具有时间效应。例如，在瑞典的欧洲赤松林，土壤呼吸在树干环割 5 天和 14 天后分别降低了 37%和 56%（Högberg et al.，2001），在树干环割 1～2 个月之后平均下降了 54%，树干环割的第 2 年土壤呼吸则下降了 65%（Bhupinderpal et al.，2003)，基本上表现为在一定时间内土壤呼吸下降的幅度随树干环割时间的延长而增大。但是，在欧洲栗林中，树干环割仅在短期内（9～20d）影响土壤呼吸（Frey et al.，2006)。这是因为树干环割对土壤呼吸的影响也存在树种差异性。譬如，在德国 Freising 附近的一个针阔混交林，树干环割后的几天内，欧洲山毛榉树下的土壤呼吸就开始降低，而云杉树下的土壤呼吸直到树干环割六周之后才开始降低（Andersen et al.，2005)。树干环割对土壤呼吸的降低作用可能是因其阻断了光合产物向地下部分输入，使根系活性和分泌物降低、细根中淀粉含量减少（Högberg et al.，2001；Frey et al.，2006)，从而减少了根系自养呼吸。同时，分配到土壤中的光合产物是土壤微生物的主要碳源，树干环割对土壤微生物群落组成和活性的影响导致土壤异养呼吸的变化也是树干环割降低土壤呼吸的一个原因（Högberg et al.，2010)。然而，Subke 等（2004）在 35 年的挪威云杉林中却发现树干环割的前 2 个月土壤呼吸没有下降，Edwards 和 Ross - Todd（1979）的研究也显示树干环割没有降低土壤呼吸。综上可知，在不同森林生态系统和区域中树干环割对土壤呼吸的影响存在差别，这可能与不同森林类型中的根系系统和土壤性质等的差异有关（Chen et al.，2010；Högberg et al.，2001)。在不同森林类型中植物根系的生物量、化学性质，尤其是非结构性糖类有很大的不同，这是造成不同研究之间结果存在差别的一个重要原因。Binkley 等（2006）在巨尾桉林中研究发现，树冠在树干环割后 3 个月依然保持完整，树干环割区和对照的光照强度没有差别，并且树干环割 5 个月后细根生物量也没有显著减少，说明桉树根系所储存的淀粉可以在树干环割后的短时间内供根系及其呼吸利用。同时，有研究发现样地死亡根系的分解能贡献土壤呼吸的 20%（Nakane et al.，1996)，并且这个比例与树干环割或者去除根系时间的长短有关。因此，如果在树干环割后短时间内测定土壤呼吸可能因为树干环割区内死亡根系分解释放的 CO_2 而偏估根系呼吸或自养呼吸对土壤总呼吸的重要性。

为探讨树干环割对杉木人工林土壤呼吸的影响，He 等（2016）在 26 年生杉木人工林中设置了树干环割实验。在实验期间每月定期对树干环割区和对照区的林下植被进行清除，并移除小区。杉木人工林土壤呼吸表现出明显的季节变化（图 1 - 10)，在生长季（4—11 月）土壤呼吸高于非生长季（12 月至翌年 3 月)，但土壤呼吸速率的最大值都出现在 7 月，最小值都出现在 1 月，说明树干环割没有影响土壤呼吸的时间动态变化。生长季的土壤呼吸高于非生长季是因为在生长季土壤温度比较高，根系周转快、土壤微生物活性高。树干环割后的前 3 个月杉木人工林土壤呼吸没有出现降低，但是在 2 年的观测期间内树干环割区和对照区土壤呼吸速率分别为 1.31 和 0.77 $\mu mol \cdot m^{-2} \cdot s^{-1}$，说明树干环割显著降低了土壤呼吸，平均下降了 40.8%。对照区和树干环割区土壤呼吸的年变化范围分别为0.29～3.0和0.23～1.54 μmol·m^{-2}·s^{-1}，说明树干环割降低了杉木人工林土壤呼吸的时间变异。我们的研究结果还显示，树干环割对土壤呼吸的降低程度在生长季（54.8%）高于非生长季（33.9%），这表明根系呼吸对土壤呼吸的重要性在生长季高于非生长季。土壤呼吸与土壤温度呈显著正相关，与土壤含水量呈显著负相关（图1-11）。树干环割后，土壤呼吸与土壤温度的相关性升高，而与土壤含水量的相关性下降。这说明树干环割改变了土壤温度和含水量对土壤呼吸的调控作用。将土壤呼吸与根系生物量及其性质进行相关性分析发现，土壤呼吸与根系生物量、根系中非结构性糖类含量和磷含量呈显著性正相关关系（表1-10）。

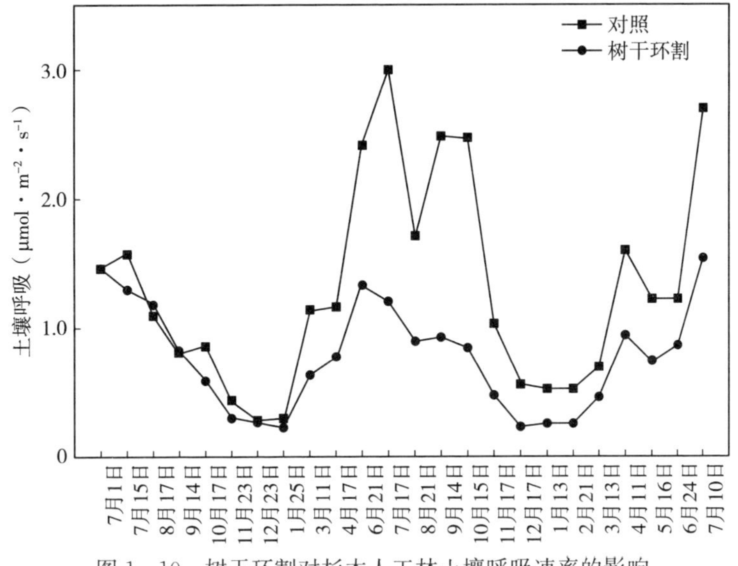

图1-10 树干环割对杉木人工林土壤呼吸速率的影响

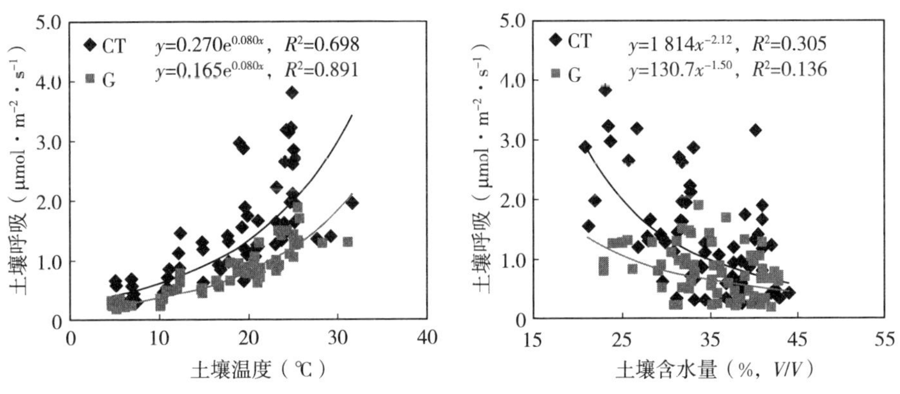

图1-11 杉木人工林土壤呼吸与土壤5cm处的温度和含水量的关系

（CT、G分别表示对照和树干环割处理）

表 1-10 杉木人工林土壤呼吸与根系的生物量及其化学性质的相关性

项目	土壤呼吸	
	r（相关系数）	P（显著性）
根系生物量（$g \cdot m^{-2}$）	0.82	0.045
葡萄糖（$mg \cdot g^{-1}$）	0.84	0.037
蔗糖（$mg \cdot g^{-1}$）	0.93	0.008
果糖（$mg \cdot g^{-1}$）	0.84	0.036
淀粉（$mg \cdot g^{-1}$）	0.81	0.049
磷（$mg \cdot g^{-1}$）	0.99	0.015
钾（$mg \cdot g^{-1}$）	0.06	0.916
钙（$mg \cdot g^{-1}$）	0.09	0.873
镁（$mg \cdot g^{-1}$）	0.36	0.489
碳（$mg \cdot g^{-1}$）	0.41	0.416
氮（$mg \cdot g^{-1}$）	−0.19	0.726

树干环割阻止了植物光合产物从树冠分配到根系，在树干环割 2 年内杉木人工林土壤呼吸显著降低了 40.8%，表明分配到根系的光合产物控制着土壤呼吸，是土壤呼吸的主要驱动因子（Chen et al.，2010；Högberg et al.，2001）。我们发现根系呼吸与根系的生物量和淀粉、葡萄糖等非结构性碳含量呈正相关关系，并且树干环割 2 年后林地内根系的生物量及其非结构性碳含量显著下降。这证明了根系的生物量及其非结构性碳含量的降低是引起土壤呼吸下降的主要原因（Frey et al.，2006）。除此之外，土壤微生物与土壤呼吸密切联系，微生物的生物量和群落结构的变化也是引起土壤呼吸下降的另一个重要原因。树干环割后杉木人工林土壤微生物生物量出现了下降，微生物群落结构也发生了变化。Janssens 等（2010）也发现土壤微生物群落结构的改变引起了土壤呼吸的下降。通过整合分析，Treseder（2008）发现在不同生态系统中微生物生物量的下降和微生物呼吸的降低是一致的。这是因为在森林生态系统中土壤微生物通常受到碳的限制，树干环割后通过根际分泌物进入到土壤中的活性碳含量降低，进而导致微生物呼吸下降。

树干环割后的前 3 个月杉木人工林土壤呼吸没有下降，这可能是因为杉木根系中储存的非结构性碳水化合物维持根系的呼吸。在实验过程中，我们发现杉木在树干环割 1 年后仍然具有萌芽能力，这使得一部分根系在短时间内仍然存活。也有一些实验发现了类似的研究结果。譬如，在同样具有萌芽能力的杨树林中土壤呼吸在树干环割后的短时间内几乎没有下降；Chen 等（2010）在亚热带尾叶桉人工林中也发现土壤呼吸在树干环割后的最初 2 个月也没有下降。据此，有研究认为采用树干环割的方法研究土壤呼吸时测定时间应该在树干环割后1年以上才更准确（Nordgren et al.，2003），但是该研究没有充分考虑树干环割后树木死亡所产生的根系的分解对土壤呼吸估算的影响。在森林生态系统中，利用树干环割和去除根系的方法如何更准确地测量根系呼吸还有大量的工作需要去开展。

日益严重的大气氮沉降使大量活性氮进入生态系统中，使土壤的氮有效性增加，不仅改变了植物光合产物的地上-地下分配，而且还影响了土壤呼吸。一些研究发现氮沉降可以降低植物的地下碳分配或减少植物的细根生物量（Janssens et al.，2010），从而对土壤呼吸产生影响。土壤中氮的有效性是影响土壤呼吸的一个重要因素，在森林生态系统中已有大量研究通过添加氮素或施氮肥来探讨土壤氮素有效性的变化对土壤呼吸的影响。有些研究结果显示添加氮素或者施氮肥降低了土壤呼吸（Wang et al.，2014），而有些研究则发现添加氮素或者施氮肥对土壤呼吸没有影响（Lee et al.，2003），甚至促进了土壤呼吸（Cleveland et al.，2006）。这些不同的研究结果可能是由于自养呼吸和异养呼吸对土壤氮素有效性增加的响应不同所引起的。例如，有研究发现氮素添加对土壤呼吸的促进作用主要是因为增强了自养呼吸（Hasselquist et al.，2012）。在森林生态系统中添加氮素通常能够降低异养呼吸（Janssens et al.，2010），而自养呼吸对氮素添加的响应则有很大差异，有的研究发现添加氮素增加了自养呼吸（Hasselquist et al.，2012），而有的研究则相反（Olsson et al.，2005），从而导致土壤呼吸对氮素添加产生不同的响应。

为了探讨光合产物输入和土壤氮有效性对土壤呼吸的耦合效应，He等（2016）在杉木人工林树干环割实验中进行了裂区实验，将原有的对照和树干环割实验小区分别裂分为2个亚区，其中一个亚区添加氮素。氮素的添加量为100kg·hm^{-2}·a^{-1}，添加方式为以2%的NH_4NO_3水溶液进行喷施，在对照区施加等量的水。通过为期1年的土壤呼吸观测，虽然在部分时间氮素添加降低了土壤呼吸，但总体上氮素添加对土壤呼吸的影响不显著（图1-12）。在没有树干环割的条件下，氮素添加对土壤呼吸的影响不显著，但是在树干环割后，氮素添加显著降低了土壤呼吸，特别是在生长季（图1-13）。同时，在非生长季氮素添加和树干环割对土壤呼吸具有显著的交互作用，并且在树干环割与氮素添加的共同作用下土壤呼吸显著降低了62.7%，土壤呼吸的下降程度也大于单独的树干环割。其中，在树干环割与氮素添加的共同作用下，在非生长季和生长季土壤呼吸分别下降了59.5%和65.4%，均显著高于单独的树干环割对土壤呼吸的降低作用（33.9%和54.8%）。这些结果说明氮素添加扩大了树干环割对杉木人工林土壤呼吸的降低程度，即土壤碳的有效性对土壤呼吸的影响受土壤养分的调控。

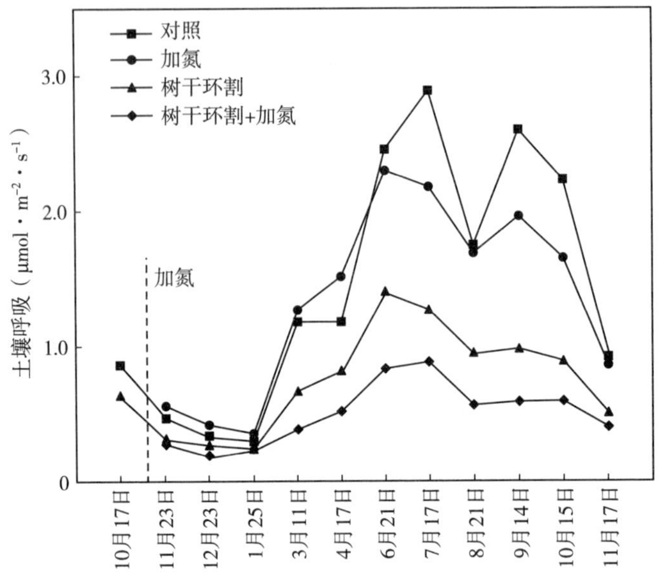

图 1-12　氮素添加与树干环割对杉木人工林土壤呼吸的影响

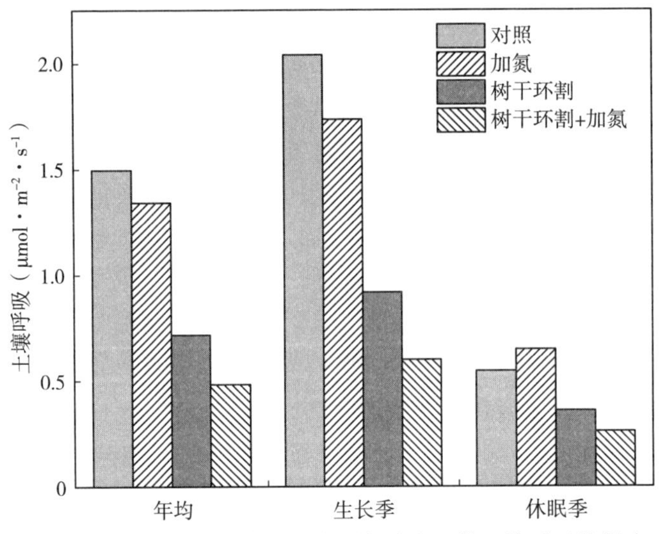

图 1-13　氮素添加和树干环割对杉木人工林土壤呼吸的影响

土壤微生物生物量的降低和群落结构的改变是引起氮素添加扩大树干环割对土壤呼吸降低程度的重要原因（Janssens et al.，2010；Treseder，2008）。在不考虑实验处理的情况下，利用土壤呼吸的年平均值与土壤微生物群落主成分分析的得分进行相关分析，其结果显示土壤呼吸与第一轴呈正相关，但是没有达到显著水平，与第二轴呈显著性负相关（图 1-14）。在树干环割＋氮素添加处理中土壤微生物生物量下降。此外，通过主成分分析发现氮素添加及其与树干环割的耦合处理的土壤微生物群落结构主要在第二轴有差异，而第二轴的得分和土壤呼吸呈显著性负相关关系。因此，这些结果表明某些微生物群落的改变是造成氮素添加扩大树干环割降低土壤呼吸的重要原因。

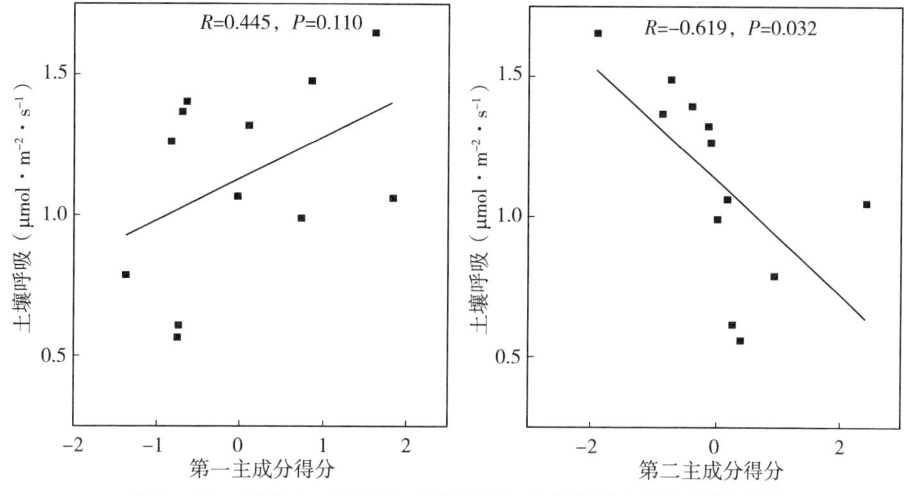

图 1-14　杉木人工林年均土壤呼吸和主成分得分的相关性分析

利用对照和树干环割小区的土壤呼吸数据，计算了土壤自养呼吸和异养呼吸。在生长季和非生长季氮素添加均显著降低了异养呼吸，降低幅度为33.3%和32.0%，但是在非生长季氮素添加使自养呼吸显著增加了102%（图1-15），即自养呼吸和异养呼吸对土壤氮素有效性增加的响应是相反的。

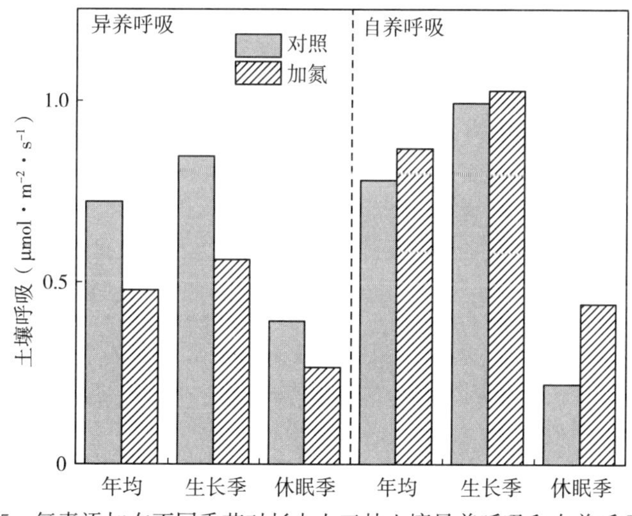

图 1-15　氮素添加在不同季节对杉木人工林土壤异养呼吸和自养呼吸的影响

四、根系呼吸对土壤总呼吸的贡献

土壤呼吸通常分为自养呼吸（根系、菌根及其根系微生物的呼吸，统称为根系呼吸）和异养呼吸（主要包括土壤微生物的呼吸），其中根系及其根际微生物呼吸释放 CO_2 的过程定义为自养呼吸，有时也称为根系呼吸，土壤微生物分解土壤有机质释放 CO_2 的过程视为异养呼吸，有时也称之为微生物呼吸。目前常用树干环割、壕沟法和同位素标记等方法来区分土壤呼吸中的根系呼吸和微生物呼吸，每种方法都各有优缺点，而壕沟法和树干环割因操作简单、成本较低而被广泛应用。在全球范围内，森林生态系统根系呼吸占土壤总呼吸的10%～90%，大部分为40%～60%（Hanson et al.，2000）。但是，在不同区域、不同森林中根系呼吸对土壤呼吸的贡献存在较大的变异，并且也与实验所采用的方法和研究时间等有关（表1-11）。我们在杉木人工林中利用壕沟法发现根系呼吸对土壤呼吸的贡献为22.6%，Sulzman等（2005）发现在Andrews森林中根系呼吸占土壤呼吸的23%，而在刚果Pointe Noire地区桉树林中根系呼吸对土壤呼吸的贡献高达59%（Epron et al.，2006）。在亚热带杉木人工林中，利用树干环割的方法，通过2年的野外观测，其结果显示根系呼吸约占土壤呼吸的40%，远高于通过壕沟法所测得的结果。然而，即使利用相同的实验方法，不同森林生态系统的根系呼吸对土壤呼吸的贡献也存在较大变异。例如，在中国东北地区6种典型森林中，根系呼吸对土壤呼吸的贡献因林型而异，为14.4%～51.4%。在寒冷的北方森林生态系统中，根系呼吸占土壤呼吸的比例较高（50%～93%），温带（33%～62%）、热带森林生态系统则稍低（Allen et al.，2004）。

表1-11　森林生态系统根系呼吸对土壤总呼吸的贡献

<table>
<tr><th>森林类型</th><th>测量时间</th><th>根系呼吸</th><th>实验方法</th><th>文献来源</th></tr>
<tr><td>雪岭云杉林</td><td>处理后8～13个月</td><td>21.5%</td><td>壕沟法</td><td>邵康等，2020</td></tr>
<tr><td>温带辽东栎林</td><td>处理后2～4年</td><td>29.8%～35.%</td><td>壕沟法</td><td>高士杰等，2020</td></tr>
<tr><td>Andrews 森林</td><td>处理后4～6年</td><td>23%</td><td>壕沟法</td><td>Sulzman et al.，2005</td></tr>
<tr><td>热带森林</td><td></td><td>61.3%～69.8%</td><td>壕沟法</td><td>蔡子良和邱世平，2019</td></tr>
<tr><td>油松林</td><td>处理后1～5年</td><td>21.3%～34.9%</td><td>壕沟法</td><td>赵博，2019</td></tr>
<tr><td>格氏栲林</td><td rowspan="2">处理后2年内</td><td>42.5%～47.6%</td><td rowspan="2">壕沟法</td><td rowspan="2">陈光水等，2005</td></tr>
<tr><td>杉木人工林</td><td>40.2%</td></tr>
<tr><td rowspan="2">湿地松林</td><td rowspan="3">处理后0～2年</td><td>26.9%</td><td>壕沟法</td><td rowspan="3">桑昌鹏，2017</td></tr>
<tr><td>5.9%</td><td>树干环割</td></tr>
<tr><td>尾巨桉林</td><td>29.2%</td><td>壕沟法</td></tr>
</table>

（续）

森林类型	测量时间	根系呼吸	实验方法	文献来源
北方松树林	处理后前 4 个月内	54%～65%	树干环割	Högberg et al., 2001
北方云杉林	处理后前 4 个月内	53%	树干环割	Högberg et al., 2009
温带云杉林		30%	树干环割	Andersen et al., 2005
温带松树林	处理后前 0.5 个月内	50%	树干环割	Johnsen et al., 2007
温带栗林	处理后 5～37d	36%	树干环割	Frey et al., 2006
亚热带桉树林	处理后前 3 个月内	24%	树干环割	Binkley et al., 2006

第四节　植物光合碳输入对土壤生物的影响

土壤中存在着大量的生物，主要包括土壤微生物和动物。就微生物而言，据估计每克土壤中约存在 10 亿个肉眼难以看见的不同种类和类群的微生物。传统上土壤微生物可以分为三大类：细菌、真菌和放线菌，其中细菌又可以进一步分为革兰氏阳性菌、革兰氏阴性菌等。土壤生物作为陆地生态系统元素转化和物质循环的主要驱动者，是土壤肥力形成和保育的核心动力，也是维持土壤健康和生态服务功能的重要保障。在植被-土壤系统中，土壤生物不但能够参与养分循环和物质代谢过程，直接影响地球生物化学循环过程，从而对植物凋落物分解、养分循环以及土壤性质的改善起着重要作用，还能通过改善土壤有机质等非生物因子间接影响植物生长。在森林生态系统中凋落物和土壤有机质是土壤生物的主要能量和物质来源。因此，地上凋落物和根系输入的变化可以改变土壤有机碳和养分的有效性以及微环境，进而影响土壤生物的群落结构组成与活性。不同类群的生物对养分和环境条件有不同的偏好，它们对环境变化或者养分条件的改变可能会有不同的响应。

一、上壤微生物的群落结构

（一）凋落物输入的调控

在杉木人工林 DIRT 试验布设 4 年后即 2014 年的 7 月采集 0～10cm 和 10～20cm 土层的土壤，利用磷脂脂肪酸（phospholipid fatty acid，简称 PLFA）法测定了土壤微生物的群落结构。研究结果显示，地上凋落物和根系输入的变化对土壤微生物群落结构均有显著影响，其中 0～10cm 土层地上凋落物输入的变化对土壤微生物群落结构的影响更大（表1-12）。地上凋落物和根系输入的调控对总磷脂脂肪酸、细菌、革兰氏阳性菌（GP）的脂肪酸浓度以及革兰氏阳性菌：革兰氏阴性菌（GN）的比值都有显著的交互作用。在0～10cm土层中，去除地上凋落物显著增加了土壤总磷脂脂肪酸、细菌、真菌和放线菌的脂肪酸浓度，它们分别比对照处理增加了38.6%、36.4%、50.6%和34.1%，去除根系降低了革兰氏阴性菌的脂肪酸浓度，从而导致了革兰氏阳性菌：革兰氏阴性菌比值的升高，但是同时去除地上凋落物和根系降低了土壤总磷脂脂肪酸的浓度，升高了真菌：细菌的比值和革兰氏阳性菌：革兰氏阴性菌的比值；而在10～20cm土层中，同时去除地上凋落物和根系也显著增加了土壤微生物的脂肪酸浓度。有研究发现去除地上凋落物后根系生物量显著增加（Huang et al.，2015）。因此，增加的根系生物量可能是引起微生物脂肪酸浓度增加的主要原因。在其他地区的森林中也得到了类似的研究结果。例如，在美国和匈牙利的3个DIRT长期实验中，去除根系使土壤真菌数量减少、放线菌增加（Brant et al.，2006）；加倍添加地上凋落物增加了凋落物层的真菌和细菌的总脂肪酸浓度，去除地上凋落物则减少了真菌脂肪酸浓度（Nadelhoffer et al.，2004）。在瑞典的挪威云杉林中，去除地上凋落物降低了菌根根尖数量（Siira-Pietikainen et al.，2001）。这是由于去除地上凋落物和根系减少了土壤有机质的来源，使土壤中微生物可利用的碳源减少，进而引起土壤微生物的生物量和群落结构发生变化。

表1-12　杉木人工林凋落物输入的变化对土壤磷脂脂肪酸浓度及两种脂肪酸比值的影响

土层（cm）	处理	总磷脂脂肪酸	细菌	真菌	真菌：细菌	革兰氏阳性菌	革兰氏阴性菌	革兰氏阴性菌：革兰氏阳性菌	放线菌
0～10	CK	44.3	28.6	8.9	0.31	11.8	9.1	1.30	4.1
	NL	61.4	39.0	13.4	0.34	15.7	11.6	1.40	5.5
	NR	42.7	27.9	8.2	0.30	12.9	7.82	1.71	4.1
	NI	37.8	23.7	8.4	0.35	10.7	5.9	1.80	3.4
10～20	CK	20.4	12.8	3.6	0.28	7.3	2.9	2.50	2.6
	NL	21.5	13.7	3.9	0.29	7.4	3.1	2.40	2.5
	NR	23.9	15.2	4.1	0.27	8.9	3.4	2.60	3.2
	NI	33.5	21.5	6.3	0.29	10.0	6.3	1.60	3.8

注：CK表示对照；NL表示去除地上凋落物；NR表示去除根系；NI表示去除地上凋落物和根系。

在前面研究的基础上，我们于2018年在不同季节采集了杉木人工林DIRT试验0～10cm土层土壤样品，分析了微生物的磷脂脂肪酸，以研究地上凋落物和根系输入的变化对土壤微生物群落结构影响的季节变化。由图 1-16 可知，凋落物输入的变化对土壤不同类群的微生物脂肪酸浓度的影响具有明显的季节性变化。与对照相比，在夏季和秋季去除地上凋落物降低了土壤微生物脂肪酸浓度，加倍添加地上凋落物虽然都增加了土壤微生物脂肪酸浓度，但在冬季的影响远高于其他季节。去除地上凋落物对土壤微生物脂肪酸浓度的影响在春季和冬季大于夏季和秋季，并以在冬季的影响最大。去除根系则是在秋季和冬季增加了土壤微生物脂肪酸浓度，并以秋季增加幅度最大；而在春季去除根系降低了土壤微生物脂肪酸浓度，在夏季影响不显著。凋落物添加与去除对土壤细菌：真菌比值和革兰氏阳性菌：革兰氏阴性菌比值的影响在不同季节间变化较小。

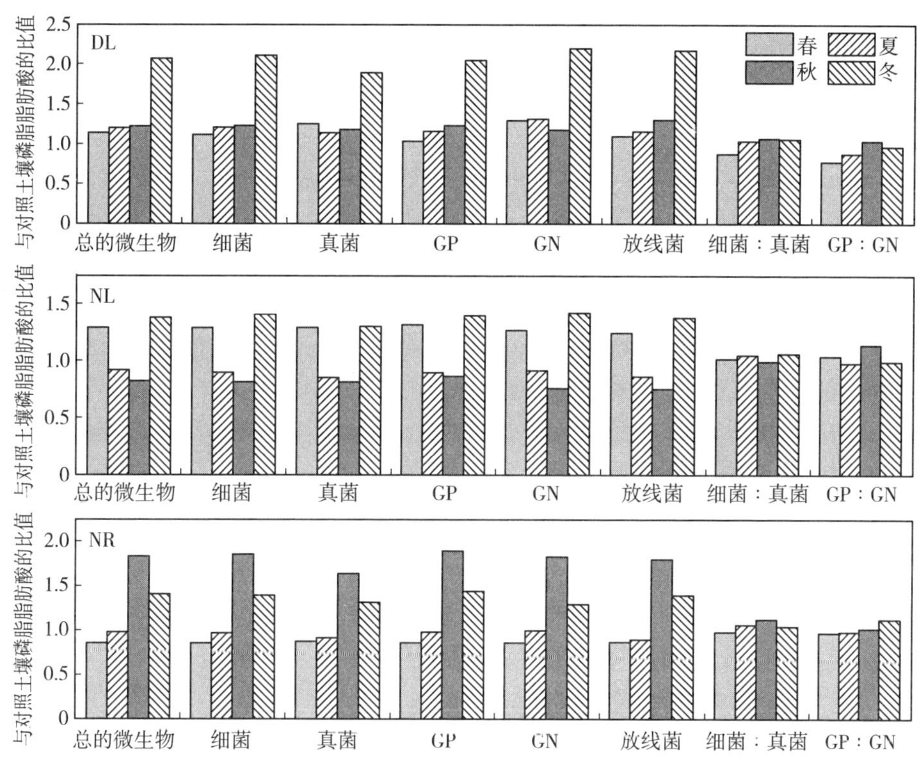

图 1-16　杉木人工林地上凋落物和根系输入的变化对土壤微生物脂肪酸浓度影响的季节变异

（图中数值为凋落物处理与对照的各类群脂肪酸的比值。DL：加倍地上凋落物；NL：去除地上凋落物；NR：去除根系；GP：革兰氏阳性菌；GN：革兰氏阴性菌）

在森林生态系统中，一些研究通过去除地上凋落物或根系的方法量化了凋落物管理对土壤微生物群落的影响。然而这些试验的研究结果显示，凋落物管理无论是对土壤微生物的影响程度还是影响方向均存在很大差异。例如，去除凋落物对微生物生物量的影响存在促进、抑制或者无影响（Feng et al.，2009；Prevost - Boure et al.，2011；Weintraub et al.，2013）。传统上认为，地上凋落物对森林土壤微生物群落的影响是等于或者大于根系的。然而，一些去除地上凋落物或根系的实验却发现，根系在调控微生物群落方面的作用更大（Brant et al.，2006；Sokol et al.，2019）。这些研究将其归因于植物根系可以直接接触微生物并能释放大量微生物可以直接利用的分泌物（Wu et al.，2018），以及根系能够诱发的激发效应（即外源底物的增加改变土壤原有有机质的分解）比地上凋落物更强烈（Huo et al.，2017）。

地上凋落物和根系对土壤微生物群落的相对重要性还依赖于气候区、森林类型和立地条件等。譬如，有研究发现地上凋落物输入对亚热带和热带森林微生物群落的影响更大，但对温带森林微生物群落的影响较小（See et al.，2019）。他们认为是由于温暖湿润的亚热带和热带森林会比寒冷而干燥的温带和北方森林具有更多的地上生物量，地上凋落物具有更高的分解速率。为此，Jing 等（2021）基于 Web of Science 和中国知网数据库收集在 2020 年 11 月之前发表的文章，检索的关键词有“碳输入”“有机质输入”“凋落物输入”“凋落物控制”“环割”“根系移除”“凋落物移除”“凋落物输入与移除实验”与“微生物”“真菌”“细菌”“磷脂脂肪酸”“森林”的不同组合。同时，检索到的文章还需要满足以下条件：①野外实验；②对照与处理具有相同的气候、植被和土壤条件；③文章给出了均值、标准差（误）和重复数；④如果同一个实验存在不同观测时间，仅选择观测时间最近的那次；⑤只选择表层土壤；⑥同一文章中不同的凋落物去除方法、土壤及植被类型视为独立研究。最终，我们共收集到 68 篇文章满足以上条件，包括 60 个去除地上凋落物和 71 个去除根系实验，被用于整合分析研究。在这些文章中，我们提取了总微生物、真菌、细菌、革兰氏阳性菌（GP）、革兰氏阴性菌（GN）、放线菌（ACT）、丛枝菌根真菌（AMF）、外生菌根真菌（EMF）的生物量，以及真菌∶细菌比值（F/B）等指标。参考 Ren 等（2017）的研究方法，如果实验同时采用氯仿熏蒸法和磷脂脂肪酸法，采用氯仿熏蒸法的实验数据。除了微生物指标外，我们还提取了相关的环境信息，包括年均温（MAT）、年降雨（MAP）、植被、土壤温度、土壤湿度、土壤有机碳、全氮、可溶性有机碳、可溶性有机氮、土壤铵态氮和硝态氮等。如果文中没有报道气候因子，我们根据经纬度用 World-Clim 数据库重建气候数据。

在全球尺度上，去除地上凋落物显著降低土壤总的微生物生物量，降低幅度为 4.9%，但是使真菌的生物量增加了 10.1%（图 1 - 17），从而也导致土壤真菌∶细菌比值显著增大了 38.3%。去除地上凋落物也使土壤革兰氏阳性菌∶革兰氏阴性菌的比值显著增加了 8.5%。与去除地上凋落物相比，去除根系对土壤总的微生物生物量的抑制作用更强，达到了 11.7%，同时对真菌生物量的降低作用也更大，使真菌生物量降低了 26.2%。去除根系还使细菌和革兰氏阳性菌的生物量分别显著增加了 5.7% 和 4.2%，但是使放线菌、丛枝菌根真菌和外生菌根真菌的生物量分别降低了 7.9%、22.9%和 43.8%。此外，去除根系还显著改变了土壤微生物的群落组成，使真菌∶细菌比值降低了 24.4%，革兰氏阳性菌∶革兰氏阴性菌比值增加了 6.7%。此外，我们还发现土壤微生物的不同类群对凋落物管理措施的响应存在差异。地上凋落物显著增加真菌，但对其他微生物类群没有显著影响，说明真菌对地上凋落物变化的反应更敏感。与地上凋落物对真菌的影响不同，去除根系显著降低了真菌的生物量，特别是菌根真菌。这个结果证实了之前利用^{13}C 标记方法所发现的真菌主要利用根源碳的结果（Bai et al.，2016），在全球尺度上为真菌更依赖于根源底物提供了证据。

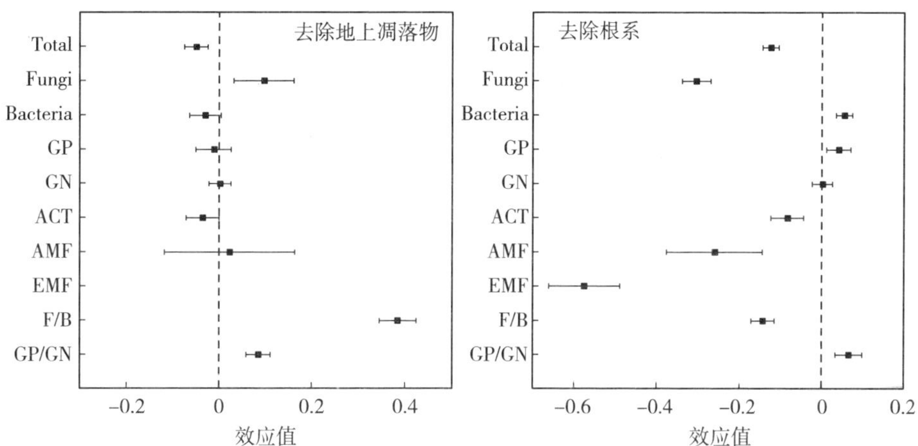

图 1－17　去除地上凋落物和去除根系对土壤微生物群落的影响

（Total、Fungi、Bacteria、AMF、EMF、GP、GN、ACT 和 F/B 分别为总微生物、真菌、细菌、丛枝菌根真菌、外生菌根真菌、革兰氏阳性菌、革兰氏阴性菌、放线菌和真菌/细菌比）

从图 1－18 可以看出，地上凋落物和根系对土壤微生物总生物量的影响在不同温度带存在差异。其中，在热带、亚热带和温带森林中去除根系对土壤微生物总生物量的降低作用显著大于去除地上凋落物，而在北方森林中它们的影响差异不显著。另外，实验处理时间也影响地上凋落物和根系对土壤微生物总生物量的相对重要性，当实验处理时间超过 3 年时去除根系对土壤微生物总生物量的降低作用显著大于去除地上凋落物，也显著大于去除根系时间小于 3 年的。

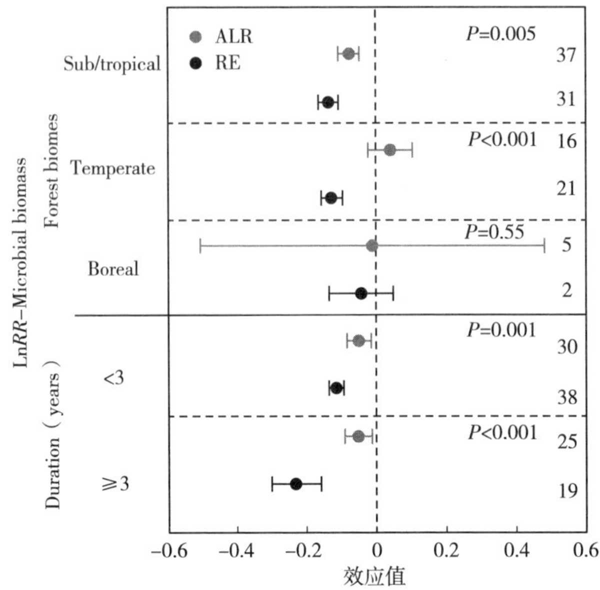

图 1-18　地上凋落物和根系去除对土壤微生物总生物量的影响在不同温度带和处理年限间的差异

［图右边的数据代表观察数。ALR 为去除地上凋落物，RE 为去除根系，LnRR-Microbial biomass 为微生物生物量响应比的自然对数，Forest biomes 为森林生物区，Sub/tropical、Temperate 和 Borea 分别为亚热带/热带森林、温带森林和北方森林，Duration（years）为实验处理时间（年）］

我们在全球尺度上的整合分析研究发现，去除根系对土壤微生物生物量的降低程度高于去除地上凋落物（Jing et al.，2021），说明根系的输入对土壤微生物的影响大于地上凋落物，也支持了根系对土壤微生物的贡献大于地上凋落物这个观点。去除根系对土壤可溶性有机碳含量的降低作用也大于去除地上凋落物（图 1-19），而一些研究认为土壤微生物生物量与可溶性有机碳含量呈正相关关系（Ren et al.，2017）。因此，去除根系对土壤可溶性有机碳更强的降低作用可以解释为何根系的输入对土壤微生物的影响大于地上凋落物。

通过线性相关性回归分析，去除地上凋落物对土壤微生物总生物量的降低程度随着年均温和年降水量的增加而增强，但是与实验处理时间的长短或土壤其他性质的变化相关性较小（图 1-20 和表 1-13）。该研究结果说明温暖和湿润地区的微生物对地上凋落物变化更敏感。Xu 等（2013）通过整合分析也发现去除地上凋落物仅降低热带森林土壤微生物生物量，而对温带森林微生物生物量没有影响。去除地上凋落物对微生物生物量的降低作用与处理持续时间和土壤性质无关，可能是因为随着实验处理时间的增加，微生物能够通过调节群落结构或者底物利用策略维持自身的生长。与去除地上凋落物相反，去除根系

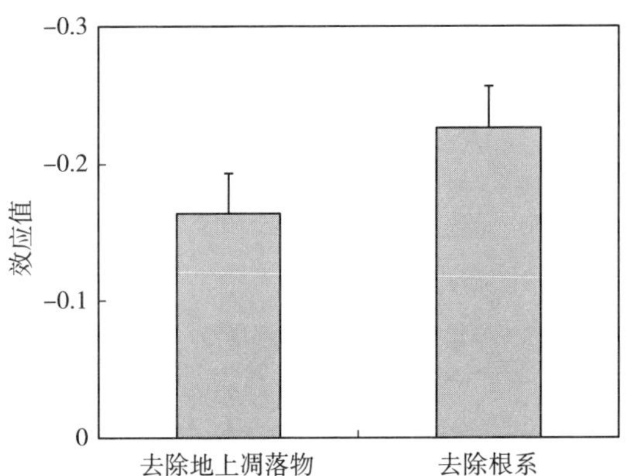

图 1-19　在全球尺度上去除地上凋落物和去除根系对土壤可溶性有机碳含量的影响

对土壤微生物总生物量的降低作用随着处理时间的延长而线性增加，并与去除根系引起的可溶性有机碳含量变化呈正相关。这种时间效应可能因为去除根系对土壤中微生物可利用碳的长期降低作用，也说明根系对土壤微生物的影响是持续且深远的，在管理森林生态系统碳输入时应考虑植物根系-土壤微生物的交互。

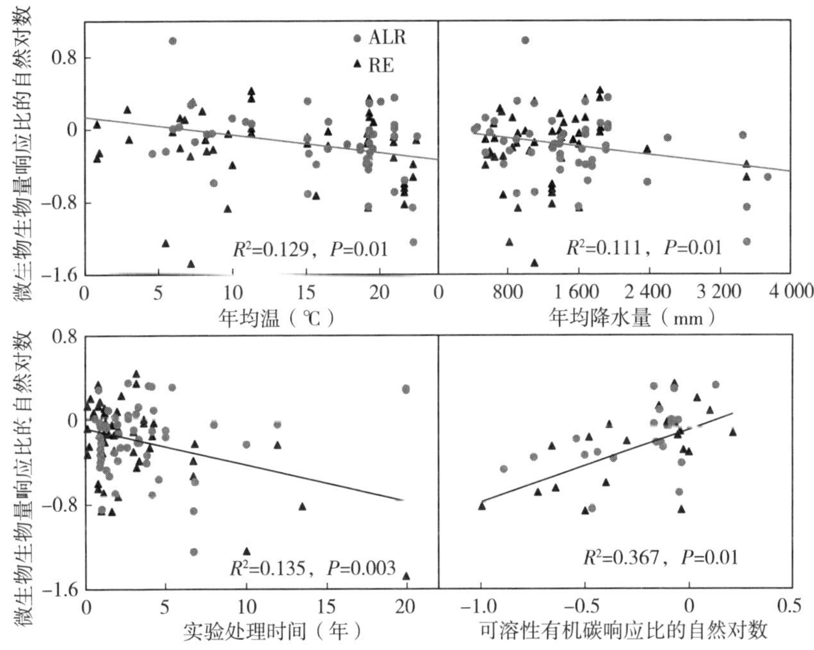

图 1-20　微生物生物量对去除地上凋落物和去除根系的响应比的自然对数与年均温（MAT）、年降水（MAP）、处理时间和可溶性有机碳含量响应比的自然对数之间的关系

（ALR：去除地上凋落物；RE：去除根系）

表 1-13 土壤微生物总生物量对凋落物管理措施的效应值与气候和土壤变化之间的相关系数

变量	去除地上凋落物对微生物生物量影响的效应值	去除根系对微生物生物量影响的效应值
年均温	−0.39	−0.04
年降水	−0.33	−0.04
持续时间	0.12	−0.38
初始土壤有机碳	−0.03	0.22
初始全氮	0.362	ND
温度响应比的自然对数	0.06	0.27
湿度响应比的自然对数	0.23	0.24
土壤有机碳响应比的自然对数	−0.32	0.35
全氮响应比的自然对数	−0.47	0.09
可溶性有机碳响应比的自然对数	−0.57	0.58
可溶性有机氮响应比的自然对数	ND	0.36
铵态氮响应比的自然对数	0.21	ND
硝态氮响应比的自然对数	ND	0.12

注：ND 代表数据不足。

土壤中的微生物数量巨大、种类繁多，是联系不同圈层物质与能量交换的重要纽带，被称为地球关键元素生物地球化学过程的引擎，但长期以来理论与技术的发展制约了土壤微生物学研究，阻碍了对土壤有机碳循环过程的深入认识。21 世纪初，土壤微生物的分类理论渐具雏形，先进技术的开发应用发展迅猛，成为不同学科交叉发展的重要前沿。特别是自 2005 年以来，新一代焦磷酸高通量测序等新技术的发展与应用从根本上改变了传统土壤微生物多样性的研究理念，极大地提高了土壤微生物研究的灵敏度，能有效地研究土壤样品中复杂的微生物群落组成，推动土壤微生物学科的发展。高通量测序技术在环境样品微生物群落分析中的应用可以说又是微生物生态学研究领域的一次技术飞跃。在对土壤“黑箱”的研究中，除了微生物多样性，我们更希望深入了解具体的群落结构组成信息。目前对于森林土壤微生物群落结构的研究大多采用基于细胞生物学发展起来的磷脂脂肪酸（PLFA）技术。该技术所依赖的针对个别脂肪酸标识物的数据库源于少数可被分离的纯培养菌株，因此 PLFA 技术对原位土壤微生物群落中特定菌种指征有时不够明确。所获得的数据也很少能具体到“种”的信息，仅仅能够提供比较粗犷的细菌、真菌、放线菌、革兰氏阳性菌、革兰氏阴性菌等种群的结构组成。高通量测序技术具有操作简便、大通量、自动化的特点，使得我们能够同时对大量样品进行深度测序，从而获得精细的微生物群落结构组成信息。2006 年，Sogin 等首次将 454 焦磷酸测序技术应用于深度分析环境样品微生物群落结构组成，并将研究成果发表在 *Proceedings of the National Academy of Sciences of the United States of America* 上。Nemergut 等（2010）研究了哥斯达黎加热带雨林凋落物输入量的变化对细菌群落结构的影响，结果表明，酸杆菌门（Acidobacteria）为低碳输入处理中的优势菌，而 α-变形细菌门（Alphaproteobacteria）在高碳输入的处理中占优势。总之，近年来发展起来的高通量测序技术为微生物生态学研究带来了一次技术革命，使我们能够利用有限的时间和测序成本对环境样品的微生物群落同时进行深度和广度分析，尽管后续数据处理工作繁杂，但高通量测序仍将是未来土壤微生物生态学研究的主流前沿技术。

我们利用高通量测序技术研究了杉木人工林凋落物管理对土壤微生物群落组成的影响。我们发现就在门水平上细菌中以变形菌门（Proteobacteria）为主，其相对丰度最高，为 32.7%～41.2%，其次为酸杆菌门（Acidobacteria）和厚壁菌门（Firmicutes），它们的相对丰度分别平均为 17.6%和 12.6%（图 1-21）。在细菌中相对丰度大于 5.0%的还有放线菌门（Actinobacteria）（10.7%）、拟杆菌门（Bacteroidetes）（10.0%）和绿弯菌门（Chloroflexi）（8.7%）。在优势种群中，去除地上凋落物或根系增加了厚壁菌门和拟杆菌门的相对丰度，其中厚壁菌门的相对丰度从对照的 11.9%增加到 15.1%～17.1%，拟杆菌门的相对丰度从对照的 7.5%增加到 11.9%～13.6%；然而去除地上凋落物或根系降低了酸性菌门和绿弯菌门的相对丰度，其中酸性菌门的相对丰度从对照的 20.1%降低到 12.7%～16.7%。但是去除地上凋落物或根系包括同时去除地上凋落物和根系均没有影响变形菌门的相对丰度，与此相反，加倍添加地上凋落物显著增加了其相对丰度，从对照的 32.8%增加到了 41.2%。加倍添加地上凋落物降低了厚壁菌门和绿弯菌门的相对丰度，分别从对照的 11.9%和 9.6%降低到 8.9%和 5.2%。

就真菌而言，在杉木人工林土壤中，在门的水平上主要包括了子囊菌门（Ascomycota）、担子菌门（Basidiomycota）、被孢霉门（Mortierellomycota）、毛霉门（Mucoromycota）和罗兹菌门（Rozellomycota）等 5 个种群（图 1-22），另外有 11.1%～16.3%的没有鉴定出来，明显高于细菌的 2.8%。在这些已知的种群中，子囊菌门占绝大多数，其相对丰度高达 79.7%，其他类群的相对丰度均小于 5.0%。其中担子菌门和被孢霉门的相对丰度大于 1.0%，分别为 4.26%和 1.06%；而毛霉门和罗兹菌门的相对丰度均小于 1.0%，仅为 0.83%和 0.13%。改变地上凋落物的输入对子囊菌门相对丰度的影响大于改变根系，而改变地上凋落物或根系的输入均降低了担子菌门的相对丰度，除加倍添加地上凋落物降低了被孢霉门的相对丰度外，其他处

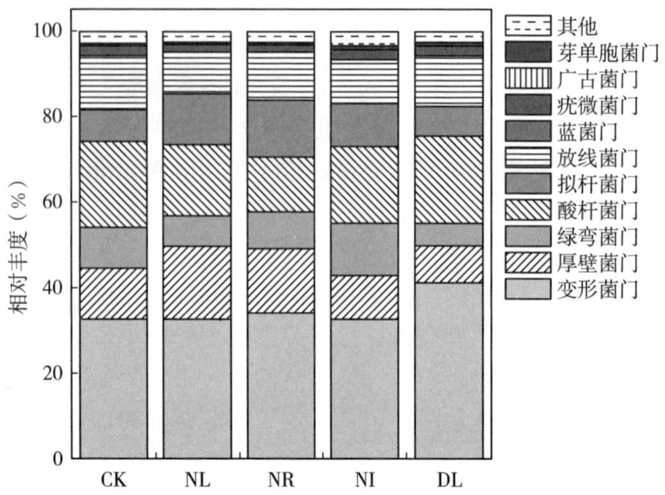

图 1-21　杉木人工林地上凋落物和根系输入的调控对土壤细菌相对丰富度（门水平）的影响

理均增加了其相对丰度。就毛霉门的相对丰度而言，除只去除根系处理对其影响较小外，其他处理均显著增加了其相对丰度。

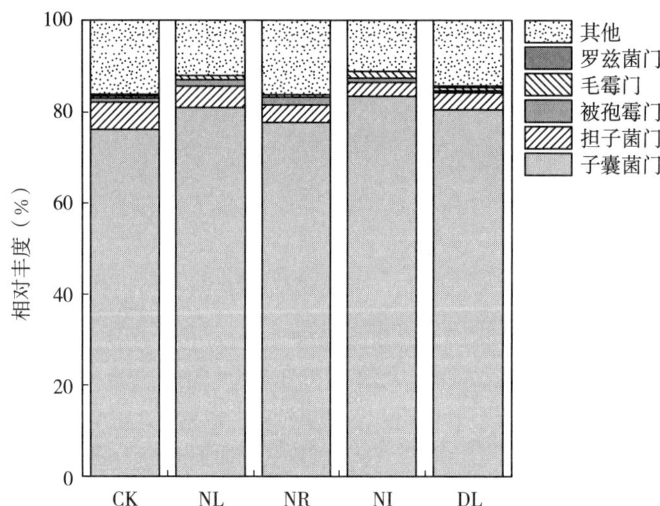

图 1-22　杉木人工林地上凋落物和根系输入的调控对土壤真菌相对丰度（门水平）的影响

鉴于在门水平真菌已知的类群相对较少，我们进一步在纲水平上分析了凋落物输入对其影响。在杉木人工林土壤中相对丰度大于 1.0%的真菌主要有座囊菌纲（Dothideomycetes）、粪壳菌纲（Sordariomycetes）、锤舌菌纲（Leotiomycetes）、散囊菌纲（Eurotiomycetes）、银耳纲（Tremellomycetes）

和长孢被孢霉纲（Mortierellomycetes），它们的相对丰度分别为 17.74%、13.26%、14.93%、6.90%、3.77%和 1.06%（图 1－23）。与对照相比较，去除根系对座囊菌纲的相对丰度有增加的趋势，而其他处理则降低了座囊菌纲的相对丰度。就锤舌菌纲而言，加倍添加地上凋落物显著增加了其相对丰度，而去除根系和同时去除地上凋落物及根系的处理则显著降低了其相对丰度。改变凋落物的输入增加了散囊菌纲的相对丰度，而降低了 Tremellomycetes 和古根菌纲（Archaeorhizomycetes）的相对丰度。

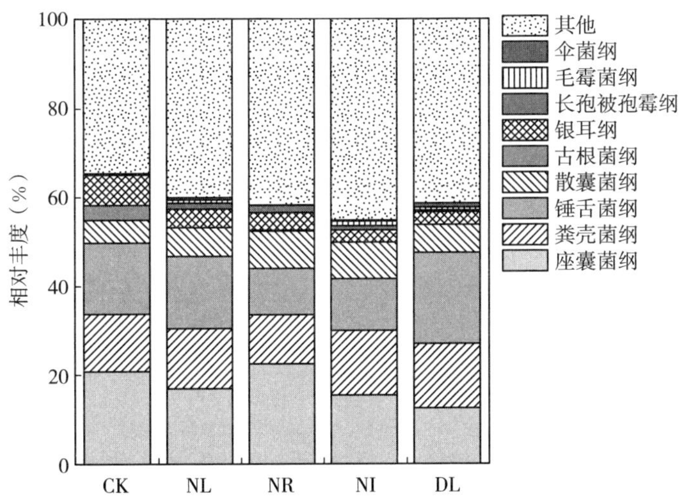

图 1－23　杉木人工林地上凋落物和根系输入的调控对土壤真菌相对丰度（纲水平上）的影响

（二）树干环割的影响

树干环割通过阻断光合产物供应，改变土壤理化性质，尤其是活性碳库和养分，从而对土壤微生物群落结构产生重要影响（Högberg et al.，2010；Kaiser et al.，2010；Chen et al.，2012）。在亚热带地区贺同鑫等（2017）选择了中国科学院会同森林生态实验站 26 年生的杉木林和 23 年生的马尾松林进行树干环割实验。在树干环割 1 个月和 1 年后利用磷脂脂肪酸法测定了土壤微生物生物量。树干环割 1 个月和 1 年后杉木林和马尾松林的土壤总微生物生物量、细菌、真菌和放线菌含量总体上呈现降低趋势，而且微生物的群落结构均发生了显著变化（图 1－24）。树干环割 1 个月后，杉木林土壤微生物生物量和群落结构的变化比马尾松林大；但是树干环割 1 年后则相反，表现为马尾松林土壤微生物生物量和群落结构的变化大于杉木林，可能与树木根系的性质和分解速率有关，但具体原因尚有待于进一步深入研究。就土壤微生物的具体变化而言，在杉木林中，树干环割 1 个月后总微生物、细菌和真菌以及革兰氏阴性菌的磷脂脂肪酸含量分别下降了 10.3%、10.9%、20.0%和 13.4%，而细菌：真菌的比值增加了 11.2%；树干环割 1 年后，细菌和革兰氏阴性菌的含量分别下降了 20.3%和 22.1%，比树干环割后第 1 个月下降的幅度大。在马尾松林中，树干环割 1 个月，真菌和革兰氏阳性菌的含量分别下降了 21.9%和 14.5%，细菌：真菌的比值增加了 12.9%；树干环割 1 年后，总微生物生物量、细菌和放线菌的含量分别下降了 17.8%、15.9%和 27.4%。此外，杉木林中树干环割处理 1 个月后磷脂脂肪酸 cy17:0 与 16:1ω7c 的比值显著升高，而在马尾松林中该比值则在树干环割处理 1 年后显著升高。

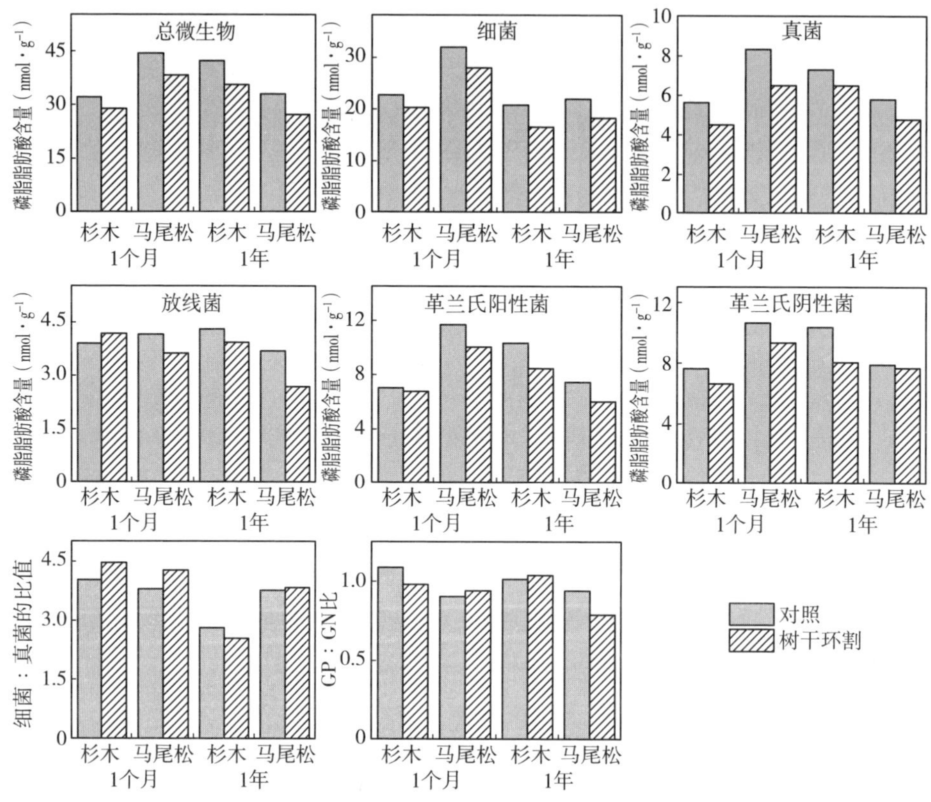

图 1-24　树干环割 1 个月和 1 年后杉木林和马尾松林土壤微生物群落结构的变化

在我们的研究中，无论是杉木林还是马尾松林树干环割后土壤总微生物生物量、真菌和细菌含量均显著降低，这表明土壤微生物对地上光合产物具有依赖性。树干环割 1 个月显著降低了杉木林和马尾松林中土壤真菌的含量，虽然树干环割也降低了杉木林中土壤细菌的含量，但对真菌的降低程度显著高于细菌，同时在马尾松林土壤中细菌的含量没有发生显著变化。这说明光合产物输入的下降对真菌的影响要显著高于细菌，特别是在光合产物输入下降的初期。这主要是由于真菌比其他微生物群落更依赖于光合产物的供应，特别是菌根真菌。已有研究发现光合碳向地下输入的降低导致依赖于根系分泌物的菌根真菌的数量显著下降（Högberg et al.，2010；Kaiser et al.，2010）。

树干环割对土壤微生物群落的影响具有树种差异性，即使在同一区域内树干环割对杉木林和马尾松林土壤微生物的影响也存在差异。例如，在杉木林中树干环割 1 个月后，总磷脂脂肪酸、细菌、真菌和革兰氏阴性菌的含量都显著下降，而在马尾松林中，树干环割 1 个月仅真菌和革兰氏阳性菌的含量出现了降低。这表明短期时间内阻断光合产物供应后，杉木林土壤微生物的响应大于马尾松林。在亚热带的尾叶桉林和厚荚相思林中，Chen 等（2012）也发现了此类现象，具体表现为树干环割虽然降低了尾叶桉林和厚荚相思林土壤中真菌的含量、增加了细菌的含量，但是树干环割对细菌和真菌含量的影响程度在这两种人工林中具有较大的差异。树干环割减弱了植物地下碳输入，但并没有造成植物根系的大量死亡，而且植物活根系中储存的碳更多地用于维持根系生长和促进植物萌芽，因而减少向土壤中的碳输入，导致微生物生长受到碳限制。同时，土壤微生物可以通过改变自身区系结构和活性来适应碳限制，例如增强对难分解质的利用，以保证生态系统的稳定循环。磷脂脂肪酸中cy17：0与16：1ω7c 的比值可以指示基质可利用性的限制作用，该比值的升高说明基质有效性不足增加了微生物生长压力。在杉木林中土壤微生物磷脂脂肪酸cy17：0与 16：1ω7c 比值的显著升高说明树干环割 1 个月后微生物受到可利用性碳的限制。而马尾松的萌芽能力较弱，树干环割后大部分根系死亡，尽管树干环割降低了植物光合碳供应，但是死亡的根系为微生物提供了分解底物，增加土壤可利用性碳，从而在短时间内降低了树干环割对微生物的影响。然而，树干环割 1 年对马尾松林土壤微生物的影响要高于杉木人工林。这主要是由于树干环割 1 年后，杉木的萌芽能力逐渐减弱，因而减少了对根系碳的消耗，而且死亡根系数量增加，两者为土壤微生物提供较充足的碳，有利于维持微生物的生长。而在马尾松林中，马尾松的根系分解可以快于杉木的根系，致使树干环割 1 年后死亡根系中的可利用性碳已被微生物消耗，同时缺乏新的碳输入导致微生物受到碳限制，从而抑制了微生物的生长。

在研究树干环割对土壤微生物影响的同时，我们采用裂区试验的方法通过氮素添加探讨了树干环割和氮素添加对杉木林土壤微生物的耦合影响。研究结果表明，树干环割和氮素添加均降低了土壤微生物生物量，而且氮素添加对土壤微生物生物量的降低作用更强（表 1 - 14）。树干环割使细菌和革兰氏阴性菌脂肪酸的含量分别降低了 20.3％和 22.2％，而氮素添加除了降低了这两者之外还降低了总微生物和革兰氏阳性菌脂肪酸的含量。树干环割与氮素添加的交互对土壤微生物的影响比单一的树干环割或氮素添加处理更强，分别使总微生物、细菌、革兰氏阳性菌和革兰氏阴性菌等脂肪酸的含量显著降低了 35%、41%、33%和 49%。利用脂肪酸的数据进行主成分分析，我们发现第一主成分和第二主成分分别解释土壤微生物变异的 60%和 31%（图 1-25）。树干环割和氮素添加及两者对土壤微生物群落的交互作用主要体现在第一轴，其图中的向量表明它们主要降低了总磷脂脂肪酸和细菌脂肪酸浓度导致的处理间的差异。此外，氮素添加后，树干环割对土壤微生物的差异则主要体现在第二轴，主要通过增加了真菌：细菌的比值和革兰氏阳性菌：革兰氏阴性菌的比值。

表 1-14 树干环割和氮素添加对杉木人工林磷脂脂肪酸浓度和两种脂肪酸比值的影响

磷脂脂肪酸浓度（nmol・g^{-1}）	对照	树干环割	氮素添加	树干环割+氮素添加
总微生物	42.4a	35.6ab	31.1bc	27.6c
细菌	20.7a	16.5b	12.7c	12.2c
真菌	7.3a	6.5a	5.8a	5.2a
细菌：真菌的比值	2.86a	2.56a	2.17a	2.33a
革兰氏阳性菌	10.3a	8.4ab	7.5b	6.9b
革兰氏阴性菌	10.4a	8.1b	5.2c	5.33c
革兰氏阳性菌：阴性菌比	1.02b	1.05b	1.46a	1.30ab

注：同列中不同字母代表显著性差异。

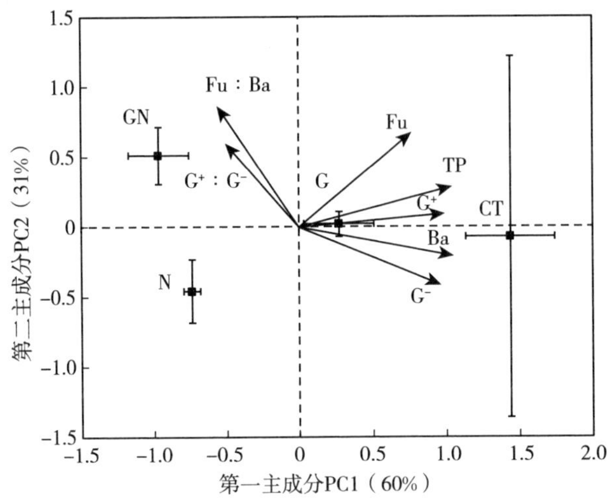

图 1-25 所有处理对杉木人工林磷脂脂肪酸数据的主成分分析

（TP 为总磷脂脂肪酸；G^+：革兰氏阳性菌；G^-：革兰氏阴性菌；Ba：细菌；Fu：真菌。CT：对照；G：树干环割；N：氮素添加；GN：树干环割+氮素添加）

二、土壤酶活性

土壤酶是来自土壤微生物和植物的生物活性物质，是产生专一生物化学反应的生物催化剂，作为土壤生物地球化学过程的重要参与者，在森林生态系统的物质循环和能量流动过程中扮演着重要的角色。凋落物作为土壤微生物的重要能量来源，其输入的变化会影响土壤酶活性。有研究发现，在热带森林中减少凋落物输入增强土壤磷的限制性，从而导致与磷循环相关的酶的活性增强（Weintraub et al.，2013）；魏翠翠等（2018）也发现添加或去除地上凋落物均降低了亚热带森林土壤酸性磷酸酶、β-葡萄糖苷酶和多酚氧化酶的活性。同时，在亚热带马尾松林中，Ge等（2017）发现，凋落物输入量与纤维素酶、脲酶和多酚氧化酶活性呈显著线性相关，并且凋落物含水量和氮含量是影响这些酶活性的重要因素。由此可见，凋落物输入的变化会引起微生物碳源和养分源的变化，造成土壤微生物群落组成及其代谢方式的改变，进而影响土壤酶活性。

在云南哀牢山的亚热带常绿阔叶林中，刘珊杉等（2020）发现，去除地上凋落物9年后0～5cm土层土壤酸性磷酸酶活性显著下降，去除地上凋落物和去除根系分别消除和弱化了土壤酸性磷酸酶活性随土层深度增加而显著降低的效应（图1-26）。与对照相比，去除地上凋落物、去除根系都显著降低了0～5cm土层土壤β-葡萄糖苷酶活性，但是对5～10cm土层土壤β-葡萄糖苷酶活性的影响不显著。地上凋落物去除降低了0～5cm土层土壤β-1,4-N-乙酰氨基葡萄糖苷酶活性，二根系去除对β-1,4-N-乙酰氨基葡萄糖苷酶活性没有影响。此外，β-1,4-N-乙酰氨基葡萄糖苷酶的活性随土层深度的增加而显著降低。在不同土层中去除地上凋落物对多酚氧化酶活性的影响均不显著，但是去除根系降低了0～5cm和5～10cm土层土壤多酚氧化酶活性。与对照相比，仅去除地上凋落物和去除根系显著增加了0～5cm和5～10cm土层中土壤过氧化物酶活性。

在亚热带江西省的杉木林，刘仁等（2020）在凋落物添加和去除的第5年采集了土壤样品，发现凋落物输入的调控显著影响了土壤β-葡萄糖苷酶、半纤维素酶、亮氨酸基肽酶、酸性磷酸酶、乙酰葡萄糖苷酶等的活性（图1-27）。地上凋落物去除使腐殖质层中的β-葡萄糖苷酶、半纤维素酶、亮氨酸基肽酶和乙酰葡萄糖苷酶的活性均发生了显著降低，而地上凋落物添加仅增加了腐殖质层中酸性磷酸酶的活性，增幅为16.2%，这表明凋落物去除对土壤酶活性的影响大于凋落物添加。就0～5cm土层而言，地上凋落物添加增加了土壤半纤维素酶、乙酰葡萄糖苷酶的活性，而去除地上凋落物对二者影响不显著；土壤酸性磷酸酶、β-葡萄糖苷酶和亮氨酸基肽酶的活性对地上凋

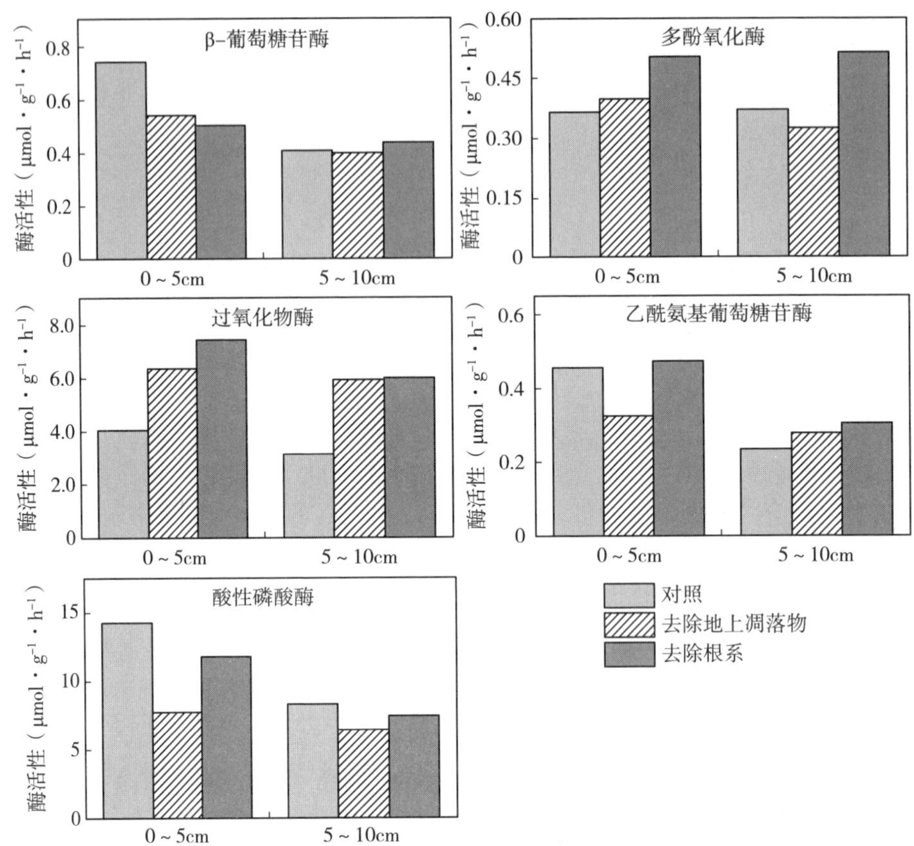

图 1-26 凋落物去除和土层深度对亚热带常绿阔叶林土壤酶活性的影响

落物添加表现出显著的正效应，而对地上凋落物去除响应较弱。在 5～10cm 土层中，地上凋落物添加使土壤 β-葡萄糖苷酶、半纤维素酶和亮氨酸基肽酶的活性增加，而地上凋落物去除对它们的影响弱于地上凋落物添加。土壤酸性磷酸酶和 β-葡萄糖苷酶的活性均表现为 0～5cm 和 5～10cm 土层低于腐殖质层，但 0～5cm 和 5～10cm 土层间差异不显著。另外，在 3 种凋落物输入的调控下，土壤半纤维素酶、乙酰葡萄糖苷酶和亮氨酸基肽酶的活性均随土层深度的增加而显著降低。

凋落物输入的变化可通过改变土壤微生物的生存环境间接影响土壤酶的活性。在杉木林中，刘仁等（2020）发现地上去除凋落物降低了土壤含水量，而土壤含水量与土壤酶活性呈极显著正相关关系，因此去除地上凋落物对土壤酶活性的降低作用可能与土壤含水量下降即土壤变干有关。在森林生态系统中，凋落物通常具有隔温保水的功能，去除地上凋落物后土壤裸露面积增加，凋落物的隔温保水功能减弱，可能促进土壤水分蒸发，导致土壤含水量降低。土壤

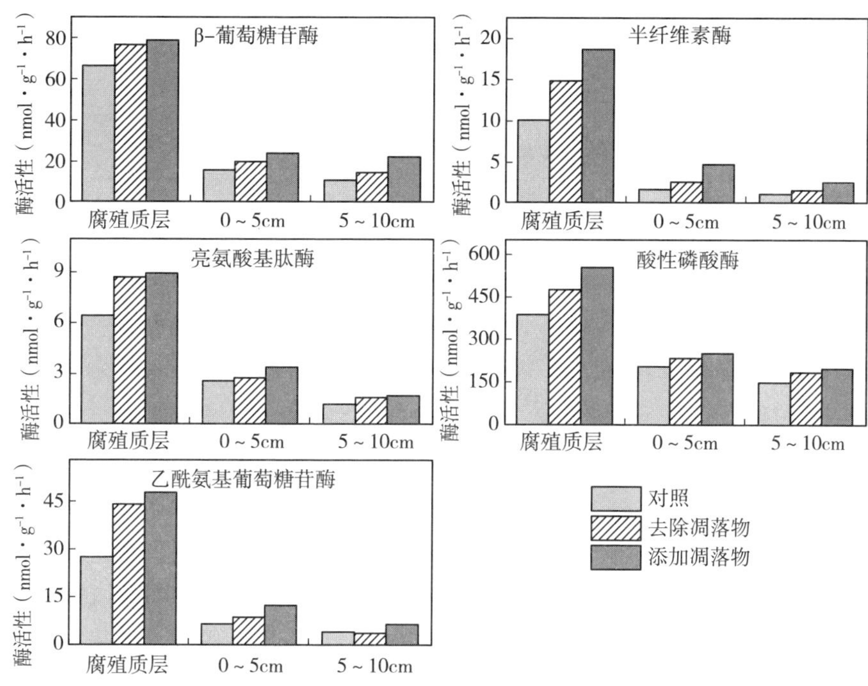

图1-27 地上凋落物的添加与去除对杉木林土壤水解酶活性的影响

含水量的降低可能会影响底物和土壤酶的扩散速率，最终导致微生物生物量和活性发生下降，从而间接地抑制了土壤酶活性。此外，凋落物不仅是微生物重要的碳源，还是重要的养分来源，尤其是氮素。凋落物输入的变化还可以通过改变土壤中有效氮的含量来影响酶活性。刘仁等（2020）通过冗余分析发现，土壤铵态氮和硝态氮的含量与乙酰葡萄糖苷酶和亮氨酸基肽酶的活性存在显著的正相关。以往也有研究发现乙酰葡萄糖苷酶和亮氨酸基肽酶活性随着土壤无机氮含量的增加而增强（Zhou et al.，2013）。这表明去除地上凋落物可能通过降低土壤中铵态氮和硝态氮的含量最终使土壤中乙酰葡萄糖苷酶和亮氨酸基肽酶的活性降低。相反，添加地上凋落物可能因增加了土壤有效氮含量而增强土壤酶活性。例如，在油松-辽东栎针阔混交林中添加凋落物增强了土壤β-葡萄糖苷酶和乙酰葡萄糖苷酶的活性（赵静，2016）。

与去除凋落物类似，树干环割通过阻止光合产物向下传输来降低有机物质向土壤的输入，也会对土壤酶活性产生影响。在欧洲山毛榉成熟林，Kaiser等（2010）在树干环割后定期采集0～5cm土壤，分析树干环割对土壤酶活性的影响及动态变化。在树干环割后第1年他们发现土壤纤维二糖苷酶、几丁质酶、N-乙酰葡糖胺糖苷酶和过氧化物酶的活性没有发生显著变化（表1-15）。但是，土壤蛋白酶的活性在树干环割后第1年和第2年都发生了显著下降，而几丁质酶的活性仅在树干环割后第 2 年发生了显著下降。这些酶活性具有明显的时间变化动态，但采样时间与树干环割的交互作用对土壤 N-乙酰葡糖胺糖苷酶活性的影响主要出现在树干环割后第 2 年。

表 1-15　树干环割和采样时间对土壤酶活性的影响

项目	第 1 年			第 2 年		
	时间（T）	树干环割（G）	$T\times G$	时间（T）	树干环割（G）	$T\times G$
纤维二糖苷酶	***	ns	ns	***	ns	ns
几丁质酶	***	ns	ns	***	**	ns
N-乙酰葡糖胺糖苷酶	***	ns	ns	***	ns	**
过氧化物酶	***	ns	***	***	ns	***
蛋白酶	***	***	ns	***	***	ns

注：*** 表示影响极显著（$P<0.001$），ns 表示影响不显著。

除了探讨单个土壤酶活性对凋落物输入变化的响应外，一些研究还分析了不同类型土壤酶活性的比值，尤其是与碳氮磷元素循环相关的酶。这些不同土壤酶活性的比值被称为土壤酶生态化学计量比，可以用来衡量土壤微生物的养分需求及限制状况（Hamido et al.，2009）。譬如，降解纤维素的 β-1,4-葡萄糖苷酶（β-1,4-glucosidase，简称为 BG）和半纤维素酶（cellobiase，简称为 CB），降解几丁质和肽聚糖的 β-1,4-N-乙酰氨基葡糖氨糖苷酶（β-1,4-N-acetylglucosaminidase，简称为 NAG），水解蛋白质和多肽的亮氨酸氨基肽酶（leucine aminopeptidase，简称为 LAP），分解有机磷的酸性（或碱性）磷酸酶（acid or alkaline phosphatase，简称为 AP）。化学计量比理论是基于化学反应中反应物和生成物的相对数量关系，在生态学中已被广泛应用，形成了一门学科“生态化学计量学”。该理论也适用于土壤酶生态化学计量比。近年来，土壤酶生态化学计量比日益受到重视，已成为生态系统养分循环研究的热点。目前多以参与碳循环的 β-葡萄糖苷酶和半纤维素酶、参与氮循环的亮氨酸氨基肽酶和 β-1,4-N-乙酰氨基葡萄糖苷酶以及参与磷循环的磷酸酶的比值［即 BG∶(NAG+LAP)∶AP 比值或 BG∶NAG∶AP 比值］为研究对象。Sinsabaugh 等（2008）研究发现，在全球尺度上与碳氮磷循环相关的土壤酶生态化学计量比，即 lnBG∶ln(NAG+LAP)∶lnAP 比值（土壤酶 C∶N∶P）接近为 1∶1∶1，说明全球尺度上土壤酶的生态化学计量比是相对稳定的，但是局部区域受不同环境因素影响，其比值呈现不同的变化趋势，以此可以深入探讨陆地生态系统土壤养分的限制状况。

凋落物输入的变化可以通过改变输入到土壤中碳氮磷等养分的数量对土壤酶活性及其化学计量比产生影响。在杉木林中，刘仁等（2020）在添加和去除凋落物的第 5 年发现，添加地上凋落物使腐殖质层和 0～5cm 土层土壤的 ln（BG+CB）：ln(NAG+LAP）比值分别比对照增加了 10.00%和 17.60%，而去除地上凋落物降低了 0～5cm 土层的 ln(NAG+LAP）：ln（AP）比值和 5～10cm 土壤层的 ln(BG+CB)：ln(AP）比值（表 1-16）。在杉木林中，ln(NAG +LAP)：ln(AP）比值均随土层深度的增加而降低，ln(BG+CB)：ln(NAG+LAP）和 ln（BG+CB)：ln（AP）比值表现为腐殖质层高于 0～5cm 和 5～10cm 土层。在对照和去除地上凋落物处理下 0～5cm 和5～10cm 土层中 ln(BG+CB)：ln(AP）和 ln(NAG+LAP）：ln(AP）比值均低于全球尺度上 ln（BG+CB)：ln(AP）和 ln(NAG+LAP)：ln(AP）比值（Sinsabaugh et al.，2008)，说明亚热带杉木人工林土壤微生物受到磷限制。相反，添加地上凋落物处理下土壤酶活性比 ln(BG+CB)：ln(AP）和 ln(NAG+LAP)：ln（AP）比值高于相应全球酶化学计量比，表明添加地上凋落物在一定程度上缓解了土壤磷限制，而长期的去除凋落物处理因为磷归还量减少最终加剧了土壤磷的限制。因此，在杉木林经营管理中将凋落物保留在林地中可能有利于缓解土壤磷的限制。

表 1-16 地上凋落物的添加与去除对杉木林土壤酶生态化学计量比的影响

项目	土层	CK	去除地上凋落物	添加地上凋落物
ln(BG+CB)：ln(NAG+LAP）比值	腐殖质层	1.70	1.65	1.87
	0～5cm	1.25	1.23	1.47
	5～10cm	1.14	1.13	1.21
ln(BG+CB)：ln(AP）比值	腐殖质层	0.73	0.72	0.73
	0～5cm	0.58	0.55	0.61
	5～10cm	0.54	0.53	0.61
ln(NAG+LAP)：ln(AP）比值	腐殖质层	0.64	0.60	0.64
	0～5cm	0.46	0.37	0.50
	5～10cm	0.32	0.32	0.33

三、土壤动物

土壤动物是指经常或暂时在土壤或地表凋落物层环境中进行某些活动，并对土壤有一定影响的动物。土壤动物作为陆地生态系统中的分解者和消费者，在凋落物分解、腐殖质形成、植物营养元素转化等物质循环和能量流动方面起到重要作用（张卫信等，2007)。土壤动物主要包括原生动物、环节动物、软体动物、扁形动物、线形动物、缓步动物和节肢动物等，还可以按照体型大小分为大型土壤动物、中型土壤动物和微型土壤动物。在森林生态系统中，凋落物层可以为土壤动物提供稳定的栖息环境和物质能量。因此，凋落物输入的变化将会影响土壤动物的活动与群落组成。在杉木人工林 DIRT 试验处理的第 3 年，我们采集了不同深度的土壤，分析了土壤动物种类和线虫群落的变化。研究结果显示，凋落物输入的变化影响了土壤动物的种类，尤其是 0～5cm 表层土壤内的土壤动物种类。添加地上凋落物使土壤动物种类显著增加，去除地上凋落物则使土壤动物种类显著降低，但是去除根系处理对土壤动物种类的降低作用较小，也许是切根时所产生的死亡根系分解为土壤动物提供了物质来源，而相比之下，去除地上凋落物对土壤动物的生存环境产生较大影响。在 5～10cm 和 10～15cm 土层中，我们发现单独的去除根系均增加了土壤动物种类。与我们的研究结果不同的是，袁志忠等（2014）在亚热带常绿阔叶林和杉木林中发现短期的地上凋落物添加对土壤动物多度和多数类群基本没有影响，但显著增加了优势类群跳虫的数量。在南亚热带尾叶桉林和厚荚相思林，Chen 等（2020）也发现地上凋落物和根系对土壤动物的影响不尽相同，主要表现为去除地上凋落物显著降低了表栖类蚯蚓和内栖类蚯蚓的密度和生物量，但是去除根系对两类蚯蚓影响不显著。

在众多土壤动物类群中，土壤线虫是数量最多、种类最丰富的一类。土壤线虫属于一类两侧对称、异养的多细胞真核生物，在自然界中是仅次于昆虫的第二大类无脊椎动物类群。土壤线虫是地下食物网的重要组分，在凋落物分解、营养物质矿化、生物多样性保护及生物地球化学循环过程中发挥重要作用。据统计，地球上所存在的线虫种类有 8 万～100 万种，主要包括寄生性线虫及自由生活线虫。根据线虫的食性，土壤线虫可分为食细菌线虫、食真菌性线虫、植物寄生线虫、捕食性线虫及杂食性线虫，其中以食细菌性线虫及食真菌性线虫为主。凋落物是土壤线虫的重要食物来源，其输入的变化必将会引起土壤线虫类群结构和功能的改变。我们的研究结果也显示，在我国亚热带杉木林中土壤线虫也食细菌和真菌线虫为优势种群，并且凋落物输入的变化影响了土壤线虫的群落结构组成（表 1－17）。添加地上凋落物降低了食细菌线虫和植物寄生类线虫的数量，去除地上凋落物或根系却增加了食真菌线虫的数量。添加和去除凋落物虽然对土壤线虫多样性等指数影响不显著，但丰富度指数有降低趋势。

表 1－17　凋落物添加与去除对杉木林土壤线虫的影响

项目	食细菌类（条/100g）	食真菌类（条/100g）	捕食/杂食类（条/100g）	植物寄生类（条/100g）	香农多样性指数	丰富度指数	营养多样性
CK	185.5	155.2	46.6	79.1	2.38	4.19	2.94
DL	105.9	174.6	43.7	34.2	2.16	3.83	2.94

（续）

项目	食细菌类（条/100g）	食真菌类（条/100g）	捕食/杂食类（条/100g）	植物寄生类（条/100g）	香农多样性指数	丰富度指数	营养多样性
NL	191.6	323.6	58.2	79.2	2.17	3.40	2.74
NR	211.8	311.7	55.7	45.3	2.17	4.05	2.68

注：CK 为对照；DL 为地上凋落物添加；NL 为地上凋落物去除；NR 为根系去除。

土壤跳虫属于弹尾纲，又称弹尾虫、黏管虫，是分布极广的一类小型至微型节肢动物，其种类和个体数量都很丰富，与线虫、螨类共同构成三大类土壤动物（陈建秀等，2007）。它们在土壤的物质循环、微团聚体形成、土壤理化特性和土壤生物群落的维护等诸多方面都发挥了重要作用。跳虫与其他土壤动物通过相互间的捕食以及对微生物的取食，将从凋落物中获得的物质和能量以无机物或小分子的形式再释放到土壤中。跳虫是凋落物分解过程中最重要的土壤动物之一。雨水的淋洗作用和微生物的分解作用使凋落物木质部保护层外露，跳虫则通过取食木质部和撕碎凋落物而破坏木质部层，使微生物得以继续分解，从而在凋落物分解过程中起着重要的辅助作用。我国有关土壤跳虫生态学的研究起步于 20 世纪 80 年代末，虽然起步相对较晚，但发展迅速。跳虫以腐败的动植物残骸、腐殖质、细菌和真菌为主要食物。为研究凋落物调控对土壤跳虫的影响，袁志忠等（2014）在杉木人工林和常绿阔叶林中分别设置了保留地上凋落物和去除地上凋落物两个处理，在 14 个月后分析土壤跳虫的种类和数量的变化情况。在群落水平上，在保留地上凋落物的土壤中跳虫的数量为每平方米 1 213.3 个，显著多于去除地上凋落物的土壤，平均为每平方米 537.1 个（表 1－18）。在所发现的 18 属跳虫中，仅跳虫属有显著性差异；在保留地上凋落物的土壤中发现的所有属中，除小等跳属的数量略微低于去除地上凋落物的土壤外，其余所有属均表现为增加趋势，特别是等节跳属和裸长角跳属增加了 3 倍以上。

表 1－18　凋落物的去除对主要森林土壤跳虫数量的影响及配对 t 检验结果

属名	保留凋落物（个/m^2）	去除凋落物（个/m^2）	t 值	P 值
德跳属	83.6	31.3	−1.160	0.264
等节跳属	294.6	73.8	−1.632	0.124
符跳属	96.9	62.8	−0.569	0.578
环角圆跳属	10.5	0	−1.000	0.333
棘跳属	128.0	75.4	−0.821	0.424
类符跳属	0	10.5	1.000	0.333

（续）

属名	保留凋落物（个/m^2）	去除凋落物（个/m^2）	t 值	P 值
鳞跳属	42.0	10.5	−1.378	0.188
裸长角跳属	264.6	84.0	−1.527	0.147
球角跳属	10.5	0	−1.000	0.333
四刺球角跳属	0	21.0	1.464	0.164
跳虫属	209.7	63.0	−2.897	0.011
土跳属	0	10.5	1.000	0.333
小等跳属	31.1	41.9	0.583	0.568
小圆跳属	20.9	0	−1.464	0.164
裔符跳属	0	10.5	1.000	0.333
隐跳属	0	20.9	1.464	0.164
原等跳属	20.9	10.5	−0.566	0.580
长角长跳属	0	10.5	1.000	0.333
合计	1 213.3	537.1	−6.503	5.374

为了分析地上凋落物对各属跳虫数量分布的影响，根据各属跳虫数量介于每平方米 0～400 个的特点，把各属按照每平方米 0～90 个、90～180 个、180～400 个划分为三个数量级别，分别代表稀有种、常见种和优势种，再换算到百分比，结果如表 1－19 所示。保留地上凋落物后，第一数量级别下降 58.97%，反映出稀有种分布的数量变化；第二数量级别下降 14.86%，反映出常见种分布的数量变化；第三数量级别增加 34.12%，反映出优势种分布的数量变化。列联表分析显示，这些变化与保留地上凋落物有关，由于第一级别和第二级别呈现下降趋势，与群落数量上升的结果正好相反，因此保留地上凋落物所引起的跳虫数量增加在群落内部主要是由优势属的迅速增多造成的。

表 1－19　凋落物处理对土壤跳虫多度百分比分布的影响

数量级别	保留地上凋落物		去除地上凋落物	
	观测值	预测值	观测值	预测值
1	11.2	19.5	27.3	19.5
2	14.9	16.0	17.5	16.0
3	73.9	64.5	55.1	64.5

去除地上凋落物显著降低了土壤跳虫群落的多样性，几个主要的多样性指数（包括皮尔森指数、香农指数和类群丰富度指数）均达到了显著性水平（表

1-20)。但在发现的 18 个属中，保留地上凋落物的土壤中有 6 个属没有出现，分别为类符跳属、四刺球角跳属、土跳属、裔符跳属、隐跳属和长角长跳属，而在去除地上凋落物的土壤中仅有 3 个属没有出现，分别为环角圆跳属、球角跳属、小圆跳属。整体上，保留地上凋落物的土壤中的跳虫属数反而要低于去掉地上凋落物的土壤中的跳虫属数。由此可知，保留地上凋落物是在局部范围内而不是在区域水平上提高了生物多样性。

表 1-20　凋落物处理对土壤跳虫多样性的影响

多样性指数	保留凋落物	去除凋落物	t 值	P 值
皮尔森指数	0.13	0.05	−2.614	0.020
香农指数	0.20	0.08	−2.660	0.018
丰富度指数	4.92	2.68	−3.340	0.004

在森林生态系统中，凋落物为土壤有机碳的主要来源，其输入在很大程度上影响着土壤有机碳的形成和稳定，以及土壤碳释放。虽然人们关于凋落物输入的变化对土壤有机碳循环，尤其是土壤呼吸的影响已进行了大量的研究，但是关于不同凋落物输入对土壤有机碳循环影响的长期研究是森林生态系统碳循环研究的薄弱环节。这些实验对土壤有机碳的化学组成与稳定性的研究还比较欠缺；已有的实验对土壤有机碳库的各个组分和土壤呼吸的研究大多数都是单独进行的，致使一些研究数据的可比性不高，无法分析它们之间的联系，限制了对凋落物输入变化后土壤有机碳组分与土壤碳排放之间关系的深入理解。目前这方面的研究主要集中在欧美地区的森林，尤其是长期定位研究，有的实验已长达 30 年；虽然我国学者也开展了一些这方面的研究工作，但多以短期研究为主，长期定位研究有待于进一步加强。伴随着全球变化的不断加剧，以及我国森林在全球碳循环中所发挥的重要作用，为充分发挥森林在实现碳达峰和碳中和目标中的作用，加强这方面的深入研究显得十分迫切。凋落物输入的变化一方面可以直接对土壤有机碳组成及其循环过程产生影响，另一方面可以通过改变土壤微生物或动物间接影响土壤有机碳循环过程。已有的研究主要侧重于土壤微生物及其酶活性，而对土壤生物的另一重要组成部分——土壤动物的研究比较少，加强这方面的研究有助于我们更深入了解全球变化背景下森林土壤碳库和碳循环的响应。

参考文献

蔡子良，邱世平，2019. 西双版纳热带季节雨林土壤呼吸季节动态及驱动因素．生态环境学报，28（2）：283－290.

陈光水，杨玉盛，王小国，等，2005. 格氏栲天然林与人工林根系呼吸季节动态及影响因素．生态学报，25：1941－1947.

陈建秀，麻智春，严海娟，等，2007. 跳虫在土壤生态系统中的作用．生物多样性，15（2）：154－161.

高强，马明睿，韩华，等，2015. 去除和添加凋落物对木荷林土壤呼吸的短期影响．生态学杂志，34：1189－1197.

高士杰，王春梅，王鹏，等，2020. 多形态多水平氮添加对温带森林土壤根系呼吸和微生物呼吸的影响．环境化学，39：1568－1677.

贺同鑫，2016. 碳输入对杉木林地下碳释放的影响及其微生物学机制．北京：中国科学院大学．

贺同鑫，孙建飞，李艳鹏，等，2017. 环割对杉木和马尾松人工林土壤微生物群落结构的影响．林业科学，53：77－84.

柯欣，赵立军，尹文英，2001. 青冈林土壤跳虫群落结构在落叶分解过程中的变化．生态学报，6：982－987.

柯欣，赵立军，尹文英，2001. 三种乔木落叶分解过程中跳虫群落结构的演替．昆虫学报，2：221－226.

刘仁，陈伏生，方向民，等，2020. 凋落物添加和移除对杉木人工林土壤水解酶活性及其化学计量比的影响．生态学报，40（16）：5739－5750.

刘珊杉，周文君，况露辉，等，2020. 亚热带常绿阔叶林土壤胞外酶活性对碳输入变化及增温的响应．植物生态学报，44：1262－1272.

刘智，闫文德，王光军，等，2012. 去根处理对樟树林土壤呼吸的影响．中南林业科技大学学报，32（5）：120－124.

梅莉，2006. 水曲柳落叶松人工林细根周转与碳分配．哈尔滨：东北林业大学．

桑昌鹏，2017. 凋落物、根系去除和环割处理对滨海沙地森林土壤呼吸和微生物的影响．福州：福建师范大学．

邵康，贡璐，何学敏，等，2020. 改变碳输入对新疆天山雪岭云杉林土壤呼吸的短期影响．环境科学，41：3804－3810.

王光军，田大伦，闫文德，等，2009. 改变凋落物输入对杉木人工林土壤呼吸的短期影响．植物生态学报，33：739－747.

王清奎，2011. 碳输入方式对森林土壤碳库和碳循环的影响研究进展．应用生态学报，22：1075－1081.

魏翠翠，刘小飞，林成芳，等，2018. 凋落物输入改变对亚热带两种米槠次生林土壤酶活性的影响．植物生态学报，42：692－702.

袁志忠，Singh A N，胡颖圆，2014. 添加凋落物对土壤跳虫群落的影响．土壤通报，45：841－846.

张超，闫文德，郑威，等，2013. 凋落物对樟树和马尾松混交林土壤呼吸的影响．西北林学院学报，28（3）：22－27.

张卫信，陈迪马，赵灿灿，2007. 蚯蚓在生态系统中的作用. 生物多样性，15（2）：142-153.

赵静，2016. 氮添加与凋落物对土壤微生物和酶活性的影响. 北京：北京林业大学.

朱凡，王光军，田大伦，等，2010. 杉木人工林去除根系土壤呼吸的季节变化及影响因子. 生态学报，30：2499-2506.

Allen A S, Schlesinger W H, 2004. Nutrient limitations to soil microbial biomass and activity in loblolly pine forests. Soil Biology and Biochemistry, 36: 581-589.

Andersen C P, Nikolov I, Nikolova P, et al., 2005. Estimating "autotrophic" belowground respiration in spruce and beech forests: decreases following girdling. European Journal of Forest Research, 124: 155-163.

Bai Z, Liang C, Bodé S, Huygens D, et al., 2016. Phospholipid ^{13}C stable isotopic probing during decomposition of wheat residues. Applied Soil Ecology, 98: 65-74.

Bhupinderpal S, Nordgren A, Lofvenius M O, et al., 2003. Tree root and soil heterotrophic respiration as revealed by girdling of boreal Scots pine forest: extending observations beyond the first year. Plant, Cell and Environment, 26: 1287-1296.

Binkley D, Stape J L, Takahashi E N, et al., 2006. Tree-girdling to separate root and heterotrophic respiration in two Eucalyptus stands in Brazil. Oecologia, 148: 447-454.

Brant J B, Sulzman E W, Myrold D D, 2006. Microbial community utilization of added carbon substrates in response to long-term carbon input manipulation. Soil Biology and Biochemistry, 38: 2219-2232.

Brockett B F T, Prescott C E, Grayston S J, 2012. Soil moisture is the major factor influencing microbial community structure and enzyme activities across seven biogeoclimatic zones in western Canada. Soil Biology and Biochemistry, 44: 9-20.

Busse M D, Sanchez F G, Ratcliff A W, et al., 2009. Soil carbon sequestration and changes in fungal and bacterial biomass following incorporation of forest residues. Soil Biology and Biochemistry, 41: 220-227.

Chen D, Zhang Y, Lin Y, et al., 2010. Changes in belowground carbon in *Acacia crassicarpa* and *Eucalyptus urophylla* plantations after tree girdling. Plant and Soil, 326: 123-135.

Chen D, Zhou L, Wu J, et al., 2012. Tree girdling affects the soil microbial community by modifying resource availability in two subtropical plantations. Applied Soil Ecology, 53: 108-115.

Chen Y, Cao J, He X, et al., 2020. Plant leaf litter plays a more important role than roots in maintaining earthworm communities in subtropical plantations. Soil Biology and Biochemistry, 144: 107777.

Cleveland C C, Townsend A R., 2006. Nutrient additions to a tropical rain forest drive substantial soil carbon dioxide losses to the atmosphere. Proceedings of the National Academy of Sciences the United States of America, 103: 10316-10321.

Crow S E, Lajtha K, Bowden R D, et al., 2009a. Increased coniferous needle inputs accelerate decomposition of soil carbon in an old - growth forest. Forest Ecology and Management, 258: 2224 - 2232.

Crow S E, Lajtha K, Filley T R, et al., 2009b. Sources of plant - derived carbon and stability of soil organic matter: implications for global change. Global Change Biology, 2003 - 2019.

Dannenmann M, Simon J, Gasche R, et al., 2009. Tree girdling provides insight on the role of labile carbon in nitrogen partitioning between soil microorganisms and adult European beech. Soil Biology and Biochemistry, 41: 1622 - 1631.

De Graaff M A, Schadt C W, Rula K, et al., 2011. Elevated CO_2 and plant species diversity interact to slow root decomposition. Soil Biology and Biochemistry, 43: 2347 - 2354.

Epron D, Nouvellon Y, Deleporte P, et al., 2006. Soil carbon balance in a clonal *Eucalyptus* plantation in Congo: effects of logging on carbon inputs and soil CO_2 efflux. Global Change Biology, 12: 1021 - 1031.

Fekete I, Varga C, Biró B, et al., 2016. The effects of litter production and litter depth on soil microclimate in a central European deciduous forest. Plant and Soil, 398: 291 - 300.

Feng W, Zou X, Schaefer D, 2009. Above - and belowground carbon inputs affect seasonal variations of soil microbial biomass in a subtropical monsoon forest of Southwest China. Soil Biology and Biochemistry, 41 (5): 978 - 983.

Fisk M C, Fathey T J, 2001. Microbial biomass and nitrogen cycling responses to fertilization and litter removal in young northern hardwood forests. Biogeochemistry, 53: 201 - 223.

Frey B, Hagedorn F, Giudici T, 2006. Effect of girdling on soil respiration and root composition in a sweet chestnut forest. Forest Ecology and Management, 225: 271 - 277.

Ge X G, Xiao W F, Zeng L X, et al., 2017. Relationships between soil - litter interface enzyme activities and decomposition in *Pinus massoniana* plantations in China. Journal of Soils and Sediments, 17: 996 - 1008.

Hamido S A, Kpomblekou A K, 2009. Cover crop and tillage effects on soil enzyme activities following tomato. Soil and Tillage Research, 105: 269 - 274.

Hanson P J, Edwards N, Garten C, et al., 2000. Separating root and soil microbial contributions to soil respiration: a review of methods and observations. Biogeochemistry, 48: 115 - 146.

Hasselquist N J, Metcalfe D B, Högberg P, 2012. Contrasting effects of low and high nitrogen additions on soil CO_2 flux components and ectomycorrhizal fungal sporocarp production in a boreal forest. Global Change Biology, 18: 3596 - 3605.

He T, Wang Q, Wang S, et al., 2016. Nitrogen addition altered the effect of belowground C allocation on soil respiration in a subtropical forest. PLoS ONE, 11 (5): e0155881.

Hooker T D, Stark J M, 2008. Soil C and N cycling in three semiarid vegetation types: Response to an in situ pulse of plant detritus. Soil Biology and Biochemistry, 40: 2678 - 2685.

Huang W, Spohn M, 2015. Effects of long-term litter manipulation on soil carbon, nitrogen, and phosphorus in a temperate deciduous forest. Soil Biology and Biochemistry, 83: 12 - 18.

Huo C，Luo Y，Cheng W，2017. Rhizosphere priming effect：a meta – analysis. Soil Biology and Biochemistry，111：78 – 84.

Högberg M N，Briones M J I，Keel SG，et al.，2010. Quantification of effects of season and nitrogen supply on tree below – ground carbon transfer to ectomycorrhizal fungi and other soil organisms in a boreal pine forest. New Phytologist，187：485 – 493.

Högberg P，Bhupinderpal – Singh，Löfvenius M O，et al.，2009. Partitioning of soil respiration into its autotrophic and heterotrophic components by means of tree – girdling in old boreal spruce forest. Forest Ecology and Management，257：1764 – 1767.

Högberg P，Nordgren A，Buchmann N，et al.，2001. Large – scale forest girdling shows that current photosynthesis drives soil respiration. Nature，411：789 – 791.

Janssens I A，Dieleman W，Luyssaert S，et al.，2010. Reduction of forest soil respiration in response to nitrogen deposition. Nature Geoscience，3：315 – 322.

Jing Y，Tian P，Wang Q，et al.，2021. Effects of root dominate over aboveground litter on soil microbial biomass in global forest ecosystems. Forest Ecosystems，8：38.

Johnsen K，Maier C，Sanchez F，et al.，2007. Physiological girdling of trees via phloem chilling：proof of concept. Plant，Cell and Environment，30：128 – 134.

Jonasson S，Castro J，Michelsen A，2004. Litter，warming and plants affect respiration and allocation of soil microbial and plant C，N and P in arctic mesocosms. Soil Biology and Biochemistry，36：1129 – 1139.

Kabzems R，Haeussler S，2005. Soil properties，aspen，and white spruce responses 5 years after organic matter removal and compaction treatments. Canadian Journal of Forest Research，35：2045 – 2055.

Kaiser C，Koranda M，Kitzler B，et al.，2010. Belowground carbon allocation by trees drives seasonal patterns of extracellular enzyme activities by altering microbial community composition in a beech forest soil. New Phytologist，187：843 – 858.

Kalbitz K，Meyer A，Yang R，et al.，2007. Response of dissolved organic matter in the forest floor to long – term manipulation of litter and throughfall inputs. Biogeochemistry，86：301 – 318.

Keith – Roach M J，Bryan N D，Bardgett R D，et al.，2002. Seasonal changes in the microbial community of a salt marsh，measured by phospholipid fatty acid analysis. Biogeochemistry，60：77 – 96.

Kramer C，Trumbore S，Fröberg M et al.，2010. Recent (< 4 year old) leaf litter is not a major source of microbial carbon in a temperate forest mineral soil. Soil Biology and Biochemistry，42：1028 – 1037.

Lajtha K，Crow S E，Yano Y，et al.，2005. Detrital controls on soil solution N and dissolved organic matter in soils：a field experiment. Biogeochemistry，76：261 – 281.

Lajtha K，Townsend K L，Kramer M G，et al.，2014. Changes to particulate versus mineral – associated soil carbon after 50 years of litter manipulation in forest and prairie experimental ecosystems. Biogeochemistry, 119: 341 - 360.

Lee K H, Jose S, 2003. Soil respiration, fine root production, and microbial biomass in cottonwood and loblolly pine plantations along a nitrogen fertilization gradient. Forest Ecology and Management, 185: 263 - 273.

Lee M S, Nakane K, Nakatsubo T, et al., 2003. Seasonal changes in the contribution of root respiration to total soil respiration in a cool - temperate deciduous forest. Plant & Soil, 255 (1), 311 - 318.

Li Y, Xu M, Sun O, et al., 2004. Effects of root and litter exclusion on soil CO_2 efflux and microbial biomass in wet tropical forests. Soil Biology and Biochemistry, 36: 2111 - 2114.

Matsushima M, Chang S X, 2007. Effects of understory removal, N fertilization, and litter layer removal on soil N cycling in a 13 - year - old white spruce plantation infested with Canada bluejoint grass. Plant and Soil, 292: 243 - 258.

Nadelhoffer K J, Boone R D, Bowden R D, et al., 2004. The DIRT experiment: litter and root influences on forest soil organic matter stocks and function. In: Foster D, Aber J. (Eds.), Forests in Time: The Environmental Consequences of 1 000 Years of Change in New England. New Haven: Yale University Press.

Nakane K, Kohno T, Horikoshi T, 1996. Root respiration rate before and just after clear - felling in a mature, deciduous, broad - leaved forest. Ecological Research, 11: 111 - 119.

Nemergut D R, Cleveland C C, Wieder W R, et al., 2010. Plot - scale manipulations of organic matter inputs to soils correlate with shifts in microbial community composition in a lowland tropical rain forest. Soil Biology and Biochemistry, 42: 2153 - 2160.

Nordgren A, Ottosson L M, Högberg M, et al., 2003. Tree root and soil heterotrophic respiration as revealed by girdling of boreal Scots pine forest: extending observations beyond the first year. Plant. Cell & Environment, 26: 1287 - 1296.

Olsson P, Linder S, Giesler R, 2005. Fertilization of boreal forest reduces both autotrophic and heterotrophic soil respiration. Global Change Biology, 11: 1745 - 1753.

Palviinen M, Finér L, Kurka A M, et al., 2004. Release of potassium, calcium, iron and aluminium from Norway spruce, Scots pine and silver birch logging residues. Plant and Soil, 259: 123 - 136.

Pregitzer K S, Kubiske M E, Yu C K, et al., 1997. Relationships among root branch order, carbon, and nitrogen in four temperate species. Oecologia, 111: 302 - 308.

Prevost - Boure N C, Maron P A, Ranjard L, et al., 2011. Seasonal dynamics of the bacterial community in forest soils under different quantities of leaf litter. Applied Soil Ecology, 47: 14 - 23.

Rasse D P, Rumpel C, Dignac M F, 2005. Is soil carbon mostly root carbon? Mechanisms for a specific stabilisation. Plant and Soil, 269: 341 - 356.

Ren C, Zhao F, Shi Z, et al., 2017. Differential responses of soil microbial biomass and carbon - degrading enzyme activities to altered precipitation. Soil Biology and Biochemistry,

115: 1-10.

Rinnan R, Michelsen A, Jonasson S, 2008. Effects of litter addition and warming on soil carbon, nutrient pools and microbial communities in a subarctic heath ecosystem. Applied Soil Ecology, 39: 271-281.

Ruehr N K, Buchmann N, 2010. Soil respiration fluxes in a temperate mixed forest: seasonality and temperature sensitivities differ among microbial and root-rhizosphere respiration. Tree physiology, 30: 165-176.

Sardans J, Penuelas J, Estiarte M, 2008. Changes in soil enzymes related to C and N cycle and in soil C and N content under prolonged warming and drought in a Mediterranean shrubland. Applied Soil Ecology, 39: 223-235.

Sayer E J, Powers J S, Tanner E V J, 2007. Increased litterfall in tropical forests boosts the transfer of soil CO_2 to the atmosphere. PLoS One, 2 (12): e1299.

See C R, Mc Cormack M, Hobbie S E, et al., 2019. Global patterns in fine root decomposition: climate, chemistry, mycorrhizal association and woodiness. Ecology Letters, 22: 946-953.

Siira-Pietikainen A, Haimi J, Kanninen A, et al., 2001. Responses of decomposer community to root-isolation and addition of slash. Soil Biology and Biochemistry, 33: 1993-2004.

Singh J, Gupta S, 1977. Plant decomposition and soil respiration in terrestrial ecosystems. The Botanical Review, 43: 449-528.

Sinsabaugh R L, Lauber C L, Weintraub M N, et al., 2008. Stoichiometry of soil enzyme activity at global scale. Ecology Letters, 11: 1252-1264.

Sogin M L, Morrison H G, Huber J A, et al., 2006. Microbial diversity in the deep sea and the underexplored. Proceedings of the National Academy of Sciences of the United States of America, 103: 12115-12120.

Sokol N W, Kuebbing S E, Karlsen Ayala E, et al., 2019. Evidence for the primacy of living root inputs, not root or shoot litter, in forming soil organic carbon. New Phytologist, 221: 233-246.

Subke J A, Hahn V, Battipaglia G, et al., 2004. Feedback interactions between needle litter decomposition and rhizosphere activity. Oecologia, 139: 551-559.

Sulzman E W, Brant J B, Bowden R D, et al., 2005. Contribution of aboveground litter, belowground litter, and rhizosphere respiration to total soil CO_2 efflux in an old growth coniferous forest. Biogeochemistry, 73: 231-256.

Treseder K K, 2008. Nitrogen additions and microbial biomass: A meta-analysis of ecosystem studies. Ecology Letters, 11: 1111-1120.

Trumbore S E, Czimczik C I, 2008. An uncertain future for soil carbon. Science, 321: 1455-1456.

Tóth J A, Lajtha K, Kotpoczó Z, et al., 2007. The Effect of climate change on soil organic matter decomposition. Acta Silvia Lignaria Hungarica, 3: 75-85.

Van Vuuren M M I, Berendse F, 1993. Changes in soil organic matter and net nitrogen mineralization in heathland soils, after removal, addition or replacement of litter from *Erica tetralix* or *Molinia caerulea*. Biology of Fertility and Soils, 15: 268 - 274.

Wang J, Pisani O, Lin L H, et al., 2017. Long - term litter manipulation alters soil organic matter turnover in a temperate deciduous forest. Science of the Total Environment, 607: 865 - 875.

Wang J, Wu L, Zhang C, et al., 2016. Combined effects of nitrogen addition and organic matter manipulation on soil respiration in a Chinese pine forest. Environmental Science and Pollution Research, 23: 22701 - 22710.

Wang Q, He T, Wang S, et al., 2013. Carbon input manipulation affects soil respiration and microbial community composition in a subtropical coniferous forest. Agricultural and Forest Meteorology, 178 - 179: 152 - 160.

Wang Q, Wang S, He T, et al., 2014. Response of organic carbon mineralization and microbial community to leaf litter and nutrient additions in subtropical forest soils. Soil Biology and Biochemistry, 71: 13 - 20.

Wang Q, Yu Y, He T, et al., 2017. Aboveground and belowground litter have equal contributions to soil CO_2 emission: an evidence from a 4 - year measurement in a subtropical forest. Plant and Soil, 421: 7 - 17.

Wang Y Z, Zheng J Q, Xu Z H, et al., 2019. Effects of changed litter inputs on soil labile carbon and nitrogen pools in a eucalyptus - dominated forest of southeast Queensland, Australia. Journal of Soil and Sediments, 19: 1661 - 1671.

Weintraub S R, Wieder W R, Cleveland C C, et al., 2013. Organic matter inputs shift soil enzyme activity and allocation patterns in a wet tropical forest. Biogeochemistry, 114 (1 - 3): 313 - 326.

Wu J, Zhang D, Chen Q, et al., 2018. Shifts in soil organic carbon dynamics under detritus input manipulations in a coniferous forest ecosystem in subtropical China. Soil Biology and Biochemistry, 126: 1 - 10.

Xiong Y, Xia H, Li Z, et al., 2008. Impacts of litter and understory removal on soil properties in a subtropical *Acacia mangium* plantation in China. Plant and Soil, 304: 179 - 188.

Xu S, Liu L L, Sayer E J, 2013. Variability of aboveground litter inputs alters soil physicochemical and biological processes: a meta - analysis of littermanipulation experiments. Biogeosciences, 10: 7423 - 7433.

Yano Y, Laktha K, Sollins P, et al., 2005. Chemistry and dynamics of dissolved organic matter in a temperate coniferous forest on Andic soils: Effects of litter quality. Ecosystems, 8: 286 - 300.

Yuan Z Y, Chen H Y H, 2010. Fine root biomass, production, turnover rates, and nutrient contents in boreal forest ecosystems in relation to species, climate, fertility, and stand age: literature review and meta - analyses. Critical Reviews in Plant Sciences, 29 (4): 204 - 221.

Zhou X Q, Chen C R, Wang Y F, et al., 2013. Warming and increased precipitation have differential effects on soil extracellular enzyme activities in a temperate grassland. Science of the Total Environment, 444: 552 - 558.

第二章　土壤微生物残体

土壤有机碳对于维持土壤肥力、减缓气候变化以及造福人类至关重要。尽管如此，在陆地生态系统中，人们对土壤有机碳形成过程的认知还存在很大的分歧。腐殖质理论是早期土壤有机碳形成的经典理论，认为腐殖化过程是植物残体向土壤有机碳转化的必经过程。这使得我们对土壤有机碳形成的研究主要关注于植物残体。然而，随着研究技术的发展与进步，以及对微生物在物质转化过程中重要性的认知增加，人们对微生物在土壤有机碳形成与稳定过程中的作用日益重视。近期，越来越多的研究认为微生物残体是土壤有机碳尤其是难分解有机碳的重要组成部分，并使得传统的经典腐殖质理论受到了挑战和质疑。因此，本章重点从土壤微生物残体的形成与研究方法、森林土壤微生物残体的空间分布、干扰对森林土壤微生物残体的影响，以及土壤微生物残体的分解方面进行阐述。

第一节　土壤微生物残体的形成与研究方法

一、土壤微生物残体的形成

在陆地生态系统中，植物残体是土壤有机碳的主要初始来源，在土壤微生物的作用下，经由复杂的腐解过程转化为土壤有机碳而稳定存在，这就是早期土壤有机碳形成的经典理论——腐殖质理论。该理论认为，腐殖化过程（即微生物合成的多酚等物质和来自植物的木质素聚合转变成结构更复杂的腐殖质过程）是植物残体向土壤有机碳转化的必需过程。该理论认为植物残体完成向土壤有机碳的转化，必须经过腐殖化过程。土壤腐殖质通常是利用酸、碱溶液等进行浸提，被看作是土壤有机碳的主要承载者。然而，不仅目前的腐殖质理论所定义的腐殖质具有非常强的复杂性和高度模糊性，传统的研究手段尚难以对其建立较明确的"白箱"模型，在实践中也没有任何实验提供了能够直接证明腐殖质是单独的有机组分的证据。同时，人们对腐殖质的提取方法、分子结构以及形成过程等方面仍然存在诸多争议（汪景宽等，2019）。尽管如此，腐殖质理论仍被广泛认可并沿用至今。我们对土壤有机碳形成的研究主要关注于植物残体。

土壤有机碳的形成过程是极其复杂的，目前对该过程的认知还存在很大的不确定性。随着成像技术、同位素示踪等研究手段的发展及其在土壤有机碳领域的应用，人们对土壤有机碳的形成和稳定机制的认知从植物源有机碳向微生物源有机碳转变，这也导致近年来关于土壤微生物残体的研究论文日益增多，其中约 1/4 聚焦在森林生态系统（图 2-1），并且土壤学期刊 *Soil Biology and Biochemistry* 在 2022 年出版了有关土壤微生物残体研究的专刊。微生物在土壤有机碳周转方面存在以下作用：通过分解代谢促进土壤有机碳的降解，同时也能通过合成代谢将土壤中可利用的碳源转化为更稳定的有机碳。但到目前为止，大量研究都集中在微生物对土壤有机碳分解的影响上，而较少关注微生物代谢过程在土壤有机碳形成过程中的作用。由于活体微生物在土壤有机碳中所占的比例通常不足 5%，因此传统观点认为它们对土壤有机碳的贡献很小，进而导致目前大多数研究忽略了微生物在土壤有机碳积累过程中的枢纽作用。然而，越来越多的研究发现，尽管活体土壤微生物生物量的库容较小，但由于土壤微生物周转速率快、生长周期短，其死亡残体在土壤中持续迭代累积［即续埋效应（entombing effect）］，从而增加对土壤有机碳周转和截获的贡献（Liang et al.，2017）。近期一些研究显示，微生物残体是土壤稳定有机碳的重要组分，其对土壤有机碳的贡献比传统认为的大得多。例如，最新的研究结果显示，在全球尺度上微生物残体对土壤有机碳的平均贡献率约为 50%（Liang et al.，2019；Ni et al.，2020）。这一数值与 Simpson 等（2007）利用核磁共振技术、Liang 等（2011）利用吸收马尔科夫链方法、Miltner 等（2012）利用同位素示踪以及 Ludwig 等（2015）利用源内热水解场电离质谱法得到的结果基本一致。再比如，Wang 等（2021）基于中国东部约 4 000 千米森林样带 16 个地点土壤的调查结果显示，微生物残体向土壤有机碳的转化是土壤有机碳形成的重要机制。这些研究表明微生物来源的有机碳在土壤中累积的作用效果不容忽视，对土壤有机碳的贡献可能不比凋落物来源的有机碳小。因此，认知土壤微生物，特别是微生物残体的积累，对深入了解土壤有机碳形成、转化及稳定性的控制机制至关重要。

在陆地生态系统碳循环过程中，土壤微生物既可以通过分解代谢向大气释放碳，又可以通过合成代谢将外源碳转化成某种含碳物质储存于土壤中（Schimel et al.，2012；Georgiou et al.，2017）。因此，在外源碳的转化过程中，土壤微生物既可以作为分解者调控非微生物来源碳的周转，也可以作为贡献者调控微生物来源碳的形成（Schimel et al.，2012）。基于此，Liang 等（2017）提出了土壤微生物通过异化分解的“体外修饰”（ex vivo modification）和同化合成的“体内周转”（in vivo turnover）两种代谢途径将凋落物转化为土壤有机碳的理论，系统描述了土壤生态系统中来源于植物与微生物的碳

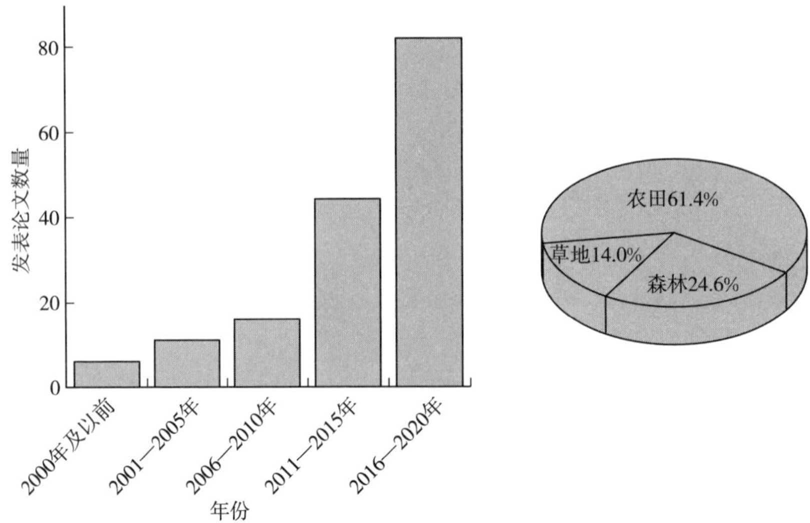

图 2-1　有关土壤微生物残体的研究论文发表数量和在不同生态系统中的分布情况

的动态过程，阐明土壤微生物通过体内周转途径中的“微生物碳泵”（microbial carbon pump，MCP）增强“续埋效应”，为揭示土壤有机碳形成与转化的微生物学控制机制提供了新视角。也就是说，该理论聚焦了土壤微生物体内合成代谢过程，提出了以土壤微生物碳泵为核心的新的土壤有机碳形成和稳定机制，即土壤 MCP 概念体系。该体系将微生物对土壤植物源碳的转化以及微生物源碳的生成过程有机结合（梁超等，2021），揭示了土壤有机碳数量与质量变化的微生物调控机理（图 2-2）。对于如何通过调控微生物源碳，进而探索使土壤长期发挥固碳作用的管理措施，以及精准描述和解释微生物代谢在土壤碳固存中的重要性具有重要的科学价值。

从上述微生物对外源碳的双重调控途径可以看出，微生物的“体内周转”途径在微生物调控土壤有机碳库形成和积累过程中具有重要作用。土壤微生物通过同化作用经由“体内周转”途径将直接摄入的小分子植物源碳底物或者凋落物和土壤里易被微生物利用的有机物质转化为微生物生物量和代谢产物，在微生物死亡后，其死亡残体以及部分代谢产物会相对较为稳定地留存在土壤中，并以微生物残体的形式贡献给土壤有机碳库。随着土壤微生物不断地进行生长、繁殖和死亡的迭代过程，微生物源有机碳不断地产生并逐渐在土壤中积累和贡献土壤有机碳库的形成，即持续地向土壤输送微生物源有机碳（Liang et al.，2017）。在“体内周转”途径中，易于被微生物吸收利用的小分子有机质是微生物体内同化作用的重要驱动力（Zhu et al.，2018），这部分底物既

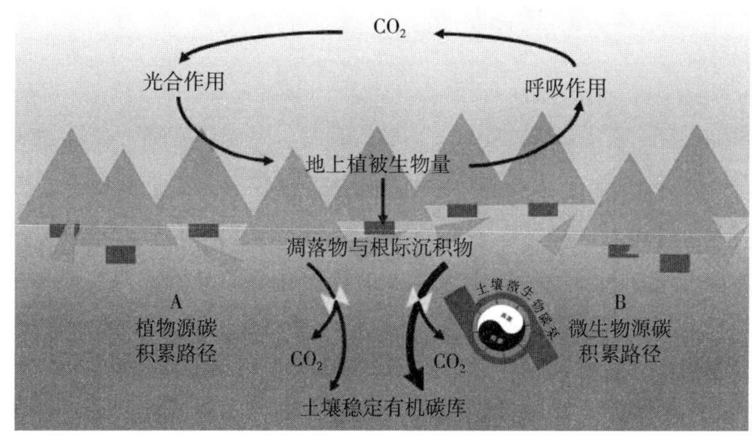

图 2-2 土壤微生物介导的陆地生态系统碳循环

（途径 A 表示植物残体的部分分解产物贡献土壤稳定有机碳库的形成；途径 B 表示土壤微生物通过死亡残体及其部分代谢产物等残留物质贡献土壤稳定有机碳库的形成，该过程主要受土壤微生物碳泵的驱动和调控。本图仅以植物凋落物与根际沉积物为例，展示了土壤微生物在陆地生态系统碳循环过程中的介导作用）

可以是微生物通过“体外修饰”途径不断产生的植物源小分子，也可以是土壤中微生物源的易分解有机碳（Lehmann et al.，2015），经过微生物群落的吸收利用和生长迭代，上述易利用碳底物逐渐被转化为相对较为稳定的微生物源碳。

植物凋落物转化为土壤有机碳的另一个途径是微生物的“体外修饰”，它是指土壤微生物通过分泌胞外酶使植物凋落物分解或转化，其中那些即使经过微生物的不断加工也难以被微生物直接吸收利用的凋落物碳组分在一定程度上可以相对较为稳定地积累在土壤中，形成植物源有机碳（Angst et al.，2017；Liang et al.，2017）。因此，微生物扮演了分解者或者“加工者”的角色调控土壤有机碳库的动态。在“体外修饰”途径中，土壤微生物主要行使的是分解者的功能，为了获取自身所需的能源和养分，微生物会合成酶将其分泌到细胞外，使其在土壤中或者结合在微生物细胞膜上催化分解土壤有机底物。这些酶可以有效地将土壤中不易被微生物直接利用的植物来源大分子物质进行“剪切”，使其易于被微生物细胞直接吸收利用（Sinsabaugh et al.，2009），影响后续微生物源碳的产生过程。总体上来说，微生物“体外修饰”途径与土壤碳循环过程密切相关，不仅可以为微生物提供可利用底物促进微生物源碳的生成，也可以为土壤输送植物源部分分解的残体促进土壤植物源碳的积累。

二、土壤微生物残体的研究方法

（一）生物标识物

生物标识物是常用的量化微生物源有机碳的重要研究手段（Joergensen et al.，2018）。由于古菌的膜脂质与真菌、细菌不同，因此膜脂质常被用来作为微生物残体的一种标识物（汪景宽等，2019）。目前应用最广泛的微生物残体的生物标识物是氨基糖。氨基糖是微生物细胞壁的关键组分，具有较高的稳定性且基本不存在于植物中。目前已经定量了四种氨基糖，分别为氨基葡萄糖、氨基半乳糖、胞壁酸和氨基甘露糖（Zhang et al.，1996）。在已经定量的氨基糖组分中，胞壁酸的唯一来源是细菌，氨基葡萄糖主要来自真菌，而氨基半乳糖和甘露糖的来源还存在很大争议（表 2－1），因此后两种氨基糖仅贡献于总氨基糖，但很少用来表征特定微生物类群的残体特征。相反，氨基葡萄糖和胞壁酸来源比较明确，因此常用来直接或者间接定量细菌与真菌对土壤有机碳的相对贡献。

表 2－1　氨基糖不同组分的来源及其主要聚合物（Joergensen et al.，2018）

项目	来源	主要聚合物	备注
MurN	细菌细胞壁	胞壁质	唯一来自细菌
GluN	真菌细胞壁及胞外聚合物	几丁质	主要来自真菌
	细菌细胞壁	胞壁质	氨基葡萄糖与胞壁酸的摩尔比为 1∶2
	革兰氏阳性菌	磷壁酸质	
	细菌胞外聚合物		
	古细菌细胞壁	假肽聚糖	土壤中可忽略
	无脊椎动物的外骨骼	几丁质	土壤中可忽略
GalN	细菌胞外聚合物		尚不明确
	真菌胞外聚合物		尚不明确
	真菌细胞壁	半乳糖氨基半乳聚糖	
	古细菌胞外聚合物	假肽聚糖	土壤中可忽略
	古细菌细胞壁		土壤中可忽略
ManN	细菌胞外聚合物		尚不明确
	真菌胞外聚合物		尚不明确
	革兰氏阳性菌	磷壁酸质	革兰氏阳性菌

（二）测定方法

1. 水解 目前大多数分析氨基糖的方法是将土壤样品用 6mol HCl 水解 3～8h，水解时间与其抗水解性有关（Joergensen et al.，2018）。根据 Appuhn 等（2004）方法，500mg 土壤样品在 10mL 6mol HCl 溶液中在 105℃下水解 6h。然后过滤获得的水解物在 40℃下蒸发至干燥，再次用 0.5mL 水冲洗并蒸干，在残留物中加入 1mL 水后进行离心。最后将上清液转移至小瓶中，在利用高效液相色谱分析前可以在－18℃下冷冻保存。

Zhang 等（1996）对氨基糖的水解与上述方法有所不同。该方法基本操作如下：称取含 0.3g 氮的土壤至水解瓶中，加入 10mL 6mol HCl 后在 105℃下水解 8h。冷却至室温后加入肌醇（内标），振荡摇匀后过滤。滤液用旋转蒸发仪蒸干后用去离子水溶解，并将溶液 pH 调节至 6.6～6.8，然后离心 10min。上清液再次用旋转蒸发仪蒸干，残留物用无水甲醇溶解后再次离心 10min。所得上清液转移至 5mL 衍生瓶中，在 45℃条件下用 N_2 吹干。然后加入 N-甲基氨基葡萄糖和去离子水，摇匀后进行冷冻干燥。

2. 衍生及分析 在大多数情况下，将反相高效液相色谱与氨基糖衍生化结合使用（Appuhn et al.，2004）。一种方法是用 9-芴基甲基-氯甲酸酯（FMOC-Cl）或邻苯二甲醛（OPA）进行柱前衍生化，然后进行荧光检测。OPA 衍生化可以通过高效液相色谱系统进行。另一种方法是用茚三酮进行高效阳离子交换色谱（HPCEC）或用 OPA 进行高性能阴离子交换色谱的柱后衍生。用一些高效液相色谱技术测定氨基糖水解产物不需要衍生化，例如 HPAEC 与电流分析法和同位素比质谱检测结合使用。反相也是如此，两性离子亲水作用液相色谱（ZIC-HILIC）结合电喷雾电离和串联质谱（ESI-MS/MS）检测或超高效液相色谱与高分辨率质谱联用（UPLC/HRMS）检测技术测定氨基糖水解产物也不需要衍生化。

然而，利用气相色谱法测定土壤氨基糖则必须进行衍生。冷冻干燥后的残体加入衍生试剂（盐酸羟胺和 4-二甲基氨基吡啶，溶剂为吡啶-甲醇溶液）后，在－75～80℃下加热。冷却至室温后，加入 1mL 乙酸酐，继续加热 20～30min。样品冷却后再分别加入二氯甲烷和 1mol·L^{-1} HCl，并振荡 30s，静置后移除上层无机相，并再用蒸馏水洗涤 3 次。剩余的有机相用氮气在 45℃下吹干后，用乙酸乙酯-正己烷混合溶剂溶解后用色谱柱进行分离，然后使用氢火焰离子化检测器检测。气相色谱主要设置如下：以高纯度氦气作为载气，进样口温度为 250℃，进样量为 1μL，分流比为 30∶1。气相色谱初始温度设置为 120℃，然后以每分钟升温 10℃的速率将温度升至 250℃，再以每分钟 20℃的速率升温至 300℃。参照标准样中氨基糖的出峰时间来确定样品中的氨基糖峰面积。

根据氨基糖峰面积，按照如下公式计算氨基糖的含量（A_S，$\mu g \cdot g^{-1}$）：

$$A_S = (m_i A_x / A_i R_f) / m$$

式中：m_i 为添加的肌醇质量；A_x 为样品测定中氨基糖的峰面积；A_i 为样品测定中肌醇的峰面积；R_f 为每种氨基糖的相对校正因子（利用标准样品中氨基糖和肌醇的校正因子计算）；m 为土壤样品质量（g）。

3. 土壤氨基糖换算为土壤微生物残体碳 真菌残体含量按照土壤中总的氨基葡萄糖含量减去细菌细胞壁中的氨基葡萄糖含量来计算，其中一个重要的假设是细菌细胞壁中胞壁酸和氨基葡萄糖的摩尔比为 1∶2。

真菌残体碳含量（$mg \cdot g^{-1}$）＝［氨基葡萄糖含量（$mg \cdot g^{-1}$）/179.17－2×胞壁酸（$mg \cdot g^{-1}$）/251.23］×179.17×9

式中：179.17 为氨基葡萄糖相对分子质量；251.23 为胞壁酸的相对分子质量；9 为真菌氨基葡萄糖转换为真菌的转换系数。

细菌残体碳含量（$mg \cdot g^{-1}$）＝胞壁酸含量（$mg \cdot g^{-1}$）×45。

式中：45 为细菌胞壁酸转换为细菌残体碳的转换系数（Engelking et al.，2007；Joergensen，2018）。

土壤微生物残体碳总量为真菌残体碳含量与细菌残体碳含量之和。根据元素碳-氮化学计量学，将如上公式中的转换系数 9 和 45 分别换成 1.4 和 6.67，即为真菌残体氮含量和细菌残体氮含量（Liang et al.，2019）。

（三）土壤微生物残体研究方法的局限性

氨基糖分析已在土壤微生物残体研究中得到最为广泛的应用，大量研究基于此方法所得到的微生物残体在土壤有机碳中所占的比重一般在 30%～80%。在不同的区域、生态系统、土壤类型和土壤深度中微生物残体在土壤有机碳中所占的比重会存在差异，这些研究结果说明微生物残体是土壤有机碳的重要来源。尽管真菌残体碳和细菌残体碳的转换系数已经得到国内外学者的广泛认可，但这种转换方式能在多大程度上代表实际的土壤微生物残体含量还存在不确定性。这是因为现有的微生物残体转换系数是在特定条件下获得的（Engelking et al.，2007），将该转换系数外推所需的假设引入了误差。最直接证据就是，一些研究计算得到的微生物残体碳高于土壤有机碳总量（Murugan et al.，2013；West et al.，2020）或者低于土壤有机碳总量的 5%（Hobara et al.，2020）。这说明在一些生态系统中，基于转换因子方法得到的微生物残体碳含量被高估或低估了。例如，在细菌残体碳的计算方法中所使用的转换系数 45 是基于培养细菌生物质中胞壁酸的平均浓度（10.3$mg \cdot g^{-1}$），计算时假设土壤中革兰氏阳性菌与革兰氏阴性菌的比例和细菌生物量的平均碳含量均是恒定不变的。但是，不同气候、植被类型、土壤性质和土壤管理措施都会对土壤微生物群落结构组成产生影响。计算真菌残体碳的转换系数为 9，该值是假设真菌生物量的碳含量为 46%和真菌生物量中的平均葡萄糖胺浓度为 $49mg \cdot g^{-1}$，并且该转换系数的 95%置信范围设置为 8～10，这表明这些估计可能比细菌残体碳的估计值更受限制（Whalen et al.，2022）。目前可培养的土壤细菌占自然界中土壤细菌的比例很小。这些培养微生物的化学性质与自然状态下微生物的组成可能不同，因此在适当的底物供应下培养获得的微生物碳含量在多大程度上代表真实的土壤微生物化学组成尚不清楚。

上述方法在将从氨基糖转换为微生物残体碳的另一个核心假设是所有微生物残体的物质成分都是以相同的程度保留在土壤中，并贡献于土壤有机碳。然而，新的研究结果显示，蛋白质和其他富含氮的化合物等物质成分在微生物死亡后优先保留在矿物土壤中，并且氨基糖的不同组分在土壤中的平均停留时间差异也很大，葡萄糖胺中的碳平均停留时间约为 6 年，而氨基糖的氮平均停留时间为 75～160 年（Whalen et al.，2022）。另外，基于氨基糖分析方法的转换系数是基于真菌和细菌生物量中的氨基糖浓度，即仅考虑了土壤微生物细胞碎片对土壤有机碳的贡献，而忽略了微生物的胞外产物对土壤有机碳的贡献，这表明基于氨基糖的分析方法可能难以获得整个微生物对土壤有机碳的贡献。

由于计算微生物残体时转换系数存在的误差，Whalen 等（2022）认为比较理想的情况是利用磷脂脂肪酸分析方法或分子方法来测量土壤革兰氏阳性菌与革兰氏阴性菌的比例，用此计算土壤微生物残体特异性转换系数。Liang 等（2019）认为，为了进行更适当的计算，我们需要探索不同类型的土壤中生物标志物与总微生物的生物量和周转速率的关系。各种土壤的光谱数据表明，土壤有机质中 90%的有机氮存在于酰胺键中，而它们主要来自蛋白质残体。因此，他们认为与氨基糖相比，蛋白质可能是评估微生物残体更好的指标，将来借助蛋白质组学方法也许可以认知土壤有机碳的生物成因。

第二节　森林土壤微生物残体的空间分布

一、水平分布格局

在全球尺度上微生物残体碳对土壤有机碳的平均贡献率约为 50%，其中森林土壤中的贡献率最高可达 76%（Liang et al.，2019；Ni et al.，2020）。Chen 等（2020）调查了中国东部北起内蒙古自治区根河南至尖峰岭的 8 种典型森林土壤氨基糖及其组分的水平空间分布，这 8 种典型森林的土壤基本特征如表 2-2 所示。土壤氨基葡萄糖、胞壁酸和总氨基糖的浓度随纬度的增加而线性增加

（图 2-3），其中随纬度的升高氨基糖浓度增加程度最大，其次为氨基葡萄糖浓度，而随纬度的升高胞壁酸浓度的增加程度较小。土壤氨基葡萄糖、胞壁酸和总氨基糖的浓度在海南省尖峰岭的热带山地雨林中最低，分别为 1 332.5mg・kg^{-1}、63.6mg・kg^{-1}和 1 850.1mg・kg^{-1}，而在内蒙古自治区根河的北方森林中最高，分别为 6 082.9mg・kg^{-1}、174.7mg・kg^{-1}和8 939.1mg・kg^{-1}。相应地，它们的浓度随年均温的升高而降低，但它们不受年均降水量的影响。土壤全氮含量和微生物生物量对氨基糖有显著的正影响，而土壤黏粒含量则对氨基糖有显著的负影响。

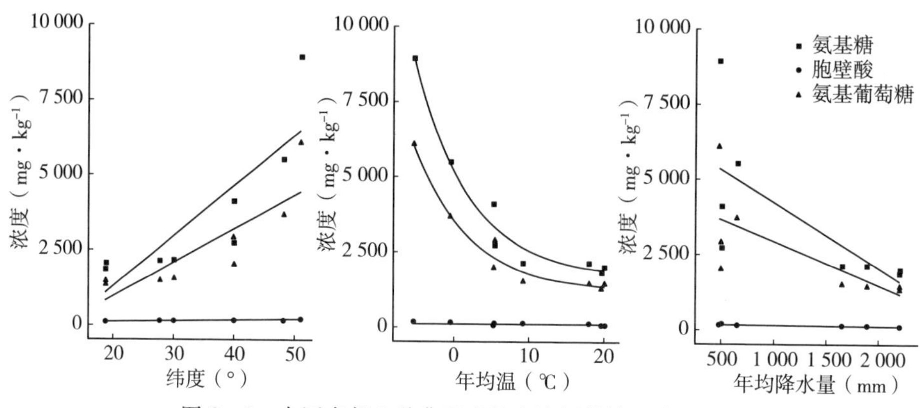

图 2-3 中国东部 8 种典型森林土壤氨基糖、胞壁酸和氨基葡萄糖的浓度与纬度、年均温及年均降水量的关系

在更大的研究尺度上，Liu 等（2021）整合分析了全球已发表的 46 篇有关森林土壤微生物残体的文章数据（共 155 个观察数），分析了矿质层（0～30cm）全土中的微生物残体含量及其对土壤有机碳的贡献。他们估计全球尺度上，表层土壤微生物残体碳储量约为 321Pg，对土壤有机碳（SOC）和全氮的贡献分别达 19%～60%（图 2-4）。以此数据库为基础，他们进一步分析了森林土壤微生物残体的水平分布格局及其调控因素。这些研究的纬度范围从 3.01°S 到 52.25°N，年均温范围从－7.7℃到 26.0℃。他们发现森林土壤微生物残体碳含量平均为 20.4g・kg^{-1}，对土壤有机碳的贡献平均为 37.8%，其中 77%来自真菌残体，23%来自细菌残体。这些微生物残体特征受森林气候类型影响。其中，温带森林土壤微生物残体含量、微生物残体对土壤有机碳贡献以及真菌残体碳与细菌残体碳的比值显著高于热带和亚热带森林土壤。在全球尺度上，森林土壤微生物残体氮含量平均为 2.5g・kg^{-1}，对土壤全氮的贡献平均为 64%，其中 90%以上来自真菌残体。与微生物残体碳相似，微生物残体氮含量也受森林气候类型的影响，温带森林土壤微生物残体氮含量、贡献以及真菌残体氮与细菌残体氮的比值也均显著高于热带和亚热带森林土壤。

表 2-2　中国东部 8 种典型森林的土壤基本特征

样点	森林类型	地理坐标	年均温（℃）	年降水量（mm）	植物生物量（$t \cdot hm^{-2}$）	有机碳（$g \cdot kg^{-1}$）	全氮（$g \cdot kg^{-1}$）	全磷（$g \cdot kg^{-1}$）	碳：氮比值	pH	黏土含量（%）	微生物生物量（$nmol \cdot g^{-1}$）
根河	LGF	50.93°N，121.5°E	−5.4	481	132.8	337.8	14.7	0.81	25.8	5.90	2.81	61.2
五营	KPMF	48.12°N，129.18°E	−0.5	654	282.8	92.4	6.6	1.23	13.9	5.50	6.82	403.8
东灵山	QMF	39.97°N，115.43°E	5.4	612	66.4	41.2	3.4	0.57	12.2	6.53	5.00	33.7
	BPF	39.97°N，115.43°E	5.4	612	153.4	65.7	5.17	0.57	12.7	6.53	5.47	49.9
牯牛降	CEF	30°N，117.35°E	9.2	1 650	287.1	45.1	3.2	0.55	13.8	4.53	13.11	33.1
武夷山	CCF	27.65°N，117.95°E	18.0	1 889	330.1	32.5	2.2	0.27	14.5	4.62	11.17	16.4
尖峰岭	TPF	18.72°N，108.88°E	19.7	2 198	363.9	21.5	1.7	0.11	12.7	4.49	9.04	40.6
	TSF	18.72°N，108.88°E	20.0	2 198	442.2	25.9	2.1	0.10	12.5	4.41	16.66	30.8

注：LGF 表示落叶松林；KPMF 表示红松混交林；QMF 表示蒙古栎；BPF 表示白桦林；CEF 表示甜槠林；CCF 表示红栲林；TPF 表示原始山地雨林；TSF 表示次生山地雨林。

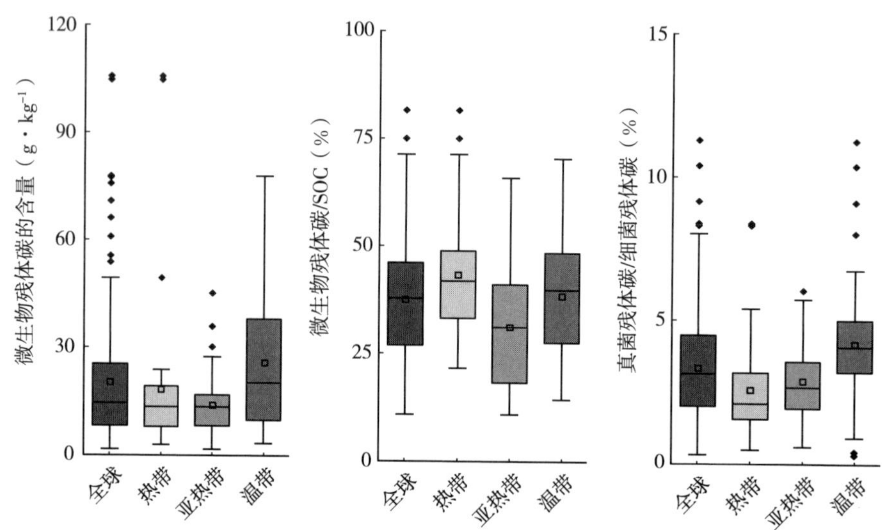

图 2-4　在全球尺度上森林土壤微生物残体碳的含量及其对土壤有机碳的贡献以及真菌残体碳与细菌残体碳的比值

相关分析表明土壤微生物残体特征与气候因子、地理距离以及土壤性质的关系密切（表 2-3）。逐步回归表明，在所有显著影响微生物残体特征的因子中，全氮是影响微生物残体含量的最重要因子，能够解释微生物残体变异的74%～75%，其次为年均温，其与全氮共同解释了微生物残体变异的 77%（表 2-4）。与此不同，土壤碳∶氮比值是影响微生物残体对土壤有机碳库及氮库贡献的最重要因子，能够解释 18.3%～22.4%微生物残体对碳库及氮库贡献的变异，其次为年均温以及沙粒含量。这一结果与全球尺度上不同生态系统微生物残体对土壤有机碳贡献的结果（图 2-5）相似。这可能是由于更低的土壤碳∶氮比值代表了更好的土壤质量，有利于微生物增殖、提高碳利用效率、缓解微生物碳氮限制而产生微生物残体分解。

表 2-3　森林土壤微生物残体特征与气候因子和土壤性质的关系

项目	MAT	MAP	SOC	TN	C/N	pH	沙粒	粉粒	黏粒
MNC	−0.13	−0.46	0.86	0.93	0.04	0.32	−0.23	0.32	−0.23
MNC/SOC	0.26	0.27	−0.17	−0.03	−0.50	0.06	−0.01	0.06	0.00
MNN	−0.15	−0.48	0.87	0.93	0.06	0.32	−0.24	0.32	−0.25
MNN/TN	0.00	−0.3	0.17	0.19	0.20	−0.20	0.38	−0.20	0.38

注：MNC 表示微生物残体碳；MNN 表示微生物残体氮；MAT 表示年均温；MAP 表示年均降雨；SOC 表示土壤有机碳；TN 表示全氮；C/N 表示碳∶氮比值。

表 2-4　逐步回归分析微生物特征及主要因子的关系

指标	因子	R^2
微生物残体碳	全氮	0.75
	全氮+年均温	0.77
MNC/SOC	碳：氮比值	0.18
	碳：氮比值+年均温	0.24
微生物残体氮	全氮	0.74
	全氮+年均温	0.77
MNN/TN	碳：氮比值	0.22
	碳：氮比值+年均温	0.3
	碳：氮比值+年均温+沙粒	0.39

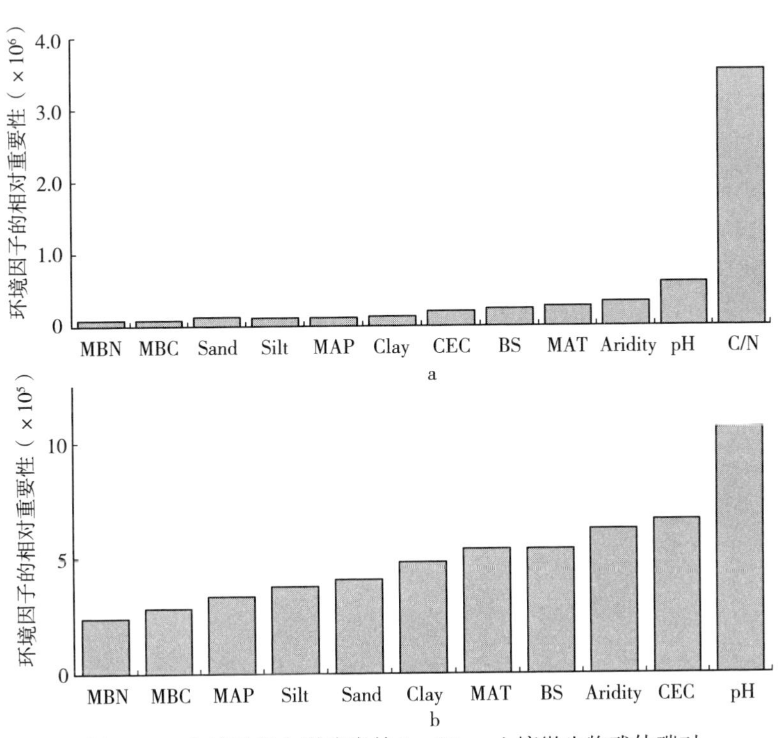

图 2-5　全球尺度上影响森林 0～30cm 土壤微生物残体碳对土壤有机碳贡献的土壤及气候因子

（MBC：微生物生物量碳，MBN：微生物生物量氮；MAP 和 MAT 分别为年降水量和年均温，Sand、Silt 和 Clay 分别为沙粒、粉粒和黏粒，BS 和 CEC 分别为盐基离子含量和交换性阳离子含量，Aridity 为干燥指数）

a. 考虑土壤碳：氮比值的情形　b. 不考虑土壤碳：氮比值的情形

在森林生态系统的基础上，Cao 等（2023）收集了已发表的不同陆地生态系统土壤微生物残体的含量及其对土壤有机碳贡献的数据，生态系统包括了不同气候区的森林、草地、灌丛、农田、湿地、苔原、沙漠和裸地，共收集了符合要求的文献 654 篇。研究结果显示，微生物残体碳的含量及其对土壤有机碳的贡献在不同生态系统中变异较大。微生物残体碳含量的最大值出现在温带森林，为 28.32g·kg^{-1}，其次为湿地（22.15g·kg^{-1}）、北方森林（19.94g·kg^{-1}）和苔原（16.03g·kg^{-1}），其最低值出现在沙漠，为 1.84g·kg^{-1}（图 2-6）。微生物残体碳对土壤有机碳的贡献在不同生态系统之间的变化与微生物残体碳的含量不同。微生物残体碳对土壤有机碳的贡献在苔原和温带草地最大，分别为 53.98%和 53.23%，最小值出现在湿地，仅为 29.48%。该研究还发现，利用细菌和真菌残体碳的转换系数导致所有生态系统中微生物残体的含量及其对土壤有机碳的贡献的数值偏低，但仅微生物残体碳对土壤有机碳的贡献显著性偏低，差别值最大的出现在温带草地。微生物残体的组成在不同生态系统中

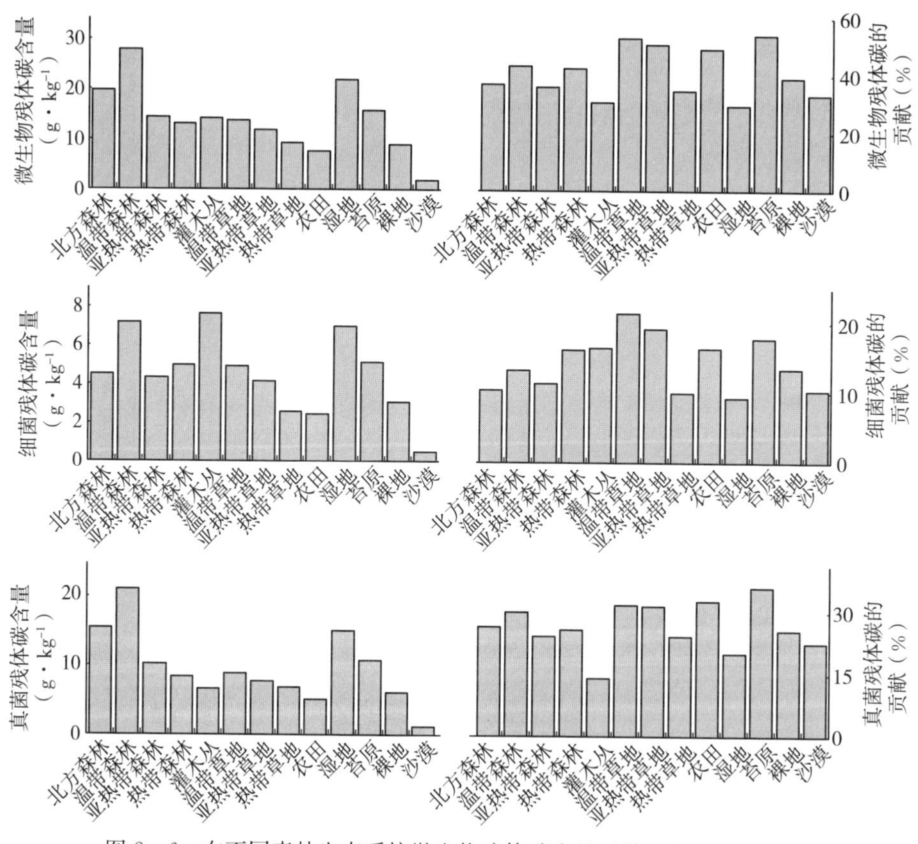

图 2-6　在不同森林生态系统微生物残体碳含量及其对有机碳的贡献

存在差异。就除灌木丛外的所有生态系统整体而言，真菌残体碳含量是细菌残体碳含量的1.67～3.37倍（图2-7）。相应地，真菌残体碳对土壤有机碳的贡献也显著大于细菌残体碳的贡献。具体而言，真菌残体碳和细菌残体碳对土壤有机碳的相对贡献在苔原分别为36.17%和17.81%，在温带草地分别为31.73%和21.50%，在湿地分别为20.13%和9.36%。

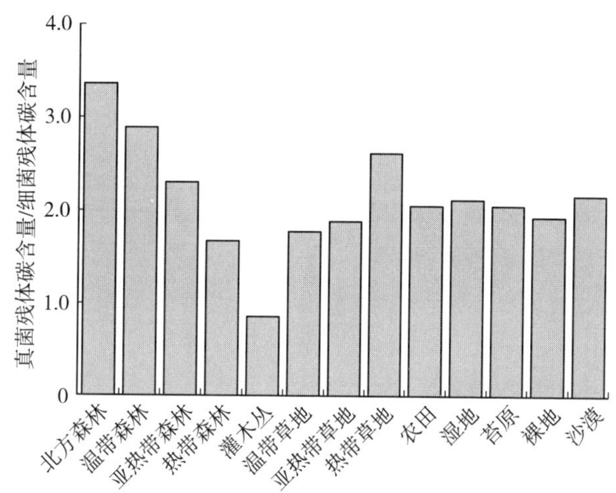

图2-7 不同森林生态系统土壤真菌残体碳与细菌残体碳的比值

进一步进行方差分解分析，结果显示，生物因素和非生物因素共解释了微生物残体碳变异的59.0%，其中土壤性质解释了31.0%，特别是土壤全氮和有机碳对微生物残体碳变异的解释度最大，分别为11.5%和7.3%（图2-8；Cao et al.，2023）。微生物特征是解释微生物残体碳变异的第二大类因子，共解释了15.5%，其中微生物生物量碳是最主要的，解释了13.6%，而微生物生物量氮、微生物生物量碳∶氮比值、微生物群落结构即真菌与细菌比和总PLFA分别对微生物残体碳变异的解释度仅为0.86%、0.83%、0.16%和0.14%。植被特性解释了微生物残体碳变异的6.3%，气候因了解释了4.9%，其中年均降水量解释了2.9%，年均温解释了1.5%。土壤动物对微生物残体碳的影响较小，仅解释了微生物残体碳变异的1.2%。相对重要性分析进一步证实了上述结果，其中土壤全氮、微生物生物量碳和土壤有机碳在微生物残体碳积累中发挥着重要作用，它们的重要性分别为22.3%、20.8%和20.5%。结构方程模型的分析结果显示基于方差分解选择的主要土壤因子解释了土壤微生物残体碳变异的58%，其中土壤基质是最重要的控制因子。土壤pH和湿度对微生物残体碳有负影响，这主要归因于它们对植物群落和土壤基质有效性产生的直接负影响，从而抑制了微生物生物量的增加。

真菌残体碳和细菌残体碳对非生物和生物因子有不同的响应。与细菌残体

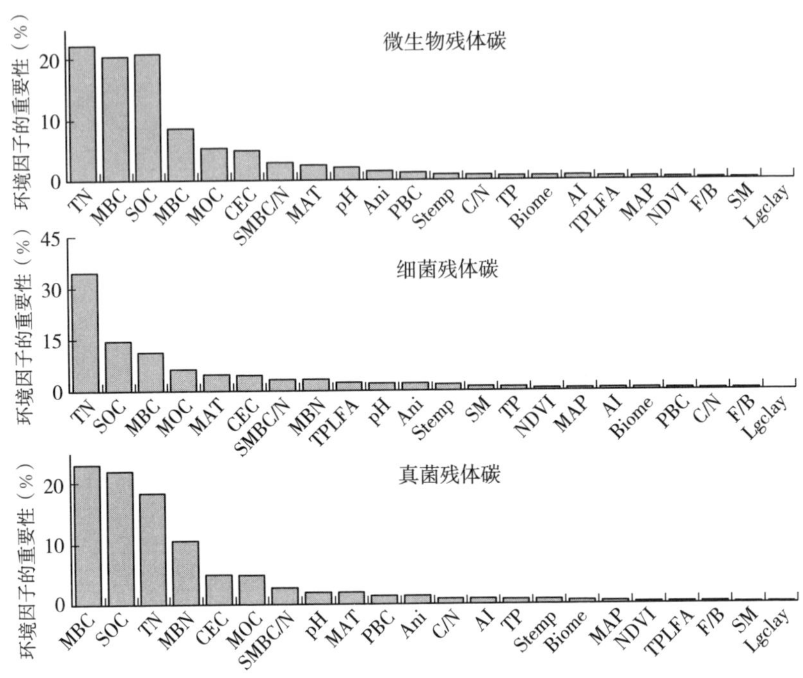

图 2-8　生物和非生物因子对土壤微生物残体碳、细菌残体碳和真菌残体碳的相对重要性
（MAT、MAP 和 AI 分别为年均温、年降水量和干燥指数，NDVI 和 PBC 分别为归一化植被指数和植物地下生物量，SM 和 Stemp 分别为土壤含水量和土壤温度，SOC、TN、TP、C/N 分别为土壤有机碳、全氮、全磷和碳：氮比值，CEC 为土壤交换性阳离子，Lgclay 为土壤黏粒含量的对数，MBC、MBN 和 SMBC/N 分别为微生物生物量碳、微生物生物量氮和它们的比值，TPLFA 和 F/B 分别为土壤微生物磷脂脂肪酸总量和真菌磷脂脂肪酸与细菌磷脂脂肪酸之比）

碳相比较，真菌残体碳可以更好地由这些环境因子来预测，它们可以解释真菌残体碳变异的 62.3%和细菌残体碳的 32.6%（Cao et al.，2023）。其中，土壤因子可以解释真菌残体碳变异的 29.90%和细菌残体碳变异的 15.5%，微生物特征可以解释它们变异的 20.3%和 8.3%，植被性质可以解释它们变异的 6.4%和 2.6%，气候因子可以解释它们变异的 3.91%和 6.04%，土壤动物可以解释它们变异的 1.73%和 0.10%。进一步的相对重要性分析显示，控制真菌残体碳和细菌残体碳的关键土壤因子的顺序是不同的。就真菌残体碳而言，其重要性的顺序为微生物生物量碳（22.9%）>土壤有机碳（22.0%）>全氮（18.3%）；而对细菌残体碳的重要性顺序为全氮（34.7%）>土壤有机碳（14.6%）>微生物生物量碳（11.3%）。

与土壤微生物残体碳相比，环境因子对微生物残体碳占土壤有机碳的比例的解释度较低，仅解释了 15.1%。具体而言，这些环境因子解释了真菌残体碳占土壤有机碳的比例的 14.5%和细菌残体碳占土壤有机碳的比例的 13.0%。与土壤微生物残体碳类似，土壤性质和气候因子是解释微生物残体占土壤有机碳比例的变异的前两位因子，其中土壤性质解释了 6.7%，气候因子解释了 4.2%。相对重要性分析的结果显示，土壤因子的重要性顺序为碳氮比（21.66%）＞土壤有机碳（18.9%）＞土壤含水量（17.0%），其他土壤因子的贡献均低于 10.0%（图 2-9）。

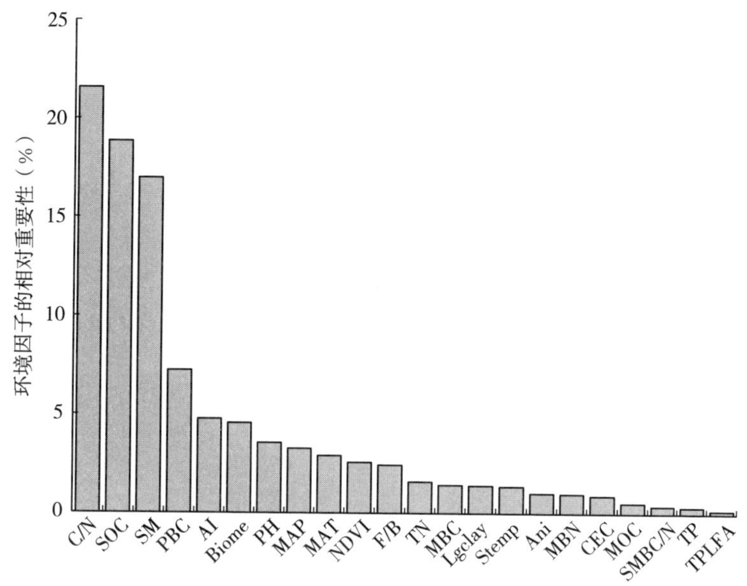

图 2-9　生物和非生物因子对土壤微生物残体碳对有机碳贡献的相对重要性

（MAT、MAP 和 AI 分别为年均温、年降水量和干燥指数，NDVI 和 PBC 分别为归一化植被指数和植物地下生物量，SM 和 Stemp 分别为土壤含水量和土壤温度，SOC、TN、TP、C/N 分别为土壤有机碳、全氮、全磷和碳：氮比，CEC 为土壤交换性阳离子，Lgclay 为土壤黏粒含量的对数，MBC、MBN 和 SMBC/N 分别为微生物生物量碳、微生物生物量氮和它们的比值，TPLFA 和 F/B 分别为土壤微生物磷脂脂肪酸总量和真菌磷脂脂肪酸与细菌脂磷脂肪酸之比）

二、土体中的垂直分布

与表层土壤的微生物残体研究相比较，对林地不同深度土壤或深层土壤微生物残体的研究相对比较少。Ni 等（2020）收集了全球已发表的文献数据，共获得了 30 个森林土壤剖面的微生物残体的数据，分析了土壤微生物残体的垂直分布格局及其调控因素。研究发现，胞壁酸和氨基葡萄糖的浓度随土层深度的增加而降低，但是微生物残体碳对土壤有机碳的贡献却随土层深度增加而显著增加，且在 20cm 以下的土层中占到了土壤有机碳的 47%～62%（图2-10）。细菌残体碳对土壤有机碳的贡献也基本上随土层深度的增加而增加，而真菌残体碳对土壤有机碳的贡献除凋落物层显著较低外，在其他土层间的差异不显著，从而也导致了真菌残体碳/细菌残体碳比值随土层深度增加而降低。这说明细菌残体碳对有机碳的重要性随土层深度的增加而增加。土壤微生物残体碳对土壤有机碳的贡献在不同森林类型中也存在差别，在针叶林和混交林中低于原始林、人工林和落叶林（图 2-11）。就真菌残体碳对土壤有机碳的贡献而言，在混交林中较低，而细菌残体碳对土壤有机碳的贡献在人工林和针叶林中较低。微生物残体碳的积累在不同土层土壤的调控机制不同，在表层土壤（0～20cm）中，土壤碳：氮比值调控微生物活性和生物量周转；而在深层土壤（20～100cm）中，黏粒矿物的物理保护使微生物残体碳在土壤中维持长期稳定（图 2-12）。

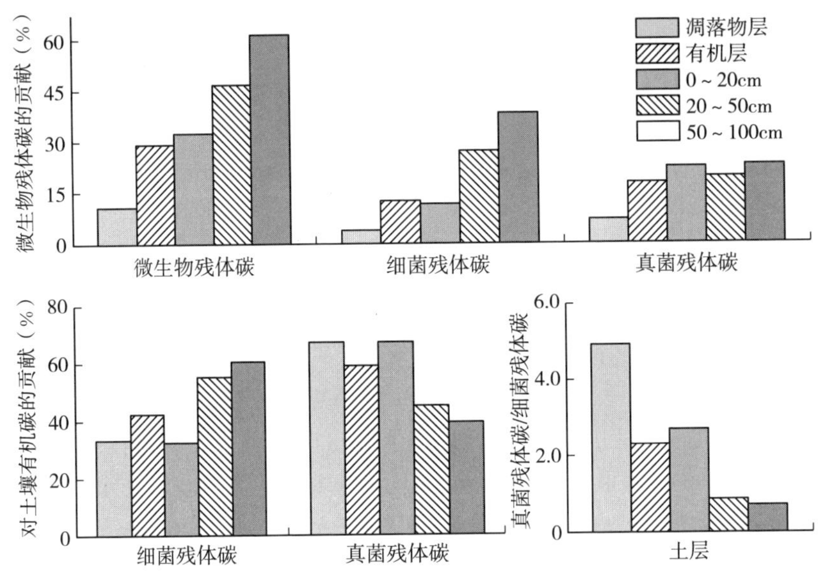

图 2-10　森林不同土层深度土壤微生物残体碳及其组分对土壤有机碳的贡献

在上述研究的基础上，Wang 等（2021）进一步整合了森林、农田、草地等生态系统已发表的文献数据，深入分析微生物残体在土壤剖面中的垂直分布。其中，森林土壤微生物残体碳、真菌残体碳和细菌残体碳的含量均随土层深度的增加而降低（图 2-13）。在 0～20cm、20～50cm、50～100cm 和大于 100cm 土层土壤中微生物残体碳的含量分别为 17.4g·kg^{-1}、6.0g·kg^{-1}、3.9g·kg^{-1}和 2.6g·kg^{-1}。真菌残体碳在森林土壤 0～150cm 土层中的平均含量为 5.6g·kg^{-1}，细菌残体碳的平均含量为 2.7g·kg^{-1}，真菌残体碳在不同深度土层中的含量分别为 12.73g·kg^{-1}、3.63g·kg^{-1}、1.71g·kg^{-1}和 1.56g·kg^{-1}，细菌残体碳在不同深度土层中的含量分别为 4.46g·kg^{-1}、2.92g·kg^{-1}、2.67g·kg^{-1}和 1.05g·kg^{-1}。微生物残体碳对土壤有机碳的贡

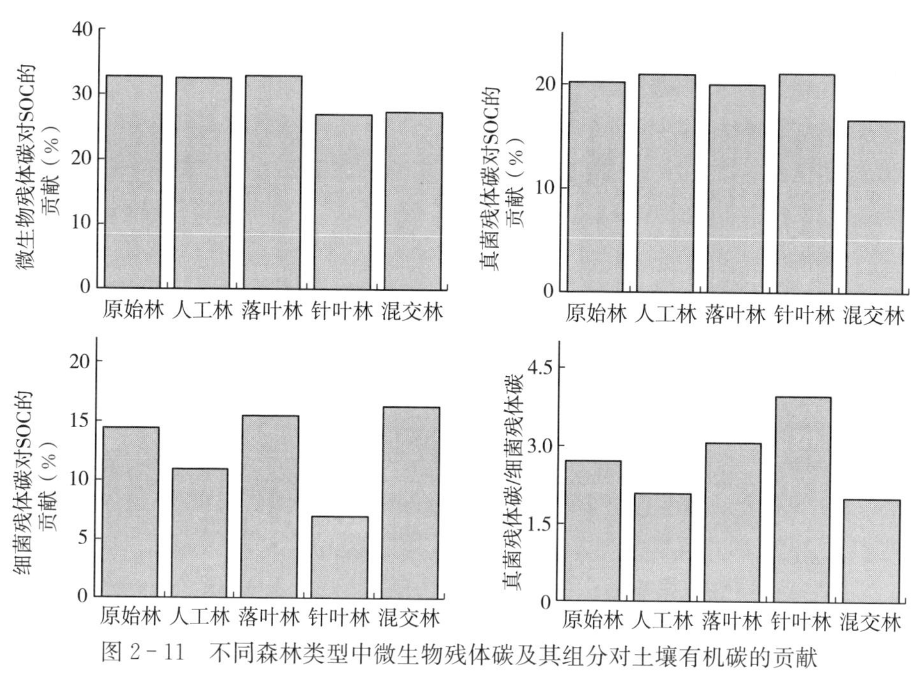

图 2-11　不同森林类型中微生物残体碳及其组分对土壤有机碳的贡献

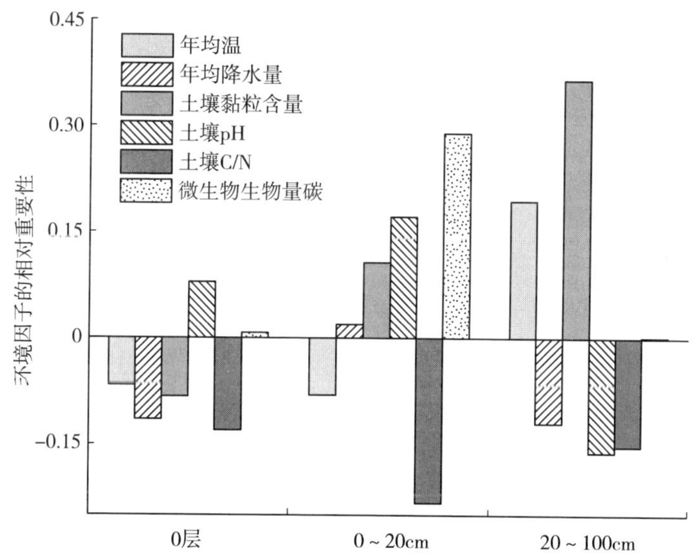

图 2-12　气候和土壤因子对森林土壤微生物残体影响的相对重要性

[PLS（标准化系数）显示方向和每个变量对微生物残体的影响幅度]

献随着土层深度的加深而增加，在 0～20cm、20～50cm、50～100cm 和大于 100cm 土层土壤中分别为 34.1%、35.3%、42.0%和 43.7%（图 2-14）。真菌残体碳对土壤有机碳的贡献大于细菌残体碳。土壤真菌残体碳与细菌残体碳的比值在0～20cm土层最高，其次为20～50cm土层，在50～100cm土层最低。

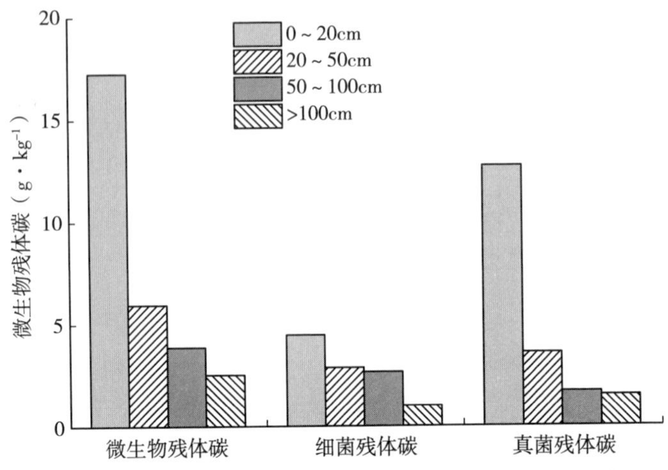

图2-13　森林生态系统中土壤微生物残体碳及其组分的含量随土层深度的变化

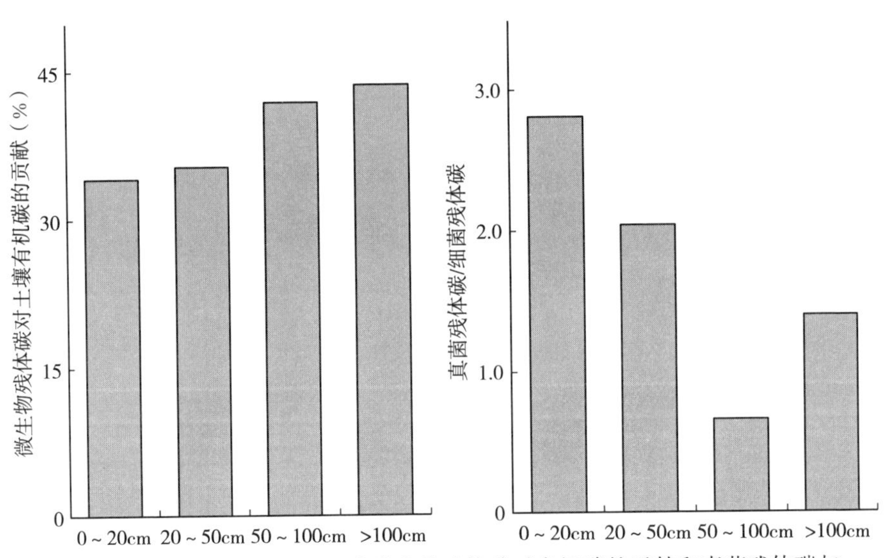

图2-14　森林生态系统中土壤微生物残体碳对有机碳的贡献和真菌残体碳与细菌残体碳的比值随土层深度的变化

第三节　干扰对森林土壤微生物残体的影响

由于土壤微生物对环境变化的高度敏感性，人为活动和气候变化等干扰，例如氮磷养分的输入、森林植被类型的改变、全球变化等，可以通过直接影响微生物生物量周转、分子结构、胞外酶活性以及微生物的群落结构组成等内在特征来调控微生物残体碳的截获过程。这些外在因素的变化也可以通过间接影响植被地上-地下生物量分配、土壤物理性质和化学性质（如土壤水分、团聚体组成、pH）来调控土壤微生物残体的生成及其在土壤中的积累过程。因此，正确认识人为和自然干扰对土壤微生物残体积累过程的影响及其关联程度，是我们客观地评价和预测土壤碳库动态变化的关键，对于了解并掌握如何调控微生物残体的形成与积累，以促进土壤长期碳固持和构建森林可持续经营措施具有重要意义。本节将主要阐述外源氮磷养分输入、植被类型与组成、土壤增温及降雨减少或干旱等人为和自然干扰对土壤微生物残体积累的影响。

一、外源氮磷养分输入

作为重要的森林经营措施以及环境变化因子（比如大气氮沉降），外源养分的输入可以缓解土壤养分的缺乏或富集，改变微生物群落结构、代谢活性及养分利用策略等，进而影响土壤微生物残体的生成、积累乃至后续的稳定过程。Liao 等（2020）整合了我国 16 个氮添加实验的研究结果，共计 118 条数据，这些数据主要来自农田生态系统，他们发现氮添加促进了土壤总微生物生物量，进而增加微生物残体的积累，并最终促进了微生物残体对土壤有机碳的贡献以及土壤有机碳的固持。他们还发现，氮添加对微生物残体的促进作用与氮添加量无关，但在实验时间更长、以尿素为氮源的实验或者野外实验中具有更强的促进作用。在我国东部地区，Ma 等（2021）从南到北选择了 8 个典型森林进行氮添加实验，中国东部森林氮添加样地的基本信息见表 2－5，他们

表 2－5　中国东部森林氮添加样地的基本信息

气候类型	样点	森林类型	地理坐标	海拔（m）	年均温（℃）	年降雨（mm）	背景氮沉降（$kg \cdot hm^{-2} \cdot a^{-1}$）
热带	尖峰岭	TPF	18.72°，108.88°	870	19.7	2 198	9
		TSF	18.72°，108.88°	880	20	2 198	9
亚热带	武夷山	CCF	27.65°，117.95°	700	18	1 889	16
	牯牛降	CEF	30°，117.35°	375	9.2	1 650	10.7
温带	东灵山	QMF	39.97°，115.43°	1 300	5.4	612	15
		BPF	39.97°，115.43°	1 300	5.4	612	15
	五营	KPMF	48.12°，129.18°	350	－0.5	654	7
北方	根河	LGF	50.93°，121.5°	825	－5.4	481	5.5

注：TPF 表示原始山地雨林；TSF 表示次生山地雨林；CCF 表示红栲林；CEF 表示甜槠林；QMF 表示蒙古栎；BPF 表示白桦林；KPMF 表示红松混交林；LGF 表示落叶松林。

发现，氨基糖对氮添加的响应与森林类型有关，具体表现为：低氮添加量增加了温带森林土壤总氨基糖、胞壁酸和氨基葡萄糖的含量，分别增加了 34%、25%和 77%，但是对其他温度带的森林土壤氨基糖及其组分的含量没有影响（图 2-15）。氮添加后热带次生林土壤氨基葡萄糖与胞壁酸的比值显著增加，其中低氮添加量（50kg・hm^{-2}）和高氮添加量（100kg・hm^{-2}）使其分别提高了 13%和 11%，而在其他森林土壤中该比值没有发生显著变化。氮添加显著改变了微生物残体碳对土壤有机碳的贡献（图 2-16）。结构方程模型的结果表明，微生物残体碳和微生物残体碳对土壤有机碳的贡献对氮添加的响应主要受气候、土壤总氮和真菌/细菌比值影响（图 2-17）。

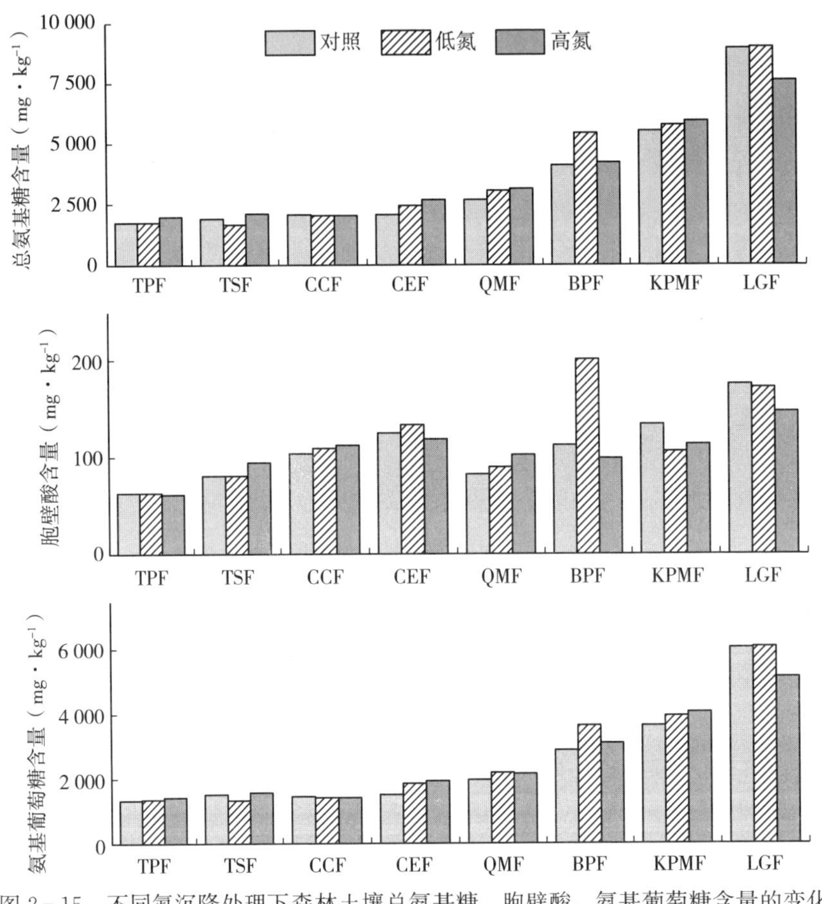

图 2-15 不同氮沉降处理下森林土壤总氨基糖、胞壁酸、氨基葡萄糖含量的变化

在全球尺度上，氮添加对土壤氨基糖的影响取决于氮添加时是否还添加了其他养分，如磷和钾（Hu et al.，2022）。单独的氮添加对氨基糖和氨基葡萄糖的含量没有显著影响，但同时添加磷后氨基糖和氨基葡萄糖的含量分别显著

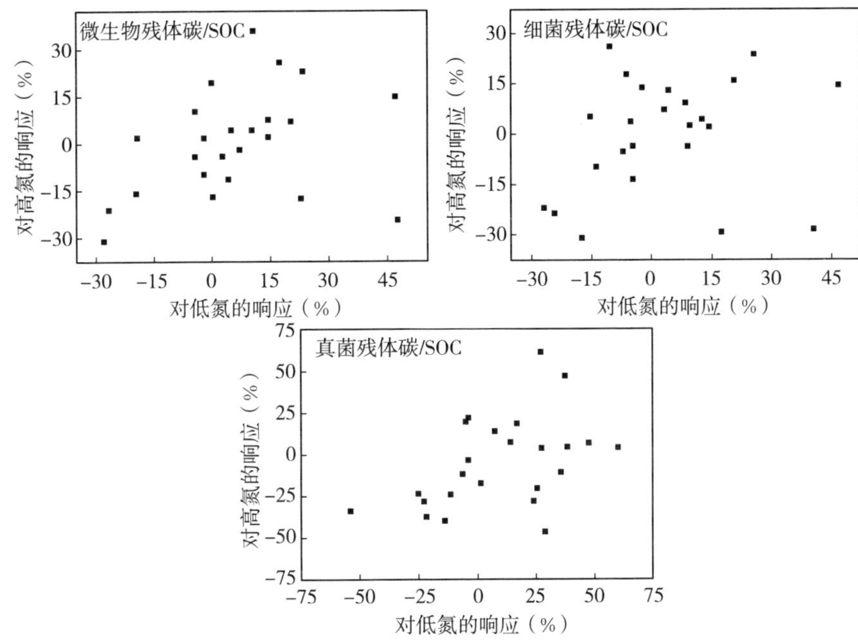

图 2-16　森林土壤微生物残体碳及其组分对土壤有机碳的贡献对低氮和高氮添加的响应

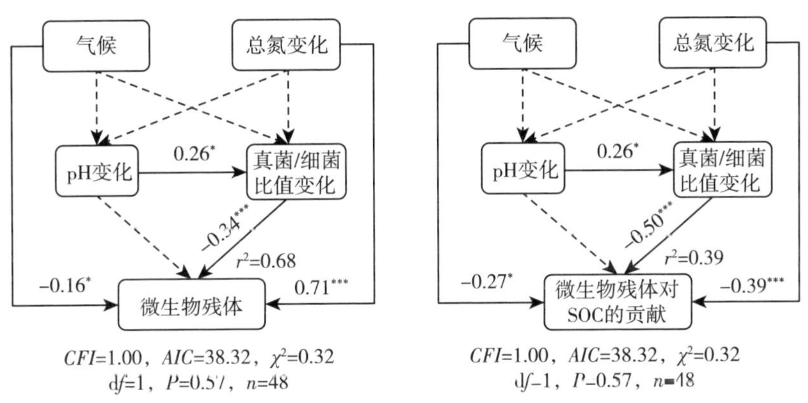

图 2-17　气候及氮添加对土壤微生物残体及对土壤有机碳贡献的变化的作用

降低了 33%和 38%（图 2-18）。同时，当氮添加量低于 50kg・hm^{-2}・a^{-1}或氮添加时间小于 5 年时氮添加增加了胞壁酸的含量，增加幅度超过了 20%。在另一项整合 39 篇已发表的文献的数据研究中，Hu 等（2023）发现氮添加使土壤胞壁酸的含量增加了 10%，而对氨基酸含量和氨基葡萄糖含量没有达到显著水平（图 2-19）。氮、磷、钾同时添加使得氨基酸、氨基葡萄糖和胞壁酸的含量分别增加了 8%、21%和 22%。

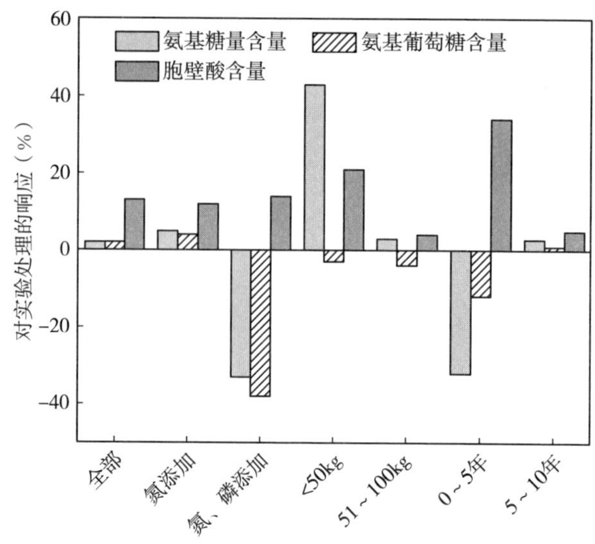

图2-18　在全球尺度上氮、磷添加及其添加量和处理时间对森林土壤氨基糖的影响

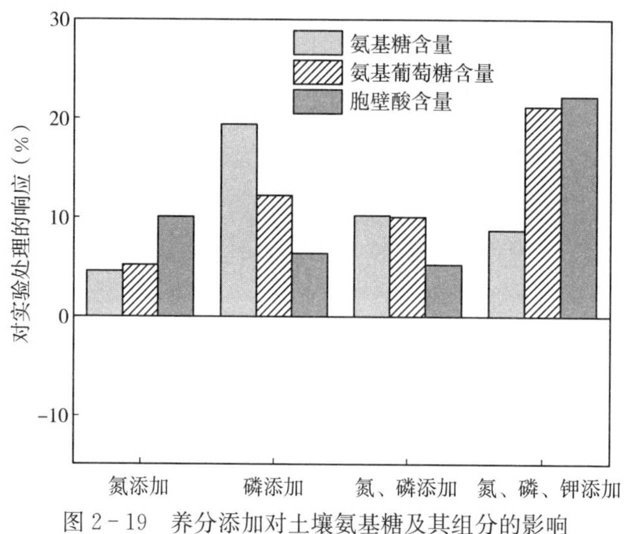

图2-19　养分添加对土壤氨基糖及其组分的影响

模型选择的分析结果显示，生态系统类型是影响微生物残体对氮添加响应的最重要因素（Hu et al.，2023）。氮添加增加了森林和农田土壤的胞壁酸含量，也增加了森林土壤氨基葡萄糖和氨基酸的含量。生态系统类型、氮添加的时间和氮的形态在氮添加影响氨基糖及其组分含量中的重要性均超过了0.80（图2-20），但是亚组分析和元模型的分析结果却没有发现这些因素在氮添加影响氨基糖及其组分中的重要性。土壤有机碳含量是调控真菌残体对氮、磷、钾添加响应的主要因素。

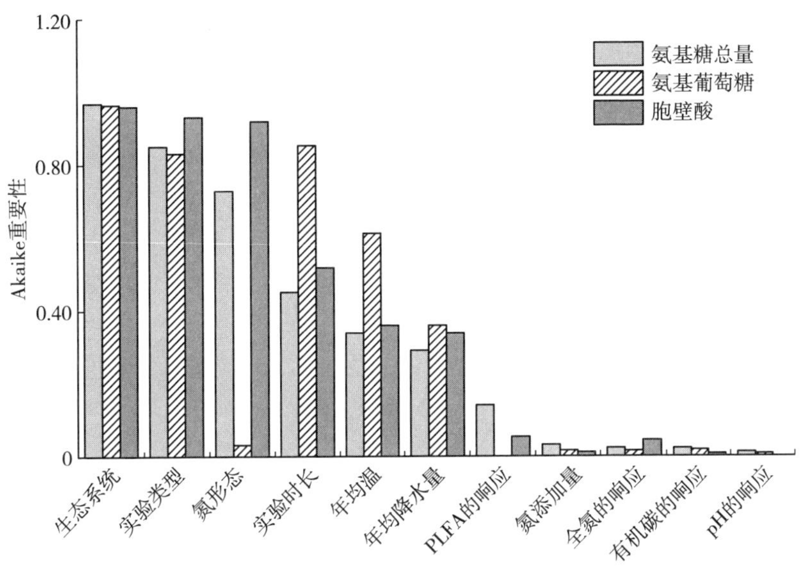

图 2-20　模型模拟得出氮添加影响氨基糖总量、氨基葡萄糖和胞壁酸指示因子的重要性

为深入了解氮、磷添加及其交互作用对森林土壤微生物残体的影响，Jing 等（2022）基于中国科学院会同森林生态实验站杉木人工林长期施肥样地采集的0～10cm 土层土壤，分析了土壤微生物残体的变化。该研究发现，连续 7 年施肥后，无论是单施氮肥或磷肥，还是共施氮、磷肥，均没有影响土壤微生物残体的含量、组成以及其对土壤有机碳的贡献（图 2-21）。然而，共施氮磷肥使得土壤小团聚体和微团聚体中的真菌残体分别增加了 19.3%和 17.8%（图 2-22）。单施磷肥显著增加了微生物残体碳在土壤大团聚体中的分配，而共施氮、磷肥降

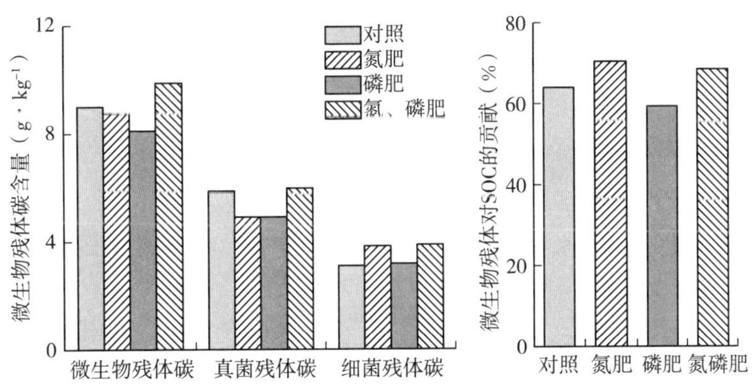

图 2-21　施氮、磷肥对杉木人工林 0～10cm 土壤微生物残体及其组分和对土壤有机碳贡献的影响

低了细菌残体碳在土壤大团聚体中的分配，单施氮肥和共施氮、磷肥均显著促进了真菌残体碳在土壤小团聚体中的分配（图2-23）。施氮、磷肥显著降低土壤中大团聚体的比例而增加土壤小团聚的比例，施肥，特别是共施氮、磷肥，使总微生物残体及真菌残体从大团聚体向小团聚体转移。结构方程模型的分析结果表明，施氮、磷肥对土壤团聚体中微生物残体含量及分配的影响主要是通过根生物量调控的土壤团聚体的组成，而与其调控的活体微生物类群的变化无关。

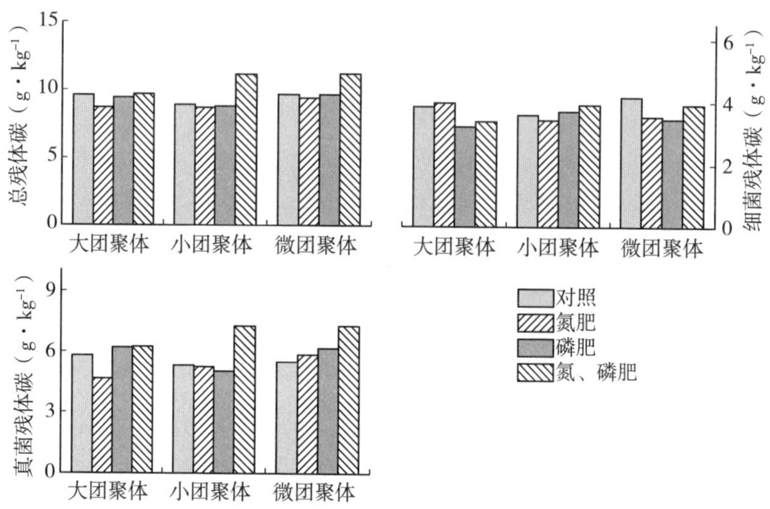

图2-22　施氮、磷肥对杉木人工林土壤团聚体中微生物残体及其组分含量的影响

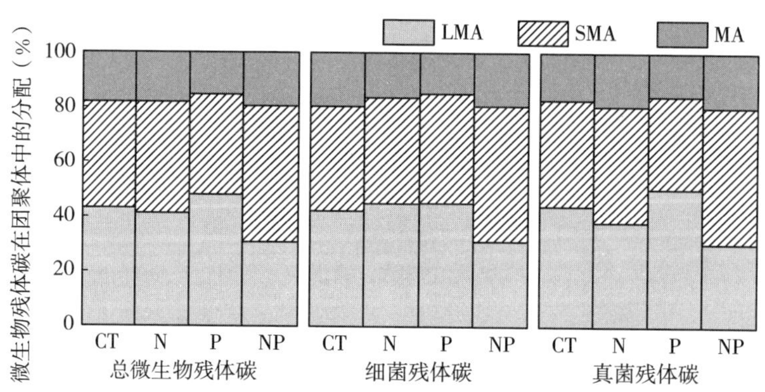

图2-23　施氮、磷肥对微生物残体、细菌残体和真菌残体在杉木人工林土壤团聚体中分配的影响

（LMA、SMA和MA分别为大团聚体、小团聚体和微团聚体）

二、全球变化

随着全球气候变化的加剧，伴之而来的干旱问题成为全球关注的热点，频

发的全球极端干旱事件对陆地生态系统土壤有机碳库产生了重要影响。土壤微生物残体碳作为土壤有机碳库的重要组成部分，其对干旱的响应及其机制也成为全球变化和土壤碳循环研究的热点。Liu 等（2023）于 2018—2021 年在暖温带杨树人工林通过连续 3 年的野外模拟干旱实验，探讨了土壤微生物残体有机碳在不同土壤层次对不同强度干旱的响应。该实验设置了对照、中等强度干旱和严重干旱三个干旱强度，即去除 0%、30%和 50%的穿透雨。他们在经过 3 年实验处理后采集了 0～15cm 和 15～30cm 两个土层的土壤，研究了不同干旱强度对土壤细菌残体碳、真菌残体碳和总微生物残体碳的影响。结果显示，干旱对土壤微生物残体的影响取决于微生物群落结构、土壤深度和干旱强度（图 2-24）。中度干旱使 0～15cm 土层土壤中微生物残体碳和真菌残体碳的含量分别增加了 9.1%和 13.5%；重度干旱使 15～30cm 土层中土壤总微生物残体碳和真菌残体碳的含量分别减少了 31.6%和 43.6%。这表明干旱强度对微生物残体有机碳和真菌残体碳的含量的影响在 15～30cm 土层土壤比 0～15cm 土层土壤更强烈。干旱均显著增加了 0～15cm 和 15～30cm 土层中土壤细菌残体碳的含量，使其增加了 22.7%～40.8%，并且重度干旱对细菌残体碳的增加程度大于中度干旱。

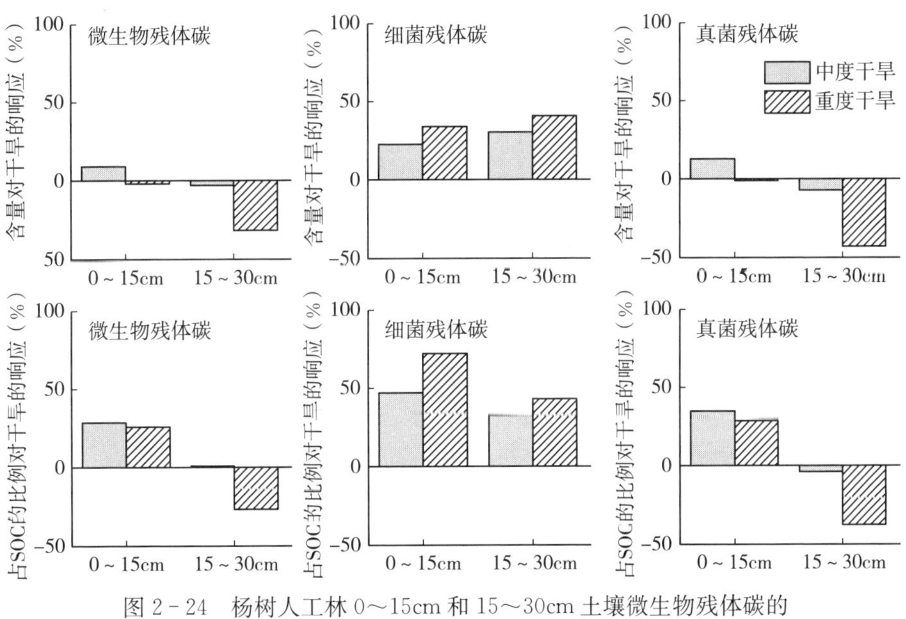

图 2-24　杨树人工林 0～15cm 和 15～30cm 土壤微生物残体碳的含量及其对有机碳的贡献对不同强度干旱的响应

中度和重度干旱均显著增加了 0～15cm 土层土壤中微生物残体碳对有机碳的贡献，分别使其增加了 28.6%和 26.2%；但在 15～30cm 土层重度干旱显著降低了微生物残体碳对土壤有机碳的贡献，降低了 26.7%。干旱对真菌残体碳对土壤有机碳贡献的影响与总微生物残体碳基本一致。干旱对细菌残体碳对土壤有机碳贡献的增加作用在 0～15cm 土层大于 15～30cm 土层。在 0～15cm 土层，中度干旱和重度干旱使细菌残体碳对土壤有机碳的贡献分别增加了 46.7%和 72.6%，而在 15～30cm 土层它们分别增加了 33.0%和 43.3%。这项研究强调了微生物残体对干旱响应的复杂性，这取决于微生物群落结构、干旱强度和土壤深度，并且这在预测气候变化下的碳循环时具有全球意义。

基于 15 篇已发表的有关增温影响的文献的数据，Hu 等（2023）发现增温使土壤胞壁酸含量增加了 15%，但对氨基葡萄糖和氨基糖总量影响较小（图 2－25）。大气 CO_2 浓度升高和干旱等环境因子的变化对土壤微生物残体的影响也较小。模型分析的结果显示，生态系统类型和年均温是影响微生物残体对增温响应的最重要因素，而土壤有机碳的变化是影响细菌残体碳对增温响应的最重要因素（图 2－26）。

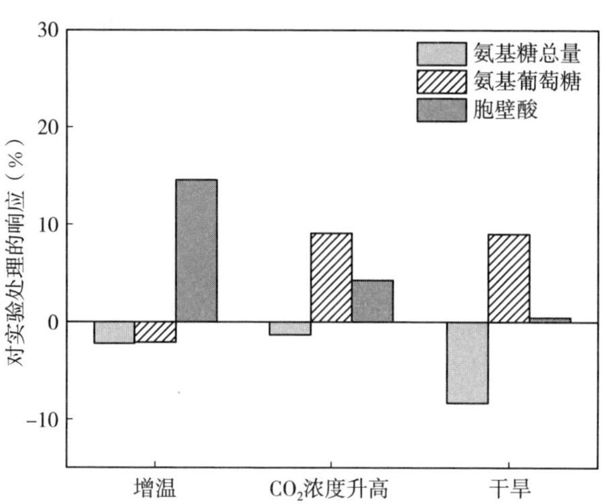

图2－25　增温、大气 CO_2 浓度升高和干旱等环境变化因子对土壤氨基糖及其组分的影响

三、森林植被组成

森林植被组成是影响土壤微生物残体积累的重要因素之一。这是因为森林植被的差异会影响微气候、凋落物的数量、凋落物的质量以及根系共生微生物的类型等（Brussaard et al.，2007；Orwin et al.，2010；Hedenec et al.，2020），从而调控土壤微生物对有机底物的“体外修饰”和“体内周转”途径，进而影响土壤微生物残体的形成、转化和稳定过程。尽管基于全球森林生态系统土壤微生物残体的整合分析发现，树种组成对微生物残体的含量及其对土壤有机碳的贡献影响较小（Ni et al.，2020），但许多独立研究并不支持这一结

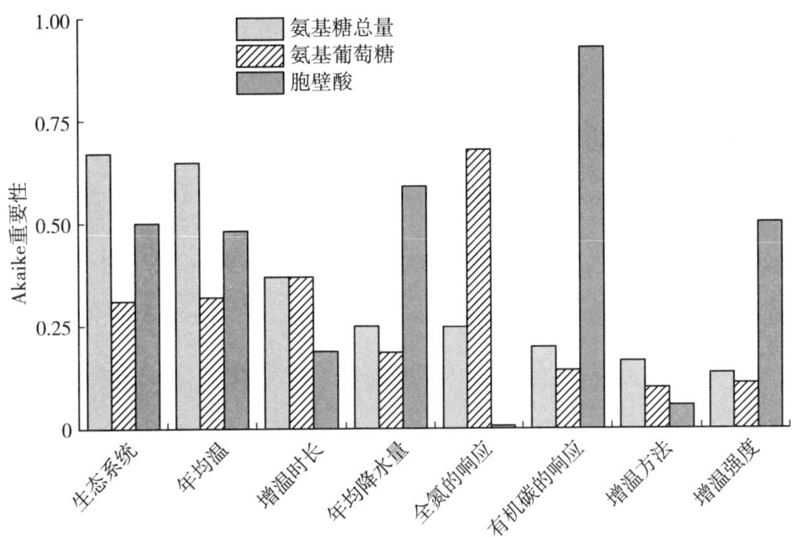

图 2-26 模型模拟得出的增温影响氨基糖总量、氨基葡萄糖和胞壁酸的指示因子的重要性

果（Shao et al.，2017；井艳丽等，2018）。

在中亚热带地区，Jing 等（2022a）选择了杉木、马尾松、火力楠和木荷人工纯林，采集了 0～10cm 和 10～20cm 土层土壤，分析主要造林树种对土壤微生物残体的影响。结果显示，在 0～10cm 土层，木荷人工林土壤微生物残体总量和真菌残体的含量高于其他树种人工林，火力楠人工林的细菌残体含量低于其他人工林（图 2-27）。在 10～20cm 土层，马尾松人工林土壤微生物残体和真菌残体的含量较低。就 0～10cm 土层而言，土壤微团聚体的微生物残体总量和真菌残体的含量高于土壤大团聚体和小团聚体，而细菌残体在不同粒径团聚体中的含量差别较小（图 2-28）。马尾松人工林和火力楠人工林土壤大团聚体和小团聚体的微生物残体含量低于其他树种人工林土壤。木荷人工林土壤微团聚体的微生物残体总量和真菌残体的含量高于其他土壤。这与木荷人工林土壤中大团聚体较少而微团聚体较多有关。土壤大团聚体中微生物残体对土壤有机碳的贡献显著高于小团聚体和微团聚体。火力楠人工林土壤大团聚体细菌残体的含量较低，从而导致了在大团聚体内微生物残体对土壤有机碳的贡献较低。

在 0～10cm 土层，土壤微生物残体、细菌残体和真菌残体均主要分配在大团聚体和小团聚体中。其中，大团聚体中的微生物残体占到了微生物残体总量的 40.0%～59.8%，小团聚体中的微生物残体则占到了土壤微生物残体总量的 31.9%～41.4%（图 2-29）。大团聚体中的真菌残体占到了土壤真菌残体总量的 36.38%～57.6%，小团聚体中的真菌残体则占到了的 32.9%～

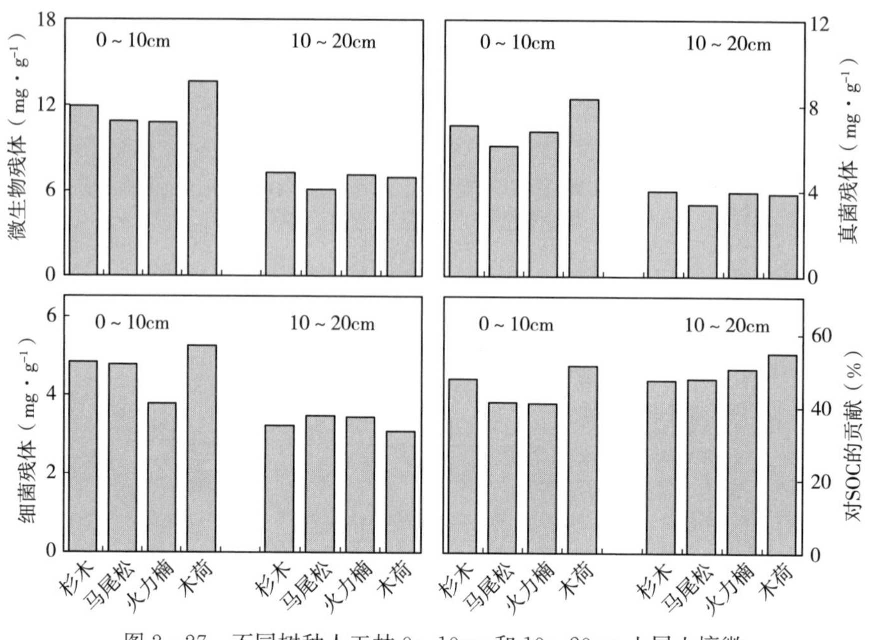

图 2-27 不同树种人工林 0～10cm 和 10～20cm 土层土壤微生物残体的含量及其对 SOC 的贡献

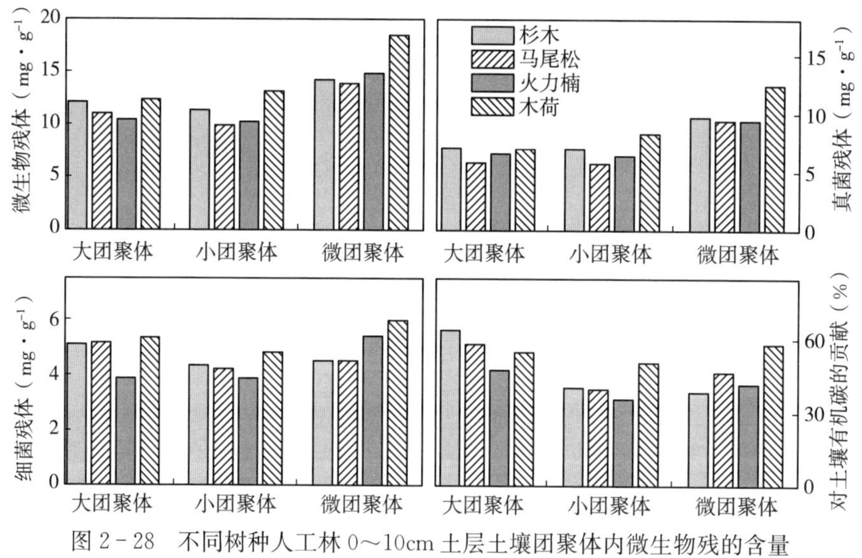

图 2-28 不同树种人工林 0～10cm 土层土壤团聚体内微生物残的含量

42.1%。大团聚体中的细菌残体占到了土壤细菌残体总量的 45.1%～63.0%，小团聚体中的细菌残体则占到了 30.5%～38.8%。微生物残体、细菌残体和真菌残体在土壤大团聚体中的分配从高到低分别为杉木人工林、马尾松人工林、火力楠人工林和木荷人工林，而它们在土壤小团聚体中的分配从低到高则为杉木人工林、马尾松人工林、木荷人工林或火力楠人工林。

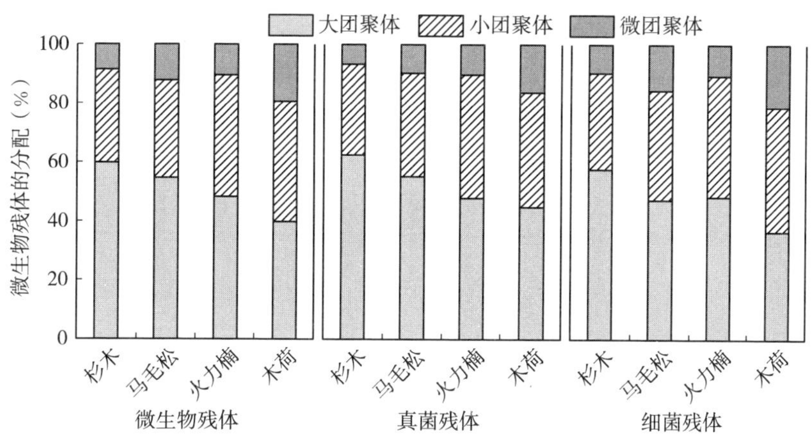

图 2-29　不同树种人工林 0～10cm 土层土壤微生物残体、真菌残体和细菌残体在团聚体中的分配

森林演替是森林生态系统地上和地下生物群落结构随时间变化的过程。在森林演替过程中，生物以及非生物因素发生变化，包括地上植物群落结构、生产力和土壤有机碳的变化等。植物群落结构以及输入到土壤中的凋落物数量、质量的变化影响了土壤微生物的群落结构和功能，进而影响到土壤微生物的代谢过程。例如，在广东鼎湖山国家级自然保护区的森林演替过程中，微生物代谢产物（如微生物死亡残体）对土壤有机碳积累具有较大的贡献（Shao et al.，2017）。邵鹏帅等（2021）在中国东北吉林省长白山国家森林自然保护区选择了林龄分别约为 20 年、80 年、120 年、200 年和 300 年的森林作为一个演替序列，采集了有机层和 0～10cm 矿质层土壤，分析了土壤氨基糖及对应的微生物残体随森林演替的变化。森林演替 20 年的林地主要树种为白桦和山杨；演替 80 年的林地主要树种为白桦、山杨、蒙古栎、紫椴、色木槭以及水曲柳，还伴随着少量的红松；演替 120 年的林地主要树种为蒙古栎、紫椴、色木槭、水曲柳以及红松；演替 200 年以及 300 年的林地主要树种为红松，伴随着蒙古栎、紫椴、色木槭和水曲柳。研究结果显示，森林演替过程中土壤氨基糖的含量显著增加，但增加趋势在土壤有机层和矿质层之间存在差别（图 2-30）。在有机层，土壤氨基糖含量与氨基葡萄糖含量的变化相似，从森林演替阶段 20 年到 200 年逐渐增加，在 300 年降低至演替阶段 20 年的水平；土壤胞壁酸的含量在森林演替前期 20 年显著低于其他 4 个演替阶段，但其他 4 个森林演替阶段之间土壤胞壁酸的含量没有显著差异。在 0～10cm 矿质层，森林演替过程中土壤氨基葡萄糖、胞壁酸和总的氨基糖含量的变化趋势一致。它们

在森林演替阶段 20 年显著低于其他 4 个演替阶段，而其他 4 个演替阶段之间土壤胞壁酸的含量没有差异。另外，有机层土壤氨基葡萄糖、胞壁酸以及总的氨基糖含量显著高于矿质层土壤。

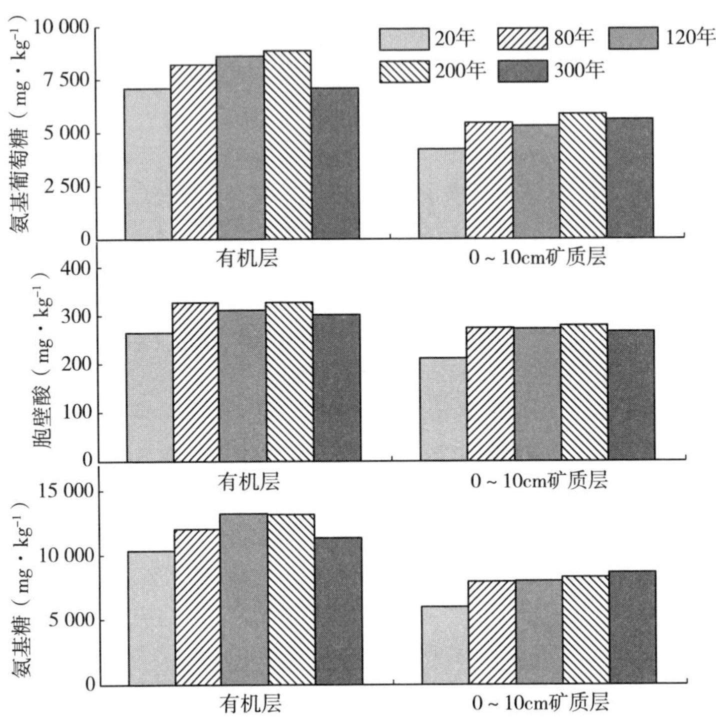

图 2－30　森林演替过程中有机层和矿质层土壤氨基糖及其组分的变化

森林演替阶段和土层显著影响了土壤微生物残体的含量，森林演替对土壤微生物残体的影响在不同土层间也存在差别（图 2－31）。在有机层，土壤微生物残体和真菌残体的含量从森林演替前期（20 年）到后期（200 年）逐渐增加，但是它们在演替后期（300 年）又降低至演替前期（20 年）的水平。土壤细菌残体的含量随森林演替显著增加，在演替阶段 80～300 年显著高于演替前期（20 年）。在矿质土壤中，总微生物残体、真菌残体和细菌残体的含量在演替前期（20 年）显著低于其他 4 个演替阶段。另外，土壤真菌残体、细菌残体以及微生物残体的含量在有机层土壤显著高于矿质层土壤。

森林演替显著改变了微生物对土壤有机碳的贡献。在有机层，微生物残体对土壤有机碳的贡献为 30.2%～36.0%（图 2－32）。微生物残体对土壤有机碳的贡献在森林演替中期（80 年和 120 年）显著高于演替前期和后期的贡献。在 0～10cm 矿质层，微生物残体对土壤有机碳的贡献为 52.5%～57.6%，并

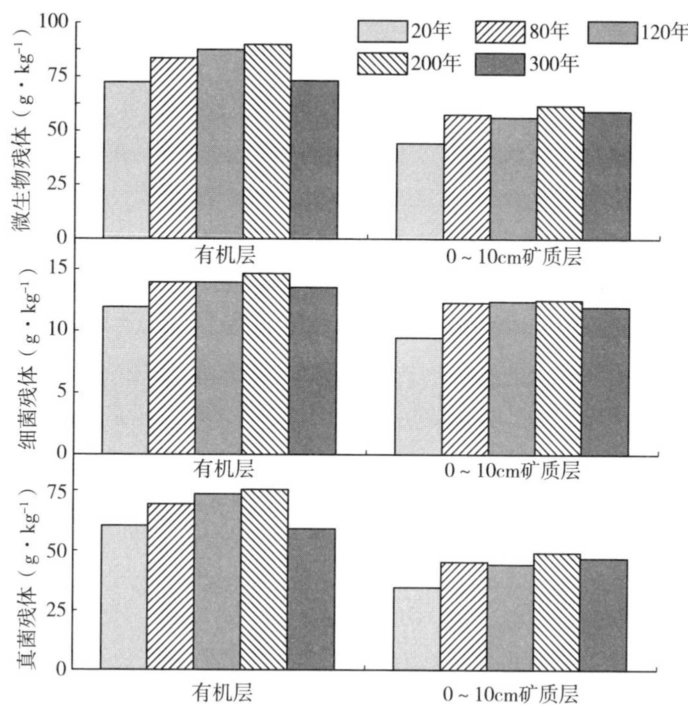

图 2-31 森林演替过程中有机层和矿质层土壤微生物残体、细菌残体和真菌残体含量的变化

且在森林演替中期和中后期（80～200 年）高于演替阶段 20 年和 300 年。另外，微生物残体对土壤有机碳的贡献在土壤有机层中平均为 33.7%，显著低于其在 0～10cm 矿质层土壤中的平均值（54.4%）。

森林土壤真菌残体对土壤有机碳的贡献大于细菌残体（图 2-32）。在有机层，真菌残体对土壤有机碳的贡献为 24.5%～30.1%，而细菌残体对土壤有机碳的贡献仅为 5.4%～5.9%。在矿质层，真菌残体对土壤有机碳的贡献为 41.6%～45.5%，细菌残体对土壤有机碳的贡献为 10.7%～12.1%。森林演替显著影响真菌残体对土壤有机碳的贡献，而没有影响细菌残体对土壤有机碳的贡献。森林演替过程中真菌残体对土壤有机碳的贡献与微生物残体对土壤有机碳的贡献变化趋势基本一致。在有机层，真菌残体对土壤有机碳的贡献在森林演替中期（80 年和 120 年）显著高于演替前期和后期；在 0～10cm 矿质层，真菌残体对土壤有机碳的贡献在森林演替后期（200 年）高于其他 4 个演替阶段的贡献。另外，真菌残体和细菌残体对土壤有机碳的贡献在土壤有机质层中分别平均为 28.1%和 5.6%，显著低于矿质土壤的 42.8%和 11.6%。

森林演替显著影响了有机质层土壤氨基葡萄糖与胞壁酸的比值，而对矿质

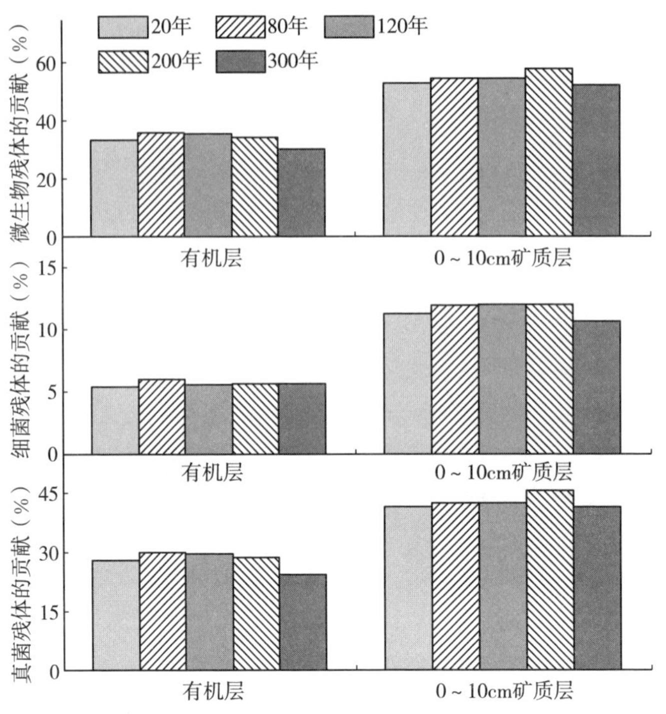

图 2－32　森林演替过程中微生物残体及其组分对土壤有机碳的贡献

层土壤中氨基葡萄糖与胞壁酸含量的比值没有影响（图 2－33）。在有机层，森林演替后期（300 年）的氨基葡萄糖与胞壁酸含量的比值显著低于其他 4 个演替阶段的比值。土壤真菌残体和细菌残体占总的微生物残体总量的比例在有

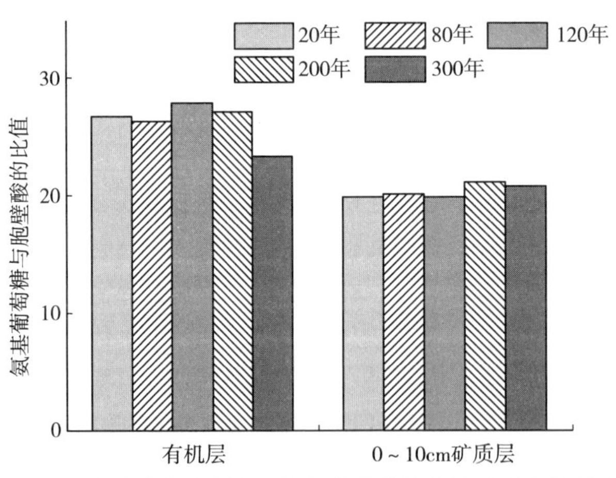

图 2－33　森林演替过程中土壤氨基葡萄糖与胞壁酸含量的比值

机层和矿质层之间发生了变化。相对于有机层，矿质层中土壤真菌残体占微生物残体总量的比例显著降低，而细菌残体占微生物残体总量的比例显著升高。

第四节 土壤微生物残体的分解

微生物残体在土壤中的积累是其同化合成（微生物量生成与周转）和分解两个过程的平衡结果。因此，土壤微生物残体的抗分解能力，即微生物残体的稳定性，是影响微生物残体在土壤中积累的重要因素。微生物残体的稳定性受多种因素的影响，并具有较大的时空变异性。目前，土壤微生物残体稳定性的研究主要是通过向土壤中添加培养获得的微生物残体进行分解实验，其稳定机理主要是从土壤矿物的吸附和土壤团聚体的物理保护等角度进行探讨。

一、土壤微生物残体的分解

进入土壤中的各种有机物质被微生物利用合成自身生物量并经过不断的微生物“体内周转”后，这些有机组分趋于相似。因此，与植物细胞组分相比，微生物细胞组分不仅多样性较低，其残体的化学组成与植物碳和土壤有机碳相比也相对简单。但是，土壤微生物残体并不是单一的物质，而是由多种不同性质和稳定性的物质组成的混合体。同时，与植物凋落物和土壤有机碳的分解相比，人们对微生物残体分解过程及其控制因素的研究和认识还十分有限。

（一）土壤微生物残体的获得方法

目前尚无法在不影响微生物残体的结构和组成的条件下直接从土壤中分离出微生物残体，这限制了人们对土壤微生物残体分解过程的研究。因此，为研究土壤微生物残体的分解，通常是通过室内培养获得微生物死亡体，将此在一定程度上视为微生物残体。需要注意的是室内培养获得微生物残体的组成和性质与土壤微生物的群落结构组成有关，与土壤中现存的微生物残体存在一定的差别。为了区分土壤中已有的微生物残体和添加的微生物残体，在获取微生物死亡体的培养过程中需要对其进行碳或氮同位素标记。Fan 等（2009）描述了土壤微生物残体的获得方法，该方法简介如下：称取一定量的新鲜土壤放入三角瓶中，加入无菌水，经过振荡和静置后，将上清液放入装有 M9 培养基和 ^{13}C葡萄糖或 ^{15}N 的三角瓶中。其中，M9 培养基由 Na_2HPO_4、KH_2PO_4、NH_4Cl、NaCl、$MgSO_4$ 和 $CaCl_2$ 配制而成。在一定温度下将三角瓶放在摇床上振荡培养一段时间后离心，倒掉上清液后用由 NaH_2PO_4 和 Na_2HPO_4 配制而成的 PB 缓冲液清洗若干次，再进行冻干，获得的沉淀物即为微生物残体。

（二）土壤微生物残体的分解过程

微生物残体碳在土壤中的周转（图 2-34）主要包括碳素释放、固持和损失。其中一部分微生物残体被活体微生物分解后以 CO_2 的形式释放出来，离开土壤系统（过程 1）；一部分微生物残体被活体微生物用于自身生长，再次变成微生物生物体的一部分（过程 2）；一部分微生物残体被转化为小分子的可溶性碳，可被微生物、植物再次利用或者被淋溶离开土壤系统（过程 3～过程 4）；剩余的微生物残体则保存在土壤中（过程 5）。有研究发现，分解是土壤微生物残体损失的主要过程，留在土壤中的微生物残体含量为 22%～50%（Wang et al.，2020a）。

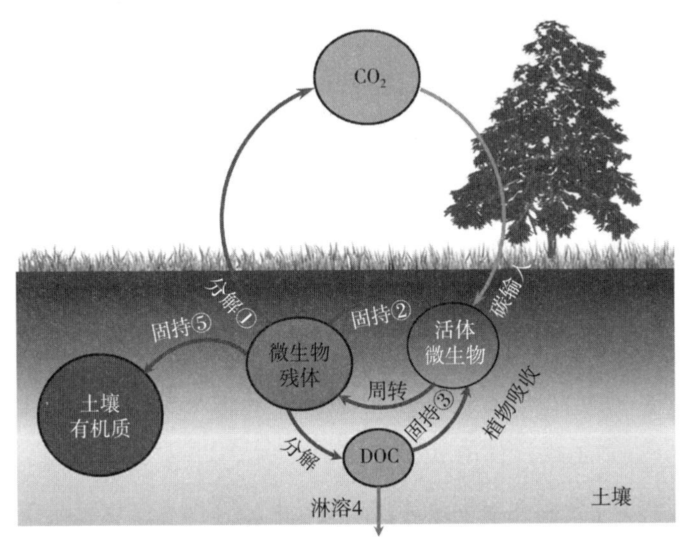

图 2-34 微生物残体碳在土壤中周转

与植物凋落物相比，微生物残体的分解存在更为明显的快慢阶段，即初始快速分解阶段和之后的慢速分解阶段（Brabcová et al.，2016；Schweigert et al.，2015；Wang et al.，2020a）。因此，在短的时间尺度上，微生物残体通过分解成为微生物重要的碳源和氮源，而在长的时间尺度上，来自微生物残体中的生物分子会被固定在土壤中，增加土壤有机碳的长期固持（Ludwig et al.，2015；Wang et al.，2020a）。同位素技术的发展为定量刻画微生物残体的分解特征提供了可能。针对微生物残体分解过程，通常用两库模型来描述，其中常用的模型主要有两种。一种模型为 $f(t)=100-ae^{-k_1t}+(100-a)ae^{-k_2t}$，该公式中的 f 是在 t 时刻来自微生物残体的 $^{13}CO_2$ 回收率，a 是快库的大小，k_1 和 k_2 分别是快库和慢库的分解速率（Schweigert et al.，2015）。另

一种模型为 $f(t)=a+(1-a)e^{-kt}$，该公式中的 f 是在 t 时刻微生物残体的质量剩余比，a 是分解速率为 0 时慢库的大小，k 是快库的分解速率（See et al.，2021）。Fan 等（2021）利用一级动力学方程模型和米曼方程模型分别模拟了土壤微生物残体的分解过程，并根据已有的 4 篇 ^{13}C 标记的微生物残体分解的数据验证了这些模型的有效性与准确性，发现这两个模型均都有较高的拟合精度，其中米曼方程模型优于一级动力学模型。据模型估计，38%～99%的微生物残体碳属于快速分解碳库，这部分碳在 100d 内被迅速分解，其中活体微生物对该部分碳的利用使得微生物生物量经历了一个先快速增长后逐渐下降的模式，利用了 10%～25%的微生物残体碳。

在湖南省会同县杉木人工林长期施肥样地，称量 30g（干重）新鲜土壤于梅森瓶中，我们采集对照（不施肥）、施氮肥、施磷肥和施氮磷肥处理的 0～10cm 土层土壤，添加 ^{13}C 标记的微生物残体后进行室内模拟培养，分别在培养过程中多次测定土壤所释放的 CO_2 量及其 $\delta^{13}C$ 值，并在 15d 和 60d 进行破坏性取样，以测定土壤微生物学性质，计算了土壤微生物残体的回收率（图 2-35）。经过 60d 的室内模拟培养，添加的土壤微生物残体分解了 37.9%～71.7%。其中在未施肥土壤中添加的微生物残体平均 41.0%留在土壤中而分解了 59.0%，在施氮肥、磷肥和氮磷肥的土壤中添加的微生物残体平均分解了 57.1%、64.6%和 48.4%，这说明施氮磷肥降低了土壤微生物残体的分解，有利于微生物残体在土壤中的积累。

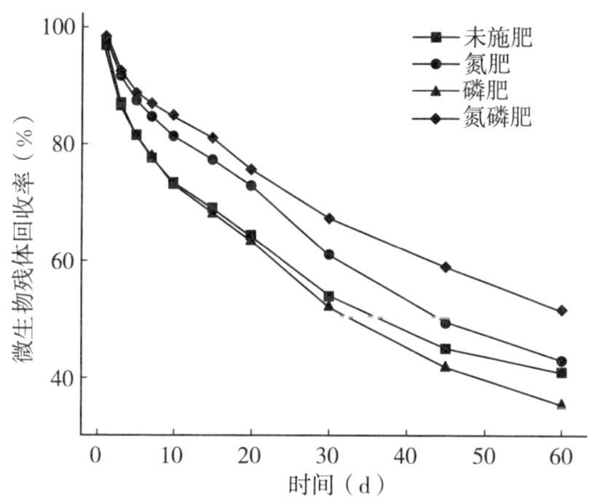

图 2-35　微生物残体在杉木人工林不同施肥处理土壤中的回收率

土壤微生物残体的分解存在明显的快速阶段和慢速阶段，在培养的前 20 天微生物残体分解较快，之后分解趋于平缓。两库模型模拟的结果显示，微生物残体快库的分解速率为 $0.27d^{-1}$，慢库的分解速率为 $0.011d^{-1}$，它们对应分解 50%所需要的时间分别为 2.5d 和 64.8d（图 2-36）。在单施氮肥土壤中微生物残体快库的分解显著加快，使其分解速率提高了73.7%，相应地其分解50%所需要的时间也降低为1.5d。在单施磷肥土壤中微生物残体快库的分解速率没有发生变化，但在同时施氮磷肥土壤中微生物残体快库的分解速率增加到在单施氮肥土壤中的水平。在单施氮肥土壤微生物残体慢库的分解也显著加快，分解速率增加了49.9%。在单施磷肥或同时施氮磷肥土壤中微生物残体慢库的分解有加快或减慢趋势，但不显著。

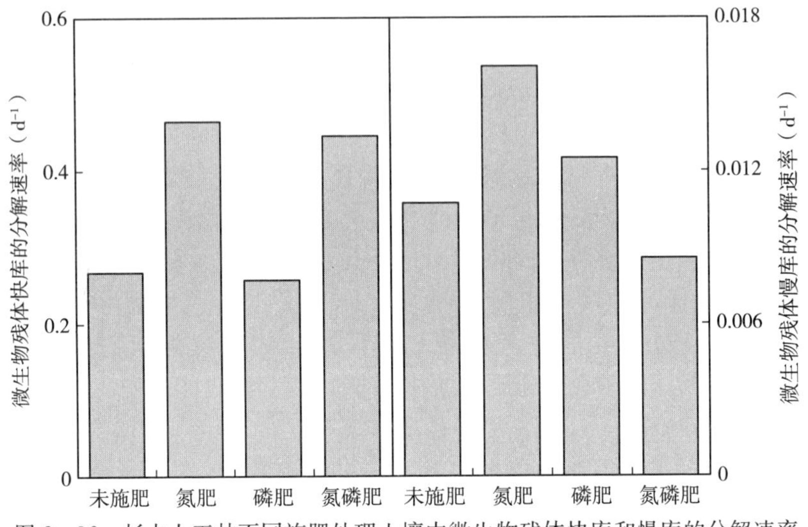

图2-36 杉木人工林不同施肥处理土壤中微生物残体快库和慢库的分解速率

二、微生物残体分解的影响因素

（一）微生物残体的内在属性

微生物残体自身的化学性质和组成是影响其分解的重要因素。微生物残体主要来自细胞膜碎片中的颗粒有机物以及一些胶体前胞质物质，例如酶、核糖体和在微生物再利用中幸存下来的小型生物聚合物（Liang et al.，2019）。几丁质是土壤中常见的一种高分子聚合物，在一些丝状真菌中的含量能达到20%～30%，在外生菌根真菌内的含量为1%～10%（Fernandez et al.，2016）。但是，几丁质作为一种富含氮的化合物，容易被受氮限制的微生物分解。因此，有研究发现，微生物残体中几丁质和氮的含量与分解速率存在正相关关系（Fernandez et al.，2012；Fernandez et al.，2016）。与几丁质不同，黑色素作为复杂的黑色生物聚合物，缺乏水解酶定向的立体特异性结合位点，不能被水解（Butler et al.，1998），在土壤中较稳定。也就是说，土壤微生物中的黑色素含量越高，其残体的分解越慢。

土壤微生物的形态学特征也影响其残体的分解速率和稳定性。不同微生物在细胞壁厚度、分支和细胞直径等方面差异很大。例如，外生菌根真菌分配大量的资源用来生产能够在真菌生命周期过程中执行一些特定功能的特殊结构，比如外生菌根、索、根茎、菌丝垫、孢子果和麦角菌硬粒。有研究发现，索与根茎由于具有疏水表面以及相对较低的表面积与体积比使得它们可能较难被分解（Fernandez et al.，2016）。散状和根状蜜环菌残体的氮含量分别为 4.01%和 1.70%，碳含量差别不大，分别为 45.51%和 44.51%，导致它们的碳：氮比值差别较大，分别为 11.35 和 26.21。Certano 等（2018）对散状和根状的蜜环菌（*Armillaria mellea*）残体进行 12 周的原位分解实验。结果显示，无论是在北方针栎林还是在美国白松林土壤中，散状的蜜环菌残体的分解速率比根状的蜜环菌残体分解速率高出 6 倍（图 2－37）。具体而言，在原位培养 12 周后根状蜜环菌残体的残留率在北方针栎林和美国白松林土壤中分别为 46.9%和 43.2%，而散状蜜环菌残体的残留率分别为 8.4%和 7.2%。

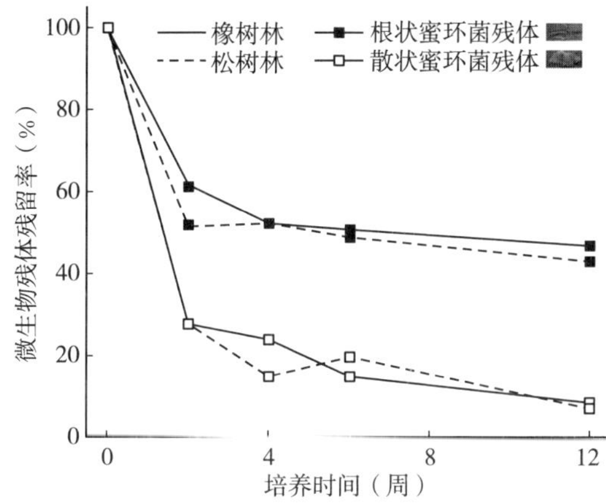

图 2－37　蜜环菌残体在北方针栎林和美国白松林土壤中的分解

（二）外在环境因素

土壤微生物残体的分解是多元素参与的过程。当土壤养分不足时，土壤微生物残体可以作为有效的碳氮源被活体微生物优先利用（He et al.，2011）。此外，外源底物的数量、质量以及多样性也会影响土壤微生物介导的生物地球化学循环过程，进而影响微生物对残体碳的转化与积累。例如，Ekblad 等（2016）在杜克森林 FACE 试验地进行了氮添加处理，他们发现氮添加导致微生物残体分解速率从 $1.26a^{-1}$ 降低到 $0.23a^{-1}$，降低幅度高达 81.7%。其次，与土壤有机碳的分解相同，微生物残体的分解也受温度的控制。通常来说，微生物残体的分解速率会随着温度的增加而加快，这是因为温度对微生物残体分解速率的影响主要是通过调控胞外酶的产生来实现的。由于分解惰性物质的酶需要的活化能更高，因此参与分解复杂、惰性物质的酶对温度的响应要比分解活性物质的酶更敏感。温度还会影响土壤微生物生物量的生长和周转，进而调控微生物残体的产生及其在土壤中的积累，以及对土壤有机碳的贡献（Fernandez et al.，2019；Wang et al.，2020b）。

微生物群落结构和组成是影响植物凋落物分解速率的重要因子，同样也是影响微生物残体分解的重要因子。然而，与植物凋落物分解相比，我们对微生物残体的分解者了解十分有限。Fernandez 等（2016）认为由于真菌残体含有几丁质等某些特定组分，并具有比植物残体更窄的碳∶氮比值，由此推测真菌残体的分解者与植物或者土壤不同。这一假设在后续的一些研究中得到了证实。譬如，Brabcová 等（2016）发现，分解真菌 *T. felleus* 菌丝的微生物偏向于属于 r-策略，能够快速利用新形成的真菌残体中的可溶性组分和可水解的多糖。但这种 r-策略的微生物仅在分解前期具有主要优势，而在分解后期底物更为复杂的情况下，一些 K-策略的真菌则起主要作用（Fernandez et al.，2019）。

（三）土壤团聚体的物理保护与矿物吸附

土壤微生物残体的可分解性是相对的，除了与其性质和组成有关，还与其被活体微生物的空间可接近性有关。土壤团聚体的物理保护、矿物的吸附等是调控土壤有机碳稳定性的重要机制，同样也是调控土壤微生物残体稳定性的重要机制。土壤微生物残体碳可以通过土壤黏土矿物中黏粒和粉粒的物理或化学吸附作用（例如配体交换、范德华力）形成矿物结合态有机碳，这是微生物残体碳的一种重要稳定机制（Angst et al.，2021；Islam et al.，2022）。有研究结果显示，微生物残体碳主要分布在较细的黏粒和粉粒组分中，并且黏粒中的微生物残体碳比粉粒中的更稳定（Sokol et al.，2019；Fang et al.，2023）。其实，植物源有机碳和微生物残体碳都可以通过矿物的吸附作用受到保护，但是，它们在不同矿物粒级中的分配是存在竞争的，且在更细矿物中的微生物残体碳具有更长的驻留时间，有利于其长期稳定。微生物死亡体的碎片还可能通过氢键、阴离子交换和多价阳离子桥固定在带电的矿质和有机质表面，使微生物残体在土壤中被稳定下来（汪景宽等，2019）。Throckmorton 等（2014）研究表明，矿物吸附对于微生物残体在土壤中积累的重要性要大于微生物残体最初的化学组成。大部分微生物都生长在具有更大表面积的黏土矿物表面，新形成的微生物残体一旦被矿质吸附作用保护起来，就比较难被分解。Miltner 等（2012）为这种保护机制提供了更为直观的证据，他们利用扫描电镜图片技术发现大量的细胞残片堆叠在矿质土壤表层。

团聚体的物理保护是土壤有机碳稳定的重要机制之一，主要是通过对土壤微生物的空间隔离作用使得微生物无法接触到土壤有机碳，从而使土壤有机碳免遭微生物的分解（Schweizer et al.，2021；窦森等，2011）。但是，不同粒径的土壤团聚体具有不同的比表面积、孔隙和微生物群落等，对于有机碳的保护作用存在差异（Six et al.，2014）。小团聚体周转比大团聚体慢，同时其内的微生物残体可以与矿物结合，以相对较为稳定的复合体的形式留存在土壤中，通常认为小团聚体对微生物残体的保护能力强于大团聚体（Barreto et al.，2009；汪景宽等，2019）。Angst 等（2021）分析了已公开发表的有关研究土壤不同团聚体中氨基糖含量的文献数据，发现氨基糖在大团聚体、小团聚体、粉粒矿物结合态和黏粒矿物结合态氨基糖的含量分别为 123.8mg・g^{-1}、102.1mg・g^{-1}、65.8mg・g^{-1}和 59.2mg・g^{-1}（图 2-38），同时，他们还发现，真菌残体碳和细菌残体碳在大团聚体中分别占土壤有机碳总量的 38.6%和 8.6%，在小团聚体内分别为 40.6%和 9.1%，在粉粒和黏粒结合态矿物有机质中分别为 23.3%和 15.3%。近期 Huang 等（2023）在农田生态系统中发现，土壤微生物残体碳和真菌残体碳的含量在大团聚体中显著高于小团聚体，而细菌残体碳则相反。

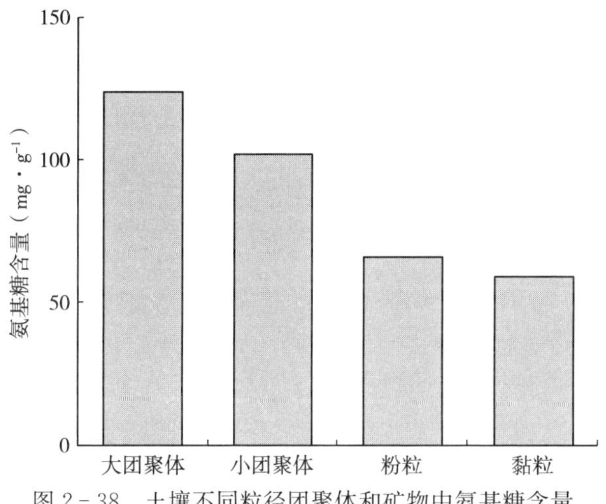

图 2-38　土壤不同粒径团聚体和矿物中氨基糖含量

微生物残体是土壤有机碳的重要组分已经得到广泛认可，准确定量微生物残体及其对土壤有机碳的贡献以及揭示其调控机制有助于明晰土壤碳库潜力，完善全球碳循环模型，以及在森林经营管理中制定碳中和策略。然而，与植物凋落物等相比较，土壤微生物残体的研究还处在初步阶段，面临着诸多机遇与挑战。目前土壤微生物残体的定量技术尚不完善，特别是真菌和细菌残体碳的转化系数在特定生态系统中的应用还存在较大的不确定性。虽然微生物可以通过"体内周转""体外修饰"途径调控其残体的形成和积累，但目前人们对这两个途径的具体控制过程和调控机制的认识还极其缺乏。土壤动物、植物根系均与微生物存在密切的关系，亟须认知在高度异质的土壤环境中微生物、土壤动物和植物根系等在植物凋落物向土壤微生物残体碳转化过程中的作用。微生物残体在土壤中的循环过程（如新形成的微生物残体如何被活体微生物再利用、微生物残体的分解过程等）尚不清晰。全球大气 CO_2 浓度升高、全球变暖、氮沉降、降水变化等影响土壤微生物残体的形成与稳定的机制仍存在较多未知性。开展多因子下的微生物残体循环过程长期实验研究是很重要的，有助于全面地理解土壤微生物残体的稳定机制及其与各因子间的耦合互作机制。

参考文献

窦森，李凯，关松，2011. 土壤团聚体中有机质研究进展. 土壤学报，48：412-418.

井艳丽，刘世荣，殷有，等，2018. 赤杨对辽东落叶松人工林土壤氨基糖积累的影响. 生态学报，38：2838-2845.

梁超，朱雪峰，2021. 土壤微生物碳泵储碳机制概论. 中国科学：地球科学，51 (5)：680-695.

邵鹏帅，解宏图，鲍雪莲，等，2021. 森林次生演替过程中有机质层和矿质层土壤微生物残体的变化. 土壤学报，58：1050-1059.

汪景宽，徐英德，丁凡，等，2019. 植物残体向土壤有机质转化过程及其稳定机制的研究进展. 土壤学报，56：528-540.

Angst G，Mueller K E，Nierop K，et al.，2021. Plant-or microbial-derived? A review on the molecular composition of stabilized soil organic matter. Soil Biology and Biochemistry，156：108189.

Angst G，Mueller K E，Kögel-Knabner I，et al.，2017. Aggregation controls the stability of lignin and lipids in clay-sized particulate and mineral associated organic matter. Biogeochemistry，132：307-324.

Appuhn A，Joergensen R G，Scheller E，et al.，2004. The automated determination of glucosamine，galactosamine，muramic acid and mannosamine in soil and root hydrolysates by HPLC. Journal of Plant Nutrient and Soil Science，167：17-21.

Barreto R C，Madari B E，Maddock J E，et al.，2009. The impact of soil management on aggregation，carbon stabilization and carbon loss as CO_2 in the surface layer of a Rhodic Ferralsol in Southern Brazil. Agriculture Ecosystems & Environment，132 (3-4)：243-251.

Brabcová V，Nováková M，Davidová A，et al.，2016. Dead fungal mycelium in forest soil represents a decomposition hotspot and a habitat for a specific microbial community. New Phytologist，210：1369-1381.

Brussaard L，De Ruiter P C，Brown G G，2007. Soil biodiversity for agricultural sustainability. Agriculture Ecosystems and Environment, 121: 233 - 244.

Butler M J, Day A W, 1998. Destruction of fungal melanins by ligninases of Phanerochaete chrysosporium and other white rot fungi. International Journal of Plant Sciences, 159: 989 - 995.

Cao Y F, Ding J Z, Li J, et al., 2023. Necromass - derived soil organic carbon and its drivers at the global scale. Soil Biology and Biochemistry, 181: 109025.

Certano A K, Fernandez C W, Heckman K A, et al., 2018. The afterlife effects of fungal morphology: Contrasting decomposition rates between diffuse and rhizomorphic necromass. Soil Biology and Biochemistry, 126: 76 - 81.

Chen G P, Ma S H, Tian D, et al., 2020. Patterns and determinants of soil microbial residues from tropical to boreal forests. Soil Biology and Biochemistry, 151: 108059.

Ekblad A, Mikusinska A, Agren G I, et al., 2016. Production and turnover of ectomycorrhizal extramatrical mycelial biomass and necromass under elevated CO_2 and nitrogen fertilization. New Phytologist, 211: 874 - 885.

Engelking, B, Flessa, H, Joergensen, R G, 2007. Shifts in amino sugar and ergosterol contents after addition of sucrose and cellulose to soil. Soil Biology and Biochemistry, 39: 2111 - 2118.

Fan T W M, Bird J A, Brodie E L, et al., 2009. ^{13}C - Isotopomer - based metabolomics of microbial groups isolated from two forest soils. Metabolomics, 5: 108 - 122.

Fan X, Gao D, Zhao C, et al., 2021. Improved model simulation of soil carbon cycling by representing the microbially derived organic carbon pool. The ISME Journal, 15: 2248 - 2263.

Fang Q, Lu A, Hong H, et al., 2023. Mineral weathering is linked to microbial priming in the critical zone. Nature Communications, 14: 345.

Fernandez C W, Langley J A, Chapman S, et al., 2016. The decomposition of ectomycorrhizal fungal necromass. Soil Biology and Biochemistry, 93: 38 - 49.

Fernandez C W, Heckman K, Kolka R, et al., 2019. Melanin mitigates the accelerated decay of mycorrhizal necromass with peatland warming. Ecology Letters, 22: 498 - 505.

Fernandez C, Koide R, 2012. The role of chitin in the decomposition of ectomycorrhizal fungal litter. Ecology, 93: 24 - 28.

Georgiou K, Abramoff R Z, Harte J, et al., 2017. Microbial community - level regulation explains soil carbon responses to long - term litter manipulations. Nature Communications, 8: 1223.

He H, Zhang W, Zhang X, et al., 2011. Temporal responses of soil microorganisms to substrate addition as indicated by amino sugar differentiation. Soil Biology and Biochemistry, 43: 1155 - 1161.

Hedenec P, Nilsson L O, Zheng H, et al., 2020. Mycorrhizal association of common European tree species shapes biomass and metabolic activity of bacterial and fungal communities in soil. Soil Biology and Biochemistry, 149: 107933.

Hobara S, Ogawa H, Benner R, 2020. Amino acids and amino sugars as molecular indicators of the origins and alterations of organic matter in buried tephra layers. Geroderma, 373: 114449.

Hu J X, Huang C D, Zhou S X, et al., 2022. Nitrogen addition increases microbial necromass in croplands and bacterial necromass in forests: a global meta-analysis. Soil Biology and Biochemistry, 165: 108500.

Hu J X, Du M L, Chen J, et al., 2023. Microbial necromass under global change and implications for soil organic matter. Global Change Biology, 29: 3503-3515.

Huang X L, Jia Z X, Wang J S, et al., 2023. Linking soil aggregation to organic matter chemistry in a Calcic Cambisol: evidence from a 33-year field experiment. Biology and Fertility of Soils, 59: 73-85.

Islam R M, Singh B, Dijkstra F A, 2022. Stabilisation of soil organic matter interactions between clay and microbes. Biochemistry, 160: 145-158.

Jing Y L, Ding X L, Wang Q K, 2022a. Non-additive effects of nitrogen and phosphorus fertilization on soil microbial biomass and residue distribution in a subtropical plantation. European Journal of Soil Biology, 108: 103376.

Jing Y L, Zhao X C, Liu S E, et al., 2022b. Microbial residue distribution in microaggregates decreases with stand age in subtropical plantations. Forests, 13: 1145.

Jing Y L, Wang Y, Liu S R, et al., 2019. Interactive effects of soil warming, throughfall reduction, and root exclusion on soil microbial community and residues in warm-temperate oak forests. Applied Soil Ecology, 142: 52-58.

Joergensen R, 2018. Amino sugars as specific indices for fungal and bacterial residues in soil, Biology and Fertility of Soils, 54: 559-568.

Lehmann J, Kleber M, 2015. The contentious nature of soil organic matter. Nature, 528: 60-68.

Liang C, Cheng G, Wixon D L, et al., 2011. An absorbing markov chain approach to understanding the microbial role in soil carbon stabilization. Biogeochemistry, 106 (3): 303-309.

Liang C, Amelung W, Lehmann J, et al., 2019. Quantitative assessment of microbial necromass contribution to soil organic matter. Global Change Biology, 25: 3578-3590.

Liang C, Schimel J P, Jastrow J D, 2017. The importance of anabolism in microbial control over soil carbon storage. Nature Microbiology, 2: 17105.

Liao S, Tan S Y, Peng Y, et al., 2020. Increased microbial sequestration of soil organic carbon under nitrogen deposition over China's terrestrial ecosystems. Ecological Processes, 9: 52.

Liu Y, Zou X, Chen H Y H, et al., 2023. Fungal necromass is reduced by intensive drought in subsoil but not in topsoil. Global Change Biology, 29: 7159-7172.

Ludwig M, Achtenhagen J, Miltner A, et al., 2015. Microbial contribution to SOM quantity and quality in density fractions of temperate arable soils. Soil Biology and Biochemistry, 81: 311-322.

Ma S, Chen G, Du E, et al., 2021. Effects of nitrogen addition on microbial residues and their contribution to soil organic carbon in China's forests from tropical to boreal zone. Environmental Pollution, 268: 115941.

Miltner A, Bombach P, Schmidt - Brücken B, et al., 2012. SOM genesis: microbial biomass as a significant source. Biogeochemistry, 111: 41 - 55.

Murugan R, Loges R, Taube F, et al., 2013. Specific response of fungal and bacterial residues to one - season tillage and repeated slurry application in a permanent grassland soil. Applied Soil Ecology, 72: 31 - 40.

Ni X, Liao S, Tan S, et al., 2020. The vertical distribution and control of microbial necromass carbon in forest soils. Global Ecology and Biogeography, 29: 1829 - 1839.

Orwin K H, Buckland S M, Johnson D, et al., 2010. Linkages of plant traits to soil properties and the functioning of temperate grassland. Journal of Ecology, 98: 1074 - 1083.

Schimel J P, Schaeffer S M, 2012. Microbial control over carbon cycling in soil. Frontiers in Microbology, 3: 348.

Schweigert M, Herrmann S, Miltner A, et al., 2015. Fate of ectomycorrhizal fungal biomass in a soil bioreactor system and its contribution to soil organic matter formation. Soil Biology and Biochemistry, 88: 120 - 127.

Schweizer S A, Mueller C W, Hoschen C, et al., 2021. The role of clay content and mineral surface area for soil organic carbon storage in an arable toposequence. Biogeochemistry, 156 (3): 401 - 420.

See C R, Fernandez C W, Conley A M, et al., 2021. Distinct carbon fractions drive a generalisable two - pool model of fungal necromass decomposition. Functional Ecology, 35: 796 - 806.

Shao S, Zhao Y, Zhang W, et al., 2017. Linkage of microbial residue dynamics with soil organic carbon accumulation during subtropical forest succession. Soil Biology and Biochemistry, 114: 114 - 120.

Simpson A J, Simpson M J, Smith E, et al., 2007. Microbially derived inputs to soil organic matter: Are current estimates too low? Environmental Science & Technology, 41: 8070 - 8076.

Sinsabaugh R L, Hill B H, Shah J J F, 2009. Ecoenzymatic stoichiometry of microbial organic nutrient acquisition in soil and sediment. Nature, 462: 795 - 798.

Six J, Paustian K, 2014. Aggregate - associated soil organic matter as an ecosystem property and a measurement tool. Soil Biology and Biochemistry, 68: A4 - A9.

Sokol N W, Sanderman J, Bradford M A, 2019. Pathways of mineral - associated soil organic matter formation: Integrating the role of plant carbon source, chemistry, and point of entry. Global Change Biology, 25: 12 - 24.

Wang B R, An S S, Liang C, et al., 2021. Microbial necromass as the source of soil organic carbon in global ecosystems. Soil Biology and Biochemistry, 162: 108422.

Wang C, Wang X, Pei G, et al., 2020. Stabilization of microbial residues in soil organic matter after two years of decomposition. Soil Biology and Biochemistry, 141: 107687.

Wang X, Wang C, Cotrufo M F, et al., 2020. Elevated temperature increases the accumulation of microbial necromass nitrogen in soil via increasing microbial turnover. Global Change Biology, 26: 5277－5289.

West J R, Cates A M, Ruark M D, et al., 2020. Winter rye does not increase microbial necromass contributions to soil organic carbon in continuous corn silage in North Central US. Soil Biology and Biochemistry, 148: 107899.

Whalen E D, Grandy A S, Sokol N W, et al., 2022. Clarifying the evidence for microbial－and plant－derived soil organic matter, and the path toward a more quantitative understanding. Global Change Biology, 28: 7167－7185.

Zhang X D, Amelung W, 1996. Gas chromatographic determination of muramic acid, glucosamine, mannosamine, and galactosamine in soils. Soil Biology and Biochemistry, 28: 1201－1206.

Zhu X, Liang C, Masters M D, et al., 2018. The impacts of four potential bioenergy crops on soil carbon dynamics as shown by biomarker analyses and drift spectroscopy, GCB Bioenergy, 10: 489－500.

第三章　土壤有机碳分解的温度敏感性

土壤有机碳是陆地生态系统最大的碳库，其分解所释放的 CO_2 是陆地生态系统与大气间最大的气体交换通量之一。大气中 CO_2 等温室气体浓度的升高引起了全球变暖。据政府间气候变化专门委员会（IPCC）评估报告，为避免巨大灾难，在 21 世纪末全球平均气温升高必须控制在 1.5℃以内。土壤有机碳分解与环境温度关系密切，并受全球温度变化的影响。通常采用温度敏感性（temperature sensitivity）这个词来描述土壤有机碳分解速率对温度变化的响应程度。土壤有机碳分解的温度敏感性是预测陆地生态系统碳循环对气候变化响应的一个十分重要的参数，在很大程度上决定着全球气候变化与碳循环之间的反馈关系。在预测模型中，Q_{10} 值的大小会极大地影响模型所预测的土壤有机碳的分解速率和模型输出结果，进而影响到对陆地生态系统碳源汇状态评估的可靠性，这也成为全球变化生态学的研究热点。理论上，在一定温度范围内 Q_{10} 值应当相对稳定，才能推算不同温度下土壤有机碳分解速率。所以，在一些生态系统模型中一般使用固定的 Q_{10} 值来估算土壤有机碳分解及其所释放的 CO_2 量。但是由于地下生态过程自身的复杂性，以及所采用的研究方法的多样性，到目前为止有关土壤有机碳分解的温度敏感性研究仍存在不确定性。Q_{10} 值不仅在时间和空间上存在着巨大的差异，而且也随着地理位置和生态系统类型的变化而改变。虽然国内外学者围绕 Q_{10} 时空变异和影响机制等已开展了一些研究工作，但是我们对 Q_{10} 的空间异质性的认知还是比较缺乏的，导致预测土壤碳-气候反馈的方向和强度存在很大的不确定性。深入理解土壤有机碳分解的温度敏感性不仅可以揭示地下生态过程对气候变化的响应和适应，还有助于改进全球碳循环模型。鉴于此，本章首先对土壤有机碳分解的温度敏感性进行概述，然后重点阐述土壤有机碳分解温度敏感性的理论基础与影响因素、温度敏感性的空间变异、大气氮沉降对温度敏感性的影响及其机理。

第一节　土壤有机碳分解温度敏感性概述

一、土壤有机碳分解温度敏感性的内涵

由人类活动等造成的二氧化碳等温室气体浓度的快速增加引起了全球气温

升高。据报道，目前大气中的 CO_2 浓度已高达近 420mL/m^3，比工业化前高了 48%。联合国政府间气候变化专门委员会（IPCC）于 2021 年 8 月正式发布了 IPCC 第六次评估报告第一工作组报告《气候变化 2021：自然科学基础》。该报告显示，1850—1900 年，全球地表平均温度已上升约 1℃，并且全球地表温度自 1970 年以来的上升速度比以往任何其他 50 年期间的都要快。该报告同时指出从预测的未来 20 年的平均温度变化来看，除非迅速、大规模地减少温室气体排放，否则在 21 世纪末将升温限制在接近 1.5℃甚至是 2℃以内将是无法实现的。IPCC 于 2018 年 10 月发布的《IPCC 全球升温 1.5℃特别报告》指出，如果全球平均气温升高超过 1.5℃，将会带来巨大灾难，甚至是毁灭性的灾难。即便全球平均气温上升 1.5℃，到 2100 年前，全球海平面将上升 26～77cm，珊瑚礁面积将减少 70%～90%，中纬度地区极端炎热天气的温度可能会升高 3℃。一旦全球平均气温上升 2℃，可能会破坏全球陆地上约 13%的生态系统，增加许多昆虫、植物和动物灭绝的风险，珊瑚礁将几乎完全消失，东亚和北美地区遭受暴雨和热带低压的风险将大为上升。该报告还指出，如果要将全球平均气温升幅控制在 1.5℃以内，必须在 2030 年前将 CO_2 的排放量减少至 2010 年的 55%，并在 2050 年前将 CO_2 排放量降低为零。据估算，在 2010—2019 年，全球陆地生态系统每年大约吸收了 125 亿吨 CO_2，占同期人类活动产生的 CO_2 排放总量的 29%，其中 2010—2016 年中国陆地生态系统年均吸收约 11.1 亿吨碳，吸收了同时期人为碳排放的 45%（Wang et al.，2020）。因此，增强陆地生态系统，尤其是土壤系统对大气 CO_2 的吸存对应对气候变暖和实现碳中和十分重要。

在陆地生态系统中，土壤是最大的碳库，据估算在全球 1m 深的土壤中以有机碳的形式储存了约 1 500Pg 碳。土壤有机碳的分解是将土壤中的有机碳以 CO_2 的形式释放到大气中的主要途径。由于土壤中有机碳的巨大储量，土壤有机碳分解速率的微小变化都会释放巨量的 CO_2。据估计，每年土壤有机碳分解所释放的 CO_2 量为 60～100 Pg，约为化石燃料燃烧所释放 CO_2 量的 10 倍，成为陆地生态系统与大气圈之间最大的 CO_2 交换通量（Bond - Lamberty et al.，2010）。土壤有机碳的分解长期以来都是生态学和土壤学等研究的核心问题之一。特别是在大气 CO_2 浓度不断升高和全球变暖背景下，土壤有机碳的分解对气温升高的响应更是得到了广泛的关注。土壤有机碳的分解与环境温度，尤其是土壤温度的关系密切。在土壤微生物活动适宜的温度范围内，土壤有机碳的分解速率对温度的变化非常敏感。一些研究发现，土壤有机碳的分解与土壤温度具有线性、指数或幂函数等正相关关系。研究工作者通常采用温度敏感性来刻画土壤有机碳分解速率对温度变化的响应程度，通常用 Q_{10}（即在温度每升高或降低 10℃的情况下，土壤有机碳分解速率增加或减少的倍数）

来表示。Q_{10}值越大，表明土壤有机碳的分解速率对温度变化越敏感。

土壤有机碳分解的温度敏感性在很大程度上决定着全球气候变化与碳循环之间的反馈关系。深刻理解土壤有机碳分解的温度敏感性不仅可以揭示地下生态过程对气候变化的响应和适应，还有助于改进全球碳循环模型。理论上，在一定温度范围内 Q_{10} 值应当相对稳定，才能推算不同温度下土壤有机碳的分解速率，因此在一些生态系统模型中一般用固定的 Q_{10} 值来估算土壤有机碳分解释放的 CO_2 量（盛浩等，2006）。在早期的研究和模型中，通常使用 2.0 作为 Q_{10} 常数，但现在许多研究结果表明 Q_{10} 并不是固定的，并且受到许多因素的影响（Reichstein et al.，2000）。大多数生态系统和陆地-大气耦合模型把 Q_{10} 当作一个常数，这必然会造成对大气中 CO_2 浓度的高估或低估。同时，研究 Q_{10} 与各环境因子的关系对于准确预测温度变化对土壤碳库的影响有重要意义。Davidson 等（2006）综述了土壤呼吸的温度敏感性及其与气候变化的反馈，指出土壤呼吸温度敏感性包括表观温度敏感性和内在温度敏感性，其中表观温度敏感性显示了各种因素对土壤呼吸温度响应的综合反应，内在温度敏感性指的是仅仅由底物分子结构决定的温度敏感性。在已有的文献中，Q_{10} 值从小于 0.5 到大于 20.0 均有报道。Q_{10} 值不仅在时间和空间上存在着巨大的差异，而且随着生态系统类型的改变而变化（表 3－1）。由于地下生态过程自身的复杂性，到目前为止有关土壤有机碳分解的温度敏感性仍存在极大的不确定性。

表 3－1　森林土壤有机碳分解温度敏感性的部分室内模拟实验结果

生态系统	土壤深度（cm）	SOC（$g \cdot kg^{-1}$）	全氮（$g \cdot kg^{-1}$）	培养温度（℃）	计算方法	Q_{10} 值
spruce	0～10	183.9	9.0	5、10	等时间法	2.79
spruce	0～10	183.9	9.0	15、20	等时间法	2.31
spruce	0～10	183.9	9.0	25、30	等时间法	1.94
native－mixed	0～20	10.6	9.7	25、35	等时间法	1.65
native－mixed	0～20	10.6	9.7	15～35	指数方程拟合法	2.20
Redwood	0～20	77.2	4.7	4～30	指数方程拟合法	2.01
Redwood	20～40	42.1	2.8	4～30	指数方程拟合法	1.72
Birch	0～10	66.1	4.63	10、20	指数方程拟合法	2.50
Spruce	0～10	30.9	1.68	10、20	指数方程拟合法	1.64
常绿阔叶林	0～10	4.87	0.55	15、25	等碳库法	1.27
常绿阔叶林	25～40	2.75	0.47	15、25	等碳库法	1.42
针叶林	0～10	5.01	0.54	15、25	等碳库法	1.30
针叶林	25～40	2.90	0.45	15、25	等碳库法	1.49

（续）

生态系统	土壤深度（cm）	SOC（$g \cdot kg^{-1}$）	全氮（$g \cdot kg^{-1}$）	培养温度（℃）	计算方法	Q_{10}值
阔叶林	0～10	35.0	2.60	21、31	等碳库法	1.52
阔叶林	0～10	40.5	3.20	21、31	等碳库法	1.55
spruce	0～8.3	72.9	5.25	5、20	指数方程拟合法	1.75
spruce	0～21.1	104.9	7.04	5、20	指数方程拟合法	2.18
热带森林	0～20	34.0	1.77	5～35	指数方程拟合法	1.53
热带森林	0～20	26.7	1.48	5～35	指数方程拟合法	2.03
热带森林	0～20	21.0	1.89	5～35	指数方程拟合法	2.56

二、土壤室内培养模式

目前，学者主要采用室内模拟培养和野外控制实验等方法来研究土壤有机碳分解的温度敏感性及其机理。与野外原位观测土壤有机碳分解和土壤温湿度结合利用模型模拟的方法相比较，室内模拟培养可以有效地控制土壤温度、含水量、养分、pH、植物根系等环境因素，便于研究温度与土壤有机碳分解的关系。因此，室内模拟培养成为研究土壤有机碳分解温度敏感性的重要手段。但是，室内模拟培养也存在着诸多问题。室内培养前一般首先将采集回来的土壤混合均匀并进行过筛，但此操作对土壤的扰动较大，尤其是土壤结构破坏较严重；使用原状土进行模拟培养虽然对土壤的扰动较小，样品更接近自然状况，但由于土壤中的根系等植物残体没有排除，土壤性质也可能存在一定程度的差异，在开始阶段土壤 CO_2 的释放可能会受植物残体的分解以及土壤性质差异的影响或干扰，从而影响研究结果的准确性。尽管室内培养实验还存在一定问题，在一定程度上限制了人们对土壤有机碳分解温度敏感性的理解，及其在生态系统中的应用，但是其仍是目前研究土壤有机碳分解温度敏感性的一种重要方法。目前有关室内培养的方法主要有平行恒温培养和变温培养。

平行恒温培养是指相同的土壤分别在几个恒定的温度下进行培养，在培养过程中温度是恒定不变的，并间断性地测定土壤有机碳分解所释放的 CO_2 量。根据实验的不同目的及实验条件，研究人员通常先设置 2 个及以上的恒定温度，比如 10℃、15℃和 25℃，然后在一定的间隔时间测定不同温度下土壤有机碳分解所释放的 CO_2 量。土壤有机碳分解释放的 CO_2 量可以采用碱液吸收法、二氧化碳红外分析仪法或气相色谱法等进行测定，然后利用所测得的 CO_2 释放速率或释放量和对应的温度计算 Q_{10} 值。该方法最大优点是操作简单、对仪器要求不高（Conant et al.，2008；Zhu et al.，2011）。例如，Conant 等

(2008)采用这种方法测定了不同土地利用方式下土壤有机碳分解温度敏感性的变化。平行恒温培养方法虽然操作简单，但是存在着较为明显的缺陷，尤其是长期培养实验。首先，一般来讲，土壤有机碳在较高温度下分解比较快，从而导致不同温度下土壤中底物消耗不一致，使得底物有效性发生变化，进而对实验结果产生影响。例如，将土壤样品分别在15℃和25℃培养一段时间，25℃下土壤中易被微生物利用和分解的有机碳的消耗速度会比在15℃下快，随着培养时间的延长，不同培养温度下底物有效性将产生差异，并逐渐加大，甚至引起活性底物在高温度下供应不足，从而偏估Q_{10}值。因此，利用不同温度下获得的CO_2量的比值来计算可能会偏估Q_{10}值，尤其是在培养后期。其次，在恒定温度下培养，土壤微生物会对特定温度产生适应性，在不同的培养温度下土壤微生物的结构和功能具有明显的分化和差异(Waldrop et al.，2004；Liu et al.，2019)，从而对实验结果产生影响。

针对平行恒温培养方法所存在的缺陷，一些研究者对此进行了改进，首先提出了改进平行恒温培养实验中Q_{10}值的计算方法。例如在15℃和25℃两个温度下培养相同土壤样品，不再利用不同温度下某一时刻土壤CO_2释放速率或某一时间段土壤CO_2释放量的比值来计算Q_{10}，而是计算释放某一数量的CO_2在不同温度下所需要时间的比值，也就是采用等碳库的方法计算Q_{10}。该计算方法所获得的Q_{10}值便可以在一定程度上消除因底物有效性差异造成的偏估。但是，这个计算方法还需满足另外两个重要假设。第一个假设是在不同温度条件下参与土壤有机碳分解的微生物类群是相同的，第二个假设是在不同温度条件下参与分解的有机碳组分的化学特性在时间顺序上都是由易分解到难分解。事实上，因土壤微生物的群落组成和活性受温度的影响，第一个假设很难满足，同时微生物的温度适应问题仍然没有得到有效解决。

为了解决传统恒温培养所产生的微生物温度适应的问题，近年来科研人员发展了渐进式循环变温培养方法(Waldrop et al.，2004；Conant et al.，2008；何念鹏等，2018)。渐进式循环变温培养是指在培养过程中土壤经历一系列温度的循环转变，可以根据需求设定不同温度间的转变时间间隔，比如5min、2h，并在一定时间内完成一个温度循环(图3-1)。简单而言，该模式对土壤样品采用逐渐升温，然后再降温的培养方式，同时可以采用碱液吸收、气相色谱或者二氧化碳红外分析仪等测定土壤有机碳的分解速率。例如，Wang等(2018)采用这种渐近式变温培养模式研究了中国东部典型森林土壤有机碳分解的温度敏感性，发现了温度敏感性的空间非线性分布格局；Fang等(2005)采用这种培养模式研究了不同有机碳组分温度敏感性的差异，发现易分解有机碳和难分解有机碳对温度变化具有相同的敏感性。该培养方法是对平行恒温培养方法的重要改进，其优点在于较好地克服了恒温模式的部分缺陷，在一定程度上避免了土壤微生物的温度适应问题，但是仍然存在培养较长时间会引起不同培养温度下土壤底物有效性存在差异的问题。例如，Fang 等（2005）、Reichstein（2005）和 Hartley 等（2008）利用类似的方法进行室内培养，所获得的温度敏感性的结果却不尽相同。这是因为培养方法对于 Q_{10} 值的估计仍存在影响。通过对采自不同生态系统的土壤进行一系列培养方法的比较研究后，Chen 等（2010）发现虽然温度变化速率、平衡时间、箱室关闭时间和土壤样品量等对 Q_{10} 值产生的影响很小，但是温度变程为 2℃和 7℃时所测得的 Q_{10} 值存在显著差异。同时，在实际操作中，我们很难确定土壤底物消耗成为限制条件的时间，一般只能根据经验来假设在短期内底物有效性不会受到限制。因此，该方法更适用于短期的培养实验。

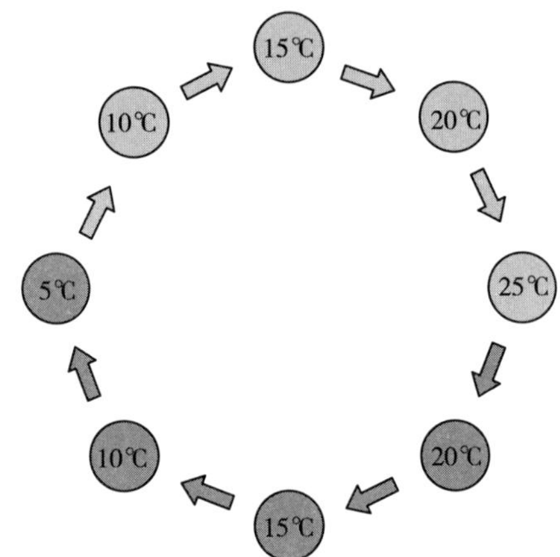

图 3-1 室内渐进式循环变温培养法测定土壤有机碳分解温度敏感性

在一定温度范围内，Q_{10} 值通常是根据土壤呼吸与温度之间的非线性关系来进行拟合计算的。Robinson 等（2017）的研究结果显示，要提高参数拟合的准确性，至少需要 20 个均匀分布的培养温度。然而，目前瞬时培养下离散的温度一般为 5～8 个，导致所得到的数据点有限，在一定程度上会降低土壤有机碳分解与温度之间关系的拟合精度，从而降低 Q_{10} 值的准确性。基于此，何念鹏等（2018）研发了一种连续变温培养结合高频次自动测定的方法，并研发了相关的测定装置，实现了对土壤样品连续变温培养和高频次测量。该装置可以在升温/降温过程中每 2～20min 测定一次土壤样品，通过测定更多温度下土壤呼吸速率来提高 Q_{10} 值的拟合精度。

目前，大量的室内模拟培养实验使用了不同的培养方法和测量方法来估算土壤有机碳分解的 Q_{10} 值，探讨土壤有机碳分解对温度的响应及其控制机理。采用平衡恒温培养、变温培养等方法所测得的 Q_{10} 值存在一定的差别，这在一定程度上增加了 Q_{10} 值估算的不确定性。例如，Zhu 等（2011）研究发现，在变温条件下所研究的土壤的 Q_{10} 值为 1.5～2.0，而在恒温条件下所得到的 Q_{10} 值为 1.6～2.7，较前者高出了 9%到 30%；滕泽宇等（2016）采用平行恒温和变温模式 2 种方法对长白山针叶林和阔叶林土壤进行了 4 个月的室内培养实验，结果表明平行恒温培养下测得的 Q_{10} 值平均为 1.51，明显低于变温培养模式所测得的 Q_{10} 值（其均值为 2.23）。在室内培养实验中，不同方法所测得的 Q_{10} 值的差异主要来源于不同培养温度下底物消耗的不均匀性、微生物对特定培养温度的热适应性，以及不同条件下土壤微生物群落结构的变化。因此，在气候变化背景下，利用室内培养方法估算土壤有机碳分解 Q_{10} 值时，既要考虑不同温度下土壤有机碳分解之间的差异，也要注意到温差变化所带来的影响。

三、室内培养过程中 CO_2 的测定方法

土壤有机碳分解的温度敏感性的计算是基于在不同温度下所测定的 CO_2 的释放速率或释放量。目前，在室内培养过程中测定土壤 CO_2 的释放速率或释放量的方法主要有碱液吸收法、气相色谱法和二氧化碳红外分析仪法等测定方法（表 3-2）。碱液吸收法是用 NaOH 等碱溶液来吸收一定时间段内土壤有机碳分解所释放的 CO_2，然后用酸滴定法或有机碳分析仪来测定、计算碱溶液中 CO_2 的含量，从而计算出某一段时间内土壤有机碳的分解速率或分解量。碱液吸收法分为静态碱液吸收法和动态碱液吸收法。其中，静态碱液吸收法主要是利用 CO_2 的扩散作用，将土壤释放的 CO_2 固定在培养容器内部的碱溶液中，而动态碱液吸收法是利用无 CO_2 空气将培养容器中土壤释放的 CO_2 吹出，固定在培养容器外部的碱溶液中。目前大部分研究使用的是静态碱液吸收法，一个重要原因是静态碱液吸收法操作简便，而动态碱液吸收法操作相对烦琐。然而，与动态碱液吸收法相比，静态碱液吸收法存在一些不足。首先，碱液对 CO_2 的吸收存在偏向性和分馏作用，一般优先吸收轻的 CO_2，即 $^{12}CO_2$。其次，在吸收 CO_2 的过程中，碱液表面容易形成一层膜，减缓吸收 CO_2 的速度，使土壤有机碳分解释放的 CO_2 不能被充分吸收。另外，静态碱液吸收可能会产生厌氧状态，尤其是在长时间吸收时。这些都会影响测得的土壤 CO_2 释放速率或释放量的准确性。与静态碱液吸收法相比较，动态碱液吸收法测定 CO_2 的精度更高。气相色谱法一般是将放有土壤样品的培养容器密闭一段时间，然后利用注射器或气体采样袋等从培养容器中抽取一定体积的气体样品，然后用气相色谱仪测定气体中 CO_2 的浓度，将 CO_2 浓度与时间变化建立函数关系来计算土壤有机碳分解速率（Keller et al.，2005）。该方法操作相对简单，但是在密闭培养期间培养容器内的气压增大和 CO_2 浓度升高，会影响土壤有机碳的分解。二氧化碳红外分析仪法是将培养装置与二氧化碳红外分析仪（如 Li-cor 850）相连接，测定 CO_2 浓度的变化来计算土壤有机碳分解速率。与

碱液吸收法和气相色谱法相比，二氧化碳红外分析仪法可连续动态监测 CO_2 浓度变化，目前在土壤有机碳分解的研究中已广泛应用。

表 3-2 室内培养过程中测定土壤有机碳分解的部分方法

测定方法	原理	优缺点
静态碱液吸收法	利用 CO_2 的扩散作用，将土壤有机碳分解释放的 CO_2 固定在碱液中	操作简便，精度不高
动态碱液吸收法	利用无 CO_2 的空气，将土壤有机碳分解释放的 CO_2 吹出，固定在碱液中	操作相对烦琐，精度高
气相色谱法	利用采样器抽取培养瓶中的气体，用气相色谱仪分析气体中的 CO_2	可连续监测，精度较高
二氧化碳红外分析仪法	利用培养瓶中 CO_2 浓度增加形成时间梯度，模拟计算 CO_2 释放速率	CO_2 积累，抽气负压，带来偏差

这里详细介绍动态碱液吸收法测定土壤 CO_2 的释放。动态碱液吸收系统主要由气泵、碱石灰柱、气体针阀、样品土柱、碱液试管以及通气管等部分组成，测定一定时间内（如 12h）土壤有机碳分解所释放的 CO_2 量。具体操作方法为：将培养的土柱两端连接导管，接通空气泵，通过碱石灰柱过滤获得无 CO_2 的空气，等待土壤呼吸稳定后接通装有 NaOH 溶液的试管，用碱液收集一段时间内由土壤呼吸产生的 CO_2，为确保吸收效率不低于 99.99%，导管底部连接发泡石并装有玻璃珠以保持液面高度为 10cm。将吸收 CO_2 的 NaOH 溶液密封保存，测定溶液中 CO_2 的含量，计算土壤 CO_2 释放速率。与利用 CO_2 气体扩散的静态碱液吸收技术相比，该系统可更完全地收集土壤释放出来的 CO_2，收集效率可达 99.9%。此外，该技术还能保证碱液对 $^{12}CO_2$ 和 $^{13}CO_2$ 的吸收不具有偏向性，从而减少碱液中 $\delta^{13}C$ 值的误差（表 3-3）。改进的动态碱液 CO_2 吸收法应用于室内土壤培养实验，即使在长期培养后期土壤呼吸速率很低的情况下，仍可以保证 CO_2 吸收效率大于 99.9%，且能满足仪器对样品碳含量的测定要求。同时，该方法还避免了因同位素分馏、吸气负压和培养土量等造成的测量误差。

表 3-3 三种土壤异养呼吸及其 $\delta^{13}C$ 值测定方法的差别

测定方法	$\delta^{13}C$ 标准误差	土壤需要量（g）	参考文献
动态碱液吸收法	0.20	300	Lin et al.，2015
静态碱液吸收法	0.86	50	Blagodatskaya et al.，2011
气体直接测定法	1.10	10	Conen et al.，2008

四、温度敏感性的计算方法

长期以来，研究者广泛地采用指数方程描述温度对土壤有机碳分解的影响，并形成了一些经验模型，这些模型主要是从 Hoff 等（1898）提出的化学反应的温度指数模型派生而来。Hamdi 等（2013）将已发表的文献用来计算土壤有机碳分解的温度敏感性方法进行了归纳总结，将其分为等时间法、等碳库法、指数方程拟合法、一级动力学模型拟合法 4 种计算方法。

（一）等时间法

等时间法是指通过测定在不同温度下土壤在相同培养时间内所释放的 CO_2 量的比值或同一时间点的 CO_2 瞬时释放速率的比值来计算 Q_{10} 值（Dalias et al.，2001；Holland et al.，2000；Steinweg et al.，2008）。该方法计算 Q_{10} 的常用公式为：$Q_{10}=(R_2/R_1)^{10/(T_2-T_1)}$，公式中的 T_1 和 T_2 是培养温度，R_1 和 R_2 分别是土壤有机碳在 T_1 和 T_2 下的分解速率或分解量。

在我国温带长白山地区，田秋香（2013）将采集的土壤采用恒温培养的方法分别在 5℃、15℃和 25℃下测定土壤 CO_2 释放，并利用等时间法即同一时间点的土壤 CO_2 释放瞬时速率计算了温度敏感性，分析其动态变化。结果显示，在整个培养过程中，Q_{10} 在培养初期呈下降趋势，随后出现脉冲式的上升，而后又出现下降趋势直到培养结束（图 3－2）。其中在高温段（15～25℃）培养得到的 Q_{10} 的上升变化出现在培养的第 30～70 天，而在低温段（5～15℃）培养得到的 Q_{10} 的上升变化出现在培养的第 50～120 天。整个培养过程中在低温段培养得到的 Q_{10} 的平均值在阔叶红松林、明针叶林、暗针叶林和岳桦林分别为 1.97、2.58、2.27 和 2.40，而在高温段培养得到的 Q_{10} 的平均值分别为 1.89、2.32、1.90 和 2.32。低温段 Q_{10} 显著高于高温段得到的 Q_{10}，这说明 Q_{10} 的大小受培养温度的影响。利用此方法计算得到的 Q_{10} 值在培养过程中动态变化明显，不同时间点获得的 Q_{10} 差异显著，也就是说培养时间的长短也影响 Q_{10}。

同时，田秋香（2013）还利用相同时间内 CO_2 累积释放量计算了长白山地区森林土壤有机碳分解的 Q_{10}。结果显示，在整个培养过程中 Q_{10} 值也是动态变化的，在培养中期 Q_{10} 出现上升趋势（图 3－3）。此外，Q_{10} 的动态变化与培养温度有关。在较高温度下培养，Q_{10} 在培养初期呈下降趋势，然后出现脉冲式的上升，随后又出现下降趋势并保持相对稳定直到培养结束。而在较低温度下培养所计算得到的 Q_{10} 的变化相对稳定，只在培养初期呈显著下降趋势，在培养后期保持稳定直至培养结束。整个培养过程中低温段测得的 Q_{10} 平均值在阔叶红松林、明针叶林、暗针叶林和岳桦林分别为 2.11、2.75、2.34 和 2.51，高温段测得的 Q_{10} 平均值分别为 1.88、2.25、1.94 和 2.26。

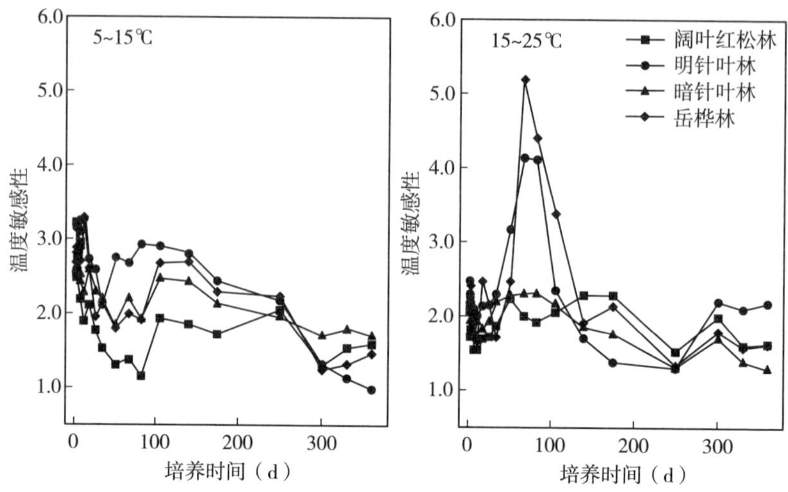

图 3-2　基于同一时间点的瞬时呼吸速率计算的不同森林土壤有机碳分解的温度敏感性的动态变化

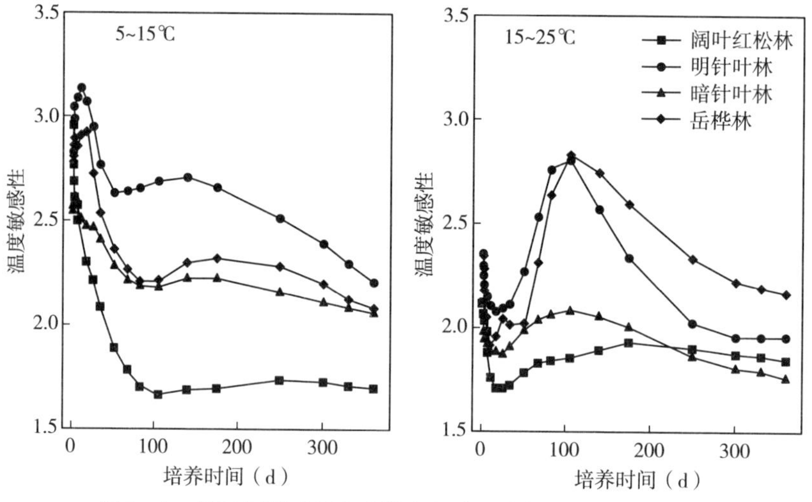

图 3-3　基于相同时间内碳累积释放量计算的不同森林土壤有机碳分解的温度敏感性的动态变化

在早期的研究中，大部分实验是基于相同时间内碳累积释放量或释放速率利用等时间法来计算土壤有机碳分解的温度敏感性。但是，该方法存在一些缺点，特别是在长期培养试验中。在适度的温度范围内，土壤有机碳的分解速率随温度升高而增加，这导致高温下土壤中的底物消耗较大，造成不同培养温度下的底物质量存在较大差异，影响温度敏感性的准确性。另外，土壤碳库的组分会受温度影响，高温可能增加活性碳库的相对比例（Gu et al.，2004；Larionova et al.，2007）。因此，两个培养温度下同一时刻消耗的底物实际上是不等同的，通过此方法获得的 Q_{10} 值可能被低估（Rey et al.，2006）。

（二）等碳库法

等碳库法是用土壤样品在不同培养温度下释放相同数量的碳所需要的时间来计算温度敏感性（Haddix et al.，2011；Rey et al.，2006）。通常情况下，与低温相比，在较高温度下土壤释放同样数量的碳所需要的时间更短。该方法计算 Q_{10} 的公式为：$Q_{10}=(t_1/t_2)^{10/(T_2-T_1)}$，式中，$T_1$ 和 T_2 是培养温度，且 T_1 低于 T_2，t_1 和 t_2 分别是在温度 T_1 和 T_2 下分解相同数量的土壤有机碳所需要的时间。

该方法有两个重要的前提假设：在不同培养温度下，①参与反应的土壤微生物类群是相同的；②参与分解的有机碳组分的化学特性在时间序列上是相同的，即都是从易分解有机碳到难分解有机碳。然而，土壤微生物对温度变化的响应通常比较敏感，并且也是动态变化的，在不同的培养时间可能存在差异。通过消耗等量碳来计算土壤有机碳分解对温度的响应可以在一定程度上避免等时间法中不同温度下活性碳消耗速度不同产生的误差（Conant et al.，2008），但是不同温度下土壤碳库组分的差异仍然存在，即使是相同量的碳被分解，在不同温度下已分解的这部分碳库仍然可能是不能等同的。

为了比较不同计算方法对 Q_{10} 的影响，田秋香（2013）采用等碳库法即不同培养温度下释放等量土壤碳后，再消耗 0.2% 土壤有机碳后所需时间的比值来计算 Q_{10}。结果显示，等碳库法得到的 Q_{10} 值普遍要大于等时间法得到的 Q_{10} 值（图 3-4）。与等时间法所得到的 Q_{10} 值相比，等碳库法得到的 Q_{10} 值发生了

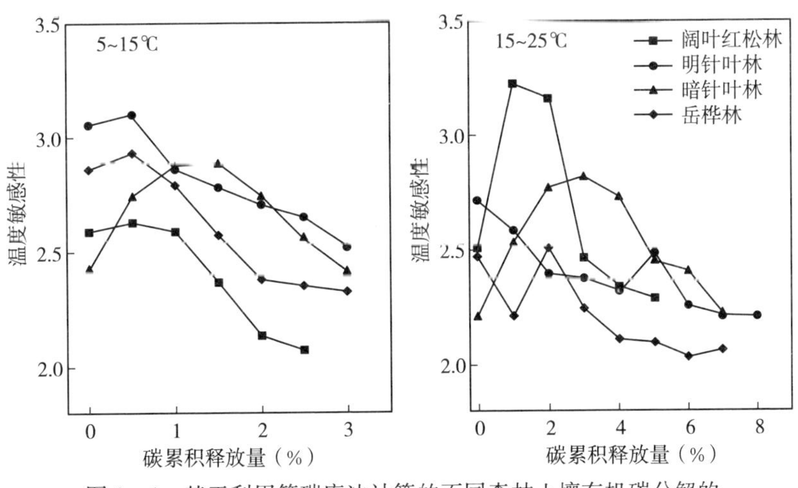

图 3-4　基于利用等碳库法计算的不同森林土壤有机碳分解的温度敏感性的动态变化

变化，而且各土壤间的差异也发生转变。随着累积碳释放量的增大，Q_{10}呈现先增大，后降低或保持相对稳定的趋势。整个培养过程中低温段在阔叶红松林、明针叶林、暗针叶林和岳桦林测得的Q_{10}平均值分别是2.40、2.81、2.66和2.60，高温段测得的Q_{10}平均值分别是2.67、2.40、2.52和2.22。

（三）指数方程拟合法

一些经验模型认为土壤有机碳的分解速率随温度增加呈指数上升，通过测定在一系列温度下土壤有机碳分解速率的变化，利用指数方程来拟合计算Q_{10}（Yuste et al.，2007；Koch et al.，2007；Liu et al.，2006）。通常情况下，每个土壤样品的培养温度都采取等梯度的增加，比如2～5℃或更大的变化幅度，测量时间可以是在温度快速变化下的瞬时测量，也可以是在一个温度下测定一段时间。该方法的计算公式为：$R_S=ae^{bT}$和$Q_{10}= e^{10b}$，公式中R_S是土壤有机碳分解速率，a是指数方程拟合参数，b是温度敏感性系数，T是培养温度。使用该方法需要注意的是，为确保参数拟合的准确性，Robinson等（2017）认为至少需要20个均匀分布的培养温度。然而，目前大部分实验所采用的温度个数一般都小于8个，以4～6个居多。由于不同温度段所获得Q_{10}的不同结果（Kirschbaum，2006），选择的测量温度不适合或范围太窄都会影响Q_{10}的分析结果。

（四）一级动力学模型拟合法

在土壤培养期间不同时间点多次重复测定土壤CO_2释放速率或释放量，利用一级动力学方程中的单库或多库模型拟合土壤有机碳分解，将拟合得到的温度敏感性参数（k）利用相关公式来计算Q_{10}（Reichstein et al.，2000；et al.，2006）。具体计算公式为：

$$C_{cum}=\sum_{i=1}^{3} iC_0 \cdot \left[1-e^{kt \cdot Q_{10}(T_2-T_1)/10}\right]$$

式中，C_{cum}是土壤释放的CO_2累积量；C_0是土壤初始有机碳含量，t是培养时间，Q_{10}和k是模型拟合的参数，T_1和T_2是培养温度。利用k的拟合值计算Q_{10}整合了培养过程中所有数据，能较全面地代表整个培养周期内碳库对温度的响应（Reichstein et al.，2000）。需要指出的是，该计算方法的适用前提是温度不影响培养过程中土壤不同碳库之间的转化（Rey et al.，2006），即温度的效应只表现在土壤有机碳的分解速率常数上。实际上，温度变化可能会影响土壤有机碳不同碳库之间的转化，尤其是不同活性碳库组分之间的转化。

在我国温带长白山地区，田秋香（2013）利用一级动力学方程的两库模型计算了活性碳库和稳定碳库分解的Q_{10}。由表3-4可知，土壤有机碳活性碳库和稳定碳库的分解常数 k_1 和 k_2 都对温度的变化比较敏感，其中活性碳库分解常数 k_1 的 Q_{10} 值为 0.44～2.22，而稳定碳库分解常数 k_2 的 Q_{10} 值为 1.52～2.83。由此可见，稳定碳库分解的 Q_{10} 显著高于活性碳库，即稳定碳库分解对温度变化的敏感性高于活性碳库。同时，该研究还发现，活性碳库和稳定碳库分解的 Q_{10} 都表现为在低温段高于高温段。

表 3-4　中国长白山地区不同森林土壤有机碳分解的温度敏感性

样地	k_1		k_2	
	$Q_{10(5\sim15℃)}$	$Q_{10(15\sim25℃)}$	$Q_{10(5\sim15℃)}$	$Q_{10(15\sim25℃)}$
阔叶红松林	2.22	0.83	2.07	1.95
明针叶林	0.98	0.56	2.60	1.95
暗针叶林	1.09	1.94	2.11	2.04
岳桦林	1.74	0.44	2.31	2.03

注：k_1 和 k_2 分别表示活性碳库和稳定碳库的分解速率常数。

从以上 4 种方法计算得到的 Q_{10} 可知，不同计算方法所得的 Q_{10} 并不相同，存在一定的差别。例如，Sierra（2012）通过分析文献数据，比较了这 4 种计算方法所得到的 Q_{10} 的差异（图 3-5）。Q_{10} 的 4 种计算方法所适用的条件和对实验的要求存在差异，也各有优缺点。因此，根据实验的目的和方法，选择合适的计算方法很重要。另外，室内培养实验还应注意以下几个问题：①室内培养实验切断了植物凋落物和根系向土壤输入有机物质，使土壤底物供应发生了变化，改变了土壤微生物群落结构（Li et al.，2012）；②培养前土壤样品进行去除有机物残体、过筛、混合等预处理，在一定程度上改变了土壤的物理状态，使得到的实验结果与实际的结果存在差异。这些室内培养和计算方法存在的不足在某种程度上是造成目前土壤有机碳分解温度敏感性研究不确定的重要

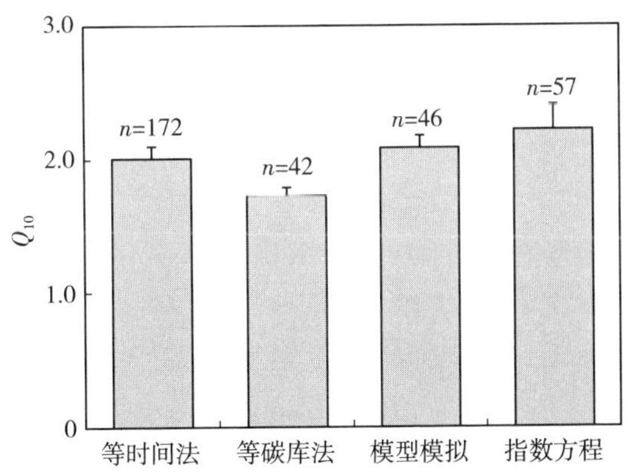

图 3-5　不同计算方法得到的土壤有机碳分解温度敏感性（Q_{10}）

原因之一。

五、土壤呼吸温度敏感性的野外测定

与室内模拟培养相比较，在野外测定的 Q_{10} 能够更真实地反映生态系统土壤呼吸对温度变化的响应。但是，野外环境比室内模拟培养实验要复杂得多，多个影响因素同时存在和不断变化，例如土壤温度、含水量、养分、碳有效性、根系，深入探讨某一环境因子对 Q_{10} 的影响或作用机理相对困难。在野外，通常是一段时间内多次观测土壤呼吸及其对应的土壤温度和含水量的变化，通过模型模拟来计算 Q_{10}，这其实是忽略了其他环境因素的影响，或者假设它们是不变的。Van't Hoff 指数模型（$R_S=ae^{bT}$）研究土壤呼吸（R_S）和土壤温度（T）之间的关系。在不考虑土壤含水量的影响时，通常用采用 $R_S=ae^{bT}$ 和 $Q_{10}=e^{10b}$ 公式来计算，而在考虑土壤含水量的影响时，可以用 $R_S=ae^{b_1T}W^{b_2}$ 和 $Q_{10}=e^{10b_1}$ 公式来计算，其中 W 为土壤含水量。土壤含水量是影响土壤呼吸的重要因素，并且由于土壤含水量具有较强的时间变异性，在不同时间点土壤含水量差别可能会比较大，因此在采用模型模拟土壤呼吸对温度的响应时考虑土壤含水量的变化是极其重要的，可以提高模拟结果的准确性。例如，Xu 等（2001）在美国加利福尼亚州北部松树幼林中发现，土壤含水量调控着土壤呼吸对温度的响应，当土壤含水量大于 14%（体积比）时 Q_{10} 为 1.80，而当土壤含水量低于 14%时 Q_{10} 为 1.40（图 3-6）；Dörr 等（1987）经过对德国草地和山毛榉-云杉林土壤呼吸的多年研究中发现，Q_{10} 值的变化范围在1.4～3.1，而且土壤含水量高的年份 Q_{10} 值多数偏低，土壤含水量低的年份 Q_{10} 值较高。

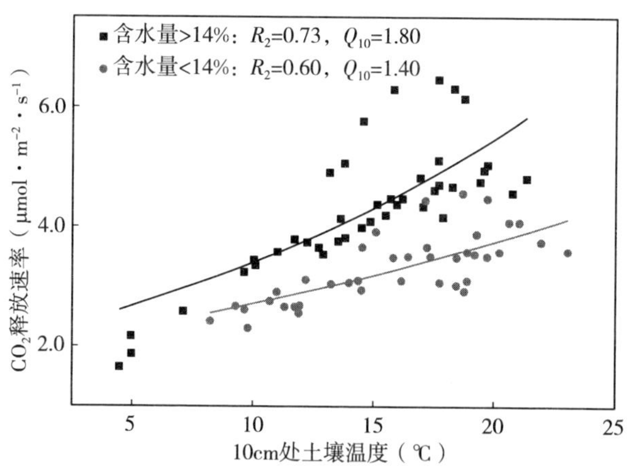

图 3-6　不同土壤含水量下土壤温度与 CO_2 释放速率的关系

土壤底物有效性的变化是控制 Q_{10} 季节和年际变异的重要因素。在陆地生态系统中，植物凋落物、根系的周转和分泌的有机物质会随着温度的变化而变化。例如，在落叶林中大部分凋落物的凋落会发生在一年中温度相对比较低的秋季和冬季，增加了土壤底物供给量。同时，土壤中的底物在温度较高条件下会消耗得更快一些。这些均可能会影响土壤底物有效性，进而造成对 Q_{10} 估计的偏差。作为土壤有机碳分解的主要执行者，微生物对土壤温度、含水量、底物有效性、养分有效性等环境变化比较敏感。总之，限制土壤有机碳分解的环境因子会随时间的变化而发生改变，并影响对 Q_{10} 的估算。

第二节　土壤有机碳分解温度敏感性的有关理论与影响因素

一、温度敏感性的相关理论

（一）活化能理论

在陆地生态系统中，温度敏感性是土壤有机碳循环模型模拟研究中一个十分重要的参数，其值的大小能够影响土壤有机碳分解速率和有机碳动态的模型输出结果，从而影响到对陆地生态系统碳源汇评估结果的可靠性。目前，与温度敏感性有关的理论主要有活化能理论和酶促反应理论，它们分别基于Arrhenius方程和米曼方程（Michaelis-Menten equation）。在早期，人们采用指数方程来描述土壤有机碳的分解速率与温度变化之间的关系，后来 Arrhenius 指出即使放热的化学反应，也需要一定的“推力”来促使反应的发生，这个“推力”被称为活化能。活化能理论认为，复杂的有机化合物一般具有较低的分解速率和较高的活化能，也就是说，土壤有机碳的分子质量越大和分子结构越复杂，其发生生化学反应所需的能量也越大，因而其分解对温度的敏感性也会越高（Ågren et al.，2002）。有的学者也将该理论称为碳质量-温度假说，并广泛用于解释一些实验所得到的研究结果。活化能理论可以很好地用 Arrhenius 方程来描述。Arrhenius 根据动力学原理发展了 Arrhenius 方程：$k=Ae-E_a/RT$，公式中的 k 是反应速率常数；A 是拟合参数；E_a 是反应所需要的活化能（$J \cdot mol^{-1}$），R 是气体常数（$8.314K \cdot mol^{-1}$）；T 是温度。已有大量的实验结果显示，在相同环境条件下土壤有机碳越难分解，其温度敏感性越高，符合活化能理论。后来 Knorr 等（2005）用多库数学模型也从理论上证实了难分解有机碳组分的温度敏感性高于易分解有机碳组分。实际上，该理论的应用需要一定的前提条件，只有在土壤底物充足的条件下才适用，即土壤微生物的活动不受底物有效性的限制，此时所测得的温度敏感性才是土壤有机碳分解的内在温度敏感性（Davidson et al.，2006）；而当土壤底物有效性、土壤水分等受到限制时，Arrhenius 理论就不再适用。此外，Arrhenius 方程主要描述单个化学反应过程，用于描述由比较复杂的化学、物理和生物学过程组成的有机碳分解过程有时效果并不理想，这也是有些研究结果与该理论相反的一个原因。例如，Melillo 等（2002）发现土壤有机碳易分解组分的 Q_{10} 值高于难分解组分，还有的研究结果显示所有土壤有机碳库分解的温度敏感性是相似的（Fang et al.，2005；Conen et al.，2006）。土壤有机碳分解温度敏感性的部分研究与 Arrhenius 方程符合情况见表 2-5。

表 3-5　土壤有机碳分解温度敏感性的部分研究与 Arrhenius 方程符合情况

实验研究	敏感性指标	是否符合 Arrhenius 方程
Conant et al.，2008	Q_{10}	符合
Craine et al.，2010	E	符合
Hartley et al.，2008	Q_{10}	符合
Leifeld et al.，2005	Q_{10}	符合
Reichstein et al.，2005	Q_{10}	部分符合
Boddy et al.，2008	k	不符合
Fang et al.，2005	Q_{10}	不符合
Luo et al.，2001	Q_{10}	不符合

（二）酶促反应理论

随着研究的深入，许多学者发现其研究结果并不能简单地用活化能理论来解释，考虑到土壤有机碳分解是极其复杂的酶促反应，认为活化能理论并不能很好地适用于复杂的土壤有机碳分解过程。因此，在 Arrhenius 方程的基础上提出了米曼方程来补充解释温度敏感性，即底物的有效性或浓度决定了化学反应的速度及其温度敏感性。米曼方程为：$R_S=V_{max}\times[S]/(K_m+[S])$，公式中 $[S]$ 是底物有效性，表示在酶活性位点处的底物浓度；V_{max} 是设定温度下的最大反应速率；K_m 是米曼常数，代表酶与底物的亲和能力，用最大反应速率一半（$V_{max}/2$）时的底物浓度表示，也是反映温度敏感性的重要参数（Gershenson et al.，2009）。米曼方程的理论基础是 K_m 和 V_{max} 均是对温度变化敏感的参数，当土壤中底物浓度充足，并且温度在酶活性的最适温度范围内时，K_m 对反应的影响并不重要，这时 V_{max} 对温度的响应决定了反应速率的温度敏感性。这一过程只取决于基于 Arrhenius 方程的酶催化作用，V_{max} 随着温度升高逐渐升高。然而，当土壤中底物有效性较低或受到限制时，即当 S 与 K_m 大致相当于或远低于 K_m 时，K_m 成为一个重要的影响因子，这时土壤有机碳分解速率取决于酶和底物的浓度。由于 K_m 和 V_{max} 均随着温度升高而增加，因此 K_m 和 V_{max} 的温度敏感性会相互抵消。这种“抵消作用”在底物浓度很低的时候尤为明显。基于改进后的米曼方程方程，Davidson 等（2006）认为具有最大温度敏感性的土壤恰恰是易分解组分含量最多的土壤，并且他们认为土壤有机碳分解的温度敏感性不仅取决于土壤有机碳的质量，还取决于底物的有效性。

二、温度敏感性的影响因素

（一）温度

土壤有机碳分解的温度敏感性受一系列复杂的土壤理化性质、微生物群落组成和环境因素的调控。其中，温度不仅是影响土壤有机碳分解的主要因素，也是影响温度敏感性的重要环境因子。温度控制着土壤酶的活性。当温度低时，土壤酶的活性受到限制，随着温度的升高而活性增强；当超过最适温度时，酶的活性又会急剧下降，甚至失活。土壤微生物分解有机物质都需要酶的参与，因此温度是控制温度敏感性的关键因子。温度不仅影响土壤酶和微生物的活性，对土壤水分和底物有效性等其他因素也有一定的影响。在某一温度范围内，随着温度的升高，微生物分解土壤有机碳所释放的能量主要用于自身的生长；当温度超过一定范围时，微生物分解释放出来的能量则大部分用于其自身的维持（Chapin et al.，2002）。也就是说，室内培养的温度范围也能显著影响土壤有机碳分解 Q_{10} 值的大小，即 Q_{10} 具有一定的温度依赖性。一般来说，在其他环境因子不受到限制的条件下，在一定的温度范围内，升温会增加酶反应活性，加速有机底物分解，造成 Q_{10} 值随着温度的升高而降低（图 3－7；Wang et al.，2019a）。例如，Kirschbaum（1995）通过对土壤和凋落物的短期室内培养发现，在水分不受限制条件下土壤呼吸的 Q_{10} 随温度升高而降低，在 0℃附近 Q_{10} 高达 8.0，超过 20℃时 Q_{10} 约为 2.0，这时 Q_{10} 的差别主要是由培养温度的直接作用产生的。Niklińska 等（1999）沿欧洲大陆气候样带采集了 7 个地方的欧洲赤松林土壤腐殖质样品，在同一水分条件不同温度下进行 14 周的室内培养实验，发现在 10～15℃时土壤呼吸的 Q_{10} 超过 5.0，但在 25℃附近 Q_{10} 约为 1.0。土壤呼吸的温度敏感性随温度的增加而下降这一趋势可以用 Arrhenius 方程来解释。随着温度的增加，会有越来越多的分子达到或超过了自身的活化能，反应速率会加快，但是达到活化能的分子增加的速率会随着温度的增加而相对减少（Davidson et al.，2006），从而表现为 Q_{10} 值随着培养温度的升高而降低。

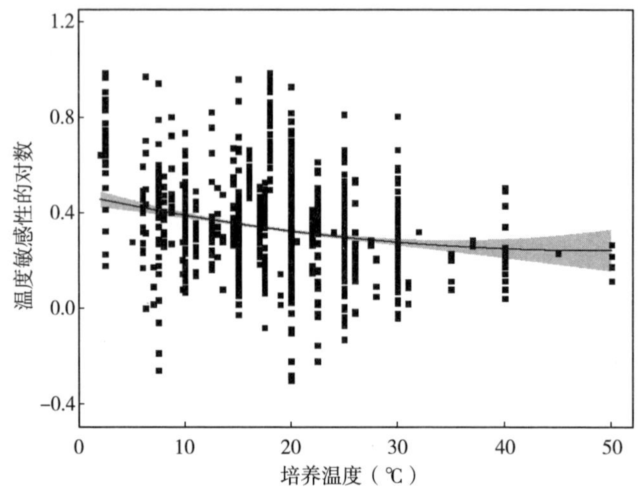

图3-7　土壤有机碳分解的温度敏感性与室内培养温度的关系

除室内模拟培养实验外，一些野外研究也发现 Q_{10} 与温度呈负相关。譬如，Chen 等（2005）通过对全球 38 个地点的土壤呼吸数据进行整合分析，结果表明，所有地点的 Q_{10} 值均随着土壤温度的升高而降低，而且北方森林土壤的 Q_{10} 值随温度升高的下降速度快于其他气候区的土壤（图 3-8）。Peng 等

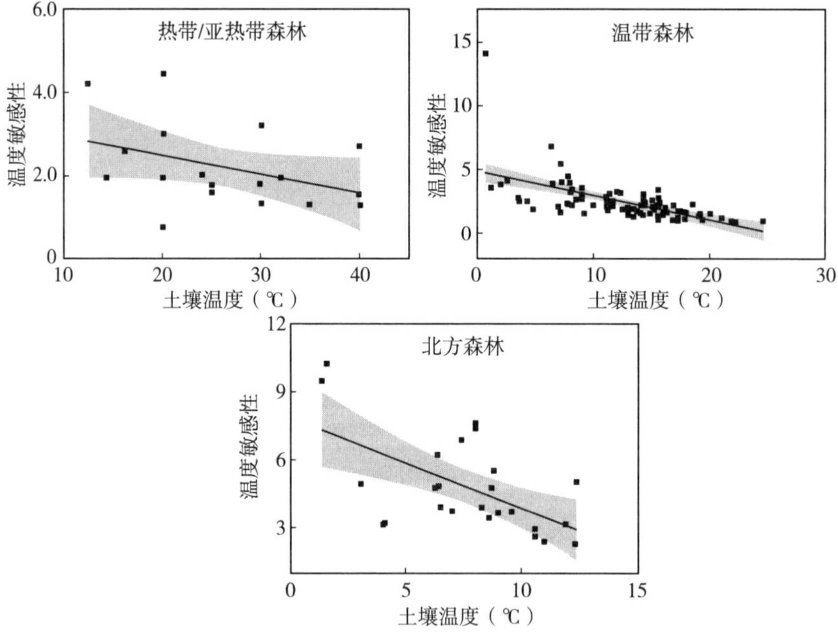

图 3-8　不同温度带土壤呼吸的温度敏感性与土壤温度的关系

（2009）和 Zheng 等（2009）对已发表的中国不同生态系统土壤呼吸数据进行的整合分析研究也得到了类似的结果。一些野外实验发现的 Q_{10} 值在冬季高于夏季的结果也证实了 Q_{10} 与温度的负相关。例如 Xu 等（2001）使用箱式法测定了土壤呼吸，结果显示，土壤呼吸的 Q_{10} 值从 1.05 到 2.29 之间变化，温度敏感性表现为夏季低、冬季高，即与土壤温度呈显著的负相关。野外实验发现的 Q_{10} 值随温度升高而降低是温度通过直接和间接途径共同作用的结果，尤其是通过影响底物供应的间接作用。

此外，温度也可以通过影响水分而作用于底物供应，从而对温度敏感性产生影响。因此，有研究发现土壤呼吸的温度敏感性随着温度的增加而增加。比如 Wooky 等（2002）通过室内培养试验发现 7～12℃温度下土壤呼吸的 Q_{10} 值高于 2～7℃温度下的 Q_{10} 值；Klimek 等（2009）的研究结果也显示土壤有机碳分解的温度敏感性与温度呈正相关。然而，也有研究显示温度变化对土壤异养呼吸的 Q_{10} 值没有影响，这可能是在研究过程中其他环境因子对土壤异养呼吸的影响抵消或混淆了温度所带来的影响（Fang et al.，2001）。

（二）土壤含水量

与土壤温度类似，土壤含水量是影响有机碳分解及其温度敏感性的另一个关键因子，可以通过直接和间接的途径对温度敏感性产生影响（Reichstein et al.，2005）。根据最新的 IPCC 报告，在未来几十年里，在高纬度地区降水呈增加趋势，而亚热带的大部分地区降水则可能减少，并且强降水和长期干旱等极端气候事件发生的频率将持续增加，会引起土壤干湿交替、土壤水分经常性发生变化，这将对陆地生态系统土壤有机碳循环产生深刻影响。

由于微生物产生的胞外酶和基质的扩散需要在液相中才能顺利进行，水分可以通过调控它们的扩散来影响土壤有机碳分解的温度敏感性。多数研究表明，当土壤含水量在适宜的范围时 Q_{10} 最高，而当土壤含水量超出适宜的范围 Q_{10} 会下降（Meyer et al.，2018）。在土壤水分条件较适宜时，由于底物和胞外酶的扩散并不受土壤水分的限制，温度升高还会加快它们的扩散，因此土壤有机碳分解的温度敏感性就比较高（McCulley et al.，2007）。根据米曼方程，当土壤含水量低时，尤其是在干旱胁迫状态时，土壤水膜变薄，胞外酶、底物的扩散速度和微生物的移动速度变慢，从而降低了土壤微生物和胞外酶与底物的接触机会，最终降低土壤有机碳分解对温度的响应（杨庆朋等，2011）。在中国北方半干旱区的科尔沁沙地，李玉强等（2006）通过对 3 种类型沙丘土壤有机碳分解的温度敏感性的研究，发现土壤含水量为田间持水量的 5%时 Q_{10} 值最小，随着土壤含水量的增加，Q_{10} 值逐渐升高，当土壤含水量达到田间持水量的 95%时，Q_{10} 值又出现降低现象（图 3-9），这可能是土壤含水量过高造成了氧气扩散受到限制，导致土壤有机碳分解的温度敏感性降低。在松树幼林中，Klimek 等（2009）采集了根际土和非根际土，土壤含水量分别调节为田间持水量的 15%、50%和 100%，然后在 5℃、15℃和 30℃进行室内培养。他们发现，基于 5℃和 15℃计算得到的 Q_{10} 值在土壤含水量为 15%田间持水量（WHC）和 100%WHC 时均低于土壤含水量为 50%WHC 时的 Q_{10} 值。然而，基于 15℃和 30℃计算得到的 Q_{10} 值却相反，即 Q_{10} 值在土壤含水量为 15WHC%和 100%WHC 时高于土壤含水量为 50%WHC 时的 Q_{10} 值（表 3-6），这表明土壤含水量对 Q_{10} 值的影响还受培养温度的调控。

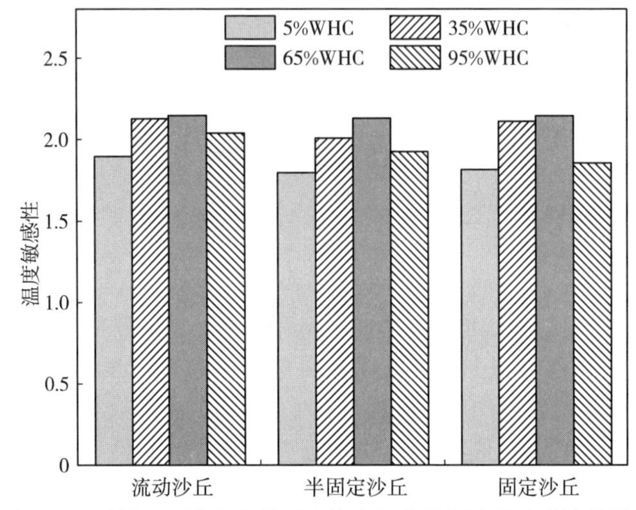

图 3-9　干旱区土壤含水量对土壤有机碳分解温度敏感性的影响

表 3-6　不同温度下土壤含水量对土壤有机碳分解温度敏感性的影响

项目	温度（℃）	土壤含水量（%WHC）	Q_{10}均值	Q_{10}标准差
根际土	5～15	15	2.36	0.70
		50	2.72	0.48
		100	1.89	0.36
	15～30	15	3.40	0.61
		50	3.05	0.23
		100	3.49	0.55
非根际土	5～15	15	2.60	0.88
		50	2.76	0.79
		100	2.72	0.52

（续）

项目	温度（℃）	土壤含水量（%WHC）	Q_{10}均值	Q_{10}标准差
非根际土	15～30	15	3.84	0.91
		50	3.23	0.46
		100	3.78	0.44

注：WHC为田间持水量。

（三）土壤团聚体的物理保护

团聚体是土壤结构的基本组成单元，植物根系的分泌物和土壤生物的活动如土壤微生物释放的有机胶结物质可以促进土壤团聚体的形成。但是，对于土壤团聚体的稳定性来说，部分分解比较快的有机胶结物质对团聚体的稳定作用是暂时的，甚至是短暂的，而分解慢的有机胶结物质对土壤团聚体的影响是长期的。有机碳也是土壤团聚体形成和保持稳定的重要因素。Elliott（1986）认为大团聚体中有机碳的含量高是由于有机碳把微团聚体胶结成大团聚体，但是大团聚体中的有机碳是相对不稳定的。也就是说，虽然土壤团聚体为有机碳提供了物理保护，但是不同粒径团聚体中有机碳的含量和性质会不尽相同。由于小粒径的团聚体需要更多的能量来破坏（Dungait et al.，2012），即团聚体对土壤有机碳的保护程度随团聚体粒径的减小而增大。Poeplau等（2016）根据土壤各组分有机碳的^{13}C丰度分析了其周转率或年龄差异，并根据$\delta^{13}C$随增温梯度的改变来评估该差异是否会影响土壤有机碳分解的温度敏感性，研究结果表明，土壤有机碳分解温度敏感性的变化是由于土壤生物和物理稳定机制的改变引起的，如土壤团聚体的改变，而与土壤有机碳自身的年龄和化学难降解性没有关系。土壤团聚体对有机碳的保护会直接或间接影响酶促反应位点的底物浓度，从而影响土壤有机碳的分解速率及其对温度的敏感性（Karhu et al.，2019；Gershenson et al.，2009）。这种保护主要是通过减少土壤有机碳与微生物和胞外酶的接触、限制氧气扩散等而得以实现的。目前大部分室内培养实验所使用的土壤是经过筛分等处理的，土壤的物理结构和通气性发生了一定的改变，可能会影响土壤有机碳的分解及其温度敏感性。Zheng等（2022）在亚热带地区利用PVC（聚氯乙烯）管采集了杉木林、马尾松林、荷木林和板栗林的0～10cm土壤，一部分土壤过筛后再填回PVC管，一部分进行原状培养，然后将所有土壤进行室内培养。通过一定时间培养后，他们发现过筛显著影响土壤有机碳的分解速率（图3-10）。Meyer等（2019）通过在不同温度下培养过筛土壤和原状土壤，发现土壤过筛降低了Q_{10}，但是原状土壤的Q_{10}和过筛土壤的Q_{10}具有很好的相关性（图3-11），这可以用米曼方程来解释，因为过筛处理破坏了土壤团聚体结构，增加了土壤底物的有效性和微生物对底物的空间可达性。

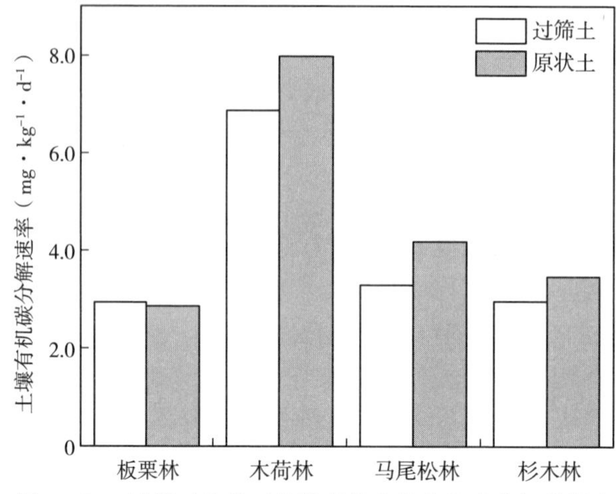

图 3-10　过筛对几种亚热带森林土壤有机碳分解的影响

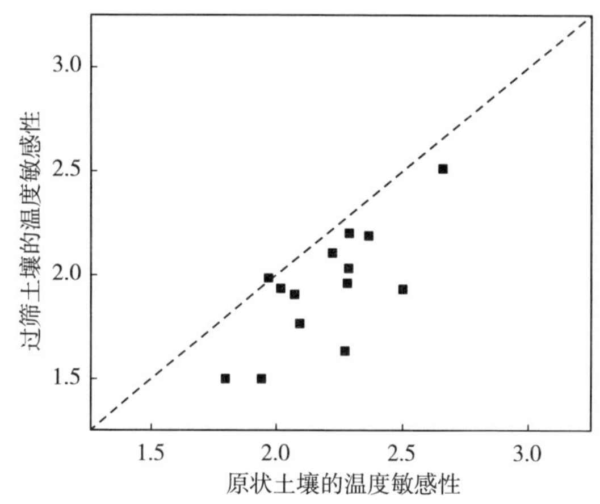

图 3-11　过筛土壤和原状土壤的有机碳分解温度敏感性的关系

为了探讨土壤不同团聚体中有机碳分解的温度敏感性，Li 等（2023）采用改进的干筛法将亚热带杉木人工林不同施肥处理的土壤分为大团聚体（>2.0mm）、中团聚体（0.25～2.0mm）和小团聚体（<0.25mm），然后分别将它们在18℃和 23℃下培养 45d，分析不同团聚体中有机碳分解的温度敏感性。该研究首先假设土壤有机碳的分解速率随温度是呈指数函数的变化。研究结果显示，虽然不同处理之间的土壤有机碳分解的温度敏感性存在较大差异，但是土壤有机碳分解的温度敏感性均随着团聚体径级的变大而增大（图 3-12）。在我国温带长白山地区的针阔混交林和岳桦林中，王丹（2014）也发现在 5℃和 15℃

培养下 Q_{10} 表现为大团聚体＞微团聚体，但是在云冷杉林中表现却相反，Q_{10} 表现为微团聚体＞大团聚体（图 3-13）。这可能与不同林地的土壤中各级团聚体的有机碳含量有关。例如，在中国青藏高原的高山草甸生态系统中，

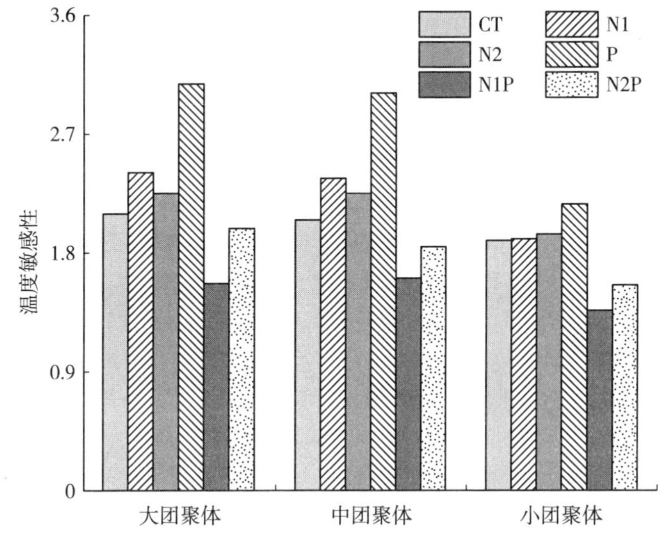

图 3-12 不同径级团聚体土壤有机碳分解的温度敏感性

（CT、N1、N2、P、N1P 和 N2P 分别为对照、N 50kg・hm^{-2}・a^{-1}、N 100kg・hm^{-2}・a^{-1}、P 50kg・hm^{-2}・a^{-1}、N 50kg・hm^{-2}・a^{-1}＋P 50kg・hm^{-2}・a^{-1}、N 100kg・hm^{-2}・a^{-1}＋P 50kg・hm^{-2}・a^{-1}）

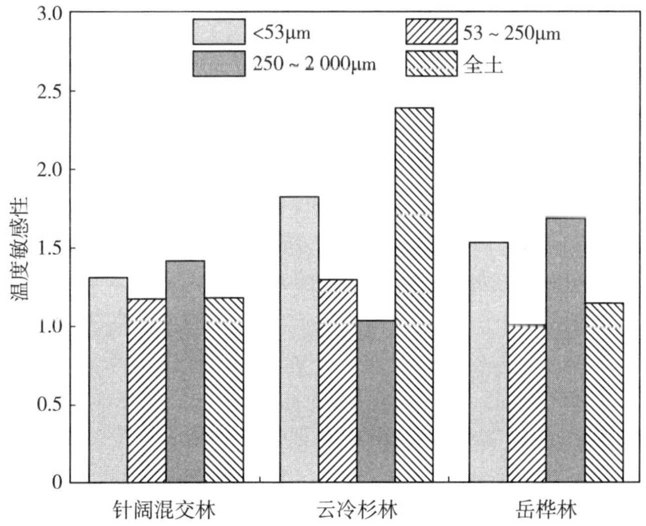

图 3-13 长白山地区几种温带森林土壤中不同团聚体有机碳分解的温度敏感性

Qin 等（2019）发现土壤有机碳分解的 Q_{10} 均随土壤有机碳在大团聚体中分配比例的增大而增大，而随土壤有机碳在微团聚体中分配比例的增大而减小（图 3－14）。这说明微团聚体对土壤有机碳的保护作用较强，限制了微生物对土壤有机碳的分解，能够降低 Q_{10}。

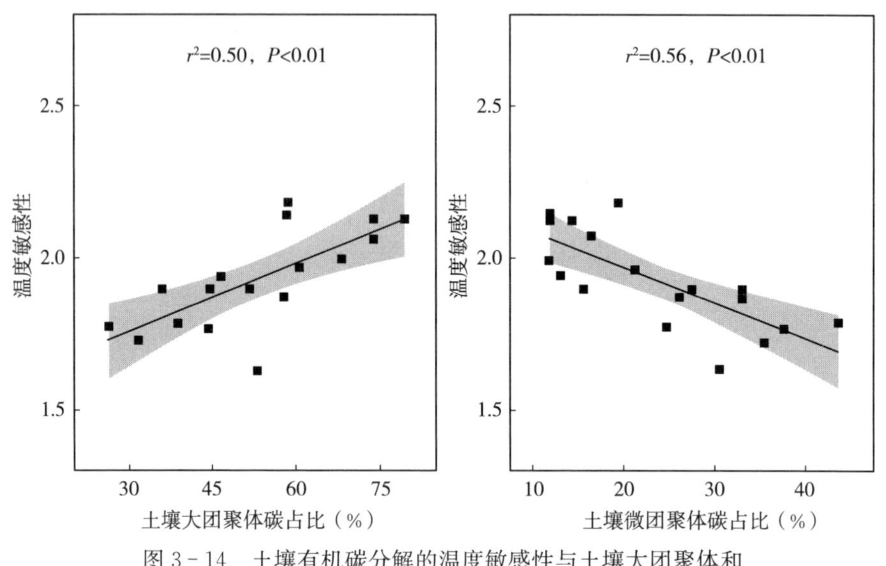

图 3－14　土壤有机碳分解的温度敏感性与土壤大团聚体和微团聚体碳占总有机碳比例的关系

（四）土壤微生物群落结构

微生物在调节陆地生态系统碳循环中起着关键作用，不仅调节土壤有机碳分解的速率，而且还控制着其对气候变暖的反馈。土壤微生物的生理特性、群落结构和组成都会影响土壤有机碳分解的温度敏感性（Karhu et al.，2014）。细菌个体体积较小，新陈代谢速度快，繁殖能力强，与土壤接触面积大，因此在细菌起主导作用的微生物群落中土壤有机碳分解的温度敏感性一般也较高（Biasi et al.，2014）。温度变化会引起土壤微生物群落组成及其相关生理特征的变化，进一步改变微生物相关功能基因丰度，从而影响土壤有机碳分解的温度敏感性，这是因为不同的微生物群落结构有着其特定的温度适应范围，比如 Biasi 等（2005）研究发现，高温时由于革兰氏阳性菌数量的增加以及革兰氏阴性菌和真菌数量的降低，土壤呼吸 Q_{10} 值会发生变化。Balser 等（2009）发现 3 个不同生态系统的土壤微生物群落具有不同的温度敏感性，并且与土壤有机碳的质量和呼吸底物有效性无关。Karhu 等（2014）沿着从北极到亚马孙的气候梯度收集了不同生态系统的土壤，结果发现微生物群落对温度变化的响应通常会增加土壤呼吸的温度敏感性，而且具有高碳：氮比值的土壤和来自寒冷地区的土壤对温度变化的响应最强烈。范分良等（2012）给灭菌土壤接种不同的微生物群落，探索了微生物群落组成对土壤微生物呼吸速率及其温度敏感性的影响潜力，结果表明接种不同的微生物后土壤呼吸速率的温度敏感性差异显著。由此可见，土壤微生物群落结构的变化会影响土壤有机碳分解的温度敏感性。

根据微生物的生长、繁殖、竞争和适应策略，可以将土壤微生物分为 r-策略微生物和 K-策略微生物。r-策略型微生物被认为具有较快的生长速度，尤其是在富含易分解碳的环境中。相反，K-策略型微生物生长缓慢，更喜欢利用难分解的有机碳。为了探索微生物群落生态策略与土壤有机碳分解温度敏感性的关系，Li 等（2021）以中国东北阔叶红松林为研究对象，采集了 13 个地区的土壤，测定了 Q_{10}、土壤微生物群落组成、细菌群落平均 16SrRNA 基因操纵子拷贝数及真菌群落预测及功能基因，着重探讨了 Q_{10} 与微生物群落生态策略之间的关联。研究结果显示，Q_{10} 与土壤微生物群落 K-策略倾向有关，包括：①寡营养类群和富营养类群微生物的比例高；②外生菌根菌与腐生真菌的比例高；③惰性有机碳与活性有机碳降解基因的比例高；④16SrRNA 基因操纵子平均拷贝数低（图 3-15）。具体表现为土壤有机碳分解的 Q_{10} 随着土壤有机碳对微生物的生物利用度（Log$B$）和 rRNA 操纵子拷贝数的增加而下降，这说明 r-策略微生物的普遍存在可能是温度敏感性降低的重要因素；Q_{10} 值随细菌和真菌群落的少营养/共营养比值的增加而增加，表明 K-策略微生物的优势度与土壤有机碳分解的温度敏感性密切相关；Q_{10} 同样随着 ECM/腐生真菌比例和难分解有机碳与活性有机碳降解基因（R/L 基因）比例的增加而增大。由于 K-策略微生物偏好利用难分解的有机碳，该研究从微生物群落组成和功能的角度支持了碳质量-温度假说。365d 的室内培养试验的结果表明，该研究样带南部相对温暖地区土壤中难分解有机碳的分解对气温升高更为敏感，这可能与微生物群落中 K-策略微生物占优势相关联，暗示温度升高可能会增加较温暖地区难分解有机碳库的损失，加剧气候变暖和 CO_2 排放之间的正反馈作用。

（五）土壤不同碳库的温度敏感性

土壤有机碳是植物和生物残体在各个阶段不同程度降解的物质的混合体，其中不同碳库组分的物理化学性质和稳定性各异。大多数表征土壤有机碳分解动力学的研究和生物地球化学模型一般将土壤有机碳划分为若干个概念“库（pool）”，这些碳库在土壤中的平均驻留时间从数年到数千年，而同一个“库”的碳在土壤中具有基本相似的平均驻留时间和稳定性（Davidson et al.，2006）。例如，在 CENTURY 模型中土壤有机碳库被划分为快速碳库、慢速碳库和惰性碳库，而在 ROTH－C 模型中土壤有机碳库则划分为微生物生物量、腐殖质有机碳和惰性碳库（图 3－15）。但是，这些碳库的划分其实是没有明确界限的，是概念性的，无法严格区分它们，并且在一定条件下它们之间可能会相互转化，因此在实验研究中这些碳库的可操作性较弱。迄今为止，包括 CENTURY 和 ROTH－C 模型在内的描述土壤有机碳动态的绝大多数的气候-碳循环模型都是使用单一固定的温度敏感性作为参数来模拟和预测土壤有机碳库的动态变化及其对全球变暖的响应，通常假设 Q_{10} 为 2.0。假设这些具有不同周转时间的土壤有机碳库在分解过程中具有相同的温度敏感性，这可能会造成这些模型的预测结果存在较大的偏差，是导致评估气候变化对土壤有机碳的影响存在很大不确定性的重要原因之一。

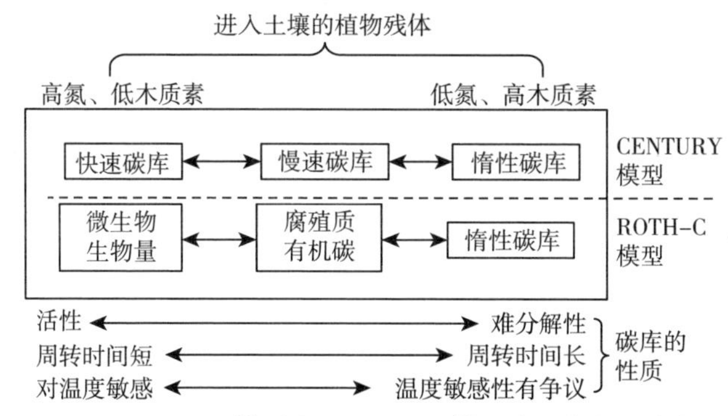

图 3－15　CENTURY 模型和 ROTH－C 模型中土壤有机碳库的划分

虽然关于土壤不同有机碳库分解的温度敏感性的研究不断增加，但是不同研究所得出的结果存在较大差异，有的研究结果甚至是相反的。这可能也是不同气候-碳循环模型采用固定常数作为温度敏感性参数的一个重要原因。大部分研究的结果符合 Arrhenius 方程和碳质量-温度假说，即活性有机碳库分解的温度敏感性小于难降解有机碳库分解的温度敏感性。根据化学动力学理论，难降解底物分解所需的活化能较高，对温度的敏感性也高于易降解的底物（Davidson et al.，2006）。对于一些实验在矿质土壤中得到的不同结果，Davidson 等（2006）认为这可能是由于环境条件的影响限制了土壤有机碳的分解转化，从而改变了底物分解对温度的动力学响应。因此，有些研究发现活性有机碳库的温度敏感性和难分解有机碳库之间没有差别（Conen et al.，2006；Fang et al.，2005；Reichstein et al.，2005），甚至是活性有机碳库的温度敏感性高于难分解有机碳库（Melillo et al.，2002；Luo et al.，2001；Bradford et al.，2008）。Fang 等（2005）将土壤在不同温度下进行室内培养 108d，发现培养初期和培养后期土壤呼吸的 Q_{10} 差异不大，从而得出了易分解碳库和难分解碳库有着相似温度敏感性的结论。如果在模型中没有区分在土壤有机碳中占比较大的难分解有机碳的温度敏感性，会掩盖在土壤有机碳中占比较小的活性有机碳的温度敏感性。因此，在以后的研究中可以通过长期室内培养和多碳库模型的结合来估算不同土壤碳库的 Q_{10}，以进一步探索不同土壤碳库的 Q_{10} 及其调控的潜在机制。一方面是因为碳质量-温度假说的适用性具有一定的前提条件；另一方面是因为土壤有机碳库是一个连续的整体，无法严格区分一些概念模型所描述的和简单划分的不同碳库组分（Davidson et al.，2006；Gershenson et al.，2009；Schädel et al.，2013）。同时，由于方法学上的限制，不同周转速率有机碳库分解的温度敏感性的准确评估仍是一项具有挑战性的任务，在一定程度上限制了对土壤有机碳库分解的温度敏感性的深入了解。

土壤不同活性有机碳库分解温度敏感性的研究结果存在差别是由多种原因造成的。除了土壤各种活性碳库在不同研究中划分不一致，各个试验所采用的研究方法不同也是一个重要原因。目前，主要采用以下几种方法来研究土壤不同有机碳库的温度敏感性。第一种方法是将土壤在不同温度条件下进行长期培养，培养时间为几个月甚至几年，培养过程中监测土壤 CO_2 的释放（Giardina et al.，2000；Melillo et al.，2002；Fang et al.，2005），随着培养时间的延长，活性有机碳库逐渐被消耗，呼吸速率下降（Townsend et al.，1997；Waldrop et al.，2004）。该方法的前提假设是在培养期间土壤不同活性碳库之间没有发生转化，并且培养实验后期所释放的 CO_2 均来自难分解的土壤有机碳库，将其对温度变化的响应视为难分解有机碳库的温度敏感性。然而，有研究发现，在长达 1 年的培养实验中培养后期所释放的 CO_2 绝大部分仍是来自活性有机碳库（Li et al.，2013）。因此，使用这种方法得到的难分解有机碳库的温度敏感性可能是不可靠的。此外，对这类实验的数据分析需借助于模型，由此会导致同一组数据使用不同的分析模型得到的结果是不同的。事实上，对于室内的短期培养和野外增温实验，土壤质量可能并没有发生实质的改变，而是底物供应对温度敏感性起到了一定的混淆作用。第二种方法是通过物理分级的方法区分不同的土壤有机碳组分并分别测定其温度敏感性（Leifeld et al.，2005；Fierer et al.，2005），这些组分在一定条件下可代表稳定性不同的各种土壤有机碳库。然而，这种方法也无法明确区分 CO_2 是来源于活性有机碳库还是来源于难分解有机碳库。虽然用物理和化学手段区分土壤有机碳质量得到的结果与基于热动力学原理得到的结论一致，但是该方法对土壤的破坏比较大，改变了土壤物理性质和不同碳库原来所处的土壤环境，因而并不能很好地代表实际土壤有机碳分解的温度敏感性。例如，通过对土壤进行团聚体分级，获得不同粒径的团聚体，认为这些团聚体中的碳分别代表着不同活性的土壤有机碳库，然后分别进行分解实验。但是，这改变了不同团聚体碳所在的环境，并且不同团聚体内部的微生物也存在差异，使得获得的温度敏感性的准确性受到影响。第三种方法是使用含有不同质量有机碳的土壤在不同温度下培养，比如表层土壤与深层土壤、来自自然植被土壤与长期裸地土壤，一般将前者视为活性有机碳库，而后者视为难分解有机碳库。实际上深层土壤或长期裸地土壤等中也含有一定数量的活性土壤有机碳。因此，这种方法的一个关键假设很难验证，即被选择土壤的有机碳质量代表活性有机碳库或难分解有机碳库。第四种方法是利用C3和C4植被转换土壤或长期经过碳同位素标记的土壤进行培养，根据所释放出来CO_2的碳同位素丰度来区分活性有机碳库和难分解有机碳库（Vanhala et al.，2007；Conen et al.，2008）。一般认为指标转换前或长期碳同位素标记前已经存在土壤中的有机碳为难分解有机碳库，后来形成的有机碳为活性有机碳库。

值得注意的是，短期培养实验中所观测到的土壤有机碳分解主要来自活性有机碳的分解，不同土层之间，有根土壤和无根土壤之间活性有机碳的含量存在差异，短期的培养实验所获得的温度敏感性难以排除活性有机碳对温度敏感性的干扰。在Fang等（2005）的培养实验中，伴随土壤活性有机碳的消耗，土壤有机碳分解温度敏感性随培养时间的延长而增加的趋势或许意味着难分解有机碳具有较高的温度敏感性，只是从统计学上没有表现出差异显著性。由于大部分模型对土壤有机碳库的划分都是概念性的，就目前的实验手段而言在实际实验中难以区分和量化这些不同的概念库，限制了深入理解土壤不同碳库分解的温度敏感性。

第三节　温度敏感性的空间变异

一、水平空间分布格局

在陆地生态系统中，土壤有机碳分解的温度敏感性具有较强的空间变异性，忽视其空间变异可能会对陆地生态系统土壤有机碳-气候反馈的评估产生偏差，增加预测结果的不确定性。为了更准确地预测陆地生态系统碳循环与气候变化之间的反馈，近年来越来越多的研究开始关注土壤有机碳分解温度敏感性的空间变异性，特别是在区域和国家尺度，乃至全球尺度。但是，由于不同研究所得出的结果不尽相同，目前尚无法就土壤有机碳分解温度敏感性的空间变化规律及其控制机理得出统一的结论。不同研究间结果的差异可能与所采用的研究方法、分析的影响因子等的差别有关。更值得注意的是，目前大部分大尺度的关于土壤有机碳分解温度敏感性的空间变异研究对所有土壤样品都采用相同的培养温度（Fierer et al.，2006；Conant et al.，2011；Lin et al.，2015）。室内模拟培养实验的研究结果显示，土壤有机碳分解的温度敏感性通常与培养温度具有负相关的关系（Wang et al.，2019a）。因此，来自具有不同温度区域的土壤样品采用相同的培养温度通常会高估温度较高区域的土壤有机碳分解温度敏感性，而低估温度较低区域的土壤有机碳分解温度敏感性，这可能会使得研究结果无法真实地反映土壤有机碳分解温度敏感性的空间变化。为克服此问题，Wang 等（2018）在中国东部南北热量梯度样带采集了 22 个地方的典型森林土壤，以各个地方的年均温作为基础培养温度，当地方年均温低于 10℃时以 10℃为基础培养温度，并采用周期性循环变温的方式进行培养。研究结果显示，土壤有机碳分解的温度敏感性随纬度变化没有呈现出明显的变化规律，这说明中国东部森林土壤有机碳分解温度敏感性的空间变化是非线性的（图 3 - 16）。同时，该研究还发现土壤有机碳质量和微生物性质是影响中国东部森林土壤有机碳分解温度敏感性的空间变异的主要因素。

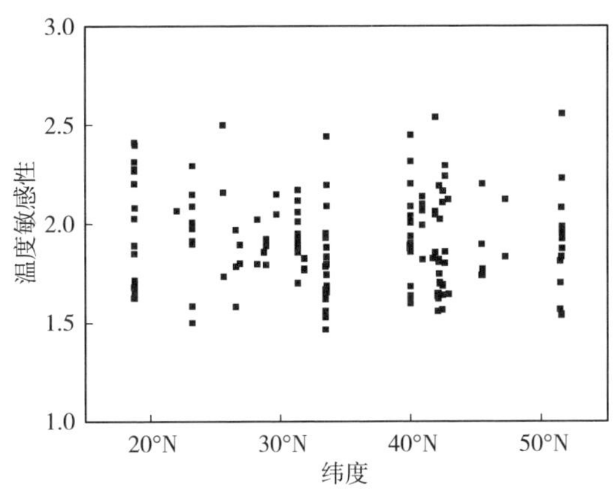

图 3 - 16　中国东部典型森林土壤有机碳分解的温度敏感性随纬度的变化

在中国温带地区的阔叶红松林，Li 等（2021）在跨越 9 个纬度、南北长 1 100km 的样带上选取 13 个样点，采集了表层土壤，分析土壤有机碳分解的温度敏感性随年均温的变化规律及其驱动机制。结果显示，土壤有机碳分解的温度敏感性随年均气温的增加而增加（图 3 - 17），即 Q_{10} 在年均温较高的区域大于年均温较低的区域。结构方程模型的分析结果显示，年均温通过影响可溶性有机碳在土壤有机碳中所占的比例、生物利用度（参数 B）和微生物群落的 K -策略/r -策略（包括寡营养与富营养微生物比、细菌群落的加权平均 rRNA 操纵子拷贝数、菌根真菌与腐养真菌比以及难分解有机碳与活性有机碳降解基因比）来影响土壤有机碳分解的温度敏感性（图 3 - 18）。

在中国森林主要分布区，Li 等（2020）采集了不同类型的森林土壤，获得了 203 个样点的 0～20cm 表层土壤，分别在 4℃、8℃、12℃、16℃、20℃、24℃和 28℃等一系列温度下进行室内培养，并基于采样点的年均温计算土壤

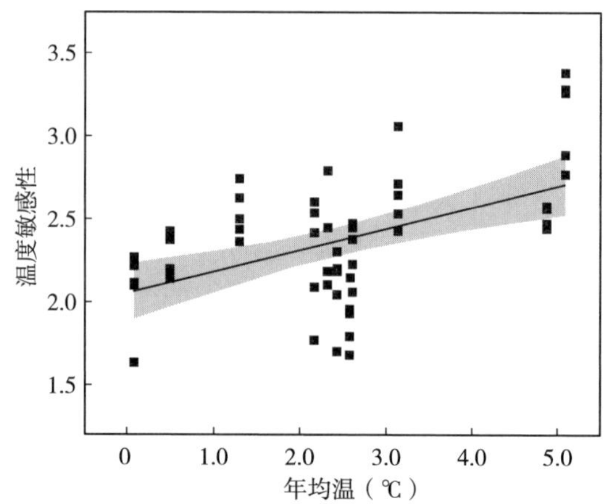

图 3-17 中国温带地区阔叶红松林土壤有机碳分解的温度敏感性与年均温的关系

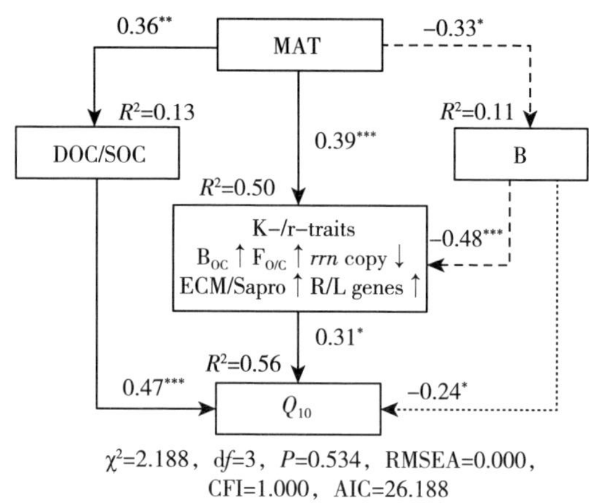

图 3-18 基于结构方程模型分析年均温（MAT）、有机碳的质量和有效性（DOC/SOC）、微生物生态策略（K-策略/r-策略比）对中国温带地区阔叶红松林土壤有机碳分解温度敏感性（Q_{10}）的影响

有机碳分解的温度敏感性，以探讨森林土壤有机碳分解温度敏感性的生物地理格局及其控制因素。研究结果显示，中国森林土壤有机碳分解的温度敏感性存在较大的空间变异，总体表现为 Q_{10} 值从南到北逐渐增大，并且不同森林类型之间 Q_{10} 值差异显著，表现为沿着热带季雨林-亚热带森林-暖温带森林-中温带森林-北方森林梯度 Q_{10} 值逐渐增大（图 3-19）。这些结果表明，碳循环模型中使用单一固定的温度敏感性参数进行模拟和预测土壤有机碳库的动态及其对全球变暖的响应可能会带来较大的误差。

同时，Li 等（2020）利用增强回归树模型分析了气候因子（年均温和年平均降水量）、植被因子、微生物因子（土壤细菌多样性）和土壤因子

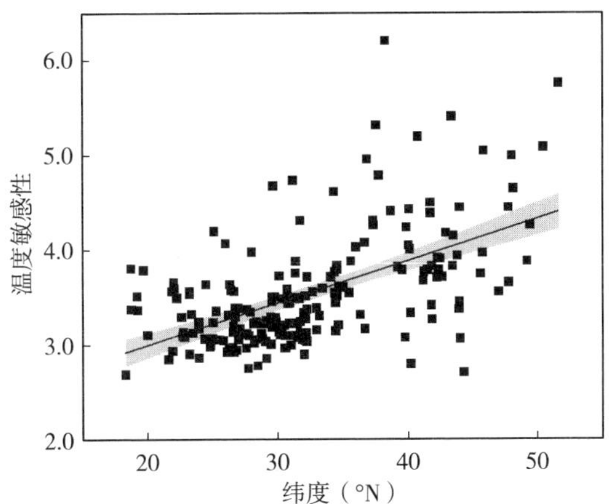

图 3-19　基于年均温的中国森林土壤有机碳分解的温度敏感性在纬度梯度上的变化

（黏粒含量、土壤 pH、微生物生物量碳和可溶性有机碳）在土壤有机碳分解中的作用。Q_{10} 值从南到北逐渐增大的这种空间分布格局主要受年均气温控制，其他因子比如土壤有机碳含量、年均降水量、土壤 pH 和黏粒含量也起着比较重要的作用，相比之下，植被生产力、微生物生物量碳、可溶性有机碳、土壤细菌多样性和土壤有机碳的可利用性对中国森林 Q_{10} 空间格局的影响较弱（图 3-20）。

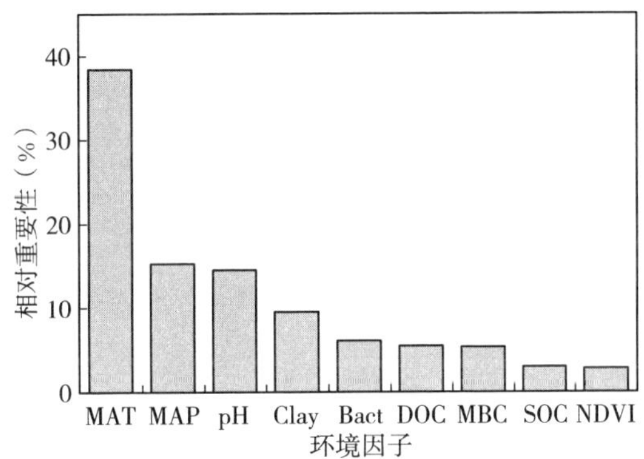

图 3-20　基于增强回归树模型各因子对中国森林 Q_{10} 空间分布的相对重要性

（MAT 和 MAP 分别为年均温和年均降水量，Clay 为土壤黏粒含量，Bact 为土壤细菌生物量，DOC、MBC 和 SOC 分别为土壤可溶性有机碳含量、微生物生物量碳含量和土壤有机碳含量，NDVI 为归一化植被指数）

与绝大多数的碳循环模型中使用固定的 Q_{10} 参数模拟和预测土壤有机碳库及其对全球变暖的响应不同，Li 等（2020）比较了在全球变暖 3℃背景下使用平均 Q_{10} 和使用每个点不同的 Q_{10} 所估算的土壤 CO_2 释放。分析结果显示，使

用空间变异的 Q_{10} 估算的中国森林土壤 CO_2 释放量为 0.809 3Pg・a^{-1}，而使用固定的平均 Q_{10} 估算的中国森林土壤 CO_2 释放量为 0.824 1Pg・a^{-1}（表 3－7），也就是说，不同区域森林土壤采用相同的 Q_{10} 值会高估中国森林土壤 CO_2 释放对全球变暖的响应。这 2 种估算方法对 CO_2 释放估算的差别主要体现在不同区域森林类型之间的差异，具体表现为使用平均 Q_{10} 会高估热带和亚热带等温暖地区的森林土壤 CO_2 释放，而低估寒冷地区的森林土壤 CO_2 释放。

表 3－7　使用平均 Q_{10} 和每个地点的不同 Q_{10} 对全球变暖 3℃背景下中国森林土壤 CO_2 释放量（10^{-3}Pg・a^{-1}）影响的差异

项目	面积（hm^2）	升温 3℃下土壤 CO_2 释放量			P 值
		不同 Q_{10} 值	平均 Q_{10} 值	差值	
所有森林	197.3	809.3	824.1	+2.6	<0.001
北方森林	15.8	11.2	10.5	−8.3	<0.001
寒温带森林	36.1	73.1	72.6	−2.4	<0.05
暖温带森林	23.1	78.8	77.9	−3.1	<0.05
亚热带森林	116.4	596.3	612.0	+3.3	<0.001
热带森林	5.9	50.0	51.1	+2.3	0.139

二、随海拔高度的变化

为了考察不同海拔高度上土壤有机碳分解温度敏感性的空间变异，田秋香（2013）在中国温带长白山地区分别选择了海拔为 791m 的针阔叶混交林、海拔为 1 247m 的明针叶林、海拔为 1 707m 的暗针叶林和海拔为 1 975m 的岳桦林，采集了 0～10cm 土壤，将土壤在室内分别在 5℃、10℃、15℃和 25℃下培养 1h，测定土壤 CO_2 释放速率，采用 Van't Hoff 方程 $R=ae^{bT}$ 对土壤呼吸进行指数拟合，再应用公式 $Q_{10}=e^{10b}$ 计算 Q_{10} 值，式中，a、b 均为拟合参数，T 为测定呼吸时的温度（℃），R 是温度为 T 时的呼吸速率（$\mu g \cdot g^{-1} \cdot h^{-1}$）。研究结果显示，不同海拔的森林土壤有机碳分解的 Q_{10} 值存在差异，土壤有机碳分解的 Q_{10} 值随海拔升高呈现先增加后减小的趋势（图 3－21）。具体来讲，海拔为 1 247m 的明针叶林土壤 Q_{10} 值最大，此后 Q_{10} 值随海拔的升高有降低趋势，但是明针叶林、暗针叶林和岳桦林 3 个土壤间 Q_{10} 值差异不显著，海拔最低的针阔叶混交林和海拔最高的岳桦林之间土壤 Q_{10} 值差异也不显著。Klimek 等（2016）在波兰选择了海拔分别为 600m、900m 和 1 200m 的森林土壤，然后在 5℃、10℃、15℃、20℃、25℃和 30℃下进行培养，计算它们在低温段（0～10℃）、中温段（10～20℃）和高温段（20～30℃）的温度敏感性。低温段的 Q_{10} 值呈现随海拔升高而降低的趋势，而海拔对中温段和高温段得到的

Q_{10}值影响不显著（表3-8），这说明培养温度影响海拔高度对土壤有机碳分解的温度敏感性的响应。

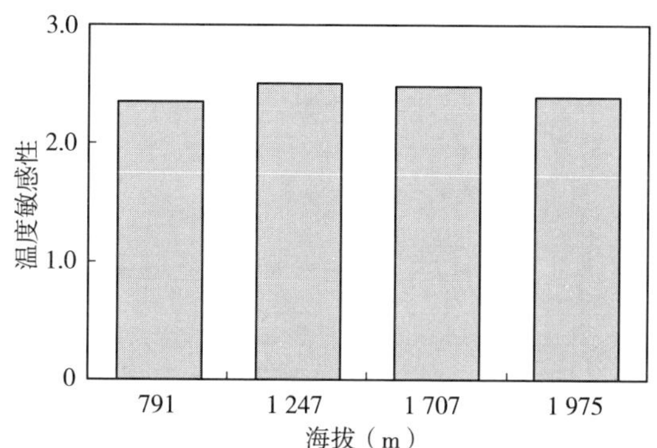

图3-21　长白山地区不同海拔高度森林土壤有机碳分解的温度敏感性

表3-8　不同海拔高度下波兰森林土壤有机碳分解温度敏感性的变化

项目	P值	海拔600m	海拔900m	海拔1 200m
Q_{10}L（低温段）	0.558	3.21	3.08	2.79
Q_{10}M（中温段）	0.593	2.46	2.35	2.31
Q_{10}H（高温段）	0.568	1.93	1.84	1.94

注：低温段（L）为0～10℃；中温段（M）为10～20℃；高温段（H）为20～30℃。

通过对长白山地区不同海拔高度森林土壤360d的长期培养，田秋香（2013）采用某一时间段内土壤累积释放的CO_2量计算Q_{10}，5～25℃整个温度段范围内Q_{10}动态变化如图3-22所示。研究发现，Q_{10}值在培养前期均表现为随着培养时间的延长而降低，特别是低海拔处的落叶红松林。随着培养时间的延长，有的森林土壤有机碳分解的Q_{10}值出现了上升，有的基本保存不变。其中明针叶林和岳桦林土壤有机碳分解的Q_{10}值在培养的60～120d时出现了显著上升。在360d培养结束时，Q_{10}值在低海拔处的落叶红松林最小，为1.77，其次为暗针叶林，为1.91，而Q_{10}值在明针叶林和岳桦林中最大，分别为2.08和2.14。这些研究结果表明，Q_{10}值与森林的海拔高度没有直接关系。在以往的研究中也有结果显示土壤有机碳分解的Q_{10}值与海拔高度之间没有相关性。例如，Niklinska等（2007）发现Q_{10}值在海拔梯度上没有表现出变化趋势，Schindlbacher等（2010）认为这是由于培养时间短，土壤呼吸主要表现为活性有机碳的作用，稳定有机碳库对土壤呼吸的贡献太小，无法反映出稳定有机碳对温度的响应。Xu等（2010）对武夷山海拔梯度上土壤有机碳分解温度敏感性的研究结果验证了Schindlbacher等（2010）的推测，发现随着海拔升高土壤难分解有机碳的温度敏感性增大，而土壤活性有机碳的温度敏感性与海拔高度没有明显的相关性。

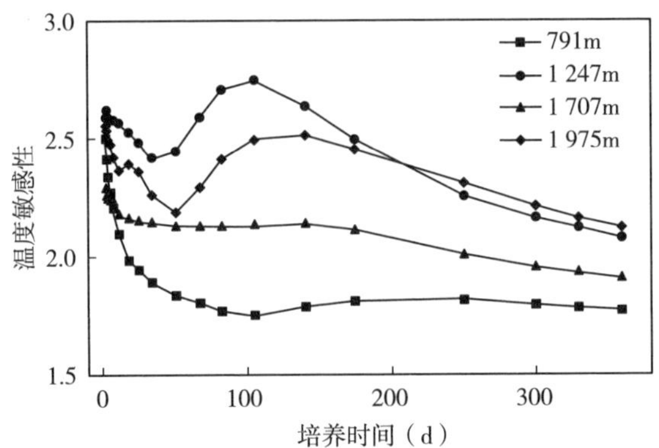

图 3-22 长白山地区不同海拔高度森林土壤有机碳分解温度敏感性的动态变化

综上所述，大量研究结果表明，土壤有机碳分解的温度敏感性具有较大的空间和时间变异性。在碳循环模型中使用固定的温度敏感性参数来模拟和预测土壤有机碳库的动态及其对全球变暖的响应可能会带来较大的偏差和不确定性。为了提高碳-气候反馈的预测精度，碳循环模型需要考虑土壤有机碳分解温度敏感性的生物地理差异。

第四节 大气氮沉降对土壤有机碳分解温度敏感性的影响

一、大气氮沉降量的影响

大气氮沉降进入到陆地生态系统中可以在某种程度上改变植物生产力及其分配、土壤有机碳的性质和土壤微生物特性等，进而直接地或间接地影响土壤有机碳的分解及其温度敏感性。目前，人们对大气氮沉降对土壤有机碳分解或土壤呼吸的温度敏感性的影响已开展了一些研究工作。例如，董清馨等（2018）采集了 12 年生杉木人工林氮沉降模拟实验样地，实验处理包括对照、低氮（$50kg \cdot hm^{-2} \cdot a^{-1}$）和高氮（$100kg \cdot hm^{-2} \cdot a^{-1}$）。在施硝酸铵 5 年后采集 0～10cm 深度的土壤，采集的所有土壤均在 10℃、15℃、20℃、25℃、30℃、35℃和 40℃下进行室内培养，测定土壤 CO_2 释放量，将测得的 CO_2 释放量和对应的温度利用公式 $C_{min}=ae^{bT}$ 和 $Q_{10}=e^{10b}$ 进行拟合、计算 Q_{10}。研究结果显示，对照、低氮和高氮处理土壤有机碳分解的 Q_{10} 大小分别为 1.21、1.20 和 1.14，它们之间的差异不显著（图 3-23）。Mo 等（2008）在中国南方亚热带森林通过野外实测土壤呼吸及相应的土壤温度，通过方程拟合得出低氮（50kg·hm^{-2}·a^{-1}）和中氮（100kg·hm^{-2}·a^{-1}）处理土壤呼吸的 Q_{10} 值为 2.6，与对照没有差异，但是高氮（150kg·hm^{-2}·a^{-1}）处理土壤呼吸的 Q_{10} 值出现了显著降低，为 2.2。在浙江地区的毛竹林中，Li 等（2019）通过拟合土壤呼吸与 5cm 深处土壤温度的关系计算得出 Q_{10}，发现仅高氮处理（90kg·hm^{-2}·a^{-1}）显著降低了土壤呼吸的 Q_{10}，而低氮（30kg·hm^{-2}·a^{-1}）和中氮（60kg·hm^{-2}·a^{-1}）处理对 Q_{10} 的影响不显著。

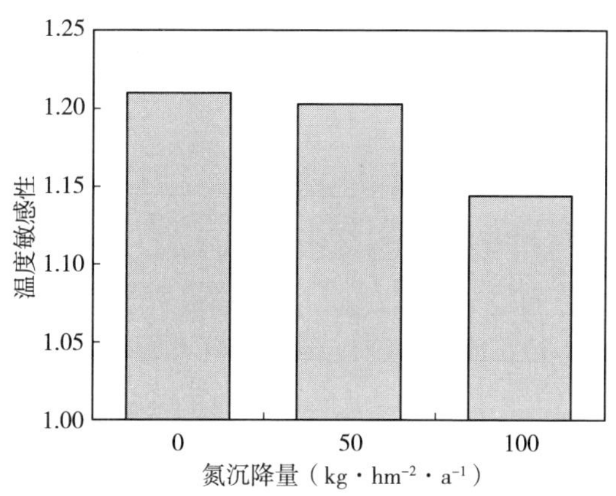

图 3-23 模拟氮沉降量对杉木人工林土壤有机碳分解温度敏感性的影响

在杨树人工林中，为了研究无机态氮沉降量对土壤呼吸不同组分的温度敏感性的影响，周政达等（2015）利用湖南省岳阳滩地杨树人工林的模拟氮沉降实验样地，采用壕沟法将土壤呼吸区分为微生物呼吸和根呼吸，利用 Van't Hoff 指数模型来拟合土壤呼吸的不同组分与土壤 5cm 处温度的关系。总体上表现为：在氮添加处理中，中氮处理（100kg·hm^{-2}·a^{-1}）提高了土壤总呼吸、微生物呼吸和根呼吸的温度敏感性，而高氮处理（200kg·hm^{-2}·a^{-1}）降低了土壤总呼吸、微生物呼吸和根呼吸的温度敏感性，低氮处理（50kg·hm^{-2}·a^{-1}）降低了土壤总呼吸和土壤微生物呼吸的温度敏感性，但提高了根呼吸的敏感性（图 3-24）。就土壤总呼吸而言，对照土壤的 Q_{10} 值为 2.54，中氮处理 Q_{10} 值最高，为 2.77，低氮和高氮处理均降低了 Q_{10} 值。就土壤微生物呼吸而言，对照土壤 Q_{10} 值为 2.72，中氮处理使 Q_{10} 值升高到 3.07，而低氮和高氮处理均降低了 Q_{10} 值。就根呼吸而言，低氮和中氮处理提高了植物根呼吸的 Q_{10} 值，而高氮处理对 Q_{10} 值有降低趋势。除低氮处理外，其他处理的土壤微生物呼吸 Q_{10} 值均高于土壤总呼吸；对照土壤的根呼吸 Q_{10} 值低于土壤总呼吸和土壤微生物呼吸。

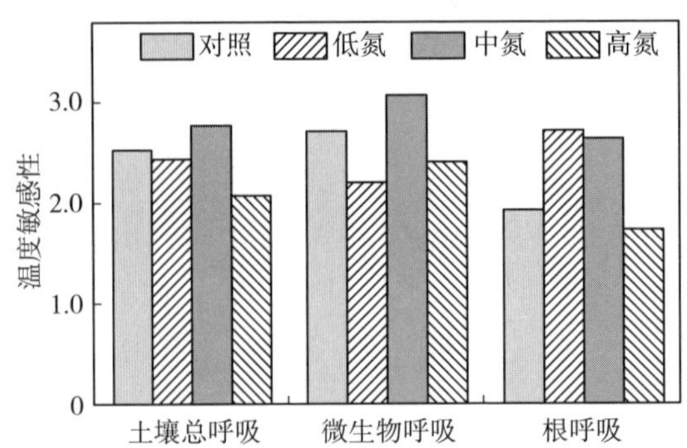

图 3-24 无机态氮沉降量对杨树人工林土壤总呼吸不同组分的温度敏感性的影响

二、无机态和有机态氮沉降的影响

关于大气氮沉降对土壤有机碳分解的温度敏感性影响的研究多侧重于氮沉降量和单一形态氮的影响（Mo et al.，2008；贾淑霞等，2007；王清奎等，2015；周政达等，2015），而大气氮沉降不仅含有铵态氮、硝态氮等无机态氮，还含有大量有机态氮，如尿素、甘氨酸和其他甲基化胺。有机态氮在大气氮沉降中所占比例在全球尺度上超过了 30%（Zhang et al.，2012），这导致基于单一氮形态模拟氮沉降的研究结果可能无法准确反映大气氮沉降对土壤有机碳分解温度敏感性的影响。在全球氮沉降日益增加的背景下，这方面研究的不足不仅限制了人们对土壤有机碳分解过程的理解和认知，也降低了气候-碳循环模型对土壤有机碳预测的准确性。鉴于此，Wang 等（2019b）采集了中国东北帽儿山地区落叶松林不同氮形态的长期氮沉降模拟实验样地的 0～10cm 土层土壤，然后在不同温度下进行室内培养。研究结果显示，不同氮形态的沉降处理之间土壤有机碳分解的 Q_{10} 值存在差异，对照、无机态氮、有机态氮和无机态与有机态混合氮沉降处理土壤有机碳分解的 Q_{10} 值分别为 2.39、2.68、2.17 和 2.37（图 3-25），即无机态氮沉降处理的土壤有机碳分解的 Q_{10} 值比混合氮处理的土壤高了 13.1%，而有机态氮沉降处理的土壤 Q_{10} 值则比混合氮处理的土壤低了 8.4%。这些结果表明，与无机态和有机态混合氮沉降处理相比，单一形态的无机态氮沉降高估了大气氮沉降对土壤有机碳分解温度敏感性的影响，而单一形态的有机态氮沉降处理则低估了大气氮沉降对土壤有机碳分解温度敏感性的影响。此外，通过相关分析，我们发现 Q_{10} 值与土壤有机碳和全氮含量、土壤微生物群落总生物量和放线菌生物量呈显著正相关（图 3-26）。

为了更全面认知模拟氮沉降对土壤呼吸温度敏感性的影响，Tian 等（2021）通过 Web of Science 数据库和中国知网数据库收集了 1990—2019 年公开发表的相关文献数据。收集文献时遵循以下几个标准：第一，实验是在野外

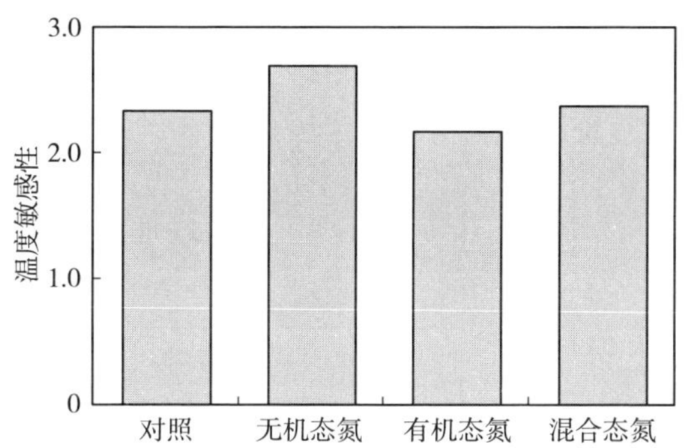

图 3－25　不同形态氮沉降对落叶松林土壤有机碳分解温度敏感性的影响

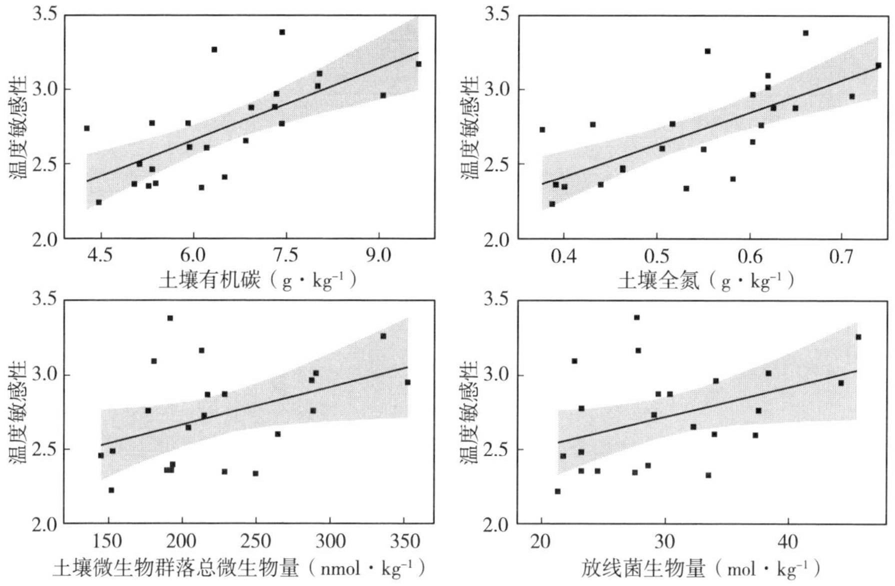

图 3－26　落叶松林土壤有机碳分解的温度敏感性与土壤有机碳含量、全氮含量、以及土壤微生物群落总微生物量和放线菌生物量的相关关系

进行的，不包括室内模拟培养和在温室中进行的实验，土壤总呼吸、自养呼吸或异养呼吸需重复测量至少 1 个季节或 3 个月，同时测量了土壤温度；第二，文献需给出氮素的施用量和形态；第三，至少测量下列指标中的一个：土壤有机碳、全氮、全磷、碳：氮比值、速效氮、有效磷、pH 或容重；第四，Q_{10} 需要采用公式 $Q_{10}=e^{10\beta}$ 和 $R_t=\alpha\cdot e^{\beta T}$ 来拟合、计算，或者可以重新利用该公式来计算。基于以上标准，他们共收集到符合要求的文章 168 篇，获得 686 条数据。通过分析土壤呼吸各组分与样点纬度的关系，他们发现土壤总呼吸和异养呼吸的温度敏感性与纬度具有显著的正相关，即它们对温度变化的响应随纬度

的升高而增强，而自养呼吸的温度敏感性与纬度的相关性不显著（图 3－27）。为了分析氮沉降对土壤呼吸温度敏感性的影响，利用氮沉降处理下的 Q_{10} 与对照 Q_{10} 的比值来表征，称之为氮效应。土壤总呼吸和自养呼吸的氮效应与纬度具有显著的正相关，但相关性直线的斜率较小，说明土壤总呼吸和自养呼吸的温度敏感性对氮沉降的响应随纬度的升高虽然是增加的，但增加的幅度较小。

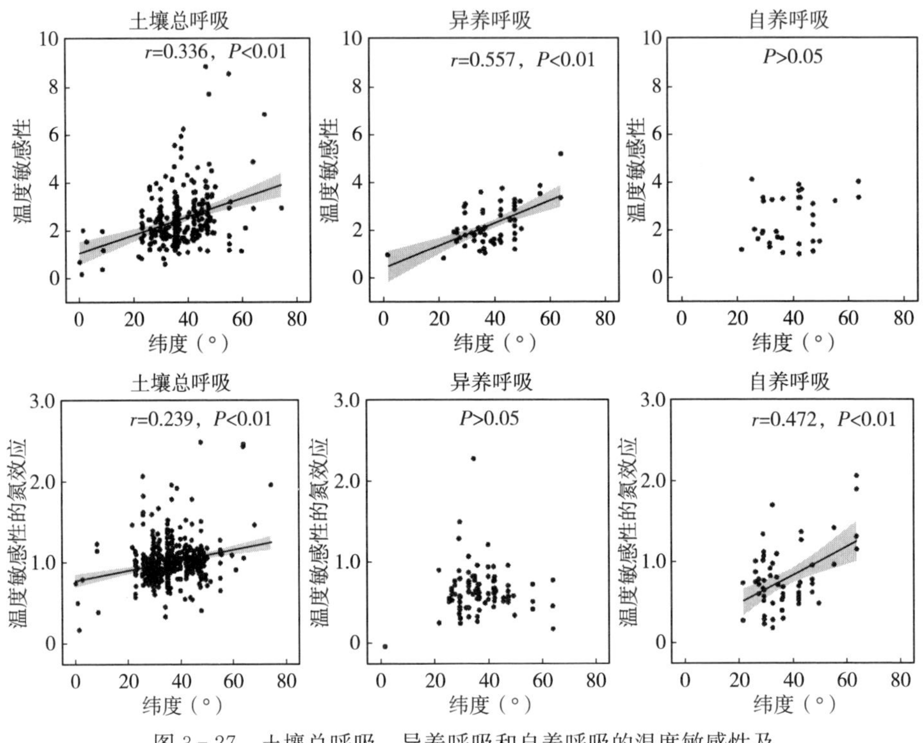

图 3－27　土壤总呼吸、异养呼吸和自养呼吸的温度敏感性及其对氮沉降的响应随纬度变化

由图 3－28 可知，施加硝态氮增加了土壤总呼吸的温度敏感性，而施加尿素对此影响不显著。施加低剂量的氮素增加了土壤异养呼吸的温度敏感性，幅度为 9.0%。施加氮素提高了土壤自养呼吸的温度敏感性，平均提高了 10.6%，并且仅在农田和森林土壤中影响显著。就氮素的形态而言，施加尿素对土壤自养呼吸温度敏感性的影响是显著的。

在上述研究的基础上，Tian 等（2021）根据各个实验地点的经纬度，利用 Worldclim 数据库（www.Worldclim.org）获得了当代气候和大约 22000 年前的最后一次冰期末期（last glacial maximum）的古气候，首先通过方差分解分析了氮添加、当代气候和古气候对土壤呼吸温度敏感性的调控作用。氮添加对土壤总呼吸温度敏感性的变异解释量最高，其次为当代气候，古气候解释

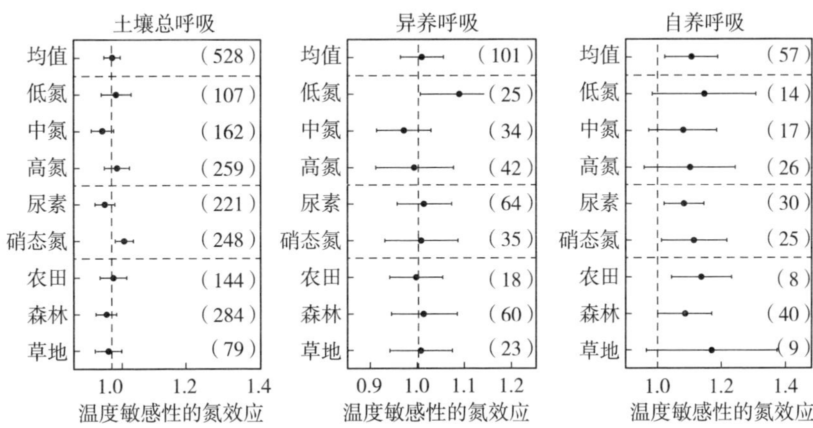

图 3-28　不同因素对土壤总呼吸、异养呼吸和自养呼吸温度敏感性氮效应的影响

的最低。添加对土壤自养呼吸温度敏感性的变异解释能力最强，单独解释能力为 13.95%，对土壤异养呼吸温度敏感性的单独解释能力为 9.19%，对土壤总呼吸的单独解释能力仅为 3.20%（图 3-29）。当地气候对土壤异养呼吸温度敏感性的单独解释能力为 8.20%，对其土壤总呼吸和自养呼吸温度敏感性的单独解释能力极低。古气候主要解释了土壤异养呼吸温度敏感性的变异，单独解释了 5.86%。氮添加对土壤总呼吸和异养呼吸温度敏感性的氮效应单独解释能力大于其他因子，而古气候对土壤自养呼吸温度敏感性的氮效应单独解释能力大

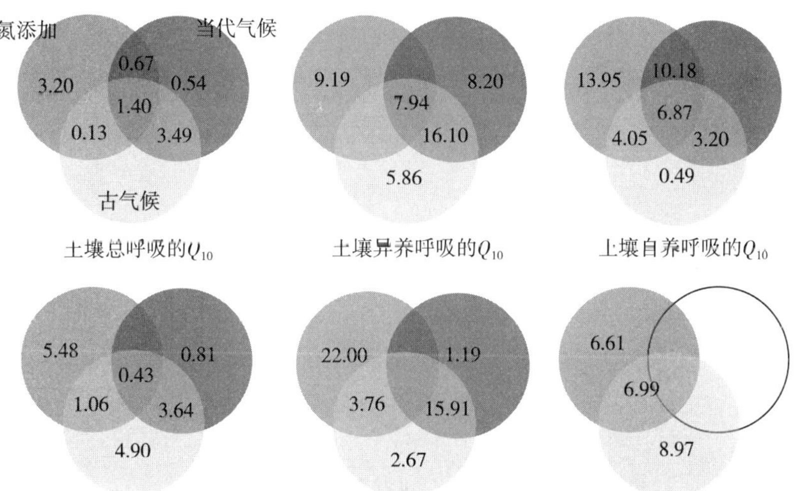

图 3-29　不同因素对土壤总呼吸、异养呼吸和自养呼吸和温度敏感性（Q_{10}）及其氮效应（N effect）的影响

于氮添加。然而，当代气候对土壤呼吸温度敏感性的氮效应的解释能力较弱。

利用结构方程模型进一步分析地理位置、气候、土壤性质、氮添加量和生态系统类型等因素调控土壤总呼吸、异养呼吸和自养呼吸 Q_{10} 氮效应的直接和间接路径，发现它们对土壤总呼吸、异养呼吸和自养呼吸 Q_{10} 氮效应变异的解释能力分别为46.0%、59.0%和49.0%（图3-30）。当考虑样点的随机效应时，当代气候和古气候的因子也均能通过改变土壤有机碳和全氮含量很好地调控土壤呼吸温度敏感性对氮沉降的响应。在气候因子中，最干季降水量（PDQ）、最冷季降水量（PCQ）和年降水量（AP）等降水因子是预测土壤总呼吸和自养呼吸温度敏感性对氮沉降响应的最重要因子，而平均日较差（MDR）和气温年变化范围（TAR）对预测土壤异养呼吸温度敏感性对氮沉降响应的影响比降水量更重要。总体上讲，在全球尺度上氮沉降对土壤呼吸的影响与土壤有机碳和气候紧密相关。

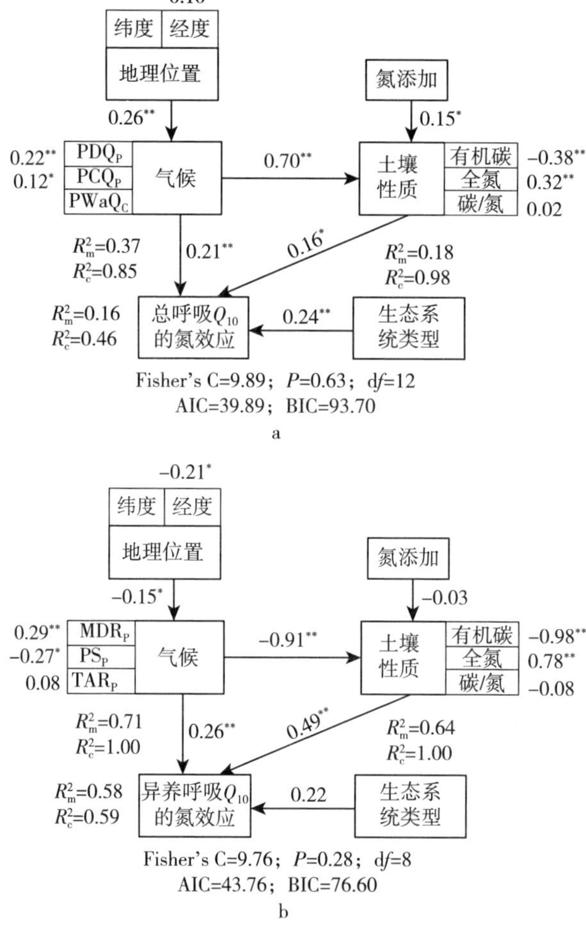

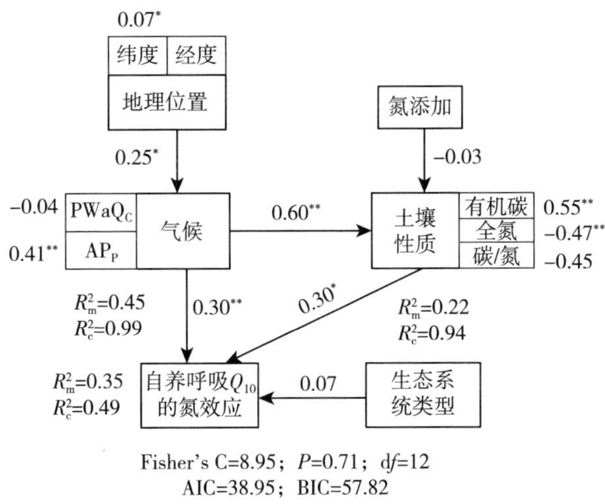

图 3-30 基于结构方程模型分析地理位置、气候、土壤性质、氮添加量和生态系统类型等对土壤总呼吸、异养呼吸和自养呼吸温度敏感性的氮效应的直接影响和间接影响

a. 总呼吸 b. 异养呼吸 c. 自养呼吸

土壤有机碳分解的温度敏感性是碳循环模型预测土壤有机碳动态变化及其与气候之间反馈的一个重要参数。然而，土壤有机碳分解的温度敏感性受气候、土壤、微生物等多个因子综合影响，研究方法也是影响土壤有机碳分解的温度敏感性的一个重要因素，目前 Q_{10} 值有多种研究方法和计算方法，它们对 Q_{10} 值的影响增加了 Q_{10} 值的不确定性，统一的实验规范对于比较各个研究间的差异和正确认知温度敏感性都极其重要。土壤有机碳分解的温度敏感性具有较强的空间变异性，研究人区域范围内温度敏感性的空间变异及其控制机理有助于改进碳循环模型，提高模型预测的精度。在全球变化不断加剧的背景下，系统探讨全球变化多因子对温度敏感性的影响可以为应对全球变化、评估生态系统碳中和能力和管理生态系统提供支撑。总之，研究陆地生态系统土壤有机碳分解的温度敏感性是一项极其重要的工作，由于技术和方法等限制，温度敏感性的研究还面临着机遇与挑战。

参考文献

董清馨，张心昱，王辉民，等，2018. 氮添加对杉木林土壤有机碳矿化速率及酶动力学参数温度敏感性的影响．生态学报，38：6502-6510.

范分良，黄平容，唐勇军，等，2012. 微生物群落对土壤微生物呼吸速率及其温度敏感性的影响．环境科学，33：932-937.

何念鹏，刘远，徐丽，等，2018. 土壤有机质分解的温度敏感性：培养与测定模式．生态学报，38：4045－4051.

贾淑霞，王政权，梅莉，等，2007. 施肥对落叶松和水曲柳人工林土壤呼吸的影响．植物生态学报，31：372－379.

李玉强，赵哈林，赵学勇，等，2006. 土壤温度和水分对不同类型沙丘土壤呼吸的影响．干旱区资源与环境，3：154－158.

盛浩，杨玉盛，陈光水，等，2006. 土壤异养呼吸温度敏感性（Q_{10}）的影响因子．亚热带资源与环境学报，3：74－83.

滕泽宇，陈智文，白震，等，2016. 恒、变温培养模式对土壤呼吸温度敏感性影响之异同．土壤通报，47（1）：47－53.

田秋香，2013. 长白山不同海拔高度土壤有机质矿化及其温度敏感性研究．沈阳：中国科学院沈阳应用生态研究所．

王丹，2014. 长白山垂直样带森林土壤碳矿化及其温度敏感性研究．重庆：西南大学．

王清奎，李艳鹏，张方月，等，2015. 短期施氮肥降低杉木幼林土壤的根系和微生物呼吸．植物生态学报，39：1166－1175.

杨庆朋，徐明，刘洪升，等，2011. 土壤呼吸温度敏感性的影响因素和不确定性．生态学报，31：2301－2311.

周政达，张蕊，高升华，等，2015. 模拟氮沉降对长江滩地杨树林土壤呼吸温度敏感性的影响．生态学报，35：6947－6956.

Agren G I，Bosatta E，2002. Reconciling differences in predictions of temperature response of soil organic matter. Soil Biology and Biochemistry，34：129－132.

Balser T C，Wixon D L，2009. Investigating biological control over soil carbon temperature sensitivity. Global Change Biology，15：2935－2949.

Biasi C，Jokinen S，Mmarushchar M E，et al.，Microbial respiration in arctic upland and peat soils as a source of atmospheric carbon dioxide. Ecosystems，2014，17（1）：112－126.

Biasi C，Rusalimova O，Meyer H，et al.，2005. Temperature－dependent shift from labile to recalcitrant carbon sources of arctic heterotrophs. Rapid Communications in Mass Spectrometry，19：1401－1408.

Blagodatskaya E，Yuyukina T，Blagodatsky S，et al.，2011. Turnover of soil organic matter and of microbial biomass under C_3-C_4 vegetation change：Consideration of ^{13}C fractionation and preferential substrate utilization. Soil Biology and Biochemistry，43：159－166.

Boddy E，Roberts P，Hill P W，et al.，2008. Turnover of low molecular weight dissolved organic C（DOC）and microbial C exhibit different temperature sensitivities in Arctic tundra soils. Soil Biology and Biochemistry，40：1557－1566.

Bond－Lamberty B，Thomson A，2010. Temperature－associated increases in the global soil respiration record. Nature，464：579－582.

Bradford M A，Davies C A，Frey S D，et al.，2008. Thermal adaptation of soil microbial respiration to elevated temperature. Ecology Letters，11：1316－1327.

Chapin F S, Matson P A, Mooney H A, 2002. Principles of Terrestrial Ecosystem Ecology. New York: Spring - Verlag.

Chen H, Tian H Q, 2005. Does a general temperature - dependent Q_{10} model of soil rspiration exist at biome and global scale? Journal of Integrative Plant Biology, 47: 1288 - 1302.

Chen X, Tang J, Jiang L, et al., 2010. Evaluating the impacts of incubation procedures on estimated Q_{10} values of soil respiration. Soil Biology and Biochemistry, 42: 2282 - 2288.

Conant R T, Ryan M G, Agren G I, et al., 2011. Temperature and soil organic matter decomposition rates - synthesis of current knowledge and a way forward. Global Change Biology, 17: 3392 - 3404.

Conant R T, Steinweg J M, Haddix M L, et al., 2008. Experimental warming shows that decomposition temperature sensitivity increases with soil organic matter recalcitrance. Ecology, 89: 2384 - 2391.

Conen F, Karhu K, Leifeld J, et al., 2008. Temperature sensitivity of young and old soil carbon - Same soil, slight differences in ^{13}C natural abundance method, inconsistent results. Soil Biology and Biochemistry, 40: 2703 - 2705.

Conen F, Leifeld J, Seth B, et al., 2006. Warming mineralises young and old soil carbon equally. Biogeosciences, 3: 515 - 519.

Craine J, Spurr R, McLauchlan K, et al., 2010. Landscape - level variation in temperature sensitivity of soil organic carbon decomposition. Soil Biology and Biochemistry, 42: 373 - 375.

Dalias P, Anderson J M, Bottner P, et al., 2001. Temperature responses of carbon mineralization in conifer forest soils from different regional climates incubated under standard laboratory conditions. Global Change Biology, 7: 181 - 192.

Davidson E A, Janssens I A, Luo Y, 2006. On the variability of respiration in terrestrial ecosystems: moving beyond Q_{10}. Global Change Biology, 12: 154 - 164.

Davidson E A, Janssens I A, 2006. Temperature sensitivity of soil carbon decomposition and feedbacks to climate change. Nature, 440: 165 - 173.

Dörr H, Münich K O, 1987. Annual variation in soil respiration in selected areas of the temperate zone. Tellus, 39 (B): 114 - 121.

Dungait J A J, Hopkins D W, Gregory A S, et al., 2012. Soil organic matter turnover is governed by accessibility not recalcitrance. Global Change Biology, 18: 1781 - 1796.

Elliott E T. 1986. Aggregate structure and carbon, nitrogen, and phosphorus in native and cultivated soils. Soil Science Society of America Journal, 50: 627 - 633.

Fang C, Moncrieff J B. 2001. The dependence of soil CO_2 efflux on temperature. Soil Biology and Biochemistry, 33: 155 - 165.

Fang C, Smith P, Moncrieff J B, et al., 2005. Similar response of labile and resistant soil organic matter pools to changes in temperature. Nature, 433: 57 - 59.

Fierer N, Craine J M, McLauchlan K, et al., 2005. Litter quality and the temperature sensitivity of decomposition. Ecology, 86: 320 - 326.

Fierer N, Colman B P, Schimel J P, et al., 2006. Predicting the temperature dependence of microbial respiration in soil: a continental - scale analysis. Global Biogeochemical Cycles, 20: GB3026.

Gershenson A, Bader N E, Cheng W, 2009. Effects of substrate availability on the temperature sensitivity of soil organic matter decomposition. Global Change Biology, 15: 176 - 183.

Giardina C P, Ryan M G, 2000. Evidence that decomposition rate of organic carbon in mineral soil do not vary with temperature. Nature, 404: 858 - 861.

Gu L H, Post W M, King A W. 2004. Fast labile carbon turnover obscures sensitivity of heterotrophic respiration from soil to temperature: A model analysis. Global Biogeochemical Cycles, 18: GB1022.

Haddix M L, Plante A F, Conant R T, et al., 2011. The role of soil characteristics on temperature sensitivity of soil organic matter. Soil Science Society of America Journal, 75: 56.

Hamdi S, Moyano F, Sall S, et al., 2013. Synthesis analysis of the temperature sensitivity of soil respiration from laboratory studies in relation to incubation methods and soil conditions. Soil Biology and Biochemistry, 58: 115 - 126.

Hartley I, Ineson P, 2008. Substrate quality and the temperature sensitivity of soil organic matter decomposition. Soil Biology and Biochemistry, 40: 1567 - 1574.

Holland E, Neff J, Townsend A, et al., 2000. Uncertainties in the temperature sensitivity of decomposition in tropical and subtropical ecosystems: implications for models. Global Biogeochemical Cycles, 14: 1137 - 1151.

Karhu K, Auffret M D, Dungait J A J, et al., 2014. Temperature sensitivity of soil respiration rates enhanced by microbial community response. Nature, 513: 81 - 84.

Karhu K, Hilasvuori E, Järvenpää M, et al., 2019. Similar temperature sensitivity of soil mineral - associated organic carbon regardless of age. Soil Biology and Biochemistry, 136: 107527.

Keller M, Varner R, Dias J D, et al., 2005. Soil - atmosphere exchange of nitrous oxide, nitric oxide, methane, and carbon dioxide in logged and undisturbed forest in the Tapajos National Forest, Brazil. Earth Interactions, 9: 1 - 28.

Kirschbaum M U, 1995. The temperature - dependence of soil organic - matter decomposition, and the effect of global warming on soil organic - C storgae. Soil Biology and Biochemistry, 27: 753 - 760.

Kirschbaum M U, 2006. The temperature dependence of organic - matter decomposition—still a topic of debate. Soil Biology and Biochemistry, 38: 2510 - 2518.

Klimek B, Choczyński M, Juszkiewicz A, 2009. Scots pine (*Pinus sylvestris* L.) roots and soil moisture did not affect soil thermal sensitivity. European Journal of Soil Biology, 45: 442 - 447.

Klimek B, Jelonkiewicz L, Niklinska M, 2016. Drivers of temperature sensitivity of decomposition of soil organic matter along a mountain altitudinal gradient in the Western Carpathians. Ecological Research, 31 (5): 609 - 615.

Knorr W, Prentice I C, House J I, et al., 2005. Long - term sensitivity of soil carbon turnover to warming. Nature, 433: 298 - 301.

Koch O, Tscherko D, Kandeler E, 2007. Temperature sensitivity of microbial respiration, nitrogen mineralization, and potential soil enzyme activities in organic alpine soils. Global Biogeochemical Cycles, 21: GB4017.

Larionova A A, Yevdokimov I V, Bykhovets S S, 2007. Temperature response of soil respiration is dependent on concentration of readily decomposable C. Biogeosciences, 4: 1073 - 1081.

Leifeld J, Fuhrer J, 2005. The temperature response of CO_2 production from bulk soils and soil fractions is related to soil organic matter quality. Biogeochemistry, 75 (3): 433 - 453.

Li Q, Song X Z, Chang S X, et al., 2019. Nitrogen depositions increase soil respiration and decrease temperature sensitivity in a Moso bamboo forest. Agricultural and Forest Meteorology, 268: 48 - 54.

Li H, Yang S, Semenov M V, et al., 2021. Temperature sensitivity of SOM decomposition is linked with a K - selected mcrobial community. Global Change Biology, 27: 2763 - 2779.

Li J Q, Nie M, Pendall E, et al., 2020. Biogeographic variation in temperature sensitivity of decomposition in forest soils. Global Change Biology, 26: 1873 - 1885.

Li J W, Ziegler S, Lane C S, et al., 2012. Warming - enhanced preferential microbial mineralization of humified boreal forest soil organic matter: Interpretation of soil profiles along a climate transect using laboratory incubations. Journal of Geophysical Research - Biogeosciences, 117: 1 - 13

Li D, Schädel C, Haddix M L, et al., 2013. Differential responses of soil organic carbon fractions to warming: Results from an analysis with data assimilation. Soil Biology and Biochemistry, 67: 24 - 30.

Li J, Liu S, Zhao X, et al., 2023. Responses of soil organic carbon decomposition and temperature sensitivity to N and P fertilization in different soil aggregates in a subtropical forest. Forests, 14: 72.

Lin J, Zhu B, Cheng W, 2015. Decadally cycling soil carbon is more sensitive to warming than faster - cycling soil carbon. Global Change Biology, 21: 4602 - 4612.

Liu Q, Edwards N, Post W, et al., 2006. Temperature independent diel variation in soil respiration observed from a temperate deciduous forest. Global Change Biology, 12: 2136 - 2145.

Liu Y, He N P, Xu L, et al., 2019. A new incubation and measurement approach to estimate the temperature response of soil organic matter decomposition. Soil Biology and Biochemistry, 138: 107596.

Luo Y, Wan S, Hui D, 2001. Acclimation of soil respiration to warming in a tall grass prairie. Nature, 413: 622 - 625.

McCulley R L, Boutton T W, Archer S R, 2007. Soil respiration in a subtropical savanna parkland: response to water additions. Soil Science Society of America Journal, 71: 820 - 828.

Melillo J M, Steudler P A, Aber J D, 2002. Soil warming and carbon - cycle feedbacks to the climate system. Science, 298: 2173 - 2176.

Meyer N, Welp G, Amelung W, 2018. The temperature sensitivity (Q_{10}) of soil respiration: controlling factors and spatial prediction at regional scale based on environmental soil classes. Global Biogeochemical Cycles, 32: 306 - 323.

Meyer N, Welp G, Amelung W, 2019. Effect of sieving and sample storage on soil respiration and its temperature sensitivity (Q_{10}) in mineral soils from Germany. Biology and Fertility of Soils, 55: 825 - 832.

Mo J M, Zhang W, Zhu W, et al., 2008. Nitrogen addition reduces soil respiration in a mature tropical forest in southern China. Global Change Biology, 14: 403 - 412.

Niklińska M, Klimek B, 2007. Effect of temperature on the respiration rate of forest soil organic layer along an elevation gradient in the Polish Carpathians. Biology and Fertility of Soils, 43: 511 - 518.

Niklińska M, Maryański M, Laskowski R, 1999. Effect of temperature on humus respiration rate and nitrogen mineralization: implications for global climate change. Biogeochemistry, 44 (3): 239 - 257.

Peng S S, Piao S L, Wang T, et al., 2009. Temperature sensitivity of soil respiration in different ecosystems in China. Soil Biology and Biochemistry, 41: 1008 - 1014.

Poeplau C, Katterer T, Leblans N I W, et al., 2016. Sensitivity of soil carbon fractions and their specific stabilization mechanisms to extreme soil warming in a subarctic grassland. Global Change Biology, 23: 1316 - 1327.

Qin S Q, Chen L Y, Fang K, et al., 2019. Temperature sensitivity of SOM decomposition governed by aggregate protection and microbial communities. Science Advances, 5: eaau1218.

Reichstein M, Bednorz F, Broll G, et al., 2000. Temperature dependence of carbon mineralisation: conclusions from a long - term incubation of subalpine soil samples. Soil Biology and Biochemistry, 32: 947 - 958.

Reichstein M, Subke J A, Angeli A C, et al., 2005. Does the temperature sensitivity of decomposition of soil organic matter depend upon water content, soil horizon, or incubation time? Global Change Biology, 11: 1754 - 1767.

Rey A, Jarvis P, 2006. Modelling the effect of temperature on carbon mineralization rates across a network of European forest sites (FORCAST). Global Change Biology, 12: 1894 - 1908.

Robinson J M, O' Neill T A, Ryburn J, et al., 2017. Rapid laboratory measurement of the temperature dependence of soil respiration and application to changes in three diverse soils through the year. Biogeochemistry, 133 (1): 101 - 112.

Schädel C, Luo Y, David E R, et al., 2013. Separating soil CO_2 efflux into C - pool - specific decay rates via inverse analysis of soil incubation data. Oecologia, 171: 721 - 732.

Schindlbacher A, De Gonzalo C, Diaz - Pines E, et al., 2010. Temperature sensitivity of forest soil organic matter decomposition along two elevation gradients. Journal of Geophysical Research, 115: G03018.

Sierra C A, 2012. Temperature sensitivity of organic matter decomposition in the Arrhenius equation: some theoretical considerations. Biogeochemistry, 108 (1-3): 1-15.

Steinweg J M, Plante A F, Conant R T, et al., 2008. Patterns of substrate utilization during long - term incubations at different temperatures. Soil Biology and Biochemistry, 40: 2722-2728.

Tian P, Liu S, Zhao X, et al., 2021. Past climate conditions predict the influence of nitrogen enrichment on the temperature sensitivity of soil respiration. Communications Earth & Environment, 2: 251.

Townsend A R, Vitousek P M, Desmarais D J, et al., 1997. Soil carbon pool structure and temperature sensitivity inferred using CO_2 and $^{13}CO_2$ incubation fluxes from five Hawaiian soils. Biogeochemistry, 38 (1): 1-17.

Vanhala P, Karhu K, Tuomi M, et al., 2007. Old soil carbon is more temperature sensitive than the young in an agricultural field. Soil Biology and Biochemistry 39: 2967-2970.

Waldrop M, Firestone M, 2004. Microbial community utilization of recalcitrant and simple carbon compounds: impact of oak - woodland plant communities. Oecologia, 138 (2): 275-284.

Waldrop M P, Zak D R, Sinsabaugh R L, 2004. Microbial community response to nitrogen deposition in northern forest ecosystems. Soil Biology and Biochemistry, 36: 1443-1451.

Wang J, Feng L, Palmer P I, et al., 2020. Large Chinese land carbon sink estimated from atmospheric carbon dioxide data. Nature, 586: 720-723.

Wang Q K, Liu S E, Tian P, 2018. Carbon quality and soil microbial property control the latitudinal pattern in temperature sensitivity of soil microbial respiration across Chinese forest ecosystems. Global Change Biology, 24: 2841-2849.

Wang Q K, Zhao X C, Chen L C, et al., 2019a. Global synthesis of temperature sensitivity of soil organic carbon decomposition: latitudinal patterns and mechanisms. Functional Ecology, 33: 514-523.

Wang Q K, Chen L C, Yang Q P, et al., 2019b. Influences of N deposition on soil microbial respiration and its temperature sensitivity depend on N type in a temperate forest. Geoderma, 341: 59-67.

Xu M, Qi Y, 2001. Soil - surface CO_2 efflux and its spatial and temporal variations in a young ponderosa pine plantation in northern California. Global Change Biology, 7: 667-677.

Xu X, Zhou Y, Ruan H H, et al., 2010. Temperature sensitivity increases with soil organic carbon recalcitrance along an elevational gradient in the Wuyi Mountains, China. Soil Biology and Biochemistry, 42: 1811-1815.

Yuste J C, Baldocchi D D, Gershenson A, et al., 2007. Microbial soil respiration and its dependency on carbon inputs, soil temperature and moisture. Global Change Biology, 9:

2018 - 2035.

Zheng S J，Zhao X C，Sun Z L，et al.，2022. Carbon addition modified the response of heterotrophic respiration to soil sieving in ectomycorrhizal - dominated forests. Forests，13：1263.

Zhang Y，Song L，Liu X J，et al.，2012. Atmospheric organic nitrogen deposition in China. Atmospheric Environment，46：195 - 204.

Zheng Z，Yu G，Fu Y，et al.，2009. Temperature sensitivity of soil respiration is affected by prevailing climatic conditions and soil organic carbon content：A trans - China based case study. Soil Biology and Biochemistry，41：1531 - 1540.

Zhu B，Cheng W，2011. Constant and diurnally - varying temperature regimes lead to different temperature sensitivities of soil organic carbon decomposition. Soil Biology and Biochemistry，43：866 - 869.

第四章 土壤有机碳分解的激发效应

植物光合碳进入土壤中后会引起土壤原有有机碳分解速率的变化，这一现象被称为激发效应（priming effect，简写为 PE）。全球变暖、大气 CO_2 浓度升高、氮沉降增加等环境变化影响陆地生态系统的生产力和凋落物的产量及质量，这会对土壤有机碳的分解产生影响，即产生激发效应。稳定同位素技术在碳循环中的应用推动了激发效应的研究，使其成为当前土壤生态学和全球变化生态学研究的重要内容。目前，人们在森林、草地、农田等陆地生态系统中已开展了大量有关土壤激发效应方面的实验研究工作，主要研究内容包括激发效应的强度与方向、影响因素与控制机理等。本章重点介绍广义上的激发效应，主要包括激发效应的内涵、激发效应的影响（如土壤性质，外源有机碳的数量、质量及其添加方式）、大气氮沉降背景下激发效应的变化，以及激发效应的空间变化等。

第一节 激发效应概述

一、激发效应的基本内涵

据记载，早在 1926 年，Löhnis 在研究豆科植物绿肥在土壤中的分解时发现，向土壤中加入新鲜有机物后土壤有机碳的分解发生了改变，这一现象在 1953 年被 Bingemann 等命名为“激发效应”，2000 年 Kuzyakov 等将其定义为“由各种有机物质添加等处理所引起的土壤有机碳周转强烈的短期改变”。激发效应是调控土壤有机碳分解的一个重要过程。尽管 20 世纪 40 年代同位素技术的发展和完善为激发效应的研究提供了重要的方法基础，但是直到 20 世纪 80 年代，激发效应才逐渐受到学者们的重视，特别是在日益增强的全球环境变化得到广泛关注的背景下，激发效应的实验研究快速增加。在 2000 年，Kuzya-Kov 等在学术期刊 *Soil Biology & Biochemistry* 上发表了以“Review of mechanisms and quantification of priming effects”为题目的关于土壤有机碳分解激发效应的综述性文章，提出了一些新的研究方向，进一步推动了激发效应的研究。基于 web of sciece 数据库以 priming、soil organic matter 和 decomposition 同时为主题词进行查询，检索到公开发表的文章数量已接近 800 篇，特别是自2012年以来发表的文章数量快速增加（图4-1）。因此，激发效应是当前土壤生态学和全球变化生态学研究的重要内容和热点问题。

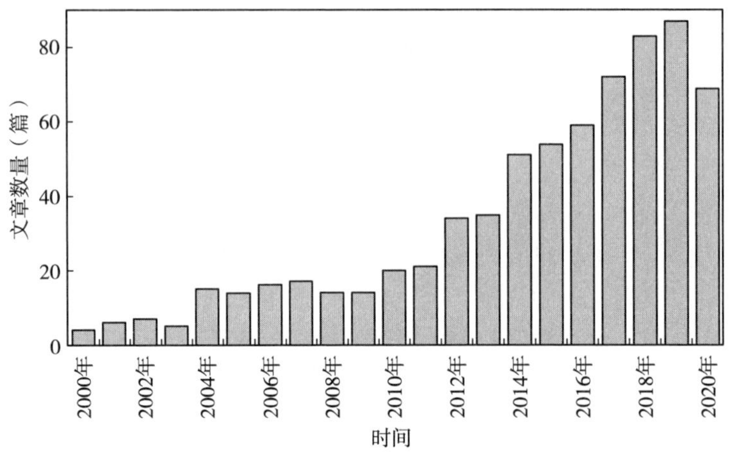

图4-1　2000—2020年发表土壤有机碳分解激发效应研究文章数量的变化

目前，科研工作者主要关注于土壤有机碳分解的激发效应，而对氮素等其他物质营养元素的激发效应关注较少，这可能与氮素的转化过程比较复杂有关。针对土壤有机碳的分解而言，激发效应是指外源有机碳进入土壤后所引起的土壤有机碳分解速率的短期变化。根据土壤有机碳分解速率是变快还是变慢，可以将激发效应分为正激发效应和负激发效应，前者表现为外源有机碳的输入促进土壤中原有有机物碳的分解，而后者为外源有机碳的输入抑制土壤中原有有机碳的分解（图4-2）。激发效应的发生使外源有机碳的输入对土壤有机碳循环的影响变得更为复杂，不能简单地认为输入到土壤中的有机碳能够全部变为土壤有机碳的增量。

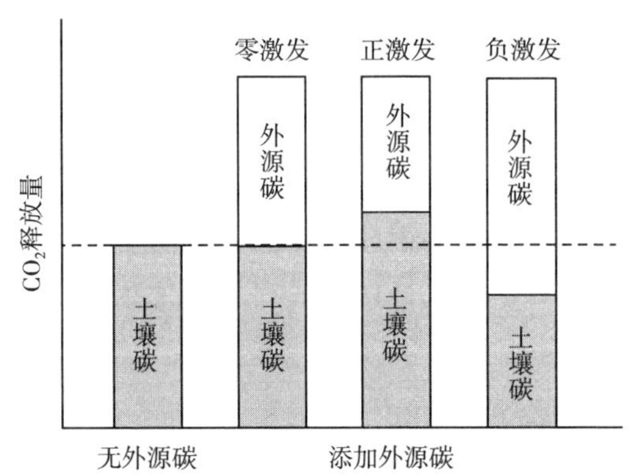

图4-2　外源碳输入所诱导的土壤有机碳分解激发效应

随着同位素技术在生态系统碳循环研究中的应用，尤其是碳稳定同位素，有关土壤有机碳分解激发效应的研究逐渐增多。这是因为^{13}C稳定同位素技术能够准确地区分土壤释放的CO_2是来自于外源有机碳还是土壤原有有机碳。在大多数情况下，添加的外源有机碳都会引起激发效应；在少数情况下，添加的外源有机碳没有改变土壤有机碳的分解，即激发效应的强度为零。基于已发表的文献数据，Sun等（2019）对森林土壤有机碳分解的激发效应进行了整合分析研究，结果如图4-3所示，69.6%的实验发现了正激发效应，仅7.3%的实验发现了负激发效应，同时23.1%的实验没有发现激发效应。在产生激发效应的实验研究中，激发效应的强度和方向存在比较大的差别，正的激发效应最高可以使土壤有机碳的分解速率增加12.9倍，而负的激发效应最多可以使土壤有机碳的分解速率降低96.3%。

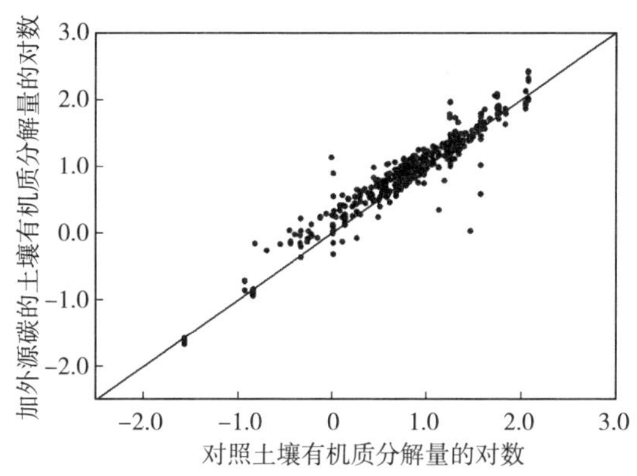

图4-3 添加和不添加外源碳时森林土壤有机碳分解量之间的关系

在Kuzyakov等（2000）发表的综述性文章中，激发效应被定义为外源有机碳添加后土壤有机碳分解速率的短期响应，即激发效应发生的时间是短期的，有可能是几小时或者几天。然而，在实际研究中目前尚无法确定激发效应持续的具体时间长度。同一个实验因持续的时间不同所得到的激发效应也不同（表4-1）。目前不同的实验所进行的时间长短不相同，这是导致不同实验之间研究结果差异较大的一个重要原因。随着激发效应研究的深入，有些实验发现激发效应可以持续数月甚至数年（Wang et al.，2016）。例如，向土壤中添加比较难分解的生物质炭后激发效应持续的时间远大于添加葡萄糖所产生的激发效应。其实，激发效应的持续时间受到多种因素（如外源有机碳的数量和质量、土壤温度和含水量、土壤养分状况等）的综合影响。一般情况下，易被微生物利用的简单外源有机碳产生的激发效应持续时间较短，通常为几天到几十天，譬如葡萄糖（Hamer et al.，2005a）；而微生物可利用性低、难分解的外源有机碳（如纤维素、生物质炭、植物残体）所诱导的激发效应会持续几个月，甚至数年（Aye et al.，2018；Fontaine et al.，2004b）。在适宜的环境中，微生物活性强，分解利用外源有机碳的能力也较强，激发效应持续时间也就会相应减少。因此，不同室内模拟实验所得到的激发效应的强度和方向存在较大差别。

表 4-1　部分室内培养实验土壤有机碳分解激发效应的强度

生态系统类型	土壤有机碳（g·kg⁻¹）	外源碳类型	碳添加量（g·kg⁻¹）	培养温度（℃）	实验时间（d）	激发效应强度（%）	数据来源
北方森林	166.5	葡萄糖	0.64	14	11	−3.17	Karhu et al.，2016
	166.5	葡萄糖	1.91	14	11	4.76	
	166.5	葡萄糖	3.82	14	11	20.64	
	166.5	葡萄糖	7.01	14	11	23.81	
	166.5	葡萄糖	14.01	14	11	39.68	
亚热带森林	80.3	葡萄糖	20	20	7	244.1	Qiao et al.，2014
	80.3	葡萄糖	20	20	14	84.0	
	80.3	葡萄糖	20	20	28	144.6	
	80.3	葡萄糖	20	20	56	83.0	
	80.3	葡萄糖	20	20	140	31.9	
亚热带森林	17.5	凋落物	50	28	120	7.4	Wang et al.，2014
	17.5	凋落物	50	28	120	22.4	
温带森林	15.2	凋落物	50	20	6	133.3	Wang et al.，2016
	15.2	凋落物	50	20	21	41.5	
	15.2	凋落物	50	20	42	25.0	
	30.0	凋落物	50	20	6	50.9	
	30.0	凋落物	50	20	21	19.2	
	30.0	凋落物	50	20	42	8.8	
温带森林	25.5	果糖	13.3	20	26	1.37	Hamer et al.，2005a
	25.5	丙氨酸	13.3	20	26	21.9	
	25.5	草酸	13.3	20	26	−6.85	
	25.5	儿茶酚	13.3	20	26	−11.4	

激发效应可以进一步分为表观激发效应（apparent priming effect）和真实激发效应（real priming effect）。早期的一些研究认为外源有机碳添加到土壤后会立即产生激发效应，但是近期的实验结果表明真实激发效应可能会延迟数天，甚至数十天才会发生（Blagodatsky et al.，2010；Fontaine et al.，

2004b)。外源有机碳的添加会增强土壤微生物的活性，加快微生物的周转和代谢，并激活一些处于休眠状态的微生物，使其重新参与代谢，从而使得 CO_2 的释放量陡然升高，这种情况下多释放的 CO_2 一般被称为表观激发效应（Blagodatsky et al.，2010；Kuzyakov，2010），即添加外源有机碳后多产生的 CO_2 是由于微生物自身周转加快以及微生物生物量的迭代所导致的，而不是促进土壤有机碳分解的结果。根据已有的实验结果可以得出（图 4－4），添加简单易分解的外源有机碳所诱导的激发效应在前期以表观激发效应为主；真实的激发效应的强度在实验初期较小，但随着培养的进行逐渐增大，并在数天之后完全压制表观激发效应，因此在实验后期以真实激发效应为主（Blagodatskaya et al.，2011；Nottingham et al.，2009）。表观激发效应持续的时间在不同实验中存在差别，并受多种因素（如外源有机碳的质量和数量）的影响。一些研究认为，添加难分解的外源有机碳所诱导的激发效应主要来源于土壤有机碳分解的增加，即以真实激发效应为主（Fontaine et al.，2011）。例如，有研究发现对照和添加纤维素的土壤中来源于土壤有机碳的微生物生物量相似，这表明没有产生明显的表观激发效应（De Nobili et al.，2001）。这可能是由于纤维素作为聚合有机物，难以被微生物利用，无法像葡萄糖等简单、易分解的有机物那样强烈地促进微生物的代谢，或激活休眠的微生物。

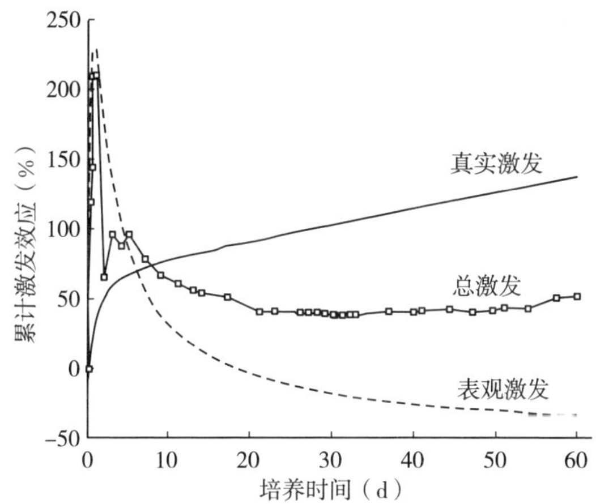

图 4－4 土壤有机碳分解的表观激发效应与真实激发效应的时间变化

然而，在实验研究中严格区分土壤有机碳分解的表观激发效应和真实激发效应是比较困难的，是一项挑战性的工作。这是因为微生物生物量碳的同位素丰度与土壤有机碳非常接近，通过测定同位素丰度的变化难以鉴别出释放的 CO_2 是来源于微生物生物量碳还是土壤有机碳。但是，通过比较激发的土壤有机碳与初始微生物生物量碳的大小，以及来源于土壤有机碳的微生物生物量的变化，可以初步判断激发效应是表观激发还是真实激发（Blagodatskaya et al.，2011)。一般情况下，如果短期内来源于土壤有机碳的微生物生物量下降，并且激发的土壤有机碳量小于初始微生物生物量碳，则可以认为是表观激发效应（Shahzad et al.，2015；Fontaine et al.，2004b)；如果释放出的激发土壤有机碳量超过了初始微生物生物量碳，则至少有一部分 CO_2 是来源于土壤有机碳的分解，可以被视为存在真实的激发效应。例如，Blagodatsky 等（2010）向土壤中添加葡萄糖后，短期的激发效应是由微生物内部代谢加剧所导致的，这是微生物对葡萄糖添加的快速响应；在较长的周期内激发的土壤有机碳量大于微生物生物量碳，并且伴随着来源于土壤有机碳的微生物生物量的升高。因此，此类激发效应被视为真实激发效应。

在陆地生态系统中土壤有机碳分解的激发效应基本上是普遍存在的，其在土壤有机碳循环中的重要性已被广泛认可，已经被视为调控土壤有机碳平衡的重要因子。因此，近期多项研究建议区域和全球尺度碳循环模型考虑激发效应（Heimann et al.，2008)。向土壤中添加有机碳一方面可以通过激发效应来影响土壤有机碳的分解，另一方面还可以通过外源有机碳在土壤中的存留而增加土壤有机碳。也就是说，添加到土壤中的外源有机碳一部分被微生物分解变成 CO_2 释放到大气中，另一部分则存留在土壤中，在一定程度上可以补偿激发效应所造成的土壤有机碳的损失，从而影响土壤有机碳的储量。有研究显示，在添加到土壤中 6 个月之后葡萄糖在土壤中的存留量仍然大于其所诱导的激发土壤有机碳分解的数量，从而使土壤有机碳增加（Qiao et al.，2014)。也有研究发现，外源有机碳所诱导的激发效应高于它们在土壤中的存留量，从而降低了土壤有机碳含量，导致了土壤有机碳的负平衡（Fontaine et al.，2004a)。因此，准确评估激发效应的强度与外源有机碳在土壤中的存留量之间的关系是探讨全球变化背景下有机物质输入对土壤碳源汇影响的关键。

Liang 等（2018）基于已发表的激发效应文献数据，采用模型将这些实验数据在时间尺度上进行模拟，其结果表明，向土壤中添加外源有机碳 1 年后所产生的累积激发碳量仅为外源有机碳添加量的 9.4%，而有高达 53.8%的外源有机碳存留在土壤中，最终导致土壤有机碳含量的增加（图 4-5)。外源有机碳的添加所引起的土壤有机碳库的变化是一个涉及物理化学以及生物反应的复杂过程。一方面由于土壤团聚体和矿物的物理化学保护作用，使添加到土壤中的外源有机碳一部分被存留在土壤中；另一方面，添加到土壤中的有机碳一部分被微生物利用代谢，增加微生物的生物量，产生代谢产物，转化为被认为是比较稳定的土壤有机碳组分，即微生物残体（Cotrufo et al.，2015)。他们还发现土壤有机碳的累积量与外源有机碳的氮：碳比值呈显著正相关（图 4-6)，这与不同养分可利用性条件下土壤微生物的代谢效率有直接关系。

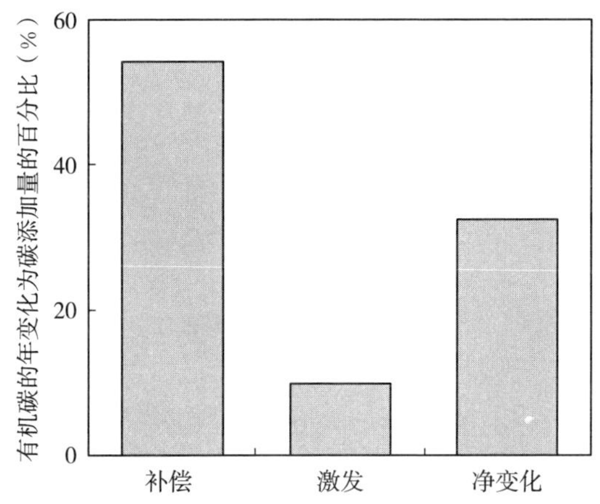

图 4-5　外源有机碳添加对土壤有机碳平衡影响的整合分析结果

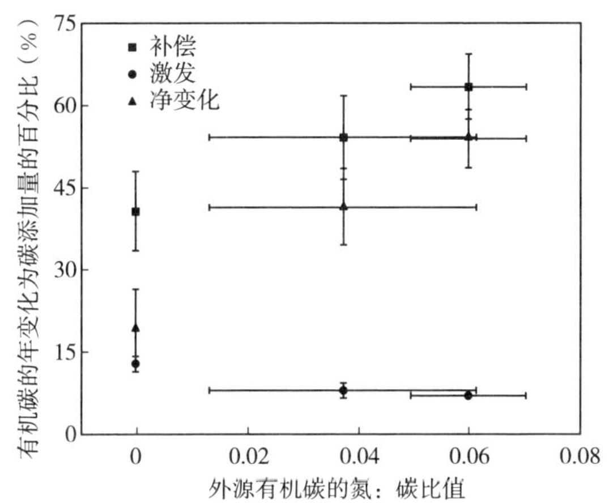

图 4-6　外源有机碳的氮：碳比值与其引起的土壤有机碳变化之间的关系

二、激发效应的研究方法

到目前为止，研究土壤有机碳分解的激发效应多以室内模拟培养为主，通常是将野外采集回来的土壤过筛后装入一个培养容器中，在培养前向土壤中添加碳同位素标记的外源有机碳，然后测定 CO_2 的释放量和碳同位素的变化。由于 ^{14}C 为放射性同位素，操作不当容易对实验人员产生危害，目前大部分激发效应研究都是应用 ^{13}C 稳定同位素。室内模拟培养方法的一个优点是可以很好地控制土壤温度和湿度等培养条件的变化，有助于揭示激发效应的产生机理。

激发效应是由于添加的外源有机碳引起的，土壤中同时存在两个释放 CO_2

的碳源，即添加的外源有机碳和土壤原有有机碳，如何准确区分和量化这两类碳源分解所释放的 CO_2 是计算激发效应强度的关键。20 世纪 40 年代，同位素技术被应用于土壤科学研究中，但随着同位素技术的完善和应用成本的下降，直到 20 世纪 90 年代才在土壤科学研究中得到广泛的重视和应用。同位素是指质子数相同、中子数不同的同一元素的不同核素，可分为放射性同位素和稳定性同位素。稳定性同位素因为操作相对简单、安全，在陆地生态系统碳循环研究中多以稳定性碳同位素为主。自然界中碳有 ^{12}C 和 ^{13}C 两种稳定性同位素，相对丰度分别为 98.9%和 1.1%。在实际研究中常以相对于某一标准物质的千分偏差来表示物质的碳同位素组成，计算方法为 $\delta^{13}C$（‰）＝[$(^{13}C/^{12}C)_{样品}$/$(^{13}C/^{12}C)_{标准}$ −1] ×1 000，碳同位素分析的标准物质为美国南卡罗来纳州白垩纪皮狄组拟箭石化石，定义其 $\delta^{13}C$（‰）值为 0。利用添加的外源有机碳和土壤原有有机碳中碳元素的 $\delta^{13}C$ 值的差别，可以准确区分土壤释放的 CO_2 是来源于添加的外源有机碳还是来源于土壤原有有机碳，进而精确量化土壤有机碳分解激发效应的方向和强度（Blagodatskaya et al.，2013）。它们之间 $\delta^{13}C$ 值的差别在一般情况下不应太小或太大，否则可能会因仪器精度和测量范围的原因影响 $\delta^{13}C$ 值测定的准确性。

激发效应的计算可以分为两步：①区分和量化外源有机碳和土壤原有有机碳分解所释放的 CO_2 量；②比较添加外源有机碳处理和不添加外源有机碳处理即对照的土壤有机碳来源 CO_2 的差异。通常采用质量守恒原理来计算外源有机碳和土壤原有有机碳分解所释放的 CO_2 量，计算公式如下：

$$C_I = C_T (\delta_T - \delta_S) / (\delta_I - \delta_S)$$

$$C_S = C_T - C_I,$$

式中，C_T 为某一时间内 CO_2 的总释放量，即 $C_T = C_I + C_S$；δ_T 为其相应的 $\delta^{13}C$ 值；C_I 为外源有机碳所释放出的 CO_2 量，δ_I 为外源有机碳的 $\delta^{13}C$ 值，C_S 为土壤有机碳所释放出的 CO_2 量，δ_S 为对照处理土壤释放 CO_2 的 $\delta^{13}C$ 值。

在激发效应的研究中，激发效应的强度可以用绝对激发效应和相对激发效应来表示。其中外源有机碳添加诱导的绝对激发效应是单位质量的土壤或单位质量的有机碳在添加外源有机碳后土壤有机碳分解释放的 CO_2 量减去对照处理（没添加外源有机碳）土壤有机碳分解释放的 CO_2 量，而相对激发效应是添加外源有机碳所产生的激发碳量与对照处理土壤有机碳分解释放的 CO_2 量的比值或百分比。在比较不同土壤之间的激发效应强度时，土壤中有机碳含量的差异会极大地影响实验的研究结果。此外，用单位质量土壤有机碳所产生的激发碳量（$mg \cdot g^{-1}$，SOC）来表示激发效应的强度，可以避免不同土壤之间因有机碳含量的差异而引起的外源有机碳添加量不同所产生的影响。

虽然室内模拟实验可以很好地控制实验条件，但是在野外生态系统中植物的根系和地上凋落物向土壤输入有机物质的过程通常是持续不断的，尤其是在热带和亚热带地区。同时，野外生态系统土壤环境也是变化的，与室内模拟实验的环境不同。因此，室内模拟实验所得到的激发效应的结果能否应用到野外生态系统中还是未知的，存在很大不确定性。为此，近期已有学者尝试开展激发效应的野外实地研究（Huang et al.，2021；Lu et al.，2021）。例如，Lu 等（2021）在 4 年生榉树人工林中添加不同温度制成的生物质炭，监测土壤 CO_2 的释放和激发效应的变化。在该研究中他们将所采集的土壤去除有机残体后与生物质炭混合均匀，然后装入 PVC（聚氯乙烯）管中并放回原土壤取样点。如图 4－7 所示，激发效应的强度和方向具有较大的时间变异性，可能与土壤温度和含水量等的变化有关；在 300℃ 和 500℃ 下由水稻秸秆制成的生物质炭所诱导的激发效应的方向基本相反。这些研究将进一步推动激发效应的发展和其在生态系统中的应用。

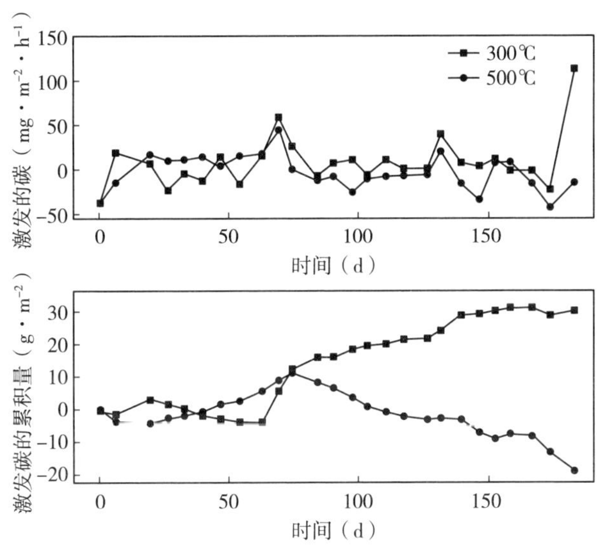

图 4－7　向 4 年生榉树人工林土壤中加入不同温度制成的生物质炭所产生的激发效应

三、土壤激发有机碳的来源

土壤有机碳是由多种性质差异和稳定性不同的含碳物质组成的，它们具有不同的微生物活性和可利用性。外源有机碳所促进的土壤有机碳的分解如果是来自微生物可利用性较高的活性有机碳，对土壤有机碳的稳定性和固持的影响可能会相对较小；激发的有机碳如果来自稳定性较高的那部分有机碳，则对土壤有机碳的稳定性和固持产生较大影响，不利于有机质的固持。因此，认知正激发效应所多释放的 CO_2 的来源对土壤有机碳的稳定和固持十分重要。以往利用两个碳源进行的激发效应的研究无法确定被激发的有机碳来自土壤有机碳库中的哪一部分。因此，区分和量化土壤有机碳分解多释放的 CO_2 的来源需要借助于三个碳源的方法，即可以结合^{14}C 和^{13}C 两种碳同位素示踪技术。由于 C3 和 C4 植物具有不同的光合途径，所合成的生物体的 $\delta^{13}C$ 值存在差异，最终所形成的土壤有机碳的 $\delta^{13}C$ 值也不相同（表 4－2）。因此，一般采用经过 C3－C4 植物转换的土壤，转换前形成的土壤有机碳被视为性质比较稳定、相对难分解，也称为老有机碳，植被转换后所形成的土壤有机碳被视为新形成的、相对容易分解，也被称为新有机碳；再向土壤中添加^{14}C 标记的外源有机碳（Blagodatskaya et al.，2011；Tian et al.，2016）。除此之外，也可以利用通过^{13}C 标记的土壤，标记前与标记后的土壤有机碳的 $\delta^{13}C$ 值需要存在一定的差别，以满足实验要求。

表 4－2　在 C3 和 C4 植物转换后土壤有机碳 $\delta^{13}C$ 值的变化

类型	C3/C4 转换类型	转换年限（年）	土壤有机碳 $\delta^{13}C$ 值（‰）
C4	草地-玉米	23	－20.4
C4	稻田-甘蔗	55	－15.4
C3	小麦地	0	－25.6
C3	稻田	0	－25.6
C3	草地	0	－24.8

注：数据来源于 Lin 等（2015）。

根据当前^{14}C 放射性（$^{14}C_{curr}$，DPM－disintegrations per minute，每分钟衰变）、外源有机碳的添加量（G_I，μg）和^{14}C 放射性（$^{14}C_I$），按照下面的公式首先计算出来源于外源有机碳分解所释放的 CO_2 量：$C_{G\text{-}deirved}={}^{14}C_{curr}\times C_G/{}^{14}C_G$，土壤有机碳分解所释放的 CO_2 量为：$C_{SOM\text{-}derived}=C_{total}-C_{G\text{-}derived}$，其中 C_{total}为培养某一时间内所释放的 CO_2 总量。第二步是根据质量守恒定律，计算土壤有机碳分解所释放的 CO_2 的 $\delta^{13}C$ 值，具体公式为：$\delta^{13}C_{SOM\text{-}derived}=(\delta^{13}C_{total}\times C_{total}-\delta^{13}C_{G\text{-}derived}\times C_{G\text{-}derived})/(C_{total}-C_{G\text{-}derived})$，其中 $\delta^{13}C_{total}$是总的释放的 CO_2 的 $\delta^{13}C$ 值，$\delta^{13}C_{G\text{-}derived}$为外源有机碳分解所释放 CO_2 的 $\delta^{13}C$ 值，通常认为其基本上等同于添加的外源有机碳的初始 $\delta^{13}C$ 值。第三步为基于校正的外源有机碳 $\delta^{13}C$ 计算 C3～C4 植被转换土壤中新有机碳和老有机碳对土壤有机碳分解的贡献，首先假设 C3 土壤和 C3～C4 植被转换土壤的碳同位素分馏是一样的，则来自新的 C4 来源有机碳分解释放的 CO_2 量按照下面的公式计算：$C_{C4\text{-}derived}=C_{SOM\text{-}derived}\times(\delta^{13}C_{SOM\text{-}derived}-\delta^{13}C_{C3\text{-}ref})/(\delta^{13}C_{C4\text{-}plant}-\delta^{13}C_{C3\text{-}plant})$，其中 $\delta^{13}C_{C3\text{-}ref}$为 C3 土壤的 $\delta^{13}C$ 值，$\delta^{13}C_{C4\text{-}plant}$和 $\delta^{13}C_{C3\text{-}plant}$分别

为 C4 和 C3 植物的 $\delta^{13}C$ 值。最后是根据添加外源有机碳后 $\delta^{13}C$ 的变化和，计算激发效应以及新有机碳和老有机碳分解对其贡献。累积激发效应用每克土壤释放多少微克 CO_2－C 来表示，计算公式为：$PE={}^{12}CO_2^{amended}-CO_2^G-CO_2^0$，其中 ${}^{12}CO_2^{amended}$、CO_2^G、CO_2^0 分别为添加 ${}^{14}C$ 外源有机碳的土壤所释放的未标记的 ${}^{12}C-CO_2$ 量、外源有机碳分解所释放的 CO_2 量、未添加外源有机碳土壤释放的 CO_2 量。来自 C3 和 C4 碳源的激发效应分别按照下面的公式计算：$C3_{PE}=C3_{CO_2}^{amended}-C3_{CO_2}^{control}$ 和 $C4_{PE}=C4_{CO_2}^{amended}-C4_{CO_2}^{control}$。

Blagodatskaya 等（2011）在德国利用 C3 植物（草地）转变为 C4 植物（*Miscanthus giganteus*）12 年后的土壤（$\delta^{13}C=-19‰$）和长期为 C3 植物的土壤（$\delta^{13}C=-27‰$），添加 ${}^{14}C$ 标记的葡萄糖，探讨了激发有机碳的来源。该研究的假设是 C3 植物转变为 C4 植物前土壤中存在的有机碳为老土壤有机碳，转变为 C4 植物后土壤中新增加的有机碳为新土壤有机碳。葡萄糖的添加促进了土壤有机碳的分解，并且产生的激发碳与葡萄糖的添加量有关（图 4－8）。葡萄糖和土壤有机碳的分解速率均在很短时间内到达了相对稳定状态。随着培养时间的延长，葡萄糖分解释放的 CO_2 对土壤总 CO_2 释放量的贡献逐渐降低。在添加 $100mg \cdot kg^{-1}$ 葡萄糖的土壤中，葡萄糖分解累积释放的 CO_2 对土壤总 CO_2 释放量的贡献在培养开始时为 40.0%，在第 9 天时下降到了 7.9%，在培养结束时仅为 2.6%；而在 1 $000mg \cdot kg^{-1}$ 葡萄糖的土壤中，葡萄糖分解累积释放的 CO_2 对土壤总 CO_2 释放量的贡献在培养开始时为 80.8%，培养结束时为 25.5%。

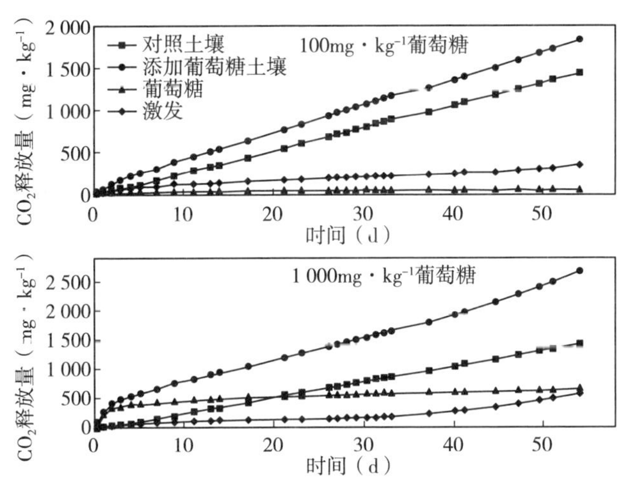

图 4－8　添加葡萄糖后土壤 CO_2 累积释放量的时间动态变化

经过 54d 的室内培养，添加的葡萄糖在低剂量和高剂量处理的土壤中分别分解了 47.8%和 64.6%（图 4－9）。土壤有机碳的分解，尤其是新有机碳的分

解对土壤释放的 CO_2 的贡献随培养时间延长而明显增加。添加低剂量和高剂量葡萄糖的土壤中新来源有机碳分解累积释放的 CO_2 量分别是老有机碳分解的 2.4 倍和 1.9 倍。

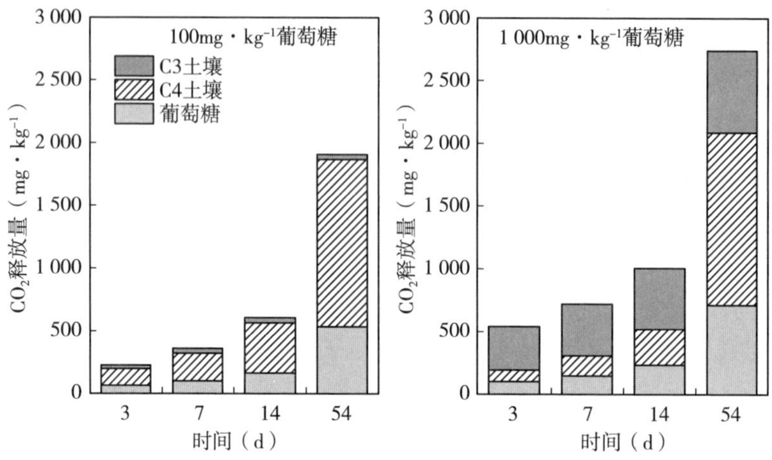

图 4－9 土壤中添加葡萄糖后不同碳源所释放的 CO_2 的时间动态变化

在 54d 的培养期间，葡萄糖所产生的激发效应可以分为 2 个阶段：1～9d 为短期激发阶段，15～54d 为长期激发阶段。添加葡萄糖后的第 1 天短期激发效应就表现得比较明显，并且添加低剂量葡萄糖的短期激发效应甚至比高剂量葡萄糖的高，分别为对照的 125％和 110％。在添加低剂量葡萄糖的土壤中，短期的激发效应主要来自新有机碳（图 4－10），而添加高剂量葡萄糖的土壤中新有机碳和老有机碳对短期的激发效应的贡献基本相同，即激发有机碳的 52％来自新有机碳，48％来自老有机碳（图 4－10）。尽管葡萄糖的添加

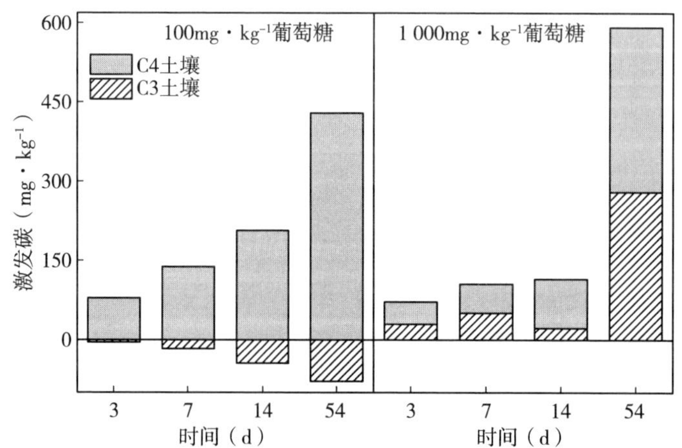

图 4－10 葡萄糖诱导的激发有机碳来自新有机碳和老有机碳的时间动态变化

量相差10倍，但在54d培养期间添加高剂量（1 000g·kg^{-1}）葡萄糖诱导的激发效应仅是添加低剂量（100g·kg^{-1}）葡萄糖所诱导的激发效应的1.6倍，分别是对照的41%和25%。Blagodatskaya等（2011）认为当葡萄糖的添加量为100g·kg^{-1}，低于微生物生物量时，添加的葡萄糖仅仅激活了已有的土壤微生物，并不足以引起微生物的生长，故仅新有机碳参与了激发效应；而当葡萄糖的添加量为1 000g·kg^{-1}，远大于微生物生物量碳时，引起了微生物的生长，导致养分限制，增加的微生物生物量将消耗老有机碳。因此，他们推测在激发过程中新形成的微生物群落的强烈养分竞争加速了老有机碳的分解。

四、激发效应的主要解释假说与理论

在研究激发效应的过程中研究者发现激发效应的变化存在一些规律，并提出了相应的假说或理论来解释，但这些假说或理论都是由微生物主导的。目前广泛用于解释激发效应的假说或理论主要有以下三个。

（一）共代谢假说

共代谢假说认为外源有机物质的输入为土壤中的微生物提供了生长代谢所必需的碳源和能量，激活了休眠的微生物并促进胞外酶的合成，从而加快了土壤有机碳的分解，产生正激发效应（Fontaine et al.，2003；Perveenet al.，2019）。化学结构简单、易被分解的碳源为土壤微生物提供初始的能量来源，刺激微生物体对特异性胞外酶的分泌，尤其是参与降解稳定性较高的复杂组分的胞外酶（Blagodatskaya et al.，2008）。有研究发现，土壤有机碳的分解与外源有机物质添加引起的酶活性增强有关，并且正激发效应的产生伴随着微生物生物量和胞外酶的同步增加（Shahbaz et al.，2017）。土壤微生物的一个重要特点是产生的胞外酶具有特异性，即微生物会产生不同的酶来降解不同的物质。微生物利用难分解有机化合物首先需要将复杂的化合物变为简单物质。这个解链过程是在微生物产生的胞外酶的催化作用下完成的。在此过程中，能够降解外源有机质的胞外酶也可能降解稳定性较高的土壤有机碳，从而产生激发效应（Fang et al.，2018）。

（二）养分挖掘理论

在土壤生态系统中，碳与养分循环是紧密相连的，它们的循环过程是耦合的，土壤有机碳的分解伴随着氮的矿化。土壤养分的微生物有效性能够影响激发效应的强度与方向。例如，高碳∶氮比值的外源物质的输入能够使氮有效性低的土壤中微生物处于相对氮限制状态，迫使微生物分解碳∶氮比值相对低的土壤原有有机质以获取氮素来保证微生物自身的生长代谢（Craineet al.，2007；Dijkstra et al.，2013）。基于此，一些学者提出了激发效应产生的氮素挖掘理论。氮素挖掘理论认为激发效应的发生是由于外源有机物质的输入使土壤微生物增长，无法满足微生物对氮素需求的增加，迫使微生物分解土壤有机碳来释放氮素。也就是说，外源有机物质的输入导致土壤氮素有效性在短期内降低，且碳：氮比例失衡，导致土壤微生物处于“氮饥饿”状态，使得微生物需要分解土壤有机碳来获取额外的氮素以满足其生长和繁殖。大量的室内氮素添加试验发现氮素添加降低了激发效应的强度，这些结果就可以用微生物的氮素挖掘理论来解释（表 4-3）。尽管氮素挖掘理论更多强调微生物的氮素限制在引起激发效应过程中具有主导作用，然而微生物的生长和繁殖还离不开对磷、硫等其他养分的利用，尤其是在一些特定养分元素限制的土壤中，基于此，我们可以将氮素挖掘理论进一步拓展到其他养分元素。

表 4-3　室内氮素添加对土壤有机碳分解激发效应强度的影响

生态系统类型	土壤碳：氮比值	全氮 ($g \cdot kg^{-1}$)	有效氮 ($mg \cdot kg^{-1}$)	氮添加量 ($mg \cdot kg^{-1}$)	氮形态	外源碳	激发效应变化（%）	数据来源
亚热带森林	12.1	1.45	11.2	100	硝酸铵	火力楠叶	−63.7	Wang et al.，2014a
	12.1	1.45	11.2	100	硝酸铵	马尾松叶	−217.0	
	15.9	49.0		5 400	硝酸铵	杉木叶	587.8	Zhang et al.，2021
	15.9	49.0		5 400	硝酸铵	木荷叶	422.8	
	15.9	49.0		5 400	硝酸铵	楠木叶	229.4	
农田	7.9	6.7		291.2	硫酸铵	葡萄糖	233.8	Conde et al.，2005
	7.9	6.7		291.2	硫酸铵	玉米叶	276.8	
	13.4	2.9		112	硫酸铵	葡萄糖	40.2	
	13.4	2.9		112	硫酸铵	玉米叶	321.3	
热带森林	13.13	2.14	2.93	100	硝酸铵	蔗糖	−297.2	Nottingham et al.，2015
	9.28	4.70		100	硝酸铵	蔗糖	−636.4	
	10.91	3.94	4.03	100	硝酸铵	蔗糖	−45.9	
	11.42	3.51	4.88	100	硝酸铵	蔗糖	−13.4	
	10.15	3.40		100	硝酸铵	蔗糖	−38.1	
	11.67	6.29	5.11	100	硝酸铵	蔗糖	−249.3	
	11.92	3.07	2.82	100	硝酸铵	蔗糖	−226.9	
	11.93	6.06	4.21	100	硝酸铵	蔗糖	−245.6	
	11.63	8.94	6.34	100	硝酸铵	蔗糖	−410.9	

（三）微生物分解的养分化学计量理论

一些室内培养实验发现，添加氮素后土壤有机碳分解激发效应的强度不仅没有降低，反而增加了。例如，Chen 等（2014）发现同时添加蔗糖和无机氮或者玉米秸秆和无机氮对土壤有机碳分解的促进作用大于单独添加蔗糖或玉米秸秆，即添加无机氮促进了正激发效应的产生。这与微生物氮挖掘理论所预测的结果截然相反。为此，有学者提出了微生物分解的养分化学计量理论（Chowdhury et al.，2014；Hessen et al.，2004）。该理论认为微生物活性主要受最稀缺的营养元素的限制，当土壤中养分的比例最符合微生物生长的需求时，微生物的功能活性最强，分解有机碳的能力也最强，因而产生的激发效应强度最大。微生物分解的养分化学计量理论强调了激发效应的强度取决于微生物生长所必需的养分的平衡。长期以来，微生物的氮素挖掘理论和养分化学计量理论不断地在相应的实验中进行应用。一般情况下，氮有效性增加抑制激发效应的实验通常用微生物的氮素挖掘理论来解释，而氮有效性增加促进激发效应的研究则强调养分化学计量理论在调控有机碳分解中的作用，这两种理论或假设始终无法得到有机的统一。实际上，氮素挖掘理论与养分化学计量学理论并不矛盾。近些年有学者提出二者能够在同一生态系统中同时发挥作用，共同调节激发效应的强度，可以分别解释土壤有机碳分解的不同阶段激发效应产生的原因（Chen et al.，2014）。方华军等（2019）阐述了激发效应发生的微生物氮素挖掘理论与养分化学计量理论的关系，微生物对土壤有机碳分解的调节作用取决于土壤中氮素的可利用性以及微生物的生长策略：在氮素有效性较低时，激发效应主要取决于 K-策略微生物，此时激发效应可以用氮挖掘理论来解释，而养分化学计量学理论可解释 r-策略微生物的生长（图 4-11）。基于

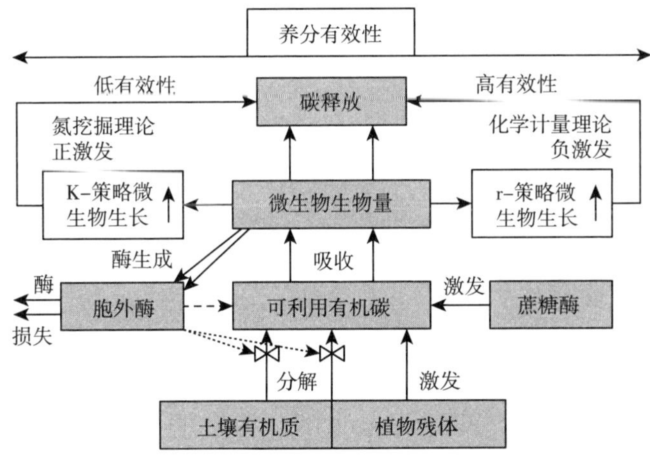

图 4-11 激发效应发生的氮素挖掘理论与养分化学计量理论的关系

以上理论，随着土壤中氮素可利用性的增大，土壤中调控激发效应的主要生物学机制逐渐发生转变。因此，在探究氮素富集对土壤有机碳分解激发效应的影响时，只有同时考虑外源氮的输入及其与土壤养分的背景值之间的关系，才可能更准确判断激发效应的响应规律。

由此可见，激发效应的产生最终归因于微生物的活动。大量外源有机碳输入到土壤后，微生物可以快速获取这些能量物质用于自身生物量的合成，同时微生物死亡后所形成的残体在土壤中不断积累。然而，当过量的外源有机碳输入土壤后导致土壤碳∶氮比例失衡，土壤有机碳无法满足微生物对氮素的需求时，已积累的微生物残体可以被微生物再利用，以克服养分化学计量比的不平衡，耦合的碳也随之被分解，从而造成土壤原有有机碳的额外激发。Shahbaz 等（2017）向土壤中加入植物残体后没有发现土壤原有有机碳进入到微生物体中，表明激发的碳源可能来自微生物残体的再利用。需要注意的是上述理论或假说的应用有一定的前提条件，并且在一个研究中有可能存在多个理论或假说共同作用的情况。

五、激发效应的其他微生物学机理

在研究土壤有机碳分解激发效应的过程中，一些学者发现激发效应的变化存在许多规律。然而，大多数的实验研究以观察到激发效应这种现象为主，缺乏对其产生的机理进行深入研究。一些学者虽然提出了一些理论或假说来解释激发效应的发生，但是关于激发效应的产生和调控机理的直接证据还是极其缺乏的。微生物作为土壤有机碳分解的驱动力，在激发效应中必然具有关键性的作用。魏圆云等（2019）综述了土壤有机碳分解激发效应的微生物机制研究进展，微生物在激发过程中是如何发挥作用的尚不清楚，比如哪些微生物在起作用、起的什么作用，在什么条件下发生变化。一般认为外源有机碳引起的土壤有机碳分解的变化是由于微生物的活性、数量和群落结构组成发生了变化。例如，Bell 等（2003）研究发现激发效应主要与微生物的生物量和真菌细菌比有关。向真菌细菌比高的土壤中添加外源有机碳所产生的正激发效应程度更强。Falchini 等（2003）发现添加谷氨酸和葡萄糖后土壤微生物的群落组成发生了变化，并加速了土壤有机碳的分解。为进一步验证微生物的群落组成对激发效应的影响，Garcia-Pausas 等（2011）采用对土壤进行氯仿熏蒸的方式来改变微生物的群落组成，发现氯仿熏蒸处理杀死了土壤中的革兰氏阴性菌，并得出真菌和放线菌是外源有机碳诱导正激发效应产生的主要微生物类群。

在土壤中存在两种不同类型的微生物类群：发酵型微生物和土著型微生物（Fierer et al.，2007）。发酵型微生物主要为细菌，采用 r-策略进行生长，主要利用简单易分解的土壤有机碳，生长繁殖迅速，但持续的时间比较短；土著型微生物主要为真菌，采用K-策略进行生长，可以利用难分解的土壤有机碳，虽然生长缓慢，但持续的时间比较长。因此，一些学者提出了微生物r-K策略竞争假说，以解释激发效应（Fontaine et al.，2003）。当外源有机碳输入到土壤中后，这两种类型微生物的响应可能会存在差别。r-策略微生物主要利用新输入的有机碳作为代谢底物，其合成的酶能够同时分解外源有机碳和土壤原有有机碳，进而产生激发效应；K-策略微生物则主要利用土壤原有有机碳作为能量来源进行生长代谢，外源有机碳加入土壤后所产生的代谢产物和能量可以促进K-策略微生物的生长，进而促进土壤有机碳分解酶的释放，产生激发效应（Fontaine et al.，2003；Pascault et al.，2013）。在土壤中，微生物的群落组成在能量物质和养分状况发生改变时会不断发生变化。例如，Maestrini等（2014）发现在培养前期生物质炭的添加激活了r-策略微生物，而在培养后期降解难分解土壤有机碳的多酚氧化酶等酶活性的降低导致了负激发效应。在能量物质和氮素等养分充足的条件下，r-策略微生物生长旺盛，抑制了K-策略微生物的生长，使土壤原有有机碳的分解速率降低，从而产生负激发效应；随着易被分解有机物碳的降解，r-策略微生物的活力降低，K-策略微生物的数量和活性增加，进而分解土壤中难分解的有机碳，再次提高土壤有机碳的分解速率。

微生物对底物的偏好利用是引起负激发效应的一个主要机制，有时也被称为微生物底物优先利用假说，即如果土壤中同时存在几种有机碳源，微生物会优先分解可利用率高的有机碳（Kuzyakov，2006）。如在土壤中加入的外源有机碳比土壤原有有机碳的质量高、更易被微生物利用，微生物则更倾向于利用外源有机碳而不是土壤有机碳，从而会抑制土壤有机碳的分解，产生负激发效应；当高质量有机碳被用完时，新繁殖的微生物不得不利用土壤中原有的有机碳，进而促进土壤有机碳的分解，产生正激发效应。

在土壤微生物中，革兰氏阴性菌和革兰氏阳性菌被一些学者认为是参与土壤有机碳激发效应的重要微生物类群。这类研究目前主要是利用磷脂脂肪酸和^{13}C同位素示踪技术相结合的方法，测定不同磷脂脂肪酸的$\delta^{13}C$值的变化。Nottingham等（2009）研究发现革兰氏阴性菌生物量中来源于土壤有机碳的比例比革兰氏阳性菌高，由此认为革兰氏阴性菌对激发效应的作用更大，这可能与这两类微生物对碳源利用的偏好有关。与革兰氏阴性菌相比，革兰氏阳性菌更喜欢利用简单的、易分解的有机碳。有研究发现，土壤中添加纤维素后，真菌和革兰氏阴性菌在短期内促进了土壤有机碳的分解，产生了激发效应；而在更长期的时间范围内，激发效应则是由真菌与革兰氏阳性菌共同产生的（Blagodatskaya et al.，2014）。目前大部分实验是在培养结束时测定土壤微生物群落结构的变化，只有少量研究在培养过程中测定微生物群落结构的动态变化（Paterson et al.，2008；Blagodatskaya et al.，2007）。因此，我们对激发效应的不同阶段参与的微生物类群及其动态变化的认知还存在很多未知性和不确定性。另外，微生物的其他类群，例如放线菌、土壤原生动物、古细菌等，在激发效应中的作用很少得到关注。随着微生物分子技术的快速发展，比如高通量测序和功能基因，人们可以进一步鉴定对激发效应起作用的微生物门类，进一步细化相关责任微生物。目前已有研究发现负责分解外源有机碳的微生物门类主要有厚壁菌门和变形菌门，而分解土壤有机碳的主要为酸杆菌、疣微菌门以及芽单胞菌门。

第二节　土壤性质对激发效应的影响

一、土壤氮素有效性

在陆地生态系统中，土壤碳循环与养分循环，尤其是与氮循环存在密切的关系，这种紧密的碳氮耦合关系决定了土壤中氮素的可利用性能够影响土壤有机碳分解的激发效应。Zhang 等（2013）通过整合分析发现，在氮含量低的土壤中激发效应的强度更高。富含氮素的土壤所产生激发效应的强度较低，是因为在此土壤中微生物对有机碳分解释放的氮素依赖性较低，从而土壤有机碳分解速率较慢。土壤中氮素的可利用性与激发效应的关系可以用微生物的氮挖掘理论来解释，即外源有机碳的加入导致土壤中的微生物在一定程度上受到氮素的限制，促使微生物通过分解土壤有机碳来获取氮素以保证自身的代谢生长。因此，在氮素缺乏或高碳：氮比值的土壤中，外源有机碳诱导的激发效应的强度应该更高。

向土壤中添加无机态氮是提高土壤氮素有效性和可利用性的一个有效方法。为研究土壤氮素有效性增加对亚热带人工林土壤有机碳分解的激发效应的影响，Wang 等（2014）采集了杉木人工林表层土壤，通过向土壤中添加硝酸铵和磷酸二氢钾的方法来增加氮和磷的有效性，同时添加^{13}C标记的马尾松叶和火力楠叶。添加氮和磷均显著降低了凋落叶引起的激发效应，且氮素添加对激发效应的降低作用大于磷添加（图 4－12）。具体而言，氮素添加使马尾松叶引起的激发效应发生了方向性的改变，由 7.35％变为－8.60％，使火力楠叶引起的激发效应的强度由 22.45％降低为 8.20％；磷添加也使凋落物引起的激发效应的强度出现了下降，使马尾松叶和火力楠叶引起的激发效应的强度分别降低为 2.62％和 13.21％。

在亚热带杉木人工林土壤中，氮和磷的添加降低了凋落物诱导正激发效应的强度，表明土壤养分的有效性调控着激发效应的强度，甚至是方向。该研究

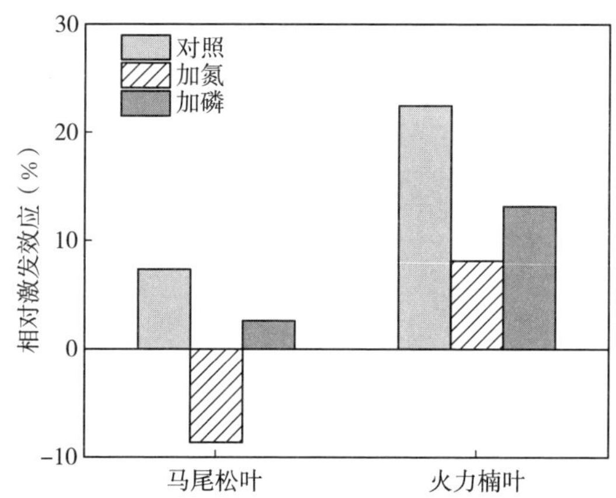

图 4-12 马尾松叶和火力楠叶诱导的土壤有机碳分解的激发效应及其对氮、磷添加的响应

结果支持当土壤养分有效性高时激发效应的强度降低这一观点（Fontaine et al. 2011；Hartley et al.，2010；Zhang et al.，2012）。这些研究结果说明，氮和磷有效性的增加有利于减少凋落物输入引起的土壤有机碳分解，因而在某种程度上有利于增加土壤有机碳的固持。Wang 等（2014）的研究结果也说明了当土壤养分（如氮、磷）充足时微生物会优先选择易分解的有机物质，因此导致土壤有机碳分解的降低，使激发效应的强度降低。添加氮或磷使得火力楠叶诱导的土壤有机碳分解正激发效应的强度降低，这可能是因为火力楠叶有较高的碳：氮比值和碳：磷比值，添加后使得土壤中氮和磷还是比较缺乏，因而土壤微生物仍然要分解更多的土壤有机碳来获取氮和磷。添加氮素后马尾松叶引起的正激发效应变为负激发效应，这表明在亚热带地区马尾松林中大气氮沉降可能会降低土壤有机碳分解进而增加碳储量。此外，养分添加后，马尾松凋落物对革兰氏阴性菌与革兰氏阳性菌的比值的增加作用消失了，这表明养分有效性和细菌群落结构是紧密联系的。

利用磷脂脂肪酸和^{13}C 同位素示踪技术相结合的方法，有研究发现氮添加降低了真菌磷脂脂肪酸中外源有机碳的数量（Denef et al.，2009）。在实验中，Wang 等（2014）发现氮或磷添加后凋落物碳进入到脂肪酸 18:1ω9t 中的^{13}C 数量出现了显著下降（图 4-13），这说明养分有效性的增加降低了以此类脂肪酸为代表的真菌对凋落物碳的利用。同时，氮或磷的添加也降低了凋落物中^{13}C 进入革兰氏阴性菌的数量，这可能是因为养分添加降低了革兰氏阴性菌的活性，导致其生物量降低。氮添加增加了马尾松凋落叶中的^{13}C 进入革兰氏阳性菌的数量，但是降低了火力楠凋落叶中的^{13}C 进入革兰氏阳性菌的数量，这表明土壤氮有效性对革兰氏阳性菌的影响与外源有机碳的质量有关。

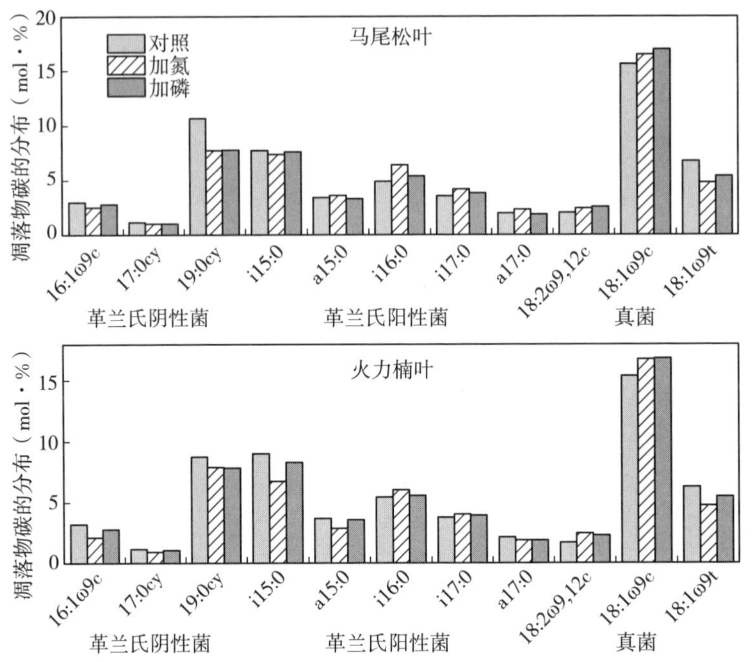

图 4-13 氮、磷添加对马尾松叶和火力楠叶碳在不同微生物类群中分布的影响

为了进一步验证 Wang 等（2014）在亚热带地区所得到的研究结果，我们在温带地区选取大兴安岭、帽儿山、长白山、冰砬山、清源、草河口和北京 7 个地区的典型森林生态系统，采集表层土壤，以葡萄糖作为外源有机碳，添加硝酸铵来提高土壤氮素可利用性，进行室内模拟培养。^{13}C 标记葡萄糖的添加量为土壤有机碳含量的 2%，硝酸铵的添加量为 100mg·kg^{-1}。硝酸铵的添加在一定程度上减弱了葡萄糖对土壤有机碳分解的促进作用，尤其是在大兴安岭和长白山地区（图 4-14），即土壤氮素有效性的提高降低了葡萄糖诱导的正激发效应的强度，平均降低了 33.9%。添加硝酸铵使葡萄糖诱导的激发效应强度平均下降了 2.35mg·g^{-1}（图 4-15），其中在大兴安岭和长白山地区添加硝酸铵对正激发效应的抑制作用强于其他地区，分别达到了 4.28mg·g^{-1} 和 5.27mg·g^{-1}。

为了探讨氮素有效性增加影响激发效应的机理，我们进行了方差分解，结果显示，气候、土壤化学性质和酶活性对氮素添加抑制激发效应的解释能力分别为 22.4%、20.1%和 4.6%，而所有因素的总解释量为 58.2%。气候与微生物群落结构是调控氮素添加对激发效应抑制作用最重要的两类因子，二者之间的交互作用可以解释变异总量的 60.4%。激发效应对氮素添加的响应随纬度降低而减弱，这可能与土壤自身氮素有效性的差异紧密相关。氮素有效性高

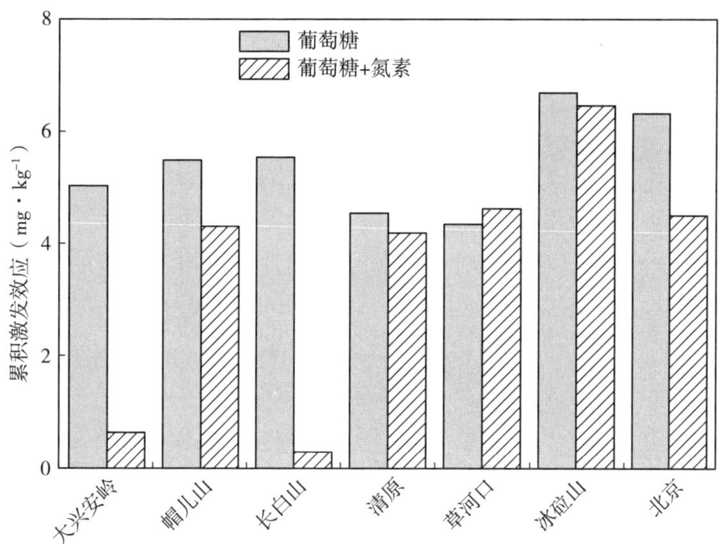

图4-14 添加硝酸铵对葡萄糖诱导的温带森林土壤有机碳分解的累积激发效应的影响

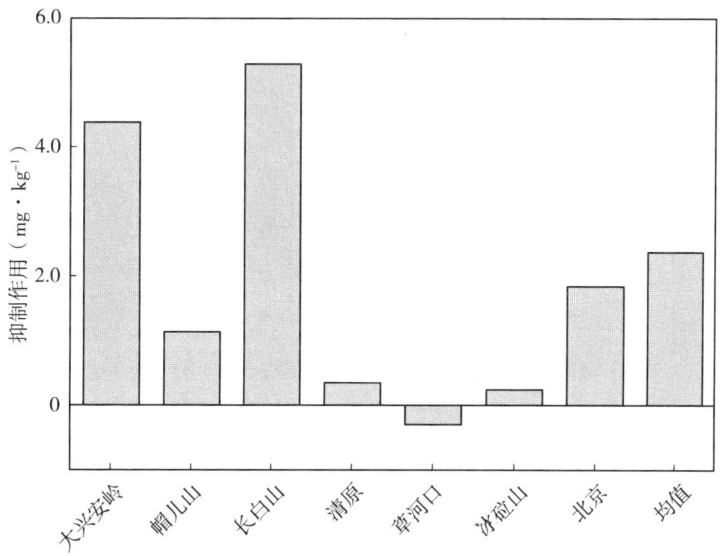

图4-15 氮素添加对温带森林土壤有机碳分解激发效应的抑制作用

的土壤激发效应较低，有利于土壤有机碳的贮存；相反地，氮素有效性较低的土壤中外源有机碳的添加可以促进土壤微生物对有机碳的挖掘，从而获取维持生长所需的氮素。考虑到微生物代谢的氮限制从寒温带到暖温带森林是逐渐缓解的（Blagodatskaya et al.，2008），微生物对土壤有机碳的氮素挖掘作用在暖温带森林中应该较弱。因此，微生物分解对外源氮添加的响应也减弱，导致添加的硝酸铵对激发效应的抑制作用较低。

为了进一步量化这些环境因子在调控氮添加对激发效应抑制作用中的相对重要性，我们构建了结构方程模型。氮添加对激发效应的抑制作用受一系列因素的调控。研究结果显示，这些环境因素可以解释氮添加抑制效应的 48%。土壤中全氮和交换性钠离子的含量以及革兰氏阳性菌与革兰氏阴性菌的比值对因添加氮素产生的对激发效应的抑制作用有直接的负向影响。此外，交换性钠离子还可以通过增大革兰氏阳性菌与革兰氏阴性菌生物量比值的方式对该抑制作用产生间接影响。这是因为过多的阳离子可以导致对微生物群落的毒害作用，进而降低对土壤有机碳的分解。由于受土壤钠离子含量的影响，革兰氏阳性菌与革兰氏阴性菌生物量比值和氮素添加对激发效应的抑制作用存在显著的负相关关系。根本上来讲，地理位置即纬度通过其对土壤全氮和交换性钠离子的负向影响对氮素抑制激发效应的作用产生间接的正向影响。总的来说，氮素添加对温带森林土壤激发效应的抑制作用主要受交换性钠离子含量和纬度的影响（图 4-16）。

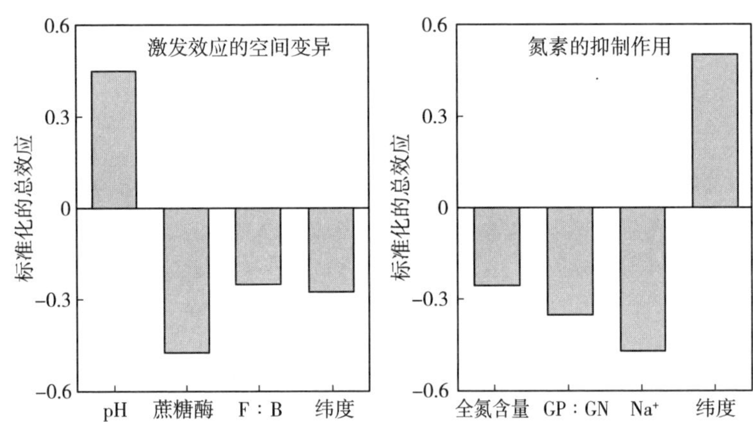

图 4-16　结构方程模型中各变量对土壤有机碳分解激发效应和氮素添加对激发效应抑制作用的空间变异标准化的总效果（直接作用与间接作用之和。F：B：真菌与细菌比，GP：GN：革兰氏阳性菌与革兰氏阴性菌生物量比，Na^{+}：交换性钠离子含量）

二、土壤有机碳的含量

土壤有机碳的含量能够对激发效应的强度产生决定性的影响。然而，已有的实验结果并不一致，有的甚至相反。有研究显示，有机碳含量较高的土壤所产生的激发有机碳绝对量高于有机碳含量较低的土壤，后来的整合分析研究也验证了这一实验结果（Zhang et al.，2013），这是因为已有的实验大部分是按照土壤有机碳含量的一定比例来添加外源有机碳，那么向有机碳含量高的土壤中添加的外源有机碳的数量则比向有机碳含量较低的土壤中添加的多，从而造成有机碳含量高的土壤所产生的激发有机碳绝对量较高。Hamer 等（2005a）在 2 个森林生态系统和 1 个农田生态系统不同土层的土壤中观察到，有机碳含量低的或者是有机碳分解速率低的土壤所产生的激发效应更为激烈。Sun 等（2019）基于已发表的文献数据进行的整合分析研究结果也显示土壤有机碳分解激发效应的相对强度随土壤有机碳含量的增加而下降。张叶叶等（2012）基于已发表的稻田土壤有机碳分解激发效应已发表数据的整合分析结果也表明，激发的碳数量与土壤有机碳含量存在一定关系，当土壤有机碳含量为 10～20 $g \cdot kg^{-1}$ 时激发效应强度最高，高于或低于该阈值时激发效应强度变弱（图 4－17）。与之相比，如果向有机碳含量不同的土壤中添加等量的外源有机碳，尤其是添加的外源有机碳的数量比较低时，则有可能导致有机碳含量高的土壤产生的激发效应强度较低。这是由于有机碳含量高的土壤中微生物生物量通常也较高，而添加等量的外源有机碳可能造成有机碳含量低的土壤中微生物得到活化，产生激发效应；向有机碳含量高的土壤中添加的外源有机碳不足以活化休眠的微生物，而被微生物中的机会主义者快速代谢消耗，从而导致土壤有机碳含量与激发效应强度之间存在负相关关系。因此，在研究有机碳含量不同的土壤的激发效应强度时，按照土壤中有机碳含量等比例添加外源有机碳，并计算比较单位数量外源有机碳诱导的激发效应强度可能更合适（陈春梅等，2006）。

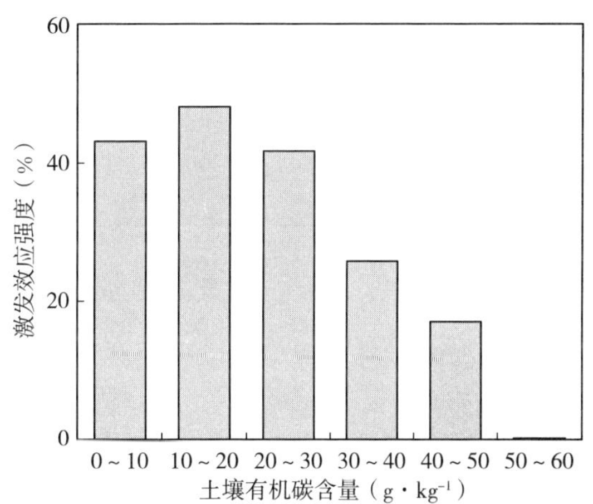

图 4－17　不同土壤有机碳含量下稻田土壤有机碳分解的激发效应强度

在整合分析研究中，由于不同的实验所添加的外源有机碳的数量或质量并不完全相同，同时不同有机碳含量的土壤在微生物等其他性质方面也存在差异，简单地分析土壤有机碳的含量与激发效应强度的相关性忽视了其他因素差异的影响，无法真正反映土壤有机碳的含量与激发效应的关系。

三、土壤铁氧化物

土壤矿物是土壤固相的重要组成部分，可以与土壤有机碳结合，对土壤有机碳的稳定具有重要作用。除黏土矿物外，铁铝氧化物的含量决定着土壤对有机碳吸附的潜力。有研究发现铁氧化物对芳香族有机碳具有很强的亲和力（Chassé et al.，2015），这是由铁氧化物特殊的物理化学性质所决定的。铁氧化物的比表面积大，具有较强的吸附络合能力，而且其晶态结构复杂，并容易发生晶相转化，使得其很容易与土壤中的有机碳通过表面吸附、物理包裹等形式形成土壤有机-矿物复合体（Lützow et al.，2006），构成了对土壤有机碳的特有矿物保护机制。更为重要的是，研究发现土壤有机碳分子与铁离子之间的包裹态是一种类似于洋葱的结构，是随着铁和碳扩散聚集下多次反复形成的，有利于在空间上阻隔微生物与有机碳的接触（Lalonde et al.，2012）。输入到土壤中的外源有机碳在土壤矿物上的沉淀吸附降低了有机碳的微生物可达性，并影响了微生物群落的多样性、r－K 策略微生物的生长季演替，进而导致土壤有机碳分解的激发效应与有机碳的非生物固持之间呈现消长关系（图 4－18）。

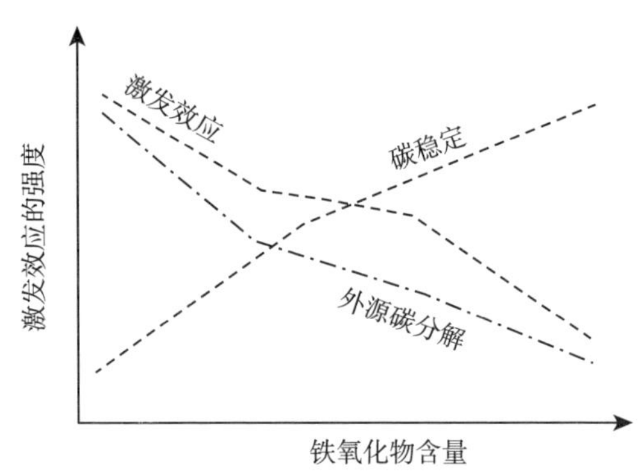

图 4－18 土壤中铁氧化物含量与激发效应强度的关系

为研究土壤中铁氧化物含量对土壤有机碳分解激发效应的影响，Jeewani 等（2021）采集了铁氧化物含量不同的稻田土壤，添加^{13}C 标记的植物残体，通过室内模拟培养、测定 CO_2 的释放及其 $\delta^{13}C$ 值，计算产生的激发效应。研究结果显示，土壤中铁氧化物的含量影响了激发效应的强度。在培养的第 1 天、第 2～3 天和第 4～7 天，铁氧化物含量最低的土壤所产生的激发效应比铁氧化物含量最高的土壤分别多了 61.2％、43.9％和 39.8％（图 4－19）。在此研究的基础上，为了避免不同铁氧化物含量土壤的其他性质的影响，我们利用向土壤中添加铁氧化物的方法来研究铁氧化物的类型和添加量对土壤有机碳分解激发效应的影响。我们采集了亚热带森林表层土壤，同时添加了铁氧化物和^{13}C 标记的葡萄糖，其中添加的铁氧化物分为水铁矿和针铁矿，添加量为土壤原铁氧化物含量的5%和20%。在16.5℃下经过21d室内培养后，添加铁氧化物促进了葡萄糖诱导的相对激发效应，并且该促进作用与铁氧化物的类型有关（图4-20）。添加土壤全铁含量的5%和20%水铁矿后，葡萄糖诱导的

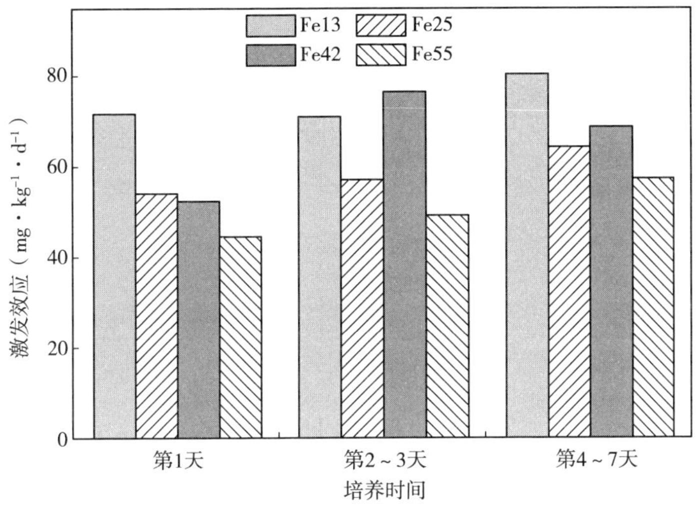

图4-19　土壤中铁氧化物含量对土壤有机碳分解激发效应的影响

（Fe13、Fe25、Fe42和Fe55分别表示铁含量为13.7g·kg^{-1}、25.8g·kg^{-1}、42.7g·kg^{-1}和55.8g·kg^{-1}的土壤）

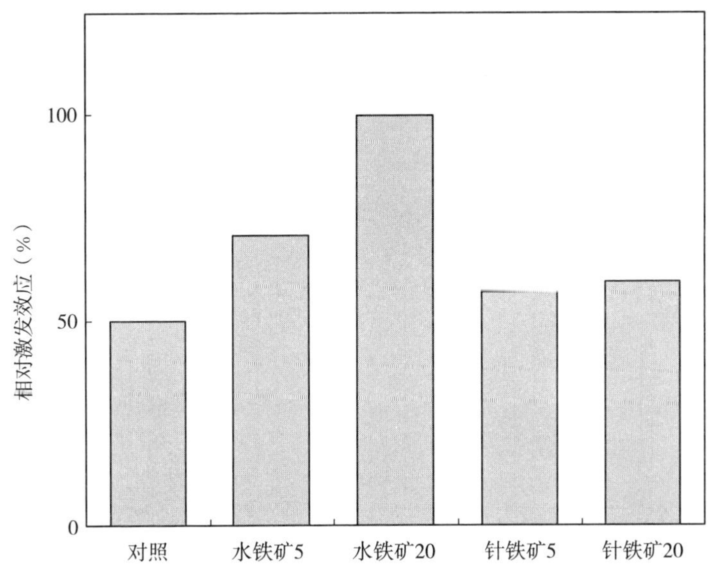

图4-20　铁氧化物的添加对亚热带森林土壤有机碳分解激发效应的影响

（水铁矿和针铁矿后面的数字为铁氧化添加量为土壤铁含量的百分比）

激发效应强度从原来的 49.9%分别增加到了 70.7%和 100.1%；相比于水铁矿，添加土壤全铁含量的 5%和 20%针铁矿对葡萄糖诱导的激发效应的促进作用较小，从原来的 49.9%仅分别增加到 56.8%和 59.2%。

为探讨微生物在铁氧化物调控激发效应中的作用，Jeewani 等（2021）采用双向正交偏最小二乘法基于下面 3 个标准分析了与激发效应相关的微生物群落：第一是因子的影响值不小于 1.3；第二是相关系数要显著；第三是微生物类群的数量与激发效应的强度高度相关。分析结果显示，6 个微生物类群与激发效应显著相关，其中细菌中的 *Gaiella* 和真菌中的 *Unclassifed _ K _ Fungi* 与激发效应的相关性最为显著（表 4-4）。激发效应可能是由放线菌门（Actinobacteria）等 K-策略微生物产生的（图 4-21）。随机森林模型分析结果显

表 4-4　在门和基因水平上微生物的类群与土壤有机碳分解激发效应的相关性

	门水平	基因水平	影响值	激发效应
细菌	Proteobacteria	*Nitrosospira*	1.53	0.61**
		MNDI	1.41	−0.53*
	Actinobacteria	*Gaiella*	1.43	0.83***
	Rokubacteria	*Rokubacteriales*	1.36	0.63*
真菌	Unclassified _ K _	*Unclassified _ K _ Fungi*	1.32	0.79**
	Zygomycota	*Mortierella*	1.36	−0.67*

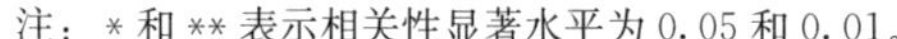
注：* 和 ** 表示相关性显著水平为 0.05 和 0.01。

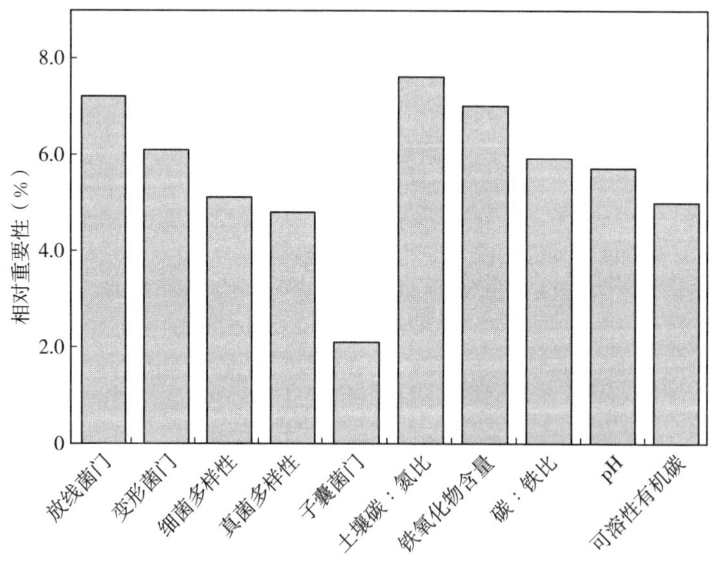

图 4-21　基于随机森林分析所得的土壤理化性质和生物学因子对激发效应的相对重要性

示，微生物因子中放线菌门、变形菌门（Proteobacteria）、细菌多样性和真菌多样性对激发效应有正影响，而土壤理化性质中碳：氮比、铁氧化物含量、碳：铁比、pH 和可溶性有机碳含量对激发效应有较强的正影响。

第三节　外源有机碳的数量与对激发效应的影响

一、外源有机碳的数量

大气氮沉降和 CO_2 浓度的急剧上升，以及全球变暖等环境变化将影响植被的生长和生产力，改变以凋落物、根系分泌物和沉积等方式输入到土壤中的光合产物的数量，进而影响土壤有机碳的循环过程。然而，在外源有机物输入量增加的背景下，其引起的激发效应的强度与方向将会如何变化等还不太清楚。因此，需要明确土壤有机碳分解的激发效应与外源有机碳输入数量之间的关系。有研究表明，外源有机碳的输入量与激发效应的强度之间存在正的线性关系，外源有机碳输入量的增大将会导致更强的激发效应（Tian et al.，2015；Chowdhury et al.，2014；Liu et al.，2017）。但是，也有研究发现，外源有机碳的输入量与激发效应的强度之间没有关系（Guenet et al.，2012），甚至它们之间存在负的线性关系（Luo et al.，2015）。例如，田鹏（2020）在黑龙江省帽儿山地区利用落叶松林长期氮沉降模拟样地，采集了不同氮沉降处理的表层土壤，添加不同数量的 ^{13}C 标记葡萄糖，其室内模拟培养结果显示，激发效应的强度随葡萄糖添加量的增加而逐渐增大，在葡萄糖的添加量达到土壤有机碳含量的 6%时仍呈现上升趋势，并未出现下降（图 4-22）。然而，还有些研究发现，增加外源有机碳的输入量对激发效应的强度产生了负的影响，即激发效应的强度随外源有机碳输入量的增加而降低（Blagodatskaya et al.，2014；Qiao et al.，2014）。也有研究认为，外源有机碳的数量与激发效应的强度之间的关系是非线性的，即在一定范围内外源有机碳输入量的增加可以使激发效应的强度也随之增加，但是当外源有机碳的输入量超过一定范围时，激发效应的强度将不会再随外源有机碳的输入量增加而增加，可能是保持恒定，甚至是降低，即激发效应的强度与外源有机碳的输入量之间的关系存在阈值（Paterson et al.，2013；Wang et al.，2015）。这些不一致，甚至相互矛盾的研究结果表明外源有机碳的输入量与激发效应的强度之间的关系是十分复杂的，并受到多种因素的影响。

为了探讨温带地区阔叶红松林土壤激发效应的强度与外源有机碳输入量之间的关系，王会（2015）采集了长白山地区阔叶红松林的有机层和矿质层土

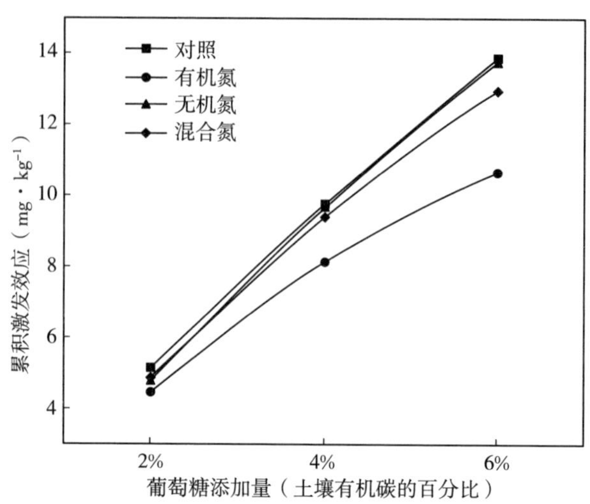

图 4-22　落叶松林土壤有机碳分解的累积激发效应与葡萄糖添加量的关系

壤，然后向土壤中添加不同数量的水溶性有机质（WSC），在 25℃下进行室内模拟培养。在该实验中水溶性有机质的添加量为 7 个水平，有机层土壤中水溶性有机质添加量分别为 0mg·g^{-1}、32mg·g^{-1}、64mg·g^{-1}、160mg·g^{-1}、320mg·g^{-1}、640mg·g^{-1}和 1 600mg·g^{-1}，矿质层土壤中水溶性有机质添加量分别为 0mg·g^{-1}、16mg·g^{-1}、32mg·g^{-1}、80mg·g^{-1}、160mg·g^{-1}、320mg·g^{-1}和 800mg·g^{-1}，按水溶性有机质的添加量由高到低分别用 WSC0、WSC1、WSC2、WSC3、WSC4、WSC5 和 WSC6 来表示。在室内模拟培养前将 10mL 不同浓度的水溶性有机质溶液或蒸馏水用注射器均匀地洒在土壤表面。研究结果显示，激发效应随水溶性有机质添加量的增加而增加（图 4-23）。有机层和矿质层土壤的 WSC6 处理均在添加水溶性有机质 1d 后相对激发效应达到峰值，随后相对激发效应随培养时间的延长而降低。就有机层土壤而言，WSC1、WSC2 和 WSC3 处理的土壤在培养实验前 13 天均加快了土壤有机碳的分解，即产生正的激发效应，随后相对激发强度在 0 附近波动，而 WSC4、WSC5 和 WSC6 处理的土壤在整个培养实验期间均表现为正激发效应。就矿质层土壤而言，所有添加水溶性有机质的土壤在整个 53 天的培养期间均表现为促进了土壤有机碳的分解。0～4d 和 0～53d 累积激发量总体上表现为随水溶性有机质添加量的增加而增加，且在水溶性有机质添加量一致时激发效应均在两个土层间差异显著（图 4-23 和表 4-5）。这些研究结果与 Blagodatskaya 等（2008）对添加可利用性低的外源有机物（比如植物残体）的实验数据的整合分析结果一致。

为进一步分析单位水溶性有机质诱导的激发量（即累积激发量与水溶性有

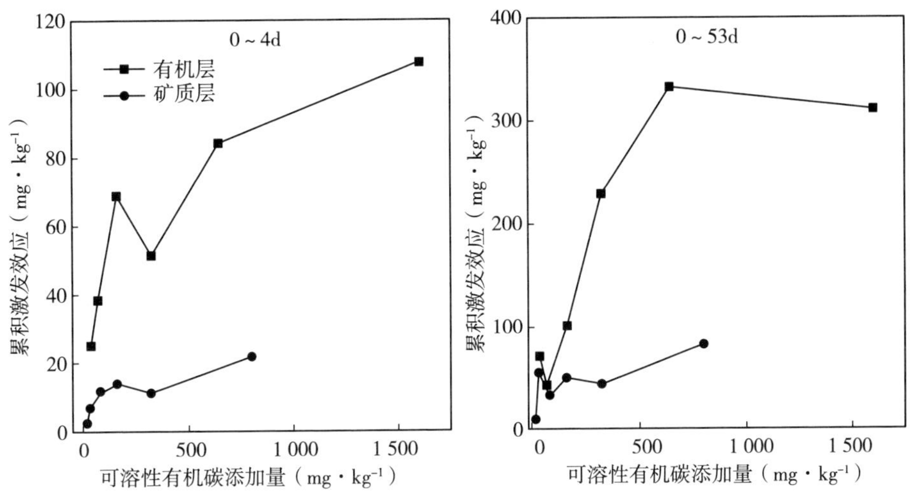

图 4-23　土壤在 0～4d 和 0～53d 的累积激发有机碳与水溶性有机碳添加量之间的关系

表 4-5　可溶性有机碳添加和土层对累积激发量影响的两因素方差分析结果（*P* 值）

培养时间（d）	土壤（*S*）	碳添加量（*C*）	*S*×*C*
0～4	0.000	0.008	0.067
0～53	0.020	0.179	0.124

注：两因素方差分析是在水溶性有机碳添加量一致的标准上进行的

机质添加量之比）与水溶性有机质添加量之间的关系，王会（2015）利用一级动力学指数降解曲线进行了模拟。如图 4-24 所示，单位水溶性有机质诱导的激发量与可溶性有机质添加量之间是一级动力学指数递减关系。无论是矿质层土壤还是有机层土壤，在水溶性有机质添加量较低时单位水溶性有机质诱导的激发量随水溶性有机质添加量的增加而降低，但在水溶性有机质添加量达到一定程度时，其值基本稳定。这说明在长白山地区的阔叶红松林中土壤有机碳分解的激发效应总量随底物添加量增加而出现了饱和，也就是说，激发效应的强度不会无限地随外源有机碳输入量的增加而增强，而是存在一个上限，这可以从以下几个方面进行解释。第一，微生物可利用性高的外源有机碳进入土壤后，微生物就会优先利用外源有机碳，就是所谓的底物优先利用（Werth et al.，2010），这一现象可以用激发效应的微生物 r-K 策略竞争假说来解释，即对可利用性高的外源有机碳反应灵敏、生长速率快的 r-策略微生物会快速消耗外源有机碳，而能够利用难分解土壤有机碳并引导产生激发效应的 K-策略微生物在对外源有机碳的竞争中处于劣势，阻碍了激发效应随外源有机碳添加量的同比例增长。第二，包括能引导产生激发效应的微生物在内的土壤微生物的活性除了受底物可利用性影响外，还受温度、水分、养分有效性等其他因子的影响。尽管外源有机碳添加量较高意味着微生物不会受到碳源的限制，激发效应的驱动力充足，但其他因子比如养分可能限制着激发效应总量随外源有机碳的添加量进行同比例增长。

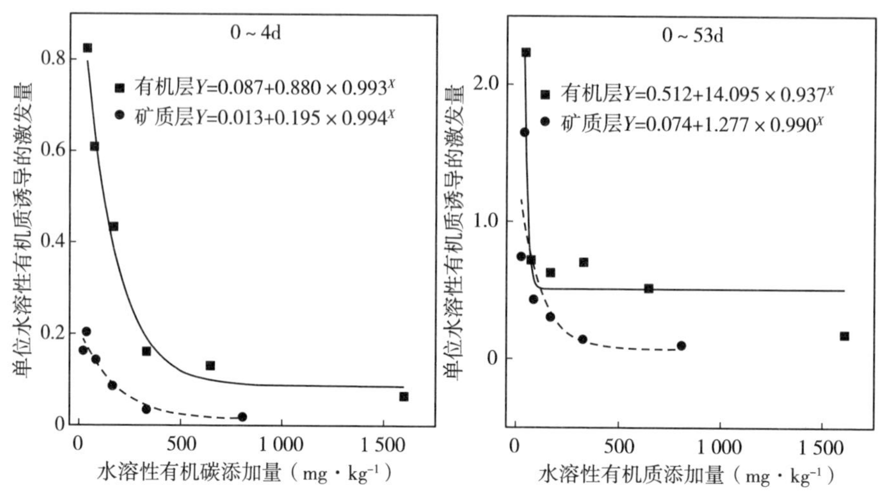

图 4－24　土壤在 0～4d 和 0～53d 单位水溶性有机质诱导的有机质激发量与水溶性有机质添加量的关系

外源有机碳的添加量对激发效应强度的影响还与森林类型有关，这主要是不同森林类型的土壤性质存在差别。王浩等（2020）在武夷山地区选择了常绿阔叶林、针阔混交林和马尾松林等三种不同的森林土壤，这些土壤的基本性质（尤其是土壤有机碳含量、碳∶氮比值、铵态氮、硝态氮和微生物生物量）存在差异（表 4－6），添加不同数量的^{13}C 标记葡萄糖，在 25℃下进行室内模拟培养，其中葡萄糖的添加量分别为 100mg・kg^{-1}、200mg・kg^{-1}和 400mg・kg^{-1}。葡萄糖的添加显著抑制了这 3 种森林土壤有机碳的分解（图 4－25），即添加的葡萄糖诱导了负激发效应，但影响强度在这 3 种森林中存在差异（图 4－26）。在常绿阔叶林中，土壤有机碳分解所释放 CO_2 的量随着葡萄糖添加量的增加而显著降低，即添加 100mg・kg^{-1}、200mg・kg^{-1}、400mg・kg^{-1}葡萄糖土壤的有机碳分解分别降低了 25.8%、51.2%和 61.4%，这表明相对激发效应随着葡萄糖添加量的增加而增强，并且不同葡萄糖添加量之间的差异显著。在针阔混交林中，添加葡萄糖后土壤有机碳的分解量减少了 35%～63.2%，相对激发效应的强度在葡萄糖的添加量为 200mg・kg^{-1}时最小，在葡萄糖的添加量为 400mg・kg^{-1}时最大。在马尾松林中，葡萄糖的添加使土壤有机碳的分解量降低了约 63%。葡萄糖的添加量对土壤有机碳分解的影响不明显，即激发效应的强度对葡萄糖添加量的响应并不敏感，但是在葡萄糖添加量为 100mg・kg^{-1}或 200mg・kg^{-1}时葡萄糖在马尾松林土壤中引起的负激发效应强

度大于其他两个林型土壤。外源有机碳的添加抑制武夷山地区森林土壤有机碳的

表 4-6　3 种类型森林 0～20cm 土壤的基本性质

项目	土壤有机碳含量（g·kg^{-1}）	总氮（g·kg^{-1}）	碳：氮比值	pH	铵态氮（mg·kg^{-1}）	硝态氮（mg·kg^{-1}）	微生物生物量碳（mg·kg^{-1}）	微生物生物量氮（mg·kg^{-1}）
阔叶林	41.0	2.1	19.8	4.80	75.2	11.1	463.3	28.1
混交林	28.8	1.7	16.6	4.85	59.3	12.6	220.2	35.2
马尾松林	56.7	2.7	20.6	4.72	77.1	25.0	423.4	38.3

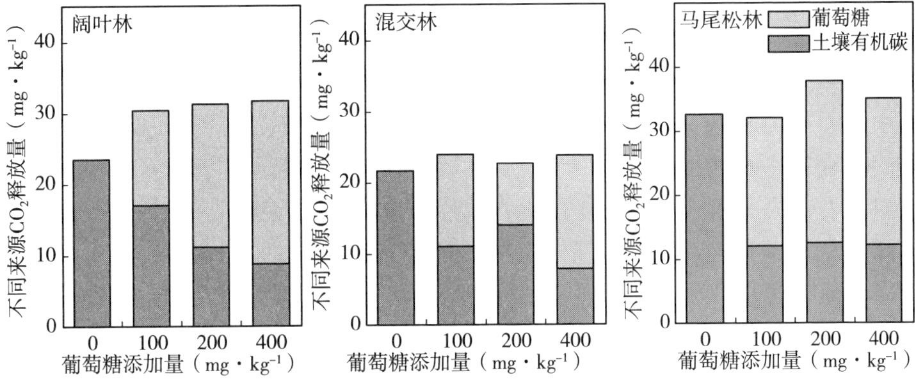

图 4-25　葡萄糖的添加量对 3 种森林土壤有机碳和葡萄糖分解的影响

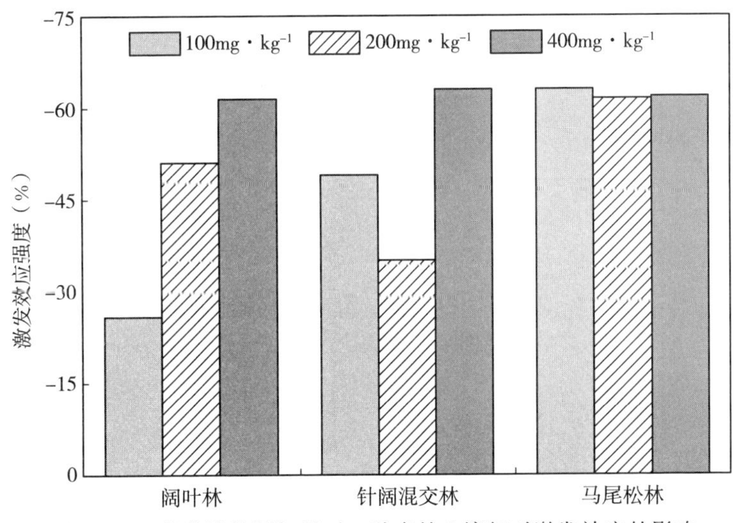

图 4-26　葡萄糖的添加量对 3 种森林土壤相对激发效应的影响

分解，可能是由于森林土壤的有效氮含量比较高，葡萄糖的添加没有加剧土壤微生物的氮限制，从而使土壤微生物对底物产生了选择性利用，优先利用葡萄糖并减少对土壤原有有机碳的利用（De Graaff et al.，2014）。本研究中葡萄糖的输入抑制了土壤有机碳的分解，并随着葡萄糖输入量的增加来源于葡萄糖分解的 CO_2 量也相应增加，进一步说明了土壤微生物优先利用了添加的葡萄糖。从底物的角度来说，可能是相对于土壤有机碳而言葡萄糖作为易分解有机物可以更容易被土壤微生物利用。

在该实验中王浩等（2020）还发现葡萄糖的添加显著降低了土壤中有效氮的含量，并且有效氮的含量随着葡萄糖添加量的增加而显著降低，这种降低作用在常绿阔叶林和针阔混交林中最为明显（图 4－27）。与不添加葡萄糖的土壤相比较，在常绿阔叶林中土壤有效氮的含量减少 6.8%～26.2%，在针阔混交林中土壤有效氮的含量降低了 4.4%～19.7%，而在马尾松林中仅添加葡萄糖量为 400mg・kg^{-1}时土壤有效氮的含量显著减少了 13.3%。在室内培养过程中，添加葡萄糖对土壤有效氮含量的降低作用说明葡萄糖的添加促进了微生物对土壤氮素的利用，也进一步说明土壤氮素的有效性调控着外源有机碳的输入对激发效应的影响。从土壤氮素有效性的角度来讲，有研究结果表明向土壤中添加易分解有机碳能够增强微生物对土壤中氮素的固持，但是，只有当土壤中有效氮的含量低于某一个临界值时，即不能够满足土壤微生物生长和维持其所需要的碳氮化学计量比时，微生物才会通过分解土壤中原有有机碳来释放可利用氮来满足自身对氮素的需求。在常绿阔叶林和针阔混交林中，随葡萄糖添加量的增加土壤有效氮的含量显著降低也证明了上述观点。从土壤微生物磷脂

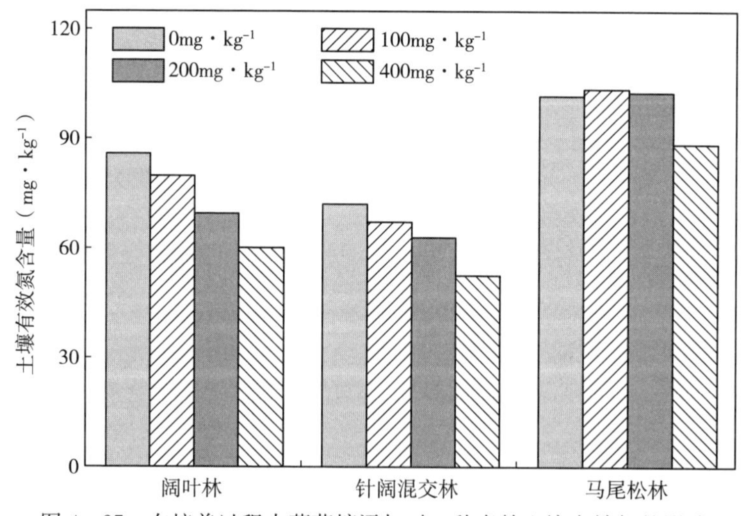

图 4－27 在培养过程中葡萄糖添加对三种森林土壤有效氮的影响

脂肪酸结果来看，随着葡萄糖添加量的增加，土壤微生物的群落组成并没有发生显著变化（图 4-28），表明添加葡萄糖后土壤有效氮的含量虽然发生了显著降低，但是土壤中的氮素依旧能够满足微生物对葡萄糖分解的需求，还没有成为限制微生物代谢的因素。

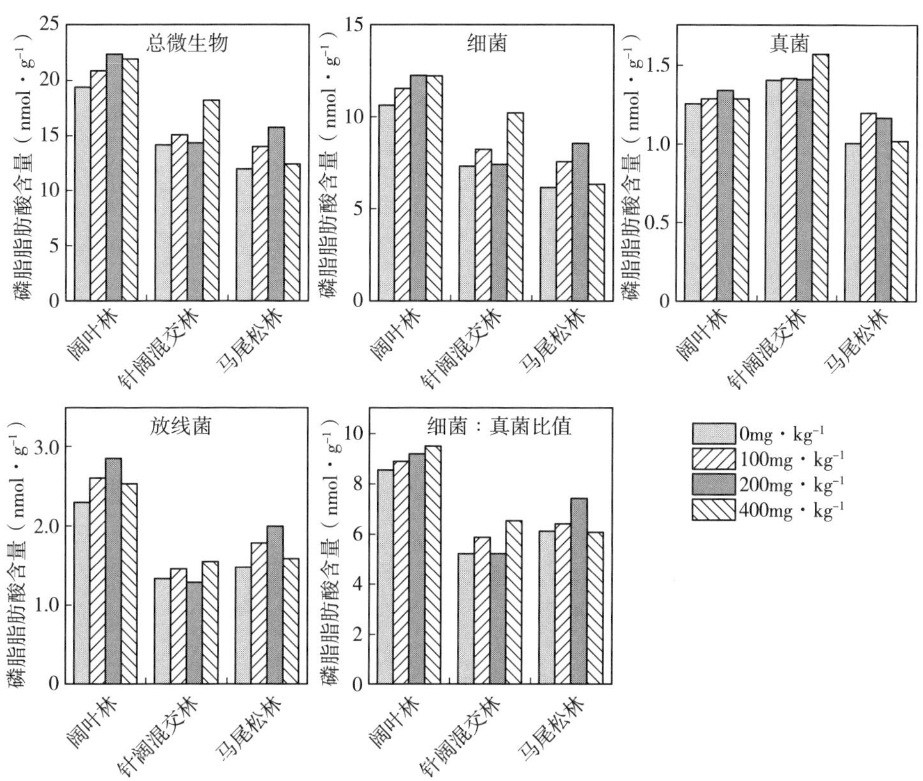

图 4-28 葡萄糖添加对 3 种森林土壤微生物磷脂脂肪酸含量的影响

外源有机物碳的添加量对激发效应强度所产生影响的根本原因是外源物碳添加量的不同所引起的土壤微生物数量、活性或群落组成等的变化。在大部分激发效应的研究中，外源有机碳的添加量是按照土壤有机碳含量的百分比例来添加的，而 Blagodatskaya 等（2008）研究发现外源有机碳对激发效应的影响更多地取决于外源有机碳的添加量和土壤微生物生物量碳的比例，并且当外源有机碳的添加量少于土壤微生物生物量碳的 50%时，激发效应强度随外源有机碳的添加量呈线性增加；当外源有机碳的添加量为土壤微生物生物量碳的 50%～200%时，激发效应的强度则随外源有机碳添加量的增加而呈指数减少；当外源有机碳的添加量高于土壤微生物生物量碳的 200%，对激发效应强度的影响不明显，激发效应的强度为零，甚至产生负的激发效应（图 4-29）。这是因为低的外源有机碳的添加量在一定程度上缓解了土壤微生物的能量限制，将一些微生物从休眠状态激活，并且外源有机碳的添加量越高，被激活的微生物数量则越多，同时也使一些活性微生物的活动增强，进而诱导的激发效应强度更高。在土壤养分不是限制因素的情况下，当外源有机碳的输入量足够大时，土壤微生物对底物（碳源）的利用产生了偏好，具有选择性，从优先利用土壤原有有机碳转变为优先利用添加的外源有机碳，也不需要依靠分解土壤有机碳来获取能量和养分，因而对土壤有机碳的分解作用微乎其微，抑制了土壤原有有机碳的分解，最终导致负的激发效应（Paterson et al.，2013）。然而，也有实验结果显示，即使在易分解外源有机碳的添加量达到土壤微生物生物量碳的200%时，激发效应的强度仍没有出现下降，甚至没有达到峰值（Liu et al.，2017），这可能是由于土壤中的有效养分含量比较低，成为微生物周转的限制因子，导致微生物必须通过分解土壤原有有机碳来获取氮素等养分，以满足自身生长的需要，即所谓的微生物氮素挖掘理论。外源有机碳的添加量与激发效应之间的关系伴随着低有机碳添加量时的能量限制转变为高有机碳添加量时的养分限制（Tian et al.，2015；Blagodatskaya et al.，2011）。从外源有机碳占土壤微生物生物量碳的比例来说，王浩等（2020）向常绿阔叶林土壤中添加的葡萄糖量占土壤微生物生物量碳的比例为16%～76%，因而激发效应的强度随着葡萄糖添加量的增加呈增加趋势。但是，在外源有机碳添加量较低的情况下，添加的外源有机碳不足以加速微生物利用土壤原有有机碳，仅是使微生物将外源有机碳作为代谢的底物，加速微生物自身的周转而释放出更多的CO_2，因而这时所产生的激发效应以表观激发效应为主（Shahzad et al.，2015；Fontaine et al.，2004b）。同时，微生物群落的特定生长速率较高也直接

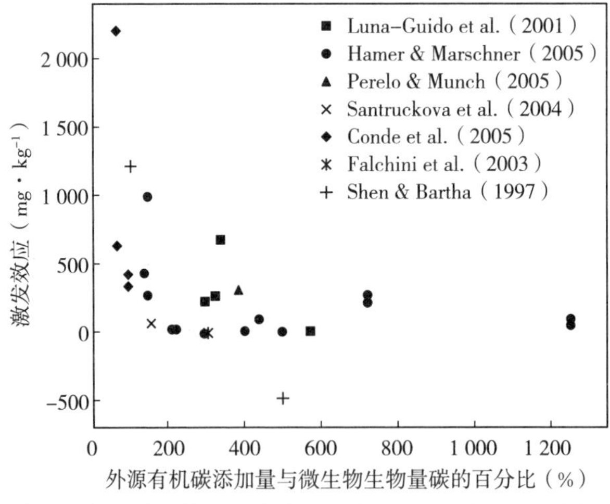

图4-29 在外源有机碳添加量大于微生物生物量50%的情况下土壤有机碳分解的激发效应和外源有机碳添加量与微生物生物量碳的百分比之间的关系

反映了对易分解外源碳更加敏感的 r-对策者类群在响应过程中的主导作用（Blagodatskaya et al.，2008）。

综上所述，外源有机碳的添加量与激发效应的强度之间的关系比较复杂，受多种因素的综合影响，并且存在很大的不确定性。这些不确定性在很大程度上也与土壤的生物化学特性有关。目前各个研究的培养时间和培养条件、土壤性质等也存在差异，这使激发效应的强度与外源有机碳添加量之间的关系变得更为复杂。此外，向土壤中添加的外源有机碳的类型或质量不同（例如难分解的植物残体和纤维素、易分解的葡萄糖和根系分泌物）也是激发效应的强度与外源有机碳的添加量的关系产生差异的重要原因。

二、外源有机碳的质量

外源有机碳的质量以及它们的微生物可利用性是影响激发效应的重要因素。不同质量的外源有机碳在化学结构、元素组成以及与土壤中矿物的结合等方面存在极大差异。因此，土壤微生物对不同质量的外源有机碳的利用能力和利用效率存在较大的差别（Zhang et al.，2013）。总体上，外源有机碳可以分为高质量有机碳和低质量有机碳。通常情况下，高质量有机碳是一些小分子、易被微生物利用的物质，如葡萄糖、果糖和氨基酸等；低质量有机碳是一些分子质量比较大、不易被微生物利用的物质，如纤维素、生物质炭、作物秸秆、森林凋落物等。如果用碳∶氮比值来衡量，碳∶氮比值越大的外源有机碳则质量越低。但有些物质不含有氮，譬如葡萄糖，无法用碳∶氮比值来衡量其质量。一些研究发现，添加低质量（高碳∶氮比值）的外源有机碳所产生的激发效应强度较大（表 4-7）。然而，Sun 等（2019）基于 831 条数据进行 meta 分析的结果却显示，激发效应的强度与外源有机碳的碳∶氮比值之间没有明显的关系。有研究者认为在诱导产生激发效应时，外源有机碳的碳∶氮比值存在临界值，大于临界值产生负激发，小于临界值则产生正激发（Kuzyakov et al.，2000；Bloemhof et al.，1995）。但是，现有研究中激发效应结果的多样性显然不能简单地用外源有机碳的碳∶氮比值临界值来解释，还有很多环境因素影响激发效应。

表 4-7 外源有机碳的数量和碳∶氮比值对土壤激发效应的影响

生态系统类型	土壤碳（$mg \cdot kg^{-1}$）	土壤的碳∶氮比值	外源碳（$mg \cdot kg^{-1}$）	外源碳的碳∶氮比值	培养时间（d）	激发效应方向	参考文献
热带雨林	28.1	14	3	9	14	+	Nottingham et al.，2015
	40	11.4	3	9	14	+	
	36.6	12	3	9	14	+	
	73.4	11.4	3	9	14	+	
	104	11.5	3	9	14	+	

（续）

生态系统类型	土壤碳（mg・kg⁻¹）	土壤的碳：氮比值	外源碳（mg・kg⁻¹）	外源碳的碳：氮比值	培养时间（d）	激发效应方向	参考文献
热带稀树草原	10.5	17	0.5	10	70	+	Fontaine et al.，2004
亚热带森林	33.8	31.3	0.4	200	60	+	McKinley et al.，2016
热带雨林	18.8	12.5	6	20	30	+	Meyer et al.，2018
亚热带森林	105.5	13.4	1.4	7	30	+	Tian et al.，2016
亚热带森林	18.2	—	1.1	25	10	+	Li et al.，2017
亚热带森林	17.5	12.1	5.0	24.9	120	+	Wang et al.，2014
亚热带森林	17.5	12.1	5.0	21.5	120	+	

关于外源有机物的质量，除了用碳：氮比值衡量外，还有些研究将诱导激发效应的外源有机物分为以下 4 类：低分子质量的简单有机物（如葡萄糖）、高分子质量的聚合有机物（如纤维素和木质素）、植物残体（如叶片、秸秆等），以及生物质炭类物质。一般情况下，简单有机物所诱导的激发效应强度明显高于复杂有机物（Aye et al.，2018；Nottingham et al.，2009），这种差异的产生原因可能是简单有机物更容易被微生物吸收利用，能够为微生物提供更多的碳源和能量，促进微生物活性增强，因此可以在更大程度上促进微生物对土壤有机碳的分解。然而，Di Lonardo 等（2017）研究发现，外源有机碳的能量差异并不是激发效应强度不同的主要原因，而是外源有机碳的化学结构。同时，他们还发现复杂有机物与简单有机物所诱导的激发效应之间没有显著差异。有的研究还按照产生激发效应的方向将外源有机物分为两大类：第一类是能产生正激发效应的有机物，如谷氨酸、天冬氨酸、氨基酸等；第二类是产生负激发效应的有机物，如葡萄糖、纤维素、麦秸、污泥等（Dalenberg et al.，1989）。但是，激发效应的方向不仅与外源有机物的质量有关，还受其他很多因素的影响，即使添加同一外源有机碳，不同环境下或不同土壤所产生的激发效应的方向可能相反。例如，王志明等（1998）在研究秸秆碳在淹水土壤中的转化与平衡时发现，向变性土添加水稻秸秆后总的激发效应表现为微弱的正激发效应，而向红壤中添加水稻秸秆所产生的总的激发效应为微弱的负激发效应。

为了比较简单有机碳和复杂有机碳对激发效应的影响，田鹏（2020）在帽儿山地区采集了落叶松林表层土壤，添加了^{13}C 标记的葡萄糖和纤维素进行室内模拟培养，其中葡萄糖代表简单的、易分解的外源有机碳，而纤维素则代表复杂的、难分解的外源有机碳。研究结果显示，土壤无论是否经过模拟氮沉降处理，添加的葡萄糖和纤维素所诱导的累积激发效应均表现为随培养时间的延长而增加，其中在培养的初期阶段添加的葡萄糖所诱导的累积激发效应快速增加，此后逐渐变缓，而添加的纤维素所诱导的激发效应的变化速率在整个培养期间则没有明显的变化（图 4-30）。这可能与葡萄糖的分解速率远高于纤维素，并且葡萄糖的分解速率与激发效应的强度具有显著的正相关性（图 4-31）有关。在氮沉降处理的土壤中，在 104d 的培养时间内葡萄糖诱导的累积激发效应为纤维素的 1.6～3.7 倍（图 4-32），说明简单易分解的葡萄糖所诱导的激发效应大于难分解的纤维素所诱导的激发效应，这也与以前的部分研究

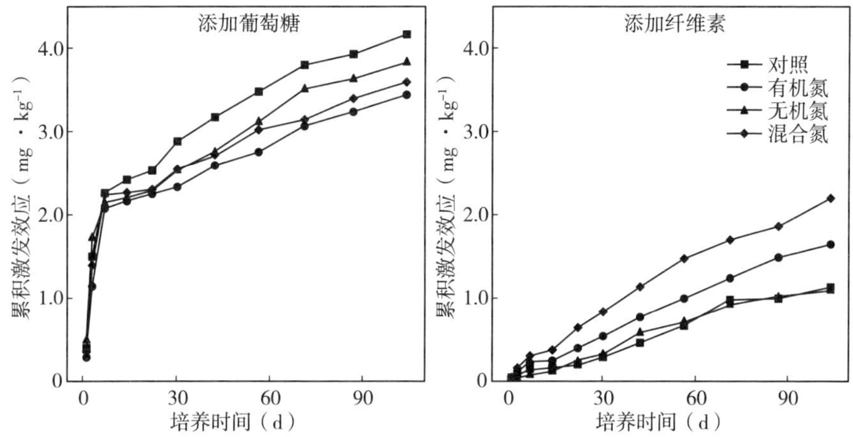

图 4-30　在 104d 培养期间葡萄糖和纤维素在不同土壤中诱导的累积激发效应

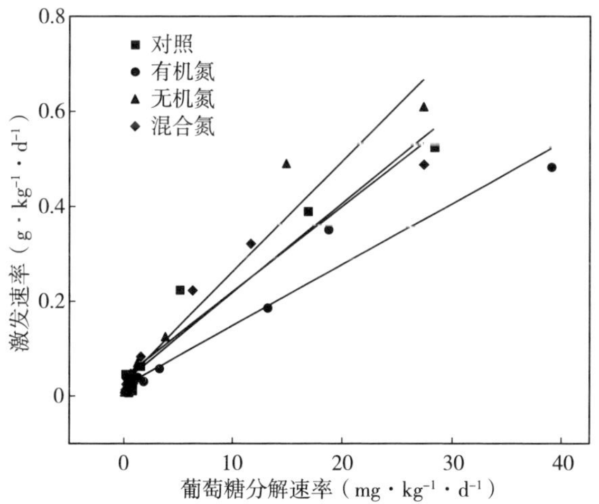

图 4-31　在 104d 培养期间葡萄糖和纤维素在不同土壤中的分解速率与激发效应的关系

结果一致。葡萄糖诱导的激发效应强度大于纤维素可能与外源有机碳的可利用性和分解释放出来的可利用能量相关（Blagodatskaya et al.，2008；Dijkstra et al.，2013）。但是，单位数量的葡萄糖和纤维素所具有的绝对能量基本相似（Di Lonardo et al.，2017）。因此，葡萄糖的微生物可利用性比纤维素高是葡萄糖诱导的激发效应强度大于纤维素的重要原因。葡萄糖比纤维素更加容易利用，因此所提供的能量更多，这更大程度地促进了微生物代谢产生胞外酶来分解土壤有机碳。

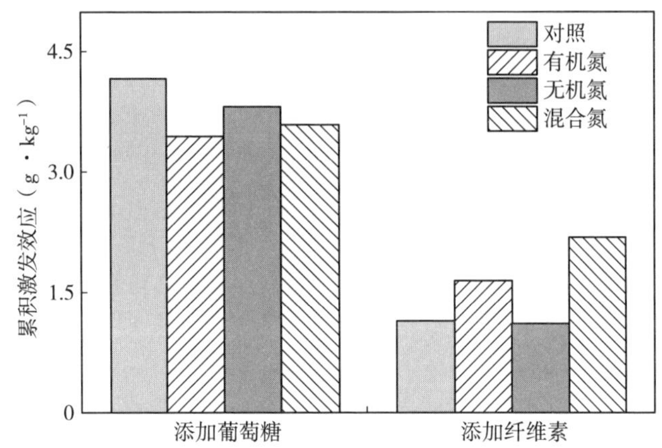

图 4-32　在 104d 培养期间葡萄糖与纤维素在不同土壤中诱导的累积激发效应

葡萄糖和纤维素所诱导的激发效应强度差异与它们添加到土壤中后微生物的响应有关。这是因为外源有机碳可能会改变土壤微生物的群落组成，并且土壤中不同类群的微生物对可利用性不同的外源有机碳的响应存在差别（Kuzyakov，2010；Fontaine et al.，2003）。在 104d 培养结束后田鹏（2020）测定了土壤微生物磷脂脂肪酸含量。葡萄糖和纤维素的添加显著增大了土壤中细菌的丰度，纤维素处理中真菌的丰度也显著高于对照土壤（图 4-33）。总的来说，除对照土壤外纤维素添加增大了土壤微生物的真菌：细菌比，而葡萄糖添加则降低了对照土壤和有机氮处理土壤的真菌：细菌比。相对于真菌，细菌偏好利用葡萄糖，能够对易分解底物的添加迅速做出响应，并在与真菌对碳源的竞争中占据优势（Blagodatskaya et al.，2007）。

在森林生态系统中，植物光合碳以凋落物的形式进入到土壤中，成为土壤有机碳的前体，调控着土壤有机碳循环。在早期，激发效应的研究主要是添加单一种类的物质，如葡萄糖、草酸、柠檬酸等。随着激发效应研究的深入和认知的增加，由于添加单一物质无法代表陆地生态系统中植物向土壤系统输入有机碳的实际情况，越来越多的实验开始采用向土壤中添加凋落物或农作物秸秆的方法来研究激发效应。相对于葡萄糖等物质，凋落物的组成成分更加复杂，

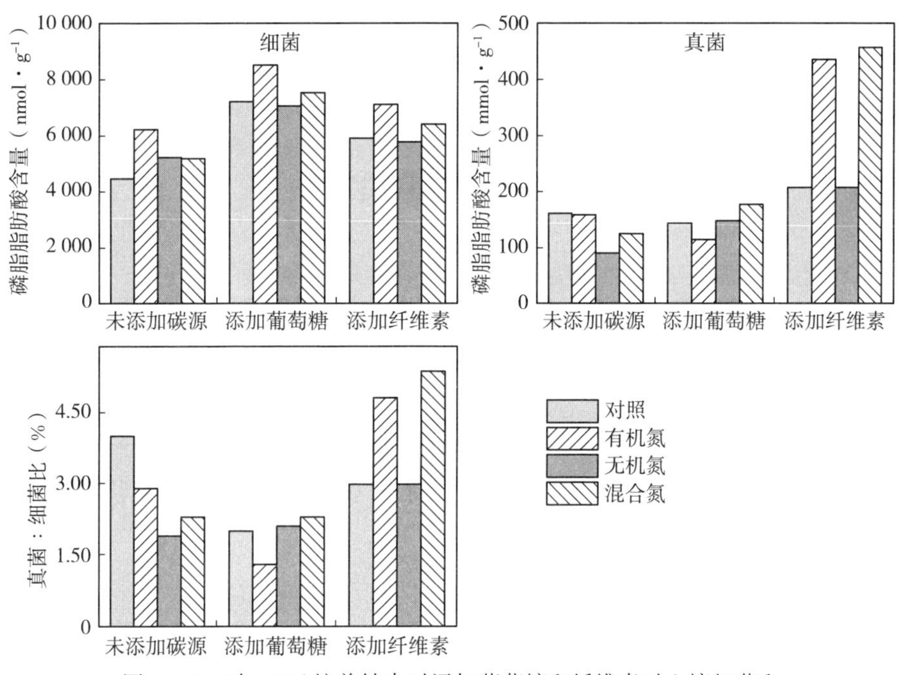

图 4-33　在 104d 培养结束时添加葡萄糖和纤维素对土壤细菌和真菌含量以及真菌：细菌比的影响

既含有微生物比较容易利用的糖、淀粉等易溶于水的有机物质，也含有微生物难以利用的木质素等物质。因此，添加凋落物所诱导激发效应的过程可能会比添加单一物质复杂得多。为探究不同质量的凋落物所引起的激发效应的差异及其机理，Wang 等（2014）在湖南会同林区采集了杉木人工林 0～10cm 和40～60cm 土层的土壤，分别添加了^{13}C 标记的马尾松叶和火力楠叶，然后进行室内模拟培养。实验所用杉木人工林 0～10cm 和 40～60cm 土层土壤的基本性质见表 4-8，马尾松和火力楠凋落物的化学性质见表 4-9。研究结果显示，无论是表层土壤还是深层土壤，添加凋落物均促进了土壤有机碳的分解，即产生了正的激发效应，并且火力楠叶诱导的激发效应的强度大于马尾松叶（图 4-34）。激发效应强度的大小为：在 0～10cm 土壤中添加马尾松叶和火力楠叶引起的激发效应分别为 7.4%和 22.5%，在 40～60cm 土壤中分别为 15.4%和 92.3%，表明凋落物的质量调控着激发效应的强度。凋落叶中含有的可溶有机物质进入土壤后在短期内促进微生物的生长代谢，促使了土壤原有有机碳的分解，产生了正的激发效应（Nottingham et al.，2009）。因此，在该研究中，凋落叶中的可溶性有机质是添加马尾松叶和火力楠叶后产生正激发效应的重要因素。为了证明凋落物中的可溶性有机质是诱导初始阶段激发效应的重要因素，Creamer 等（2015）通过预培养的方式首先降低新鲜凋落叶中可溶性有机物的含量，然后添加到土壤中比较它与含有可溶性有机物的新鲜凋落叶所产生的激发效应，结果显示含有可溶性有机物的新鲜凋落叶所产生的激发效应显著高于可溶性有机物含量降低的凋落叶。

表 4-8　杉木人工林 0～10cm 和 40～60cm 土层土壤的基本性质

土层	有机碳（$g\cdot kg^{-1}$）	全氮（$g\cdot kg^{-1}$）	有效氮（$mg\cdot kg^{-1}$）	pH	容重（$g\cdot cm^{-3}$）	砂粒（%）	粉粒（%）	黏粒（%）
0～10cm	17.5	1.45	11.2	4.35	1.26	11.2	46.1	42.7
40～60cm	4.78	0.71	8.6	4.46	1.38	8.3	47.2	44.5

表 4-9　实验所用标记过的马尾松和火力楠凋落物的化学性质

项目	C（$g\cdot kg^{-1}$）	N（$g\cdot kg^{-1}$）	P（$g\cdot kg^{-1}$）	碳：氮比值	碳：磷比值	Ca（$g\cdot kg^{-1}$）	Mg（$g\cdot kg^{-1}$）
马尾松叶	477.1	19.2	1.51	24.9	316	1.61	3.37
火力楠叶	476.7	22.2	0.70	21.5	681	4.00	2.64

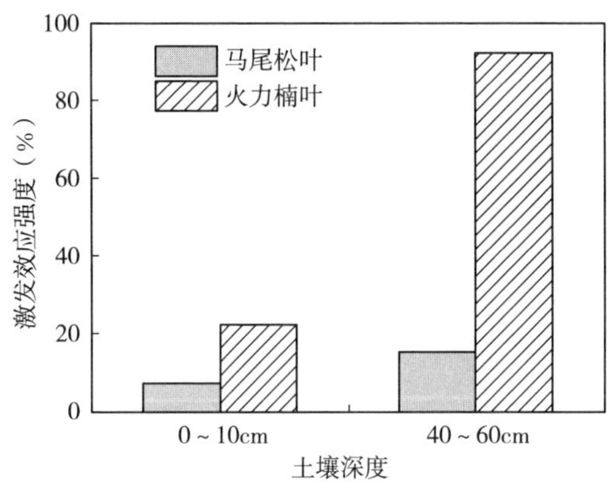

图 4-34　马尾松叶和火力楠叶对土壤有机碳分解的激发效应的影响

本研究结果表明无论是表层土还是深层土中，添加凋落叶显著改变了土壤微生物生物量和群落结构（表 4-10）。表层土壤中的微生物生物量远远大于深层土壤，尤其是真菌，因此导致表层土壤中真菌：细菌的比值高于深层土壤。添加凋落叶增加了土壤微生物生物量，并且深层土中增加的幅度大于表层土壤，尤其是真菌生物量。在表层土壤中，添加马尾松叶显著增加了土壤总微生物生物量和真菌生物量，降低了革兰氏阳性菌：革兰氏阴性菌的比值。在深层土中，马尾松叶和火力楠叶均增加了土壤总微生物、细菌、真菌和革兰氏阳性菌的生物量，但真菌生物量增加的幅度大于细菌，导致真菌：细菌的比值升高。因此，添加马尾松叶和火力楠叶引起的激发效应强度的差异与它们对土壤微生物群落结构的影响程度不同有关。

表 4-10　培养 120d 后马尾松和火力楠凋落叶对土壤微生物生物量的影响

项目		总 PLFA (nmol·g⁻¹)	细菌 (nmol·g⁻¹)	真菌 (nmol·g⁻¹)	放线菌 (nmol·g⁻¹)	真菌：细菌	GP (nmol·g⁻¹)	GN (nmol·g⁻¹)	GP/GN
表层土	CK	25.2	18.0	4.4	2.82	0.25	6.89	3.02	2.28
	PM	37.3	25.3	8.5	3.54	0.34	8.568	5.39	1.60
	MM	29.6	20.4	6.4	2.77	0.31	7.56	3.78	2.00
深层土	CK	6.3	4.4	0.75	0.82	0.17	1.80	0.81	2.22
	PM	13.7	7.8	4.32	0.98	0.56	2.54	1.06	2.41
	MM	15.2	9.3	4.44	1.04	0.49	2.87	1.12	2.64

注：CK、PM、MM 分别表示对照、添加马尾松叶、添加火力楠叶。

微生物既可以利用添加到土壤中的凋落物，也可以利用土壤中原有的有机碳，但是不同的微生物类群对它们的利用能力存在差别。Wang 等（2014）通过测定表层土壤中不同磷脂脂肪酸的 $\delta^{13}C$ 值，并利用质量平衡的原理计算了各个脂肪酸中来源于凋落叶碳的比例。研究结果显示，在 120d 培养结束时添加凋落物的土壤与对照土壤中 $\delta^{13}C$ 值的差值在所有测到的磷脂脂肪酸中以 18:2ω9,12c 脂肪酸最高，其次为 18:1ω9c 和 16:0（图 4-35）。该研究结果表

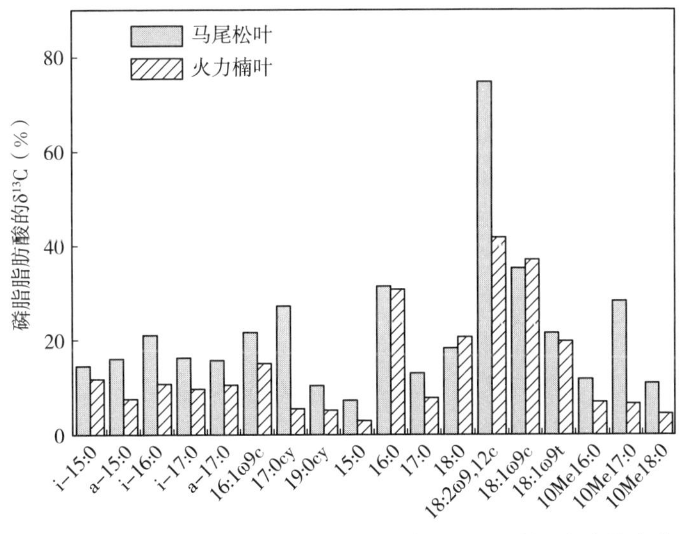

图 4-35　添加凋落物后土壤中微生物磷脂脂肪酸 ^{13}C 丰度的变化

（添加凋落物与未添加凋落物的土壤的差值）

明这 3 类微生物利用凋落物碳的能力较强。结合各类磷脂脂肪酸在土壤中的含量，凋落物中的碳主要分配到 16:0、18:1ω9c、i15:0 和 19:0cy 等磷脂脂肪酸类微生物中（图 4-36）。就微生物三大类群而言，凋落物碳更多地分配到细菌中，这与土壤中细菌的生物量大于真菌有关。

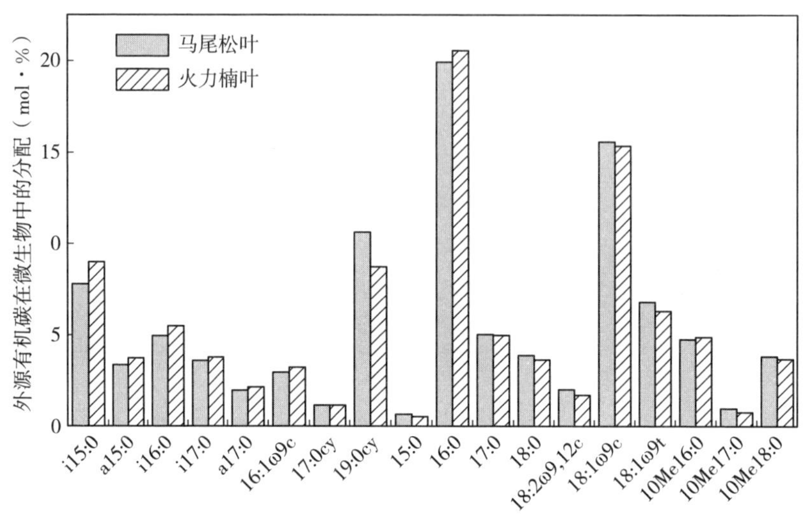

图 4-36　在培养 120d 后磷脂脂肪酸中的 ^{13}C 在微生物各类群落的分配百分比

三、外源碳的添加方式

在陆地生态系统中，植物主要通过地上的枯枝落叶、地下死亡的根系和根系分泌物等形式向土壤中输入有机碳。但是，它们向土壤输入有机碳的过程通常是多次脉冲式的，甚至是连续的。例如，在季节变化不明显的热带或亚热带森林中，根系分泌物和凋落物的分解可以全年源源不断地向土壤中输入有机碳。即使在季节性较强的地区，根系的分泌物和凋落物分解产生的可溶性有机碳向土壤中的输入在生长季也可能是连续的（徐兴良等，2014）。此外，根系分泌物对于土壤微生物也存在空间上的变化。当根尖生长延伸到土壤的某一区域时，根系可能以“脉冲式”的状态分泌有机物（Wang et al.，2016）。然而，目前关于激发效应的室内模拟研究绝大多数都是采用在培养前一次性添加外源有机碳的方法，没有反映出植物向土壤中输入碳的真实过程。因此，常规的一次性添加外源有机碳的方法所获得的研究结果可能会与激发效应在生态系统中真实发生的情况不同。针对此问题，一些研究采用重复添加或连续添加外源有机碳的方式来模拟自然状态下来自植物的连续或脉冲式的碳输入。一些实验采用的所谓连续添加外源有机碳，其本质是将重复添加外源有机碳的时间间隔进一步缩短，例如由原来的几周、几天缩短为一天或几个小时。

目前，大部分研究结果显示，一次性添加外源有机碳所产生的激发效应的强度远大于多次重复添加或连续添加外源有机碳。在黑龙江帽儿山落叶松林中，在葡萄糖总添加量相同的条件下，Wang 等（2019）通过培养前一次性添加葡萄糖和培养过程中每 10d 添加一次葡萄糖的方法来比较外源有机碳的添加方式对激发效应的影响。研究结果显示，在培养 90d 时，一次性添加葡萄糖所诱导的累积激发效应为 1.95～2.67mg・kg^{-1}，是重复添加葡萄糖所产生的累积激发效应的 2.3～8.6 倍（图 4－37），并且一次性添加葡萄糖所诱导的累积激发效应的增加速率显著快于重复添加葡萄糖，即重复添加葡萄糖所产生的累积激发效应的变化相对缓慢。在中国热带和亚热带森林土壤中，Qiao 等（2014）也发现了类似的现象。其研究结果显示，单次添加葡萄糖诱导的累积激发效应为重复和连续添加葡萄糖的 2～3 倍，而重复和连续添加葡萄糖产生的激发效应强度基本没有差别（图 4－38）。这些研究结果说明一次性添加外源有机碳所诱导的激发效应与重复添加或连续添加外源有机碳所诱导的激发效应存在差异，并且前者可能会高估计激发效应的强度。不同外源有机碳的添加方式对激发效应强度产生差异的一个重要原因是不同外源有机碳的添加方式所引起的微生物活性的不同。一次性添加外源有机碳使大量易分解有机碳同时进入土壤，为微生物提供了大量碳源和能量，能够促进部分微生物的生长和酶的合成，与此同时，微生物对氮源的需求也增大，因此微生物分解土壤有机碳来获取氮素，引发激发效应。重复添加或连续添加外源有机碳的方式因为每次添加外源有机碳的数量比较少，可能不足以激活大量的休眠或者饥饿的微生物来

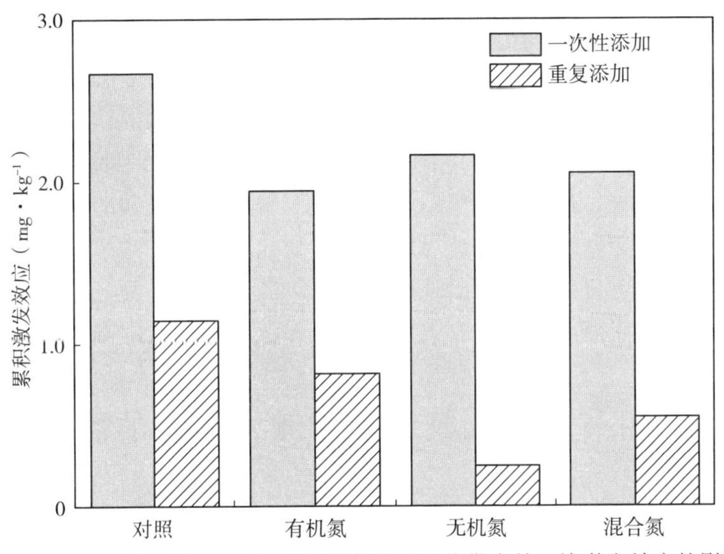

图 4－37 一次性添加和重复添加葡萄糖对亚热带森林土壤激发效应的影响

分解土壤有机碳（Qiao et al.，2014；Fontaine et al.，2004a）。探究外源有机碳对激发效应的影响时应考虑外源有机碳添加方式的潜在影响。

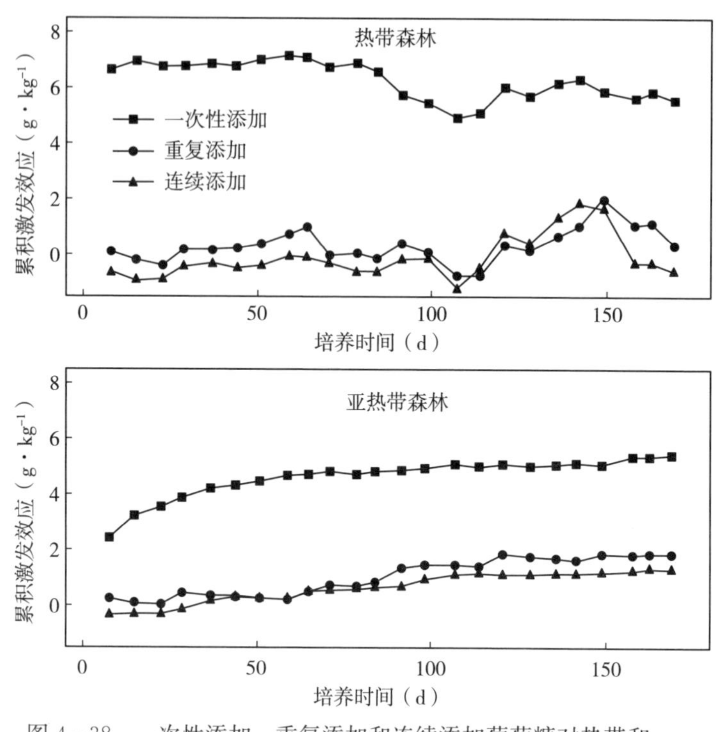

图 4-38 一次性添加、重复添加和连续添加葡萄糖对热带和亚热带森林土壤激发效应的影响

总之，外源有机碳的数量、质量和添加方式等均调控着土壤有机碳分解的激发效应的强度和方向。同时，这些因素对激发效应的调控作用比较复杂，与土壤性质等密切相关，致使在不同的研究中所得出的结果存在差异，甚至相反。更为重要的是，这些调控作用进一步影响着土壤有机碳的平衡。例如，重复添加或连续添加外源有机碳诱导的激发效应比较低，在考虑外源有机碳的补偿作用时，土壤有机碳可能会出现净增加比。因此，在土壤有机碳的动态模型模拟研究中，不仅需要考虑激发效应，也需注意激发效应的调控因素。

第四节 大气氮沉降对激发效应的影响

一、大气氮沉降量的影响

日益增加的大气氮沉降向陆地生态系统中输入大量的活性氮，对包括土壤有机碳循环在内的生态系统的过程与功能产生了十分复杂的影响。大气氮沉降不仅能够增加土壤中的氮素有效性，还能够引起土壤其他性质的改变，例如土壤有机碳的含量与组成、微生物的群落结构和酶活性、土壤 pH 下降。一些实验采用室内添加氮素的方法探索大气氮沉降对激发效应的影响，但是短期的氮素添加主要是改变了土壤氮素的有效性，忽略了大气氮沉降对土壤其他性质的影响，尤其是长期影响。为了探索大气氮沉降对土壤有机碳分解的激发效应的影响，李赟等（2021）基于已进行了 4 年的若尔盖高寒泥炭湿地野外模拟氮沉降样地，通过采集土壤样品、添加不同数量的^{13}C标记葡萄糖，并进行室内培养，在培养期间多次观测土壤呼吸和 CO_2 的 $\delta^{13}C$ 值。该实验设置了 4 个模拟大气氮沉降水平：对照（$0kg \cdot hm^{-2} \cdot a^{-1}$）、低氮（$10kg \cdot hm^{-2} \cdot a^{-1}$）、中氮（$20kg \cdot hm^{-2} \cdot a^{-1}$）和高氮（$80kg \cdot hm^{-2} \cdot a^{-1}$）。模拟氮沉降样地在每年的 5 月开始持续施氮，将硝酸铵（NH_4NO_3）水溶液均匀喷洒在地表。室内培养的结果表明，添加葡萄糖后激发效应主要发生在第 3～7 天，此后激发效应的强度基本稳定（图 4 - 39）。氮沉降降低了土壤有机碳分解的激发效应，并且无论葡萄糖的添加量是多少，在低温（5℃）培养下，激发效应均由正激发变为负激发，但是不同氮沉降量之间土壤激发效应的强度差异不显著。而在高温（15℃）培养下，激发效应的强度随着氮沉降量的增加而减弱。在葡萄糖添加量为土壤微生物生物量碳 50%的土壤中，低氮、中氮和高氮沉降量土壤的平均激发效应强度分别为 $1.22mg \cdot kg^{-1} \cdot d^{-1}$、$1.01mg \cdot kg^{-1} \cdot d^{-1}$、$0.76mg \cdot kg^{-1} \cdot d^{-1}$和 $0.28mg \cdot kg^{-1} \cdot d^{-1}$，比对照土壤分别低了 $0.21mg \cdot kg^{-1} \cdot d^{-1}$、$0.46mg \cdot kg^{-1} \cdot d^{-1}$和 $0.94mg \cdot kg^{-1} \cdot d^{-1}$；葡萄糖添加量为土壤微生物生物量碳 200%的土壤中，低氮、中氮和高氮沉降量土壤的平均激发效应强度分别为 $1.59mg \cdot kg^{-1} \cdot d^{-1}$、$1.18mg \cdot kg^{-1} \cdot d^{-1}$、$0.65mg \cdot kg^{-1} \cdot d^{-1}$和 $0.18mg \cdot kg^{-1} \cdot d^{-1}$，比对照土壤分别低了 $0.41mg \cdot kg^{-1} \cdot d^{-1}$、$0.94mg \cdot kg^{-1} \cdot d^{-1}$和 $1.41mg \cdot kg^{-1} \cdot d^{-1}$。这表明，大气氮沉降降低了激发效应的强度，但是大气氮沉降量对激发效应的降低作用与室内模拟培养的温度和外源有机碳的添加数量有关。

从图 4 - 39 还可以看出，在 5℃下大气氮沉降对激发效应的降低作用大于在 15℃下，即培养温度越低，氮沉降对激发效应强度的降低作用越高，这可能是温度的升高使土壤中微生物活性增加，对养分需求扩大，从而增强了激发效应。因此，在全球变暖和大气氮沉降增加的共同作用下，全球变暖可能导致正的激发效应更容易发生，加速土壤有机碳的分解；大气氮沉降则有可能导致负的激发效应发生，以降低微生物对土壤有机碳的分解和减弱全球变暖导致的土壤有机碳库不稳定性的增加。气候变暖和大气氮沉降对土壤有机碳分解激发效应的影响需要进一步通过模型量化，以确定土壤有机碳库在未来的反馈和响应。

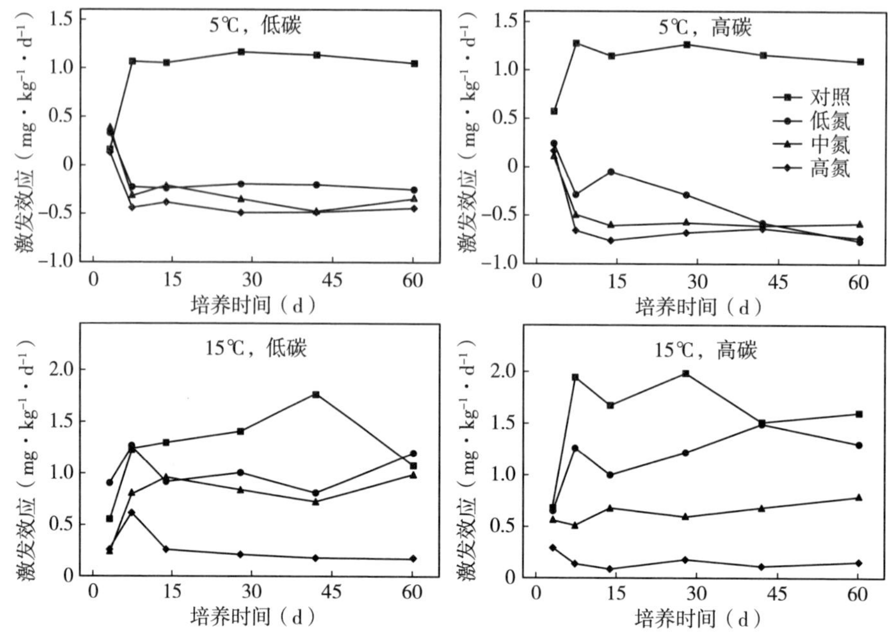

图 4-39　在 60d 室内培养期间不同氮沉降处理的土壤激发效应强度的变化

大气氮沉降对激发效应的影响还与添加的外源有机碳的种类有关。Liu 等（2018）依托内蒙古多伦县地区半干旱草原的 12 年氮沉降模拟控制实验，采集了对照（$0kg \cdot hm^{-2} \cdot a^{-1}$）、低氮（$80kg \cdot hm^{-2} \cdot a^{-1}$）和高氮（$320kg \cdot hm^{-2} \cdot a^{-1}$）处理的土壤样品，分别向土壤中添加$^{13}C$标记的葡萄糖和苯酚，然后在 25℃下进行室内培养。添加葡萄糖诱导的绝对激发效应的强度在对照、低氮和高氮处理的土壤中分别为 $4.75mg \cdot kg^{-1}$、$4.06mg \cdot kg^{-1}$和 $2.56mg \cdot kg^{-1}$，而添加苯酚所诱导的绝对激发效应的强度在对照、低氮和高氮处理的土壤中分别为 $6.28mg \cdot kg^{-1}$、$2.74mg \cdot kg^{-1}$和 $1.93mg \cdot kg^{-1}$（图 4-40）。该研究结果

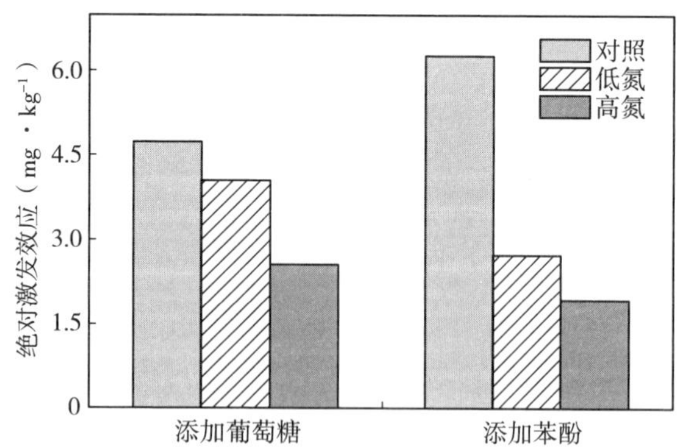

图 4-40　在不同氮沉降处理下土壤中添加葡萄糖和苯酚产生的绝对激发效应

表明，添加葡萄糖和苯酚诱导的激发效应的强度随氮沉降量的增加而显著降低，但是氮沉降对葡萄糖诱导的激发效应的降低作用小于对苯酚诱导的激发效应的降低作用。通过进一步分析研究发现，真菌生物量和真菌：细菌比是葡萄糖和苯酚诱导的激发效应的最重要预测指标。

二、氮沉降中氮素形态的影响

（一）铵态氮与硝态氮

大气氮沉降中的无机态氮以铵态氮和硝态氮为主，它们的长期沉降可以改变植被的群落组成、植物光合碳的形成、分配与输入等，进而对土壤化学性质和微生物学性质等产生影响，从而影响土壤有机碳分解的激发效应及其调控机理。Song 等（2018）基于青海省海北生态实验站的高山草甸氮沉降模拟控制实验样地，采集了已模拟氮沉降 10 年的表层土壤进行相关室内模拟培养实验。该实验设置了 3 个无机氮形态，分别为铵态氮、硝态氮和铵态氮与硝态氮的混合物，添加的含氮物质分别为硫酸铵、硝酸钠和硝酸铵，氮素添加量为 $75g \cdot hm^{-2} \cdot a^{-1}$。不同无机氮处理的土壤在添加 ^{13}C 标记的葡萄糖后在 15℃ 条件下培养 28d，其中葡萄糖的添加量分为 3 个水平，分别为 $0.3g \cdot kg^{-1}$、$0.5g \cdot kg^{-1}$ 和 $0.8g \cdot kg^{-1}$。由图 4－41 可知，3 种葡萄糖添加量诱导的激发碳在对照土壤和长期接收氮沉降的土壤中都差异明显。其中，在长期受铵态氮影响的土壤中，葡萄糖的添加在 28d 的培养期间内所产生的激发碳为负的，而在长期受硝态氮和混合态氮影响的土壤中，葡萄糖的添加在 28d 的培养期间内所产生的激发碳为正的。就对照土壤而言，在葡萄糖的添加量为 $0.8g \cdot kg^{-1}$ 时激发碳为正的，并且在整个培养期间都是快速增加，而葡萄糖的添加量为 $0.3g \cdot kg^{-1}$ 和 $0.5\ g \cdot kg^{-1}$ 时激发碳在培养的前 1～3 天是负的，但此后缓慢增加并改变方向变为正的激发效应。不同形态氮沉降处理下土壤激发效应的方向和强度的差异可能与不同形态氮沉降对土壤微生物的群落结构与多样性的长期影响有关。不同形态氮沉降处理下土壤的微生物群落存在差别（图 4－42），并且在 28d 培养结束后土壤微生物群落组成的差异更大。特别是革兰氏阴性菌、总的细菌和放线菌的含量在铵态氮处理的土壤中比在硝态氮处理的土壤中低。土壤微生物群落组成的变化与长期氮沉降造成的土壤 pH 下降有关，铵态氮和硝态氮处理的土壤 pH 分别从对照土壤的 8.10 降低到 7.01 和 7.63。

从图 4－41 还可以得知，葡萄糖的添加量显著影响了激发碳的数量，并且该影响在不同无机态氮沉降处理的土壤中也存在差异。在对照土壤和受混合态氮的土壤中，激发碳的数量随葡萄糖的添加量增加而增多，并且在葡萄糖的添加量为 $0.8mg \cdot g^{-1}$ 时所产生的激发碳的数量显著高于其他 2 个葡萄糖添

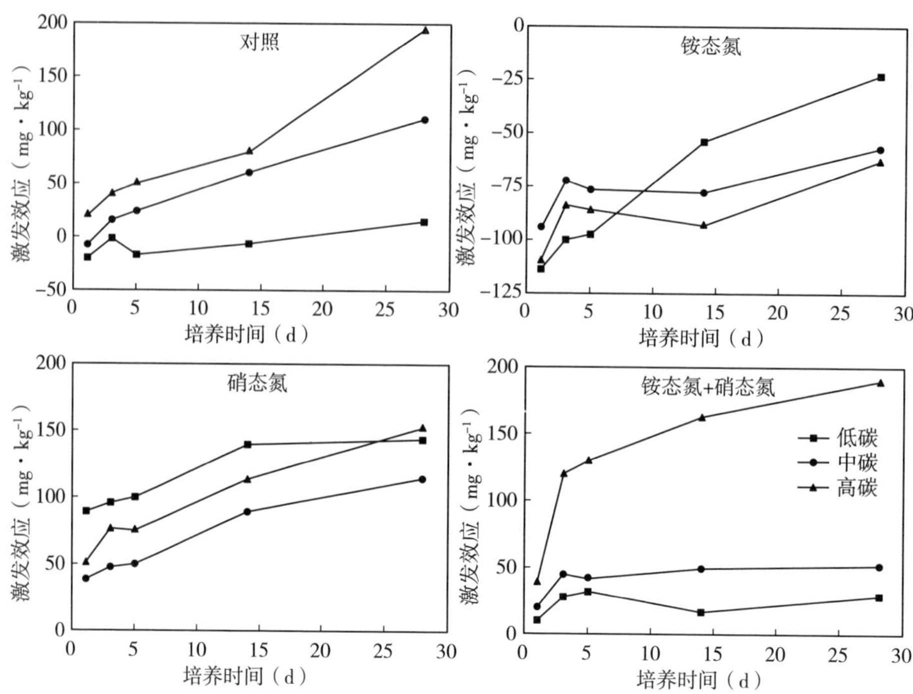

图 4-41　在 28d 培养期间添加葡萄糖在不同形态无机氮沉降土壤中诱导的累积激发效应

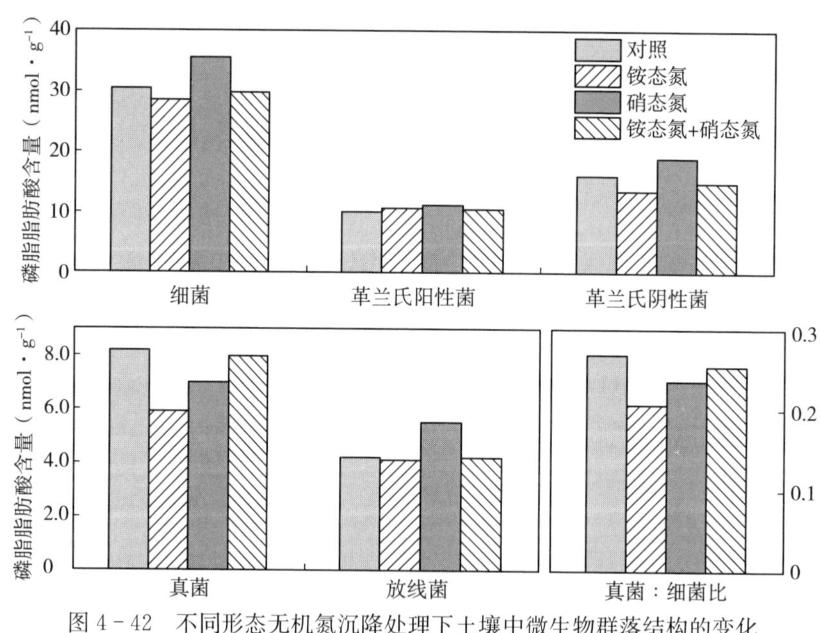

图 4-42　不同形态无机氮沉降处理下土壤中微生物群落结构的变化

加量。就长期接收铵态氮的土壤而言，在培养的初期（第 1～5 天），在葡萄糖的添加量为 0.5mg・g^{-1}时所产生的激发碳的数量最多，在葡萄糖的添加量为 0.3 mg・g^{-1}时所产生的激发碳的数量最少；在培养的其他时间激发碳的数量在葡萄糖的添加量为 0.3mg・g^{-1}时最多，在葡萄糖的添加量为 0.8mg・g^{-1}时所产生的激发碳的数量最少。总体上，葡萄糖的添加量对激发碳的影响在长期接收铵态氮的土壤中比在其他 3 个处理的土壤中小。而在长期接收硝态氮的土壤中，葡萄糖的添加量为 0.3mg・g^{-1}时所产生的激发碳最多，但在整个培养期间，无论葡萄糖的添加量是多少，土壤激发碳的数量都快速增加。

为了进一步研究土壤微生物的群落组成与丰富度的变化对激发效应的调控作用，Song 等（2018）在大气氮沉降模拟控制实验样地附近采集了土壤样品，首先将样品烘干 48h，然后用高压消毒杀菌的方法灭菌 48h，将从大气氮沉降模拟控制实验样地土壤中提取的微生物溶液添加到灭菌后的土壤中，添加葡萄糖后进行室内模拟培养。研究发现，接种来源于不同氮沉降处理土壤的微生物后激发效应发生了较大变化，即由氮沉降引起的土壤微生物的丰富度和组成的变化对激发效应产生了较大的影响（图 4－43）。接种了来源于对照和铵态氮沉降处理土壤的微生物后累积激发碳的数量为负值，并且在整个培养期间是降低的，即负激发效应越来越大。接种了来源于硝态氮沉降处理土壤的微生物后激发碳的数量除第 1 天是负值外，其他时间都是正值，并且基本上是恒定的。接种了来源于混合态氮沉降处理土壤的微生物后累积激发碳的数量在培养初期是负值，此后快速增加并在培养后期变为正值。该研究结果进一步证实了向不同氮沉降处理的土壤中添加葡萄糖后所产生的激发效应的强度和方向存在较大

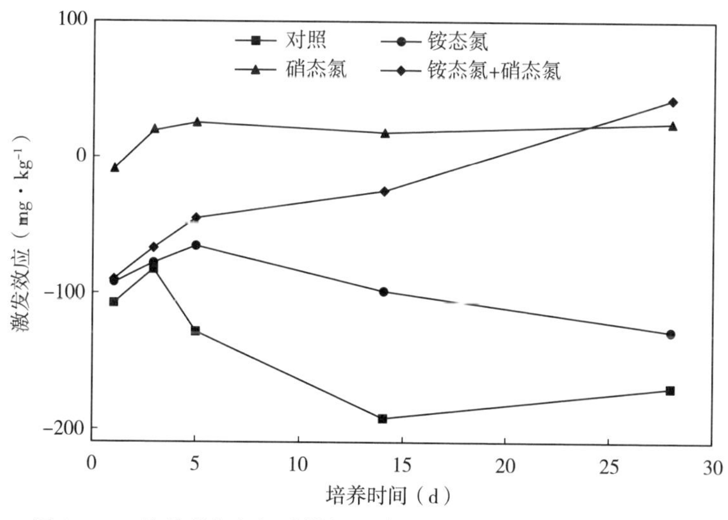

图 4－43　接种长期氮沉降模拟土壤微生物群落后在 28d 培养期间葡萄糖诱导的土壤有机碳分解激发效应

差别主要是由土壤中微生物的群落组成与丰富度的差异引起的。这是因为土壤微生物群落组成与丰富度的变化可以改变微生物的功能属性，进而改变微生物分解土壤有机碳的能力。

（二）无机态氮与有机态氮

大气氮沉降中不仅含有无机态氮，还含有一定的有机态氮，主要是尿素、甘氨酸和氨基酸等成分（Cornell，2011）。在全球范围内，有机态氮在大气氮沉降中所占的比例约为 1/3。为了探讨无机态氮和有机态氮的沉降对土壤有机碳分解激发效应的影响，田鹏（2020）利用黑龙江帽儿山地区落叶松林的长期氮沉降模拟试验样地，采集 0～10cm 矿质土壤，室内模拟培养 152d，测定土壤有机碳的分解，分析不同形态氮沉降处理土壤的有机碳分解对外源有机碳添加的响应。该长期氮沉降模拟试验建立于 2010 年 4 月，试验样地设置 4 个氮添加处理，即无氮添加，添加无机态氮，添加有机态氮，添加无机态氮与有机态氮（按 7∶3 比例混合），每个处理设置 3 个重复，氮的添加量为 100kg・hm^{-2}・a^{-1}。其中该试验中有机氮与无机氮的混合施用比例是根据 Cornell（2011）报道的全球范围内大气氮沉降中有机态氮和无机态氮的比例进行设置的，无机氮为硝酸铵，有机氮为等比例的尿素和甘氨酸的混合物。将氮素溶解于水中，于每年的 5～10 月分 6 次等量喷施于林下土壤，对照样地喷施等量的水。

研究结果显示，无论土壤是否长期添加氮，添加葡萄糖均促进了土壤有机碳的分解，并且这种促进作用随着葡萄糖添加量的增加而逐渐增强（图 4－44）。

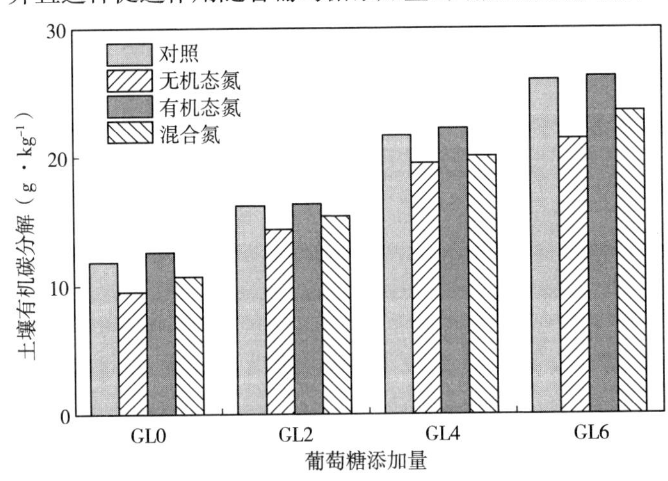

图 4－44　培养期间无机态氮和有机态氮沉降对土壤有机碳分解的影响

（GL0、GL2、GL4 和 GL6 分别代表添加葡萄糖的量为土壤有机碳含量的 0%、2%、4%和 6%）

这也就是说，葡萄糖的添加产生了正的激发效应，并且激发效应的强度随着葡萄糖添加量的增加而逐渐增大。在添加土壤有机碳含量的2%（GL2）、4%（GL4）和6%（GL6）葡萄糖处理中，累积激发效应分别为3.7～4.5mg・g^{-1}、8.5～10.3mg・g^{-1}和11.3～14.2mg・g^{-1}（图4-45）。与没有添加氮素的对照土壤相比较，葡萄糖在长期添加有机态氮的土壤中诱导激发效应的强度显著降低，在培养结束时累积激发效应比对照土壤中低了12.3%～23.2%，即有机态氮沉降抑制了激发效应。同时，该抑制作用随着葡萄糖添加量的增加而逐渐增强。然而，在长期添加无机态氮和混合态氮的土壤中，添加氮对激发效应没有显著影响，但累积激发效应随葡萄糖的添加量的增加呈线性增长，而在长期添加有机态氮的土壤中激发效应的强度随葡萄糖添加量的增加呈非线性增长。

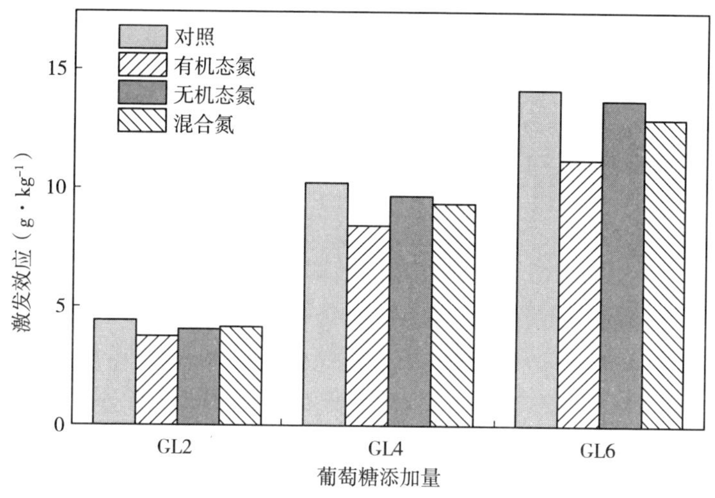

图4-45 无机态氮和有机态氮沉降对土壤累积激发效应的影响
（GL2、GL4和GL6分别代表添加葡萄糖的量为土壤有机碳含量的2%、4%和6%）

有机态氮沉降降低了土壤有机碳的分解及其激发效应。与无机态氮沉降相比，有机态氮沉降含有一部分碳源，可以被微生物利用，从而降低了微生物对土壤有机碳的利用，即土壤微生物从利用难分解的土壤有机碳转为利用更容易分解的外源有机碳。氮沉降增加了土壤的氮素有效性，而在氮素比较丰富的土壤中微生物可以利用外源易分解有机碳和土壤中的有效氮，而对从土壤有机碳分解过程中所释放的氮素依赖性比较弱（Kumar et al.，2016；Fontaine et al.，2011）。因此，激发效应的强度在长期添加有机态氮的土壤中较小。在有机态氮沉降土壤中葡萄糖分解所释放的CO_2与土壤有机碳分解所释放的CO_2之比显著高于其他土壤（图4-46），这也说明在添加有机态氮的土壤中微生物对土壤有机碳的利用低于其他土壤。

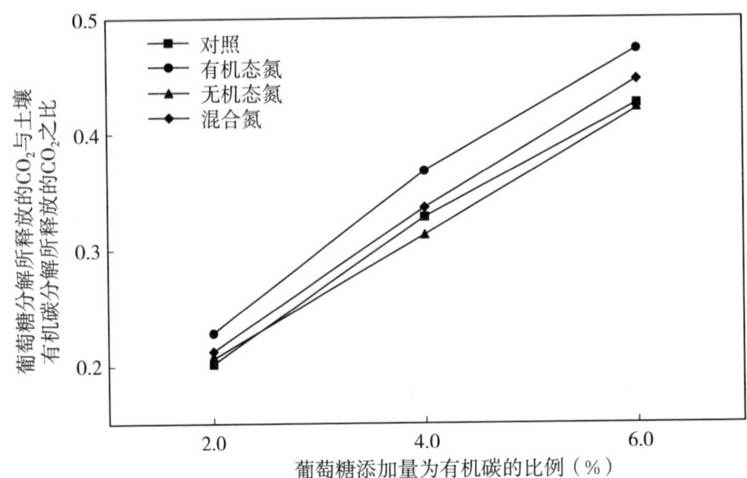

图 4-46　培养结束时不同葡萄糖添加量中葡萄糖分解释放的 CO_2 量与土壤有机碳分解释放的 CO_2 量之比

三、大气氮沉降与外源有机碳质量的耦合作用

大气氮沉降对土壤激发效应的影响可能还与外源有机碳的质量有关。田鹏（2020）利用黑龙江帽儿山地区落叶松林的长期氮沉降模拟控制实验样地，采集 0～10cm 土壤，添加了^{13}C标记的葡萄糖和纤维素进行室内模拟培养，其中葡萄糖代表简单的、易分解的外源有机碳，而纤维素则代表复杂的、难分解的外源有机碳，外源有机碳的添加量为土壤有机碳含量的 2%。葡萄糖诱导的激发效应为纤维素的 1.6～3.7 倍，并且它们的差别在不同形态氮沉降之间存在差异。在不考虑氮沉降形态的情况下，氮沉降总体上抑制了葡萄糖所诱导的激发效应，而促进了纤维素所诱导的激发效应。然而，氮沉降对激发效应的影响在无机态氮沉降和有机态氮沉降处理的土壤中存在差异。具体来说，有机态氮沉降抑制了葡萄糖添加所诱导的激发效应，激发效应的强度比对照土壤低 17.2%，却促进了纤维素添加所诱导的激发效应，比对照土壤高 45.3%。无机态氮沉降对葡萄糖和纤维素所诱导的激发效应没有显著影响，但是有机态氮与无机态氮混合促进了纤维素所诱导的激发效应，为对照土壤的 193.5%。虽然添加葡萄糖与纤维素所诱导的激发效应的时间动态变化存在差异，但是不同形态氮沉降没有改变它们的时间动态变化趋势。

在不同形态氮沉降下葡萄糖和纤维素所诱导的激发效应的差异与土壤微生物群落组成有关。Tian 等（2019b）测定了培养实验结束时土壤的磷脂脂肪酸，其结果显示，葡萄糖和纤维素对土壤微生物的影响在不同氮沉降处理的土壤中存在差别。在有机态氮沉降以及无机态氮与有机态氮沉降混合处理的土壤中，纤维素显著提升了土壤中真菌的生物量和真菌：细菌比。与之相反，在有机态氮沉降处理的土壤中，葡萄糖促进了土壤中细菌的生长，增加了其生物量，导致微生物的真菌：细菌比降低。但是，在无机态氮沉降处理的土壤中，添加葡萄糖和纤维素后土壤微生物的群落结构与对照土壤相比基本没有发生变化。另外，研究结果还显示，与没有添加外源有机碳的土壤相比较，葡萄糖和纤维素的添加显著增加了土壤中细菌的生物量，而真菌的生物量仅在添加了纤维素的土壤中出现了显著增加，从而添加的葡萄糖和纤维素对土壤真菌：细菌比产生不同的影响。有机态氮沉降促进了纤维素诱导的激发效应，并伴随着真菌生物量和真菌：细菌比的升高，这说明真菌在此激发效应过程中发挥了重要作用。相对于葡萄糖而言，纤维素的可利用性和可分解性比较低，而真菌相对于细菌具有更强的利用纤维素的能力。然而，即使在有机态氮添加的背景下，真菌在与细菌对葡萄糖的竞争中仍然不占优势。因此，真菌真正对激发效应起决定性作用需要对碳源具有竞争优势，同时还需要适宜的氮素有效性。

葡萄糖和纤维素所诱导的激发效应的强度在不同形态氮沉降处理的土壤中呈现出极大的差异，这表明氮沉降的形态对激发效应的影响受外源有机碳的可利用性调控。长期的有机态氮沉降通过改变微生物的群落结构以及土壤的氮素有效性等方式对葡萄糖和纤维素诱导的激发效应产生了相反的影响。与大量室内短期一次性添加无机氮对激发效应产生明显影响的结果不同（Aye et al.，2018；Wang et al.，2014），我们利用野外长期氮沉降模拟控制试验的土壤进行室内培养所得到的结果显示无机态氮沉降对激发效应没有产生影响。这可能是由于大气氮沉降进入到土壤后所进行的氮循环过程和途径比室内简单的一次性添加无机氮复杂得多。例如，在生态系统中植物可以吸收通过氮沉降输入到土壤中的氮素，还可以通过淋溶作用使氮素发生损失，但在没有植物的土壤添加无机氮的室内培养实验中这些过程很难发生。无机态氮与有机态氮沉降的混合处理增加了纤维素所诱导的激发效应的强度，而没有影响葡萄糖所诱导的激发效应的强度，这也说明了外源有机碳的可利用性与氮沉降对激发效应的影响具有交互作用。总的来讲，长期的有机态氮沉降对激发效应的影响比无机态氮沉降大，并且该影响的差异还受外源有机碳的可利用性调控。因此，在大气氮沉降研究中考虑有机态氮很重要。基于我们已有知识，提出了有机态氮沉降对土壤有机碳固持影响的概念示意图（图 4-47）。长期有机态氮沉降主要通过影响土壤的生态化学计量特征和微生物群落，同时微生物群落的变化可以影响微生物的碳利用效率和底物的优先利用性，进而影响土壤有机碳分解及其激发效应，最终调控土壤有机碳固持。

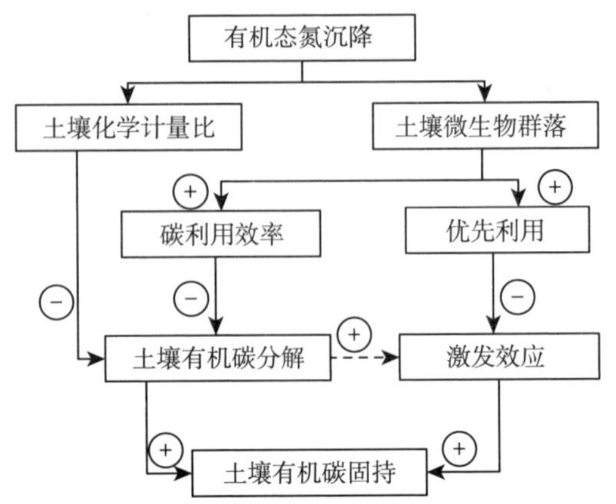

图 4-47 有机态氮沉降对土壤有机碳固持影响的概念示意图

第五节 激发效应的空间变异

一、激发效应的水平空间变异

土壤有机碳分解的激发效应是陆地生态系统中广泛存在的现象，其强度和方向受气候、植被类型、土壤性质等多种因素的综合影响（Liu et al.，2020；Perveen et al.，2019）。由此它在不同空间区域中可能会存在差别，在不同地点的研究结果也显示激发效应的强度和方向差别较大，具有空间变异性。然而，目前关于激发效应的空间变异及其调控机制的研究较少。Razanamalala 等（2018）对马达加斯加州中部气候带上的土壤进行了激发效应实验，结果显示气候因子能够通过影响土壤理化性质和微生物群落来驱动激发效应不同产生机制的作用强度。年均温是调控激发效应的主要气候因素，通过对微生物种群的特定选择来实现激发效应产生机制之间强弱的转换。在较寒冷的地区，土壤中富含有机质以及快速生长的微生物群落（Razanamalala et al.，2018），养分化学计量原理是激发效应产生的主要生物学机制，主要是通过增强分解高质量土壤有机碳的微生物的活性来实现对土壤有机碳的分解；在较温暖地区，由于慢速生长与快速生长微生物群落之间缺乏对植物残体中能量的竞争，激发效应主要由氮挖掘机制调控，主要是通过促进微生物类群以共代谢的方式来实现对土壤有机碳的分解。

为了探讨森林土壤有机碳分解激发效应的空间变异及其调控机制，田鹏（2020）在中国温带地区选择了大兴安岭、帽儿山、长白山、冰砬山、清原、草河口和北京 7 个地区的典型森林类型，采集 0～10cm 土层土壤并在 20℃下进行室内模拟培养。这 7 个地点，从北纬 39°96′至北纬 51°43′，年均气温范围为$-5.8\sim7.1$℃，年降水量范围为485～947mm（表4-11）。在室内模拟培养前，添加了土壤有机碳含量2%的葡萄糖和$100mg\cdot kg^{-1}$（硝酸铵）。该实验采用周期循环变温培养的方法，土壤在10～22℃范围内逐渐升降，24h为一个循环周期。经过102d的培养，在所有森林土壤中添加葡萄糖均促进了土壤有机碳的分解，土壤有机碳的分解比没有添加葡萄糖的土壤高23.9%～45.6%。也就是说，在所有森林土壤中添加葡萄糖均产生了正激发效应，其强度范围为$4.35\sim6.71mg\cdot g^{-1}$，呈现出空间变异性（图4-48）。此外，硝酸铵的添加降低了葡萄糖诱导的激发效应，并且这种降低作用在各地区之间呈现出较大的空间变异。同时添加葡萄糖与硝酸铵的土壤的激发效应强度在大兴安岭和长白山显著低于其他地区，甚至部分土壤发生了负激发效应。

表4-11　温带森林不同研究地点的地理环境因子

项目	纬度（°）	经度（°）	年均气温（℃）	年降水量（mm）	土壤有机碳（$g\cdot kg^{-1}$）	全氮（$g\cdot kg^{-1}$）	全磷（$mg\cdot kg^{-1}$）	pH
大兴安岭	51.43	121.26	−5.8	485	25.10	1.58	1.76	5.88
帽儿山	45.40	127.66	1.6	671	64.15	5.15	1.35	5.40
长白山	42.18	128.15	1.3	723	29.93	1.00	0.23	5.17
清原	41.68	124.91	5.3	905	32.50	2.75	0.60	5.65
草河口	40.86	123.89	5.7	947	37.55	3.05	0.50	5.85
冰砬山	42.58	125.05	4.6	781	23.85	1.40	0.35	6.05
北京	39.96	115.43	7.1	499	40.30	3.10	0.58	6.73

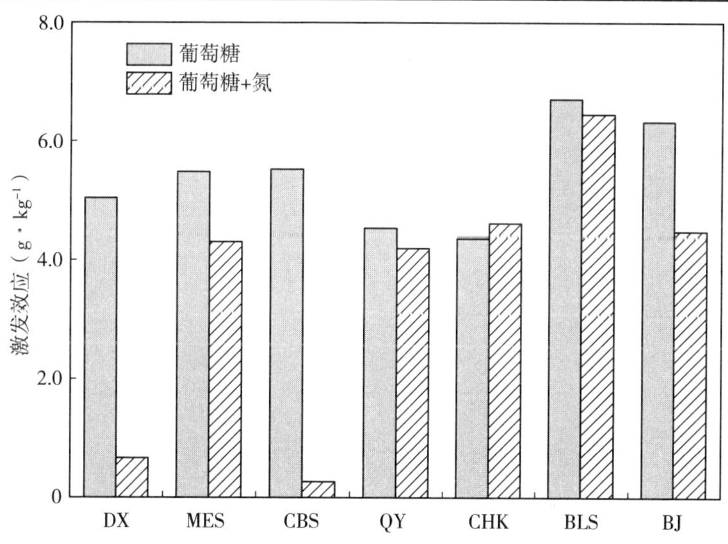

图4-48　添加葡萄糖和硝酸铵对温带不同地区森林土壤有机碳分解累积激发效应的影响
（DX：大兴安岭，MES：帽儿山，CBS：长白山，BLS：冰砬山，QY：清原，CHK：草河口，BJ：北京）

通过方差分解分析，气候因子、土壤理化性质、土壤微生物群落组成和酶活性对激发效应空间变异的总解释量为 30.2%（图 4-49），它们各自的解释量分别为 80.9%、19.9%、34.3%和 73.9%。进一步分析发现气候因子、土壤理化性质和土壤微生物群落组成三者之间的交互作用对激发效应空间变异的解释量最高，达到总变异量的 92.7%。

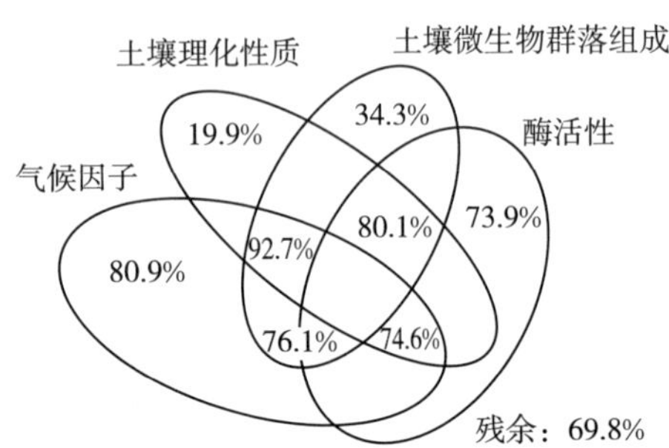

图 4-49　气候因子、土壤理化性质、土壤微生物群落组成和酶活性对激发效应空间变异的解释程度

在方差分解的基础上，为了量化调控激发效应空间变异的各个因素的相对重要性，我们根据已知的相关关系构建了结构方程模型。地理位置（纬度）、土壤化学性质（pH、全氮、交换性钠）、微生物群落结构和酶活性（真菌∶细菌比、革兰氏阳性菌与革兰氏阴性菌比值、蔗糖酶）的共同影响激发效应的空间变异。总的来看，这些因子可以解释激发效应空间变异的 45%（图 4-50）。土壤 pH 对激发效应起正向作用，而蔗糖酶对激发效应具有最强的负向影响。这两个因子是调控激发效应空间变异的主导因素。真菌∶细菌比通过对蔗糖酶的正向影响而对激发效应产生间接的负向作用。从根本上来讲，土壤的地理位置，主要是纬度，通过对微生物真菌∶细菌比的正向影响以及对土壤 pH 的负效应间接调控激发效应的空间变异。

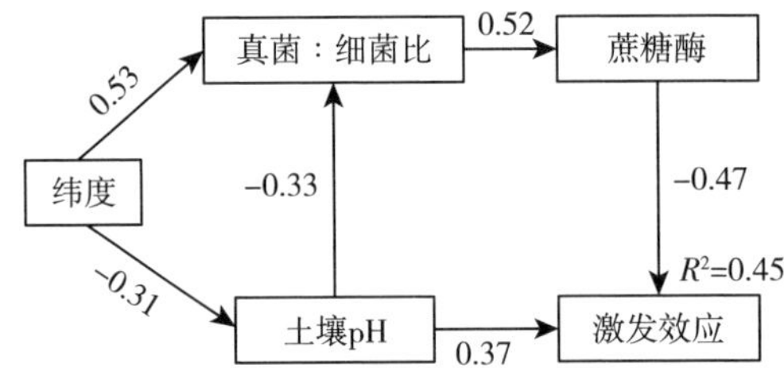

图 4-50　由变量（盒形）与潜在的因果关系（箭头）构成的结构方程模型，对温带森林站点中土壤有机碳激发效应的空间规律的量化

（单向箭头表明假设的因果方向。箭头的宽度和颜色与路径系数的强度成比例。路径旁数字为标准化的路径系数，它可以反映模型中变量的重要性）

现有的研究已经证明激发效应是普遍存在的。然而，激发效应的研究是在不一致的条件下进行的，例如外源有机碳的质量与数量、添加方式、培养环境等，导致不同研究的结果差异巨大。因此，利用不同实验的结果通过简单的归纳总结得到的激发效应的空间变异规律可信度较低（Thiessen et al.，2013；Zhu et al.，2011）。解决这一问题的方法应是在统一的实验条件下系统地探究不同空间尺度内激发效应的变异规律及其调控机制。Perveen 等（2019）将来自五个大洲不同土地利用方式的 35 个土壤样品进行激发效应实验，包括了草地、农田、森林、热带草原等生态系统，所有土壤均产生了正的激发效应。他们还发现土地利用方式的差异没有对激发效应的空间变异产生实质性影响，其变异主要来源于土壤质地、pH、土壤有机碳含量及质量，并由此认为在全球空间尺度上激发效应的变异取决于土壤性质，而非植被类型或生态系统类型。

二、激发效应的垂直空间变异

（一）海拔梯度

在森林生态系统中，随着海拔的升高，热量减少，降水增加，引起植被等成土因素的变化，形成不同性质的土壤。同时由于海拔高度的变化影响植被组成、土壤温度、降水量、养分、微生物活性及结构等一系列环境因子的变化，进而影响土壤有机碳的分解及其对外源有机碳输入的响应。Mau 等（2018）在美国北亚利桑那州采集了 2 个海拔高度上的黄松林和混交针叶林的土壤，然后在 23℃下进行室内模拟培养 7 周，在培养过程中每周添加一次葡萄糖，添加量为 $250\mu g \cdot g^{-1}$。在 7 周的培养期间，瞬时激发效应的强度和方向变化较大（图 4-51），第一次添加葡萄糖（第一周）后在所有土壤中产生的瞬时激发

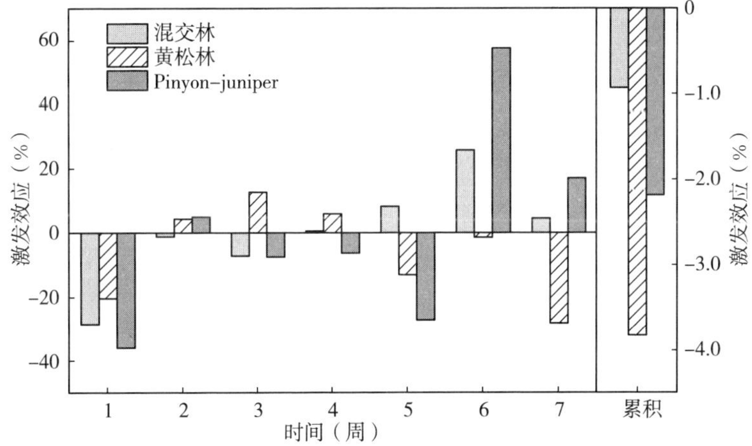

图 4-51　不同海拔生态系统土壤添加葡萄糖产生的激发效应的时间动态和累积激发效应

效应均为负的，此后再添加葡萄糖所诱导的瞬时激发效应的强度与方向在不同土壤中的变化存在差别，也与培养时间有关。生态系统类型是瞬时激发效应强度的决定因素，表现为瞬时激发效应在低海拔土壤中最高，在高海拔土壤中最低。就 7 周培养期间内累积激发效应而言，不同海拔高度的森林土壤均为负激发效应，黄松林和混交针叶林土壤有机碳分解的激发效应强度分别为－3.82％和 0.92％。

近期有研究发现海拔梯度上 4 种生态系统土壤之间的激发效应差异巨大，甚至所产生的激发效应的方向相反（Liu et al.，2020）。然而，如果基于单位外源有机碳输入量来计算，外源有机碳诱导的激发效应随海拔升高而下降（Liu et al.，2017），这一研究结果反映了调节激发效应强度的因子可能是随海拔升高有规律变化的环境因素，如气温、降水量、初级生产力、土壤有机碳含量。Hicks 等（2019）发现不同海拔的土壤具有不同激发效应强度的部分原因是土壤中氮有效性的差异。这证明了生物地球化学循环中碳、氮元素的紧密耦合关系，氮有效性的变化很可能会直接影响激发效应的空间变异。在高海拔的山地森林和草地土壤中，氮添加对激发效应产生了强烈的负效应，证明了土壤有机碳的周转与微生物对氮的需求之间的紧密关系，过量添加氮素后导致土壤有机碳的分解降低。然而，在海拔较低的山地森林和低地森林土壤中，氮添加并未对土壤微生物的活性以及激发效应产生强烈的影响，这可能是由于土壤中的氮有效性较高，土壤中的碳循环过程对外源氮素的依赖程度较低，因此对外源氮的添加响应不强烈。

为研究亚热带武夷山地区 3 个海拔高度森林土壤有机碳分解的激发效应，聂阳意（2018）分别选择了海拔为 600 m 的常绿阔叶林、1 000 m 的针阔混交林和1 400 m的针叶林，采用野外原位模拟的方法。其中常绿阔叶林的乔木层以米槠和甜槠为主，针阔混交林以黄山松和木荷为主，针叶林主要为黄山松。在实验设置中，首先将 PVC 管插入土壤中，防止根系进入，然后去除土壤表面的凋落物层，将^{13}C 标记的杉木叶和米槠叶均匀放在 PVC 管内土壤的表面，并设置没有植物叶的土壤作为对照。在实验过程中采用静态箱法每月采集 1 次气体，测定 CO_2 的浓度及其^{13}C 值。采集气体的同时记录大气温度、土壤水分和土壤温度等环境要素。在 8 个月的野外原位实验时间内，添加米槠叶和杉木叶在 3 个海拔梯度下的森林土壤中所产生的累积激发效应均为正值（图 4－52）。添加米槠叶所诱导的激发效应在不同海拔的森林中差异显著，表现激发效应强度在海拔 600m 的常绿阔叶林中处最大，为 39.7％，其次是海拔1 400m 的针叶林，为 17.7％，在海拔 1 000m 的针阔混交林最小，为 4.6％；添加杉木叶诱导的激发效应强度从低海拔到高海拔显著降低，分别为 20.8％、17.2％和 14.0％。此外，土壤有机碳分解的瞬时激发效应在不同海拔的森林中也存在差别。添加米槠叶后，瞬时激发效应在海拔 1 400m 的针叶林为−22.3%～58.8%，在海拔 1 000m 的针阔混交林为−31.4%～43.5%，在海拔 600m 的常绿阔叶林中为 35.4%～63.3%；添加杉木叶后，瞬时激发效应在1 400m 处为−33.1%～50.1%，在海拔 1 000m 的针阔混交林处为−12.7%～480.3%，在 600m 处为−71.4%～28.3%（图 4 - 53）。在海拔 600m 的常绿阔叶林中和

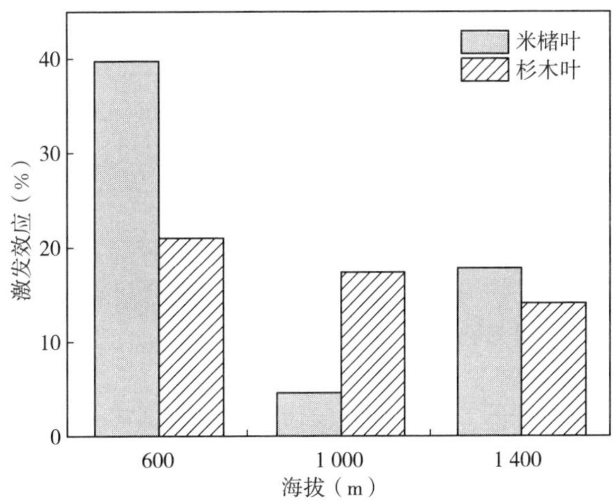

图4 - 52　在不同海拔的森林土壤中添加米槠叶和杉木叶在 8 个月内产生的相对激发效应

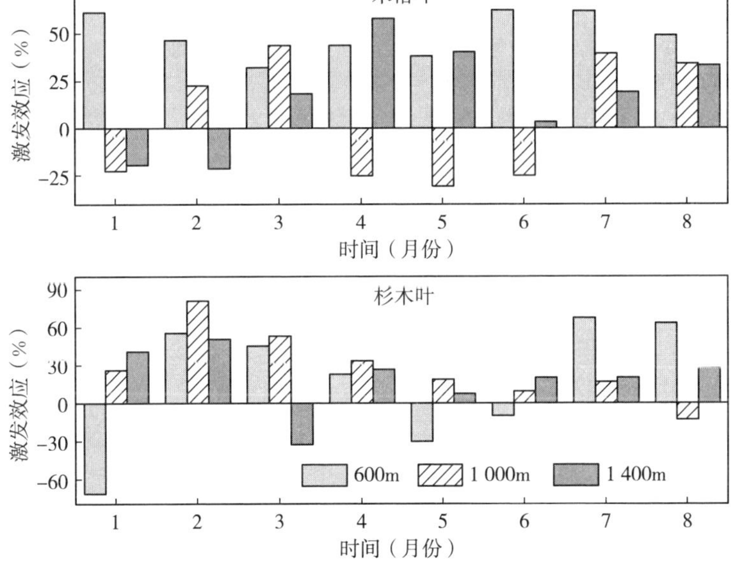

图 4 - 53　在 8 个月野外原位观测期间杉木叶和米槠叶在不同海拔森林土壤中产生的瞬时相对激发效应

1 400m 的针叶林中米槠叶诱导的激发效应的强度显著大于杉木叶，主要是因为米槠叶的碳：氮比、木质素含量和木质素：氮比相对低于杉木叶（表 4－12）。在湖南会同亚热带森林土壤中，Zhang 等（2012）也发现添加碳：氮比值低的桤木凋落物产生的激发效应大于碳：氮比值高的杉木凋落物。

表 4－12　实验中添加的杉木叶和米槠叶的化学性质

项目	碳（g・kg^{-1}）	氮（g・kg^{-1}）	碳：氮比值	δ^{13}C（%）	木质素（g・kg^{-1}）	纤维素（g・kg^{-1}）	木质素：氮比值
米槠叶	463.7	17.82	26.0	4.456	11.90	17.18	6.69
杉木叶	459.6	9.75	47.2	10.998	15.50	18.03	15.90

不同海拔森林土壤激发效应的差异与土壤有机碳的含量密切相关。有机碳含量越低的土壤添加外源有机碳后产生的激发效应强度越强，即激发效应的强度与土壤有机碳的含量呈负相关（表 4－13）。0～5cm 土层土壤有机碳的含量为海拔 1 000m 的针阔混交林最高，其次为海拔 1 400m 的针叶林，海拔 600m 的常绿阔叶林最低。因此，不同海拔添加米槠叶后激发效应的强度表现为海拔 600m 的常绿阔叶林最高，其次为海拔 1 400m 的针叶林，海拔 1 000m 的针阔混交林最低。这可能是因为海拔 600m 的常绿阔叶林土壤养分的微生物可利用性相对较低，难分解有机碳所占的比例较大。添加杉木叶所产生的激发效应在海拔 600m 的常绿阔叶林土壤中显著大于海拔 1 400m 的针叶林土壤。

表 4－13　土壤激发效应与土壤化学性质的关系

项目	可溶性有机碳	微生物生物量碳	铵态氮	硝态氮	土壤有机碳
激发效应的强度	－0.500**	－0.447*	－0.577**	－0.166	－0.644**

注：*、** 分别表示 $P<0.05$、$P<0.01$ 显著。

（二）土体垂直深度

随着土层深度的增加，土壤有机碳的周转变慢、受环境干扰的影响变小。更为重要的是，土层越深，土壤的氧气含量相对越低，微生物可能受碳限制越强。因此，激发效应在不同深度的土壤中应该存在差别。一些研究比较了不同深度土壤的激发效应的强度，但研究结果并不一致。有实验发现表层土壤的激发效应高于下层土壤（Paterson et al.，2013；Salomé et al.，2010），这可能是由底层土中的微生物量较低以及群落结构的差异导致的（Perveen et al.，2019）。与之相反，有些研究发现相对激发效应的强度随着土壤深度增加而增大（Hartley et al.，2010；Wang et al.，2014；Karhu et al.，2016）。

在亚热带武夷山地区，丘清燕等（2020）采集了海拔 500m 处的常绿阔叶林 0～20cm 和 30～40cm 土层土壤。常绿阔叶林的优势树种主要为米槠、甜槠和木荷。向土壤中添加葡萄糖的量分别为 $100mg \cdot kg^{-1}$、$200mg \cdot kg^{-1}$ 和 $400mg \cdot kg^{-1}$，然后在 25℃下恒温培养 88d。研究结果显示，添加葡萄糖后，0～20cm 和 30～40cm 土层土壤所释放的 CO_2 中分别有 43%～72%和 70%～77%的 CO_2 来源于葡萄糖的分解，而且来源于葡萄糖的 CO_2 排放量随着葡萄糖添加量的增加而增加。葡萄糖的添加显著降低了土壤有机碳的分解（图 4-54），即产生了负激发效应，并且激发效应的强度在这两个土层中存在显著差异。在 0～20cm 土层，负激发效应的强度在葡萄糖添加量为 $200mg \cdot kg^{-1}$ 时最大，在葡萄糖添加量为 $100mg \cdot kg^{-1}$ 时最小（图 4-55）。在葡萄糖的添加量

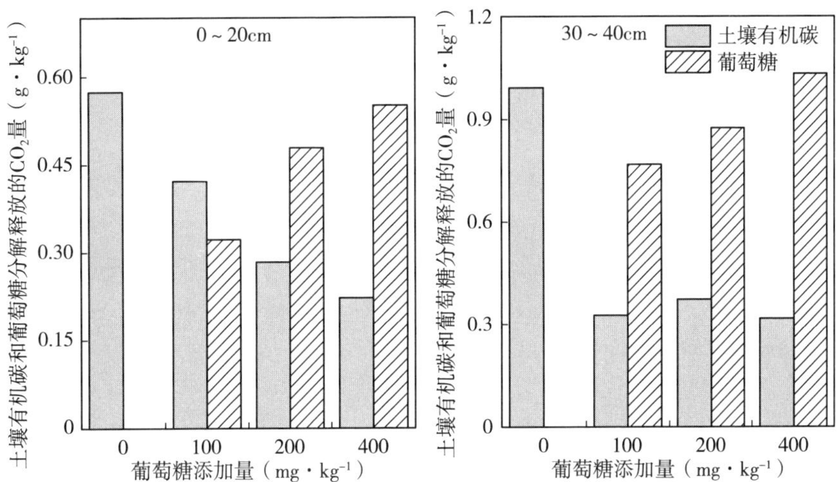

图 4-54　添加葡萄糖后不同土层深度土壤有机碳和葡萄糖分解释放的 CO_2 量

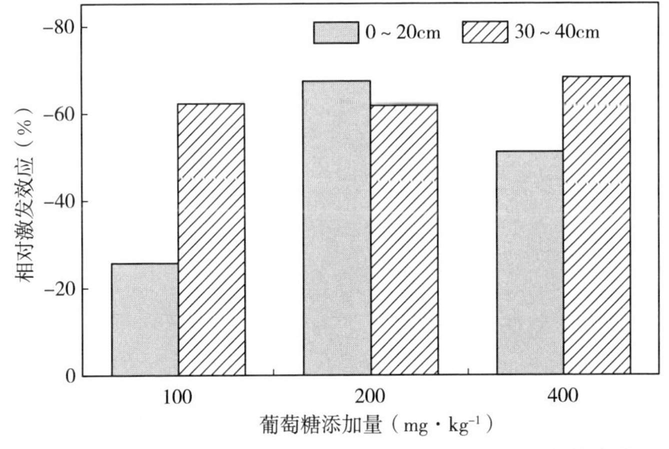

图 4-55　在不同土层深度土壤中葡萄糖诱导的相对激发效应的强度

分别为 100mg·kg^{-1}、200mg·kg^{-1}和 400mg·kg^{-1}时，土壤有机碳的分解减少量分别为 25.8%、67.4%和 51.2%。但是在 30～40cm 土层，在葡萄糖的添加量分别为 100mg·kg^{-1}、200mg·kg^{-1}和 400mg·kg^{-1}时，土壤有机碳的分解减少量分别为 62.4%、61.9%和 68.3%，即葡萄糖添加量没有明显阴性负激发效应的强度。

在 0～20cm 和 30～40cm 土层，土壤激发效应与各类群微生物、细菌：真菌比、革兰氏阳性菌：革兰氏阴性菌比无关，但与土壤有效氮含量之间显著正相关（表 4-14）。土壤有效氮含量分别解释了 0～20cm 和 30～40cm 土层土壤激发效应的 90.8%与 63.4%。

表 4-14　不同深度土壤的激发效应与土壤生物化学指标的关系

项目	0～20cm	30～40cm
总磷脂脂肪酸	−0.359	−0.313
细菌	−0.372	−0.331
真菌	−0.209	−0.183
放线菌	−0.271	−0.230
革兰氏阳性菌	−0.361	−0.393
革兰氏阴性菌	−0.287	0.018
细菌：真菌比	−0.388	−0.328
微生物生物量碳	0.015	−0.036
微生物生物量氮	0.078	−0.538
土壤有效氮含量	0.953	0.806

添加的葡萄糖不仅可以诱导激发效应，影响土壤有机碳的分解，还会有一部分存留在土壤，可以补偿由葡萄糖诱导的激发效应所造成的有机碳的损失，从而使得土壤有机碳净积累。就土壤有机碳的平衡而言，一些研究显示添加的葡萄糖增加了土壤有机碳的净收益（图 4-56）。在 0～20cm 土层土壤中，葡萄糖添加量为 200mg·kg^{-1}和 400mg·kg^{-1}时土壤有机碳的净增加量分别是葡萄糖添加量为 100mg·kg^{-1}的 3.3 倍和 10.5 倍，而在 30～40cm 土层土壤，葡萄糖添加量为 200mg·kg^{-1}和 400mg·kg^{-1}时土壤有机碳的净增加量分别是葡萄糖添加量为 100mg·kg^{-1}的 3.3 倍和 11.6 倍。这些结果表明土壤有机碳的净增加量随着葡萄糖添加量的增加而增多。

综上可知，激发效应是调控土壤有机碳分解的一个重要过程，已得到了广泛关注。有关激发效应已开展了大量研究工作，已经基本上清楚了影响激发效应的内在因素和外在因素。氮素挖掘理论、微生物分解化学计量理论、微生物

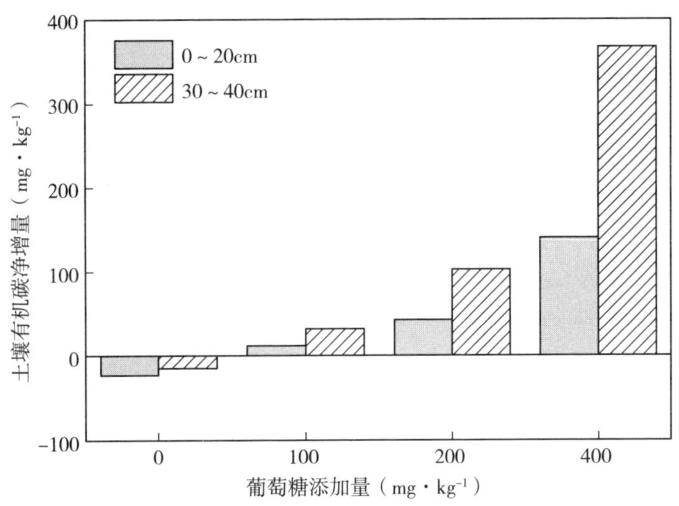

图 4－56　葡萄糖添加量对不同土层深度土壤净碳平衡的影响

共代谢理论等一些理论或假说已广泛用于解释不同条件下所得到的激发效应的研究结果。微生物在激发效应产生过程中的重要性虽然已得到认可，但是哪些微生物类群引起的激发效应还存在一些未知。目前激发效应的研究主要还是基于室内模拟培养的方法，室内模拟实验得到的结果能否应用以及如何应用到实际生态系统中还面临着严峻的挑战，发展激发效应的野外研究方法并开展相关研究是极其重要的。在模拟研究中，添加的简单有机物或植物残体与生态系统通过植物凋落物和根系输入到土壤中的有机物在物质组成和结构等诸多方面还存在差别。就添加的树叶或树根等残体而言，通常是通过标记幼树的方法来获得^{13}C富集或贫化的实验材料，^{13}C在残体的各个化学组分中是否均匀影响着实验所获得的激发效应的准确性存在未知。外源碳进入土壤后所引起的激发碳来自土壤原有的稳定有机碳还是活性有机碳也存在未知，影响着土壤有机碳的长期固存。总之，经过多年的研究，对土壤激发效应的认知已有较大进步，但还存在很多未知，并且研究工作也面临着一系列挑战。

参考文献

陈春梅，谢祖彬，朱建国，2006. 土壤有机碳激发效应研究进展．土壤，38：359－365.

方华军，耿静，程淑兰，等，2019. 氮磷富集对森林土壤碳截存的影响研究进展．土壤学报，56，1－11.

贺同鑫，2016. 碳输入对杉木林地下碳释放的影响及其微生物学机制．沈阳：中国科学院沈阳应用生态研究所．

黄文昭，赵秀兰，朱建国，等，2007. 土壤碳库激发效应研究．土壤通报，1：149－154.

江家彬，祝贞科，林森，等，2021. 针铁矿吸附态和包裹态有机碳在稻田土壤中的矿化及其激发效应 . 土壤学报，58：1530－1539.

李赟，王春梅，高士杰，等，2021. 模拟增温和氮沉降的耦合作用对高寒泥炭湿地土壤碳激发效应的影响 . 环境化学，40（8）：2430－2438.

聂阳意，2018. 外源碳输入对武夷山不同海拔土壤有机碳组分和激发效应的影响 . 福州：福建师范大学 .

丘清燕，杨钰，王浩，等，2020. 易分解有机碳输入量对武夷山常绿阔林不同土层深度土壤激发效应的影响 . 生态学杂志，39：1153－1163.

陶婧，马伟伟，李文君，等，2017. 南黄海沉积物中活性铁氧化物对有机碳的保存作用 . 海洋学报，39（8）：16－24.

田鹏，2020. 氮素富集对温带森林土壤有机质分解激发效应的影响 . 沈阳：中国科学院沈阳应用生态研究所 .

王浩，杨钰，习丹，等，2020. 易分解有机碳输入量对武夷山不同林型土壤激发效应的影响 . 生态学报，40：9184－9194.

王会，2015. 土壤有机碳分解激发效应对不同外源底物和环境条件的响应 . 沈阳：中国科学院沈阳应用生态研究所 .

王志明，朱培立，黄东迈，1998. ^{14}C 标记秸秆碳素在淹水土壤中的转化与平衡 . 江苏农业学报，14（2）：112－117.

魏圆云，崔丽娟，张曼胤，等，2019. 土壤有机碳矿化激发效应的微生物机制研究进展 . 生态学杂志，38：1202－1211.

徐兴良，Kuzyakov Y，孙悦，2014. 根际激发效应的发生机制及其生态重要性 . 植物生态学报，38：62－75.

张叶叶，莫非，韩娟，等，2021. 秸秆还田下土壤有机质激发效应研究进展 . 土壤学报，58：1381－1392.

张政，蔡小真，唐偲頔，等，2017. 可溶性有机质输入对杉木人工林表层土壤有机碳矿化的激发效应 . 生态学报，37：7660－7667.

Aye N S，Butterly C R，Sale P W G，et al.，2018. Interactive effects of initial pH and nitrogen status on soil organic carbon priming by glucose and lignocellulose. Soil Biology and Biochemistry，123：33－44.

Bell J M，Smith J L，Bailey V L，et al.，2003. Priming effect and C storage in semi－arid no－till spring crop rotations. Biology and Fertility of Soils，37：237－244.

Blagodatskaya E，Blagodatsky S，Anderson T，et al.，2007. Priming effects in Chernozem induced by glucose and N in relation to microbial growth strategies. Applied Soil Ecology，37：95－105.

Blagodatskaya E，Khomyakov N，Myachina O，et al.，2014. Microbial interactions affect sources of priming induced by cellulose. Soil Biology and Biochemistry，74：39－49.

Blagodatskaya E，Kuzyakov Y，2008. Mechanisms of real and apparent priming effects and their dependence on soil microbial biomass and community structure：critical review. Biology and Fertility of Soils, 45: 115 - 131.

Blagodatskaya E, Kuzyakov Y, 2013. Active microorganisms in soil: critical review of estimation criteria and approaches. Soil Biology and Biochemistry, 67: 192 - 211.

Blagodatskaya E, Yuyukina T, Blagodatsky S, et al., 2011. Three - source - partitioning of microbial biomass and of CO_2 efflux from soil to evaluate mechanisms of priming effects. Soil Biology and Biochemistry, 43: 778 - 786.

Blagodatsky S, Blagodatskaya E, Yuyukina T, et al., 2010. Model of apparent and real priming effects: Linking microbial activity with soil organic matter decomposition. Soil Biology and Biochemistry, 42: 1275 - 1283.

Bloemhof H S, Berebdse F, 1995. Simulation of the decomposition and nitrogen mineralization of aboveground plant material in two unfertilized grassland ecosystems. Plant and Soil, 177: 157 - 173.

Chasse A W, Ohno T, Higgins S R, et al., 2015. Chemical force spectroscopy evidence supporting the layer - by - layer model of organic matter binding to iron (oxy) hydroxide mineral surfaces. Environmental Science & Technology, 49: 9733 - 9741.

Chen R R, Senbayram M, Blagodatsky S, et al., 2014. Soil C and N availability determine the priming effect: microbial N mining and stoichiometric decomposition theories. Global Change Biology, 20: 2356 - 2367.

Chen Z M, Xu Y H, He Y J, et al., 2018. Nitrogen fertilization stimulated soil heterotrophic but not autotrophic respiration in cropland soils: A greater role of organic over inorganic fertilizer. Soil Biology and Biochemistry, 116: 253 - 264.

Chowdhury S, Farrell M, Bolan N, 2014. Priming of soil organic carbon by malic acid addition is differentially affected by nutrient availability. Soil Biology and Biochemistry, 77: 158 - 169.

Cornell S E, 2011. Atmospheric nitrogen deposition: revisiting the question of the importance of the organic component. Environmental Pollution, 159: 2214 - 2222.

Cotrufo M F, Soong J L, Horton A J, et al., 2015. Formation of soil organic matter via biochemical and physical pathways of litter mass loss. Nature Geoscience, 8: 776 - 779.

Cotrufo M F, Wallenstein M D, Boo C M, et al., 2013. The microbial efficiency - matrix stabilization (MEMS) framework integrates plant litter decomposition with soil organic matter stabilization: do labile plant inputs form stable soil organic matter? Global Change Biology, 19: 988 - 995.

Creamer C A, De Menezes A B, Krull E S, et al., 2015. Microbial community structure mediates response of soil C decomposition to litter addition and warming. Soil Biology and Biochemistry, 80: 175 - 188.

Dalenberg J W, Jager G, 1989. Priming effect of some organic additions to C - 14 - labeled soil. Soil Biology and Biochemistry, 21: 443 - 448.

De Graaff M A, Jastrow J D, Gillette S, et al., 2014. Differential priming of soil carbon driven by soil depth and root impacts on carbon availability. Soil Biology and Biochemistry,

69：147－156.

De Nobili M，Contin M，Mondini C，et al.，2001. Soil microbial biomass is triggered into activity by trace amounts of substrate. Soil Biology and Biochemistry，33：1163－1170.

Denef K，Roobroeck D，Wadu M C W M，et al.，2009. Microbial community composition and rhizodeposit－carbon assimilation in differently managed temperate grassland soils. Soil Biology and Biochemistry，41：144－153.

Di Lonardo D P，De Boer W，Klein Gunnewiek P J A，et al.，2017. Priming of soil organic matter：Chemical structure of added compounds is more important than the energy content. Soil Biology and Biochemistry，108：41－54.

Dijkstra F A，Carrillo Y，Pendall E，et al.，2013. Rhizosphere priming：a nutrient perspective. Frontiers in Microbiology，4：216.

Dungait J A J，Hopkins D W，Gregory A S，et al.，2012. Soil organic matter turnover is governed by accessibility not recalcitrance. Global Change Biology，18：1781－1796.

Falchini L，Naumova N，Kuikman P J，et al.，2003. CO_2 evolution and denaturing gradient gel electrophoresis profiles of bacterial communities in soil following addition of low molecular weight substrates to simulate root exudation. Soil Biology and Biochemistry，35：775－782.

Fang Y Y，Nazaries L，Singh B K，et al.，2018. Microbial mechanisms of carbon priming effects revealed during the interaction of crop residue and nutrient inputs in contrasting soils. Global Change Biology，24：2775－2790.

Fierer N，Bradford M A，Jackson R B，2007. Toward an ecological classification of soil bacteria. Ecology，88：1354－1364.

Fontaine S，Bardoux G，Abbadie L，et al.，2004a. Carbon input to soil may decrease soil carbon content. Ecology Letters，7：314－320.

Fontaine S，Bardoux G，Benest D，et al.，2004b. Mechanisms of the priming effect in a savannah soil amended with cellulose. Soil Science Society of America Journal，68：125－131.

Fontaine S，Barot S，Barré P，et al.，2007. Stability of organic carbon in deep soil layers controlled by fresh carbon supply. Nature，450：277－280.

Fontaine S，Henault C，Aamor A，et al.，2011. Fungi mediate long term sequestration of carbon and nitrogen in soil through their priming effect. Soil Biology and Biochemistry，43：86－96.

Fontaine S，Mariotti A，Abbadie L，2003. The priming effect of organic matter：a question of microbial competition? Soil Biology and Biochemistry，35：837－843.

Garcia－Pausas J K，Paterson E，2011. Microbial community abundance and structure are determinants of soil organic matter mineralisation in the presence of labile carbon. Soil Biology and Biochemistry，43：1705－1713.

Geisseler D，Scow K M，2014. Long－term effects of mineral fertilizers on soil microorganisms－A review. Soil Biology and Biochemistry，75：54－63.

Guenet B，Juarez S，Bardoux G，et al.，2012. Evidence that stable C is as vulnerable to priming effect as is more labile C in soil. Soil Biology and Biochemistry，52：43－48.

Hagedorn F，Spinnler D，Siegwolf R，2003. Increased N deposition retards mineralization of old soil organic matter. Soil Biology and Biochemistry，35：1683－1692.

Hamer U，Marschner B，2005a. Priming effects in different soil types induced by fructose，alanine，oxalic acid and catechol additions. Soil Biology and Biochemistry，37：445－454.

Hamer U，Marschner B，2005b. Priming effects in soils after combined and repeated substrate additions. Geoderma，128：38－51.

Hartley I P，Hopkins D W，Sommerkorn M，et al.，2010. The response of organic matter mineralisation to nutrient and substrate additions in sub－arctic soils. Soil Biology and Biochemistry，42：92－100.

Heimann M，Reichstein M，2008. Terrestrial ecosystem carbon dynamics and climate feedbacks. Nature，451：289－292.

Hessen D O，Ågren G I，Anderson T R，et al.，2004. Carbon sequestration in ecosystems：the role of stoichiometry. Ecology，85：1179－1192.

Hicks L C，Meir P，Nottingham A T，et al.，Carbon and nitrogen inputs differentially affect priming of soil organic matter in tropical lowland and montane soils. Soil Biology and Biochemistry，2019，129：212－222.

Jeewani P H，Zwieten L V，Zhu Z，et al.，2021. Abiotic and biotic regulation on carbon mineralization and stabilization in paddy soils along iron oxide gradients. Soil Biology and Biochemistry，160：108312.

Karhu K，Hilasvuori E，Fritze H，et al.，2016. Priming effect increases with depth in a boreal forest soil. Soil Biology and Biochemistry，99：104－107.

Keith L，Matsumoto T，Nishijima K，et al.，2011. Field survey and fungicide screening of fungal pathogens of rambutan（*Nephelium lappaceum*）fruit rot in Hawaii. Hortscience，46：730－735.

Koranda M，Kaiser C，Fuchslueger L，et al.，2013. Seasonal variation in functional properties of microbial communities in beech forest soil. Soil Biology and Biochemistry，60：95－104.

Kumar A，Kuzyakov Y，Pausch J，2016. Maize rhizosphere priming：field estimates using ^{13}C natural abundance. Plant and Soil，409：87－97.

Kuzyakov Y，2006. Sources of CO_2 efflux from soil and review of partitioning methods. Soil Biology and Biochemistry，38：425－448.

Kuzyakov Y，2010. Priming effects：Interactions between living and dead organic matter. Soil Biology and Biochemistry，42：1363－1371.

Kuzyakov Y，Friedel J K，Stahr K，2000. Review of mechanisms and quantification of priming effects. Soil Biology and Biochemistry，32：1485－1498.

Lalonde K，Mucci A，Ouellet A，et al.，2012. Preservation of organic matter in sediments promoted by iron. Nature，483：198－200.

Liang J Y，Zhou Z G，Huo C F，et al.，2018. More replenishment than priming loss of soil organic carbon with additional carbon input. Nature Communications, 9: 3175.

Lin J, Zhu B, Cheng W, 2015. Decadally cycling soil carbon is more sensitive to warming than faster - cycling soil carbon. Global Change Biology, 21: 4602 - 4612.

Liu W, Qiao C, Yang S, et al., 2018. Microbial carbon use efficiency and priming effect regulate soil carbon storage under nitrogen deposition by slowing soil organic matter decomposition. Geoderma, 332: 37 - 44.

Liu X J A, Finley B K, Mau R L, et al., 2020. The soil priming effect: Consistent across ecosystems, elusive mechanisms. Soil Biology and Biochemistry, 140: 107617.

Liu X J A, Sun J R, Mau R L, et al., 2017. Labile carbon input determines the direction and magnitude of the priming effect. Applied Soil Ecology, 109: 7 - 13.

Lu W W, Zha Q Z, Zhang H L, et al., 2021. Changes in soil microbial communities and priming effects induced by rice straw pyrogenic organic matter produced at two temperatures. Geoderma, 400: 115217.

Luo Y, Durenkamp M, De Nobili M, et al., 2011. Short term soil priming effects and the mineralisation of biochar following its incorporation to soils of different pH. Soil Biology and Biochemistry, 43: 2304 - 2314.

Luo Z, Wang E, Smith C, 2015. Fresh carbon input differently impacts soil carbon decomposition across natural and managed systems. Ecology, 96: 2806 - 2813.

Lützow M, Kogel - Knabner, Ekschmitt K, et al., 2006. Stabilization of organic matter in temperate soils: mechanisms and their relevance under different soil conditions - a review. European Journal of Soil Science, 57: 426 - 445.

Mau R L, Dijkstra P, Schwartz E, et al., 2018. Warming induced changes in soil carbon and nitrogen influence priming responses in four ecosystems. Applied Soil Ecology, 124: 110 - 116.

Nottingham A T, Griffiths H, Chamberlain P M, et al., 2009. Soil priming by sugar and leaf - litter substrates: A link to microbial groups. Applied Soil Ecology, 42: 183 - 190.

Nottingham A T, Turner B L, Stoot A W, et al., 2015. Nitrogen and phosphorus constrain labile and stable carbon turnover in lowland tropical forest soils. Soil Biology and Biochemistry, 80: 26 - 33.

Paterson E, Sim A, 2013. Soil - specific response functions of organic matter mineralization to the availability of labile carbon. Global Change Biology, 19: 1562 - 1571.

Paterson E, Thornton B, Midwood A J, et al., 2008. Atmospheric CO_2 enrichment and nutrient additions to planted soil increase mineralisation of soil organic matter, but do not alter microbial utilisation of plant - and soil C - sources. Soil Biology and Biochemistry, 40: 2434 - 2440.

Perveen N, Barot Sébastien, Maire Vincent, et al., 2019. Universality of priming effect: An analysis using thirty five soils with contrasted properties sampled from five continents. Soil Biology and Biochemistry, 134: 162 - 171.

Qiao N, Schaefer D, Blagodatskaya E, et al., 2014. Labile carbon retention compensates for CO_2 released by priming in forest soils. Global Change Biology, 20: 1943-1954.

Razanamalala K, Razafimbelo T, Maron P A, et al., 2018. Soil microbial diversity drives the priming effect along climate gradients: a case study in Madagascar. The ISME Journal, 12: 451-462.

Rousk J, Bååth E, Brookes P C, et al., 2010. Soil bacterial and fungal communities across a pH gradient in an arable soil. The ISME Journal, 4: 1340-1351.

Salomé C, Nunan N, Pouteau V, et al., 2010. Carbon dynamics in topsoil and subsoil may be controlled by different regulatory mechanisms. Global Change Biology, 16: 416-426.

Shahbaz M, Kuzyakov Y, Sanaullah M, et al., 2017. Microbial decomposition of soil organic matter is mediated by quality and quantity of crop residues: Mechanisms and thresholds. Biology and Fertility of Soils, 53 (3): 287-301.

Shahzad T, Chenu C, Genet P, et al., 2015. Contribution of exudates, arbuscular mycorrhizal fungi and litter depositions to the rhizosphere priming effect induced by grassland species. Soil Biology and Biochemistry, 80: 146-155.

Song M H, Guo Y, Yu F H, et al., 2018. Shifts in priming partly explain impacts of long-term nitrogen input in different chemical forms on soil organic carbon storage. Global Change Biology, 24: 4160-4172.

Sun Z L, Liu S E, Zhang T, et al., 2019. Priming of soil organic carbon decomposition induced by exogenous organic carbon input: a meta-analysis. Plant and Soil, 443: 463-471.

Thiessen S, Gleixner G, Wutzler T, et al., 2013. Both priming and temperature sensitivity of soil organic matter decomposition depend on microbial biomass-An incubation study. Soil Biology and Biochemistry, 57: 739-748.

Tian J, Pausch J, Yu G R, et al., 2015. Aggregate size and their disruption affect ^{14}C-labeled glucose mineralization and priming effect. Applied Soil Ecology, 90: 1-10.

Tian P, Liu S E, Wang Q K, et al., 2019a. Organic N deposition favours soil C sequestration by decreasing priming effect. Plant and Soil, 445: 439-451.

Tian P, Mason-Jones K, Liu S E, et al., 2019b. Form of nitrogen deposition affects soil organic matter priming by glucose and cellulose. Biology and Fertility of Soils, 55: 383-391.

Wang H, Xu W H, Hu G Q, et al., 2015. The priming effect of soluble carbon inputs in organic and mineral soils from a temperate forest. Oecologia, 178: 1239-1250.

Wang J, Xiong Z, Kuzyakov Y, 2016. Biochar stability in soil: meta-analysis of decomposition and priming effects. Global Change Biology Bioenergy, 8: 512-523.

Wang Q K, Chen L C, Yang Q P, et al., 2019. Different effects of single versus repeated additions of glucose on the soil organic carbon turnover in a temperate forest receiving long-term N addition. Geoderma, 341: 59-67.

Wang Q K, Wang S L, He T X, et al., 2014a. Response of organic carbon mineralization and microbial community to leaf litter and nutrient additions in subtropical forest soils. Soil Biology and Biochemistry, 71: 13 - 20.

Wang Q K, Wang Y P, Wang S L, et al., 2014b. Fresh carbon and nitrogen inputs alter organic carbon mineralization and microbial community in forest deep soil layers. Soil Biology and Biochemistry, 72: 145 - 151.

Werth M, Kuzyakov Y, 2010. ^{13}C fractionation at the root - microorganisms - soil interface: A review and outlook for partitioning studies. Soil Biology and Biochemistry, 42: 1372 - 1384.

Wieder W R, Grandy A S, Kallenbach C M, et al., 2014. Integrating microbial physiology and physio - chemical principles in soils with the MIcrobial - MIneral Carbon Stabilization (MIMICS) model. Biogeosciences, 11: 3899 - 3917.

Yin H, Phillips R P, Liang R, et al., 2016. Resource stoichiometry mediates soil C loss and nutrient transformations in forest soils. Applied Soil Ecology, 108: 248 - 257.

Zhang W D, Wang X X, Wang S L, 2013. Addition of external organic carbon and native soil organic carbon decomposition: a meta - analysis. PloS One, 8: e54779.

Zhang W, Wang S, 2012. Effects of NH_4^+ and NO_3^- on litter and soil organic carbon decomposition in a Chinese fir plantation forest in South China. Soil Biology and Biochemistry, 47: 116 - 122.

Zheng Y, Kim Y C, Chen L, et al., 2014. Different forms and rates of nitrogen addition indirectly effect the arbuscular mycorrhizal fungal community primarily by altering soil characteristics. FEMS Microbiology Ecology, 89: 594 - 605.

Zhong X L, Li J T, Li X J, et al., 2017. Physical protection by soil aggregates stabilizes soil organic carbon under simulated N deposition in a subtropical forest of China. Geoderma, 285: 323 - 332.

Zhu B, Cheng W X, 2011. Rhizosphere priming effect increases the temperature sensitivity of soil organic matter decomposition. Global Change Biology, 17: 2172 - 2183.

第五章　森林土壤生物质炭

生物质炭（biochar）是生物质在无氧或缺氧环境下通过热化学转化得到的一种富含碳的生物固体化合物（Lehamnn，2007），广泛存在于土壤中，属于广义上黑炭（black carbon）的一种。据报道，在1997—2016年全球每年有大约256 Tg生物质被转化为生物质炭，储存于土壤中（Jones et al.，2019）。在自然森林生态系统中，火灾是生物质炭产生的一个主要原因。随着全球气候变暖和季节性干旱频发，森林火灾发生的频率和强度在增大（IPCC，2007）。在林业经营方面，火烧采伐剩余物在我国南方人工林经营中长期存在，采伐剩余物的燃烧产生了大量生物质炭。因此，无论是自然火灾还是人为火烧采伐剩余物都产生了大量生物质炭。生物质炭通常被认为是土壤有机质中稳定芳香化合物的主要来源，比较难以被微生物分解，可以长期留存于土壤中，有利于土壤碳固持（Wardle et al.，2008；Lehamnn，2007）。自2006年来有学者在Nature和Science等国际著名学术杂志上发表了有关生物质炭的文章，强调生物质炭难以被分解、极其稳定，能够降低大气 CO_2 浓度，认为生物质炭还田还林可能成为人类应对全球气候变化的一条重要途径，并呼吁加强对生物质炭人为输入的土壤环境行为和环境效应进行研究，从而使生物质炭的研究逐渐得到广泛关注。大量生物质炭进入土壤系统中不仅影响土壤的物理、化学和生物学性质，而且影响土壤有机碳的循环过程。早期对生物质炭的研究更多注重其在农田生态系统中的应用，在森林生态系统中的研究相对较少。由于生物质炭在土壤有机碳循环中具有重要作用，深入探讨它的分解过程、稳定性，以及其对土壤性质、碳循环的影响有助于提高我们对生物质炭的环境效应，尤其是固碳效应的理解和认知，为增强森林土壤的固碳能力服务。鉴于此，本章首先简单介绍土壤生物质炭的内涵、性质与研究方法，然后重点阐述火烧对土壤生物质炭的影响、生物炭添加对土壤性质、生物质炭的分解及其对土壤 CO_2 释放的影响等内容。

第一节　土壤生物质炭的内涵与分析方法

一、土壤生物质炭的内涵

生物质炭广泛存在于大气、土壤、沉积物以及水体中，属于广义上黑炭的一种。自然条件下，黑炭是在野火中产生的，是土壤有机质中稳定芳香化合物的主要来源（Schmidt et al.，2000）。生物质炭在我国具有悠久的利用历史。例如木炭作为一种典型的生物质炭早在商周时期就有使用记载，主要应用于金属冶炼或者取暖、供热方面，很少与土壤有机质联系在一起。20 世纪 60 年代荷兰土壤学家 Wim Sombroke 在巴西亚马孙流域发现了富含黑色物质的土壤，其有机质和氮、磷等植物营养元素含量极其丰富，属于较早报道生物质炭在土壤环境中的应用。从 1985 年 Edward D. Goldberg 出版了 Balck carbon in the environment 以来，土壤生物质炭研究在许多领域得到了迅速发展。相比较土壤有机碳，生物质炭的相关研究起步较晚，并且在初期国际上缺乏统一的名称和标准。不同研究者对生物质炭的称呼不尽相同，如生物炭、木炭、黑炭等，也没有统一的定义。随着对生物质炭的广泛关注和研究的深入，越来越多的研究者试图规范统一生物质炭的定义。2008 年在美国成立的国际生物质炭协会（International Biochar Initiative）对生物质炭进行了定义：生物质炭是生物质在缺氧条件下通过热化学转化得到的固态产物。相对于生物质炭，黑炭包含的范围更为广泛，包括一切经不完全燃烧或者高温分解产生的固态残留物，主要来源有生物质、煤、石油等化石燃料的不完全燃烧，以及岩石中石墨黑的自然风化。在本书的相关章节中，生物质炭主要指的是不完全燃烧的植物生物质。

在森林生态系统中，火灾或火烧是土壤生物质炭产生的主要因素。世界各地每年都有大量自然火灾和人为火灾发生，在土壤中形成和积累大量生物质炭。自 20 世纪起，剧烈的森林砍伐、化石燃料的燃烧以及农业生产使生态系统中生物质炭的数量大大增加。同时，在气候变暖的气候背景下，林火的发生频率和强度均有所增大。每年平均发生 20 多万次森林火灾，烧毁森林面积占全世界森林总面积的 0.1%以上。2001—2022 年，全球年均森林过火面积为 4 695万公顷，是同期年均人工林增长面积的 11 倍。中国每年平均烧毁的森林面积有几十万至上百万公顷，占全国森林面积的 0.5%～0.8%，例如 1987 年发生的黑龙江大兴安岭特大森林火灾，过火面积 101 万公顷。近几十年来，森林火灾发生的次数和火烧面积呈现增加的态势，影响着土壤中生物质炭的积累速度。例如，加拿大森林的过火面积由 20 世纪 70 年代的每年 100 万公顷增加到 20 世纪 80 年代的每年 280 万公顷。火烧采伐剩余物，即俗称的炼山，作为一种经济、方便的营林措施，在我国南方人工林经营管理中长期存在，尤其是在 20 世纪之前，不仅方便于植树造林，还可以减少一些病虫害的发生。森林自然火灾和人为火烧造成了巨大的碳排放，也使大量的生物质炭在土壤中积累。

生物质炭在土壤有机碳中占有较大的比例，是陆地碳库的重要组成部分。植物生物质火烧后形成的大部分生物质炭存留在原来的土壤中，也有一部分在雨水冲刷、地表径流和风力等作用的搬运下最终沉积于河流、湖泊和海洋等水体环境中（图5-1）。通过测定植被火烧中的残留物，Crutzen等（1990）估算出全球生物质炭的年产量为50～270 Tg（$1Tg=10^{12}$ g），并认为生物质的燃烧是其主要来源。DeLuca等（2008）发现全球每年有4 000～8 000 Tg的生物质被燃烧，转变为生物质炭的有500～1 700 Tg。近年来，一些研究初步表明，大部分生物质炭残留在地表，占土壤有机碳含量的5%～45%，有的土壤中生物质炭占有机碳的比例更高，可达60%以上。

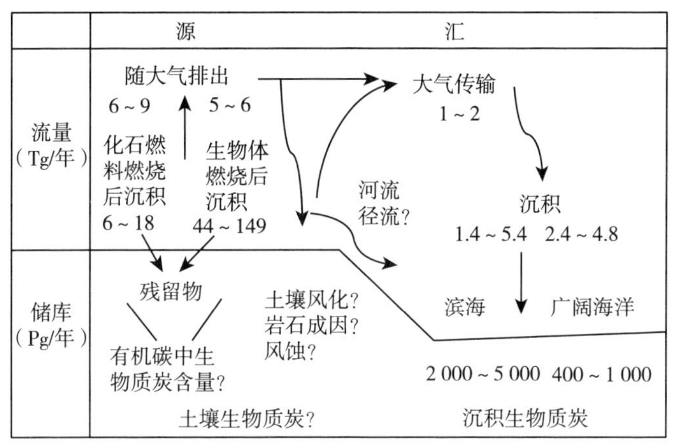

图5-1　土壤生物质炭全球生物地球化学循环概念

生物质炭的含碳量通常在50%以上，其中含有大量的芳香化合物尤其是多环芳烃，主要由易分解碳和难分解碳两个部分组成，尽管生物质炭的物理化学性质稳定，但是它并不是一种完全惰性的物质，其在土壤中的驻留时间由数年至数千年不等（Nguyen et al.，2008；Lehmann et al.，2006）。燃烧时间、燃烧温度、燃烧环境和原材料的性质等都会影响生物质炭的物理化学性质。除了高度的稳定性，孔隙丰富是生物质炭的另一个特质。有研究表明，直径在1 μm左右的大孔结构与生物质炭的持水量以及吸附能力密切相关，而直径为纳米级的微孔则与生物炭的表面积关系更为密切（Yu et al.，2006）。此外，热解温度与生物质炭表面积存在一定的关系。有研究发现，热解温度由400℃上升到900℃能够使得生物质炭表面积由$120m^2 \cdot g^{-1}$上升到$460m^2 \cdot g^{-1}$（Day et al.，2005）。不同条件和原材料制备的生物质炭的pH存在巨大差异。生物质炭pH的范围为4.48～11.62，这主要与制备材料的灰质和钾、钙、钠、镁等离子含量的差异巨大有关；同一种材料在不同温度下产生的生物质炭，其pH同样存在巨大的差异（Enders et al.，2012）。有研究发现，400～800℃热解生成的生物质炭中，低温热解的生物质炭产量更高，含有更多易分解碳，但是高温下产生的生物质炭含碳量更高、表面积更大、孔隙更发达，因此其吸附能力更强。同时高温产生的生物质炭含有更多的难分解碳（Jindo et al.，2014）。随着热解温度的增高，尽管生物质炭中碳含量显著增高，但是其氢氧含量显著降低，即使是碳含量相差不大的制备材料制成的生物质炭之间含碳量也存在巨大差异（Enders et al.，2012）。

早期对生物质炭的研究多注重于其在农业方面的应用，尤其是对农田土壤肥力和作物产量的提高以及对土壤污染物的吸附。以比较典型的巴西亚马孙流域的"Terra Preta"为例，该地区的土壤颜色较深，富含氮、磷、钾、钙等营养元素，在几百年的耕作历史中，该土壤一直保持着较高的土壤肥力，而不是像一般的土壤那样，随着开垦年限的增加土壤肥力下降。这一现象引起了土壤学家们浓厚的兴趣，随后展开了产生这种现象的机理等方面的研究。生物质炭进入土壤后会通过影响土壤结构、质地、孔隙、密度等改变土壤氧气含量、持水率以及土壤微生物活性（Atkinson et al.，2010）。生物质炭以颗粒的形式存在，这种存在形态使得其分解需要从表面开始，尽管这种表面的氧化分解可能会进行得十分迅速，其类似于土壤团聚体的保护结构使得自身的分解在上百年内都仅限于颗粒的表面（Cheng et al.，2008；Lehamnn，2007），并且生物质炭能够促进土壤团聚体的形成从而进一步增强碳的固定（Liang et al.，2006）。生物质炭之所以引起科学家们的广泛兴趣，其原因之一在于生物质炭具有强大的抵抗降解的能力。高度芳香化的结构是生物质炭最具特点的化学性质，使其具有较高的生物化学惰性和热稳定性，即使在适宜的环境中也难以被分解为 CO_2 释放至大气中，经过长期缓慢的土壤有机碳库循环变化后，在环境中可以长期存在。生物质炭的高度抗分解能力被认为是土壤有机碳稳定和保持地力长久不衰的根本原因。因此，生物质炭是土壤有机碳库缓慢循环的重要因素，在全球碳的地球生物化学循环中也具有重要的作用，对全球有机碳库的稳定持续利用具有重要作用。生物质炭输入土壤后同其他活性外源碳一样，能够引起微生物活性和群落组成的变化，影响土壤有机碳的分解、养分循环以及植被生长（Kuzyakov et al.，2009；Wardle et al.，2008）。进入土壤中的生物质炭可以参与到土壤的各种物质转化当中，例如生物质炭可能是构成土壤有机碳中芳香结构的主要来源。有研究发现，生物质炭有利于土壤中可溶性碳的吸附，而在缺乏生物质炭的土壤中，可溶性碳的吸附与土壤有机碳呈负相关，这说明生物质炭对土壤有机碳的保存有积极意义。这些研究结果从某种层面上揭示了土壤有机碳稳定的新机制。这在某种程度上可能改变全球的碳循环，减轻大气 CO_2 浓度升高所带来的环境压力。

二、土壤生物质炭的分析方法

土壤中生物质炭有多种分析方法，大致可以分为定性分析和定量分析两种。定性分析主要包括电子显微镜分析和拉曼微探针分析，可用来检测土壤中颗粒物质是否为生物质炭，描述其形态特征；定量分析方法主要有热化学氧化法、分子标志物法、^{13}C 核磁共振法、可见光分析法、红外光吸收法、拉曼散射法等。通过对比研究，Hammes 等（2007）指出不同来源的样品、生物质炭燃烧连续体的不同范围需要特定的测定方法，即使是同一样品，不同测量方法所得到的结果也会存在较大差异，甚至是数量级的差异。不同的生物质炭测量方法有其特定的测量范围（图 5-2）。下面简单介绍几种土壤生物质炭的测定方法。

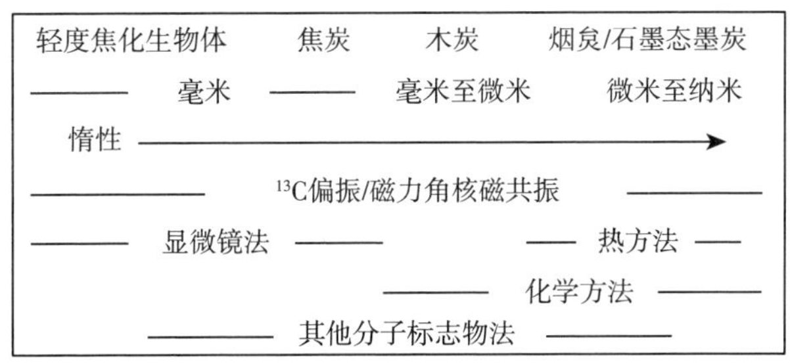

图 5-2　土壤生物质炭的测量方法及其测量范围

（一）显微镜法

显微镜法主要用于检测土壤生物质炭的光学特性，对土壤生物质炭的形态学特征进行定性描述（张旭东等，2003）。该方法可以采用立体视镜、光学显微镜、扫描电镜或透射电镜来完成对土壤生物质炭形态学特征的描述。在使用该方法之前，土壤样品首先需要用盐酸、氢氟酸等酸溶液进行处理，去除土壤中的硅酸盐和碳酸盐，再用显微镜进行测定。该方法的优点是能通过对土壤中颗粒大小的判定和形态的描述来判断生物质炭颗粒的来源和搬运距离，但是由于大部分土壤样品需要进行预处理使该方法比较耗时，且其测定范围非常有限，以测定颗粒较大的土壤生物质炭为主。

（二）热化学氧化法

热化学氧化法测定土壤生物质炭的理论前提是土壤中生物质炭组分的化学性和热稳定性比非生物质炭组分更强。在经过化学处理或热氧化处理后，土壤中化学性和热稳定性较低的非生物质炭组分被氧化掉，残留下来的部分即为生物质炭样品（张旭东等，2003）。将得到的含有生物质炭的样品使用元素分析仪即可测定生物质炭含量。因此，热方法和化学方法的关键是如何去除土壤样品中矿物质和有机质，并且这些物质不能转化为生物质炭，否则影响土壤中生物质炭含量测定的准确性。通常是使用化学试剂去除土壤中的矿物质。例如，Rumpel 等（2006）直接用氢氟酸来去除土壤中的矿物质，而 Lim 等（1996）

用盐酸和氢氟酸多次重复处理土壤样品以去除土壤中的碳酸盐和硅酸盐。化学方法主要采用过氧化氢、硝酸或者重铬酸钾和硫酸的混合液来去除土壤中的有机质。这些化学试剂在去除土壤中的有机质时也存在一些不足。例如，过氧化氢容易使生物质炭发生分解，反应较难控制，硝酸处理后所得到的测量结果误差较大。目前重铬酸钾和硫酸的混合液应用较多，且分离出来的生物质炭样品误差也较小。热方法去除有机质是将样品在高温条件下加热数小时使有机质分解。目前通常采用在纯空气环境中将土壤样品在 375℃下加热 24h。在高温加热前需要先进行化学处理以便减少加热过程中的焦化作用。热方法和化学方法在反应过程中可能会因为非生物质炭物质没有氧化完全或者在氧化条件下，生物质炭可能会有所流失，从而使得生物质炭的测量产生一定的偏差。但该方法对惰性较高的木炭等的测定较为精确，在测定土壤和沉积物中的生物质炭时应用较为广泛。

（三）分子标志物法

分子标志物法通过测量一系列同生物质炭相关的物质（如苯多甲酸）的浓度，然后用这些信息来推算土壤生物质炭含量。目前该方法在土壤生物质炭的测量中得到广泛应用。Glaser 等（1997）用盐酸去除 Fe^{3+} 和 Al^{3+} 等高价阳离子后再用 65%的硝酸使得土壤中的芳香烃碳转化为苯多甲酸物质，进行完全衍化后利用气相色谱分析生物质炭的含量。后来 Brodowski 等（2005）发现这一方法所测定的生物质炭的测量值偏高，并对此方法进行了修改，改为使用 $4mol \cdot L^{-1}$ 三氟乙酸来去除土壤中的高价阳离子，以能够充分去除土壤中的次生物质，减少测量误差，且在气相色谱分析之前，样品需要静置 24h 以使其充分衍化。苯多甲酸虽然能够较好地示踪生物质炭形成过程中特殊焦化和不完全燃烧过程，对生物质炭连续体的测定范围也较为广泛，但是该方法的缺点是实验操作过程比较烦琐耗时，测定样品需要的是浓缩芳香烃结构的氧化产物。

（四）核磁共振方法

核磁共振方法主要是直接测量土壤生物质炭的核磁共振特征和图谱，解析土壤生物质炭内部化学组成的相关信息，譬如芳香烃、烷基、羟基、羧基等的含量。为了提高了土壤生物质炭的测量精度，在使用核磁共振方法测量之前，需要使用化学试剂对有可能干扰核磁共振图谱的相关物质进行去除。Skjemstad 等（1994）在进行核磁共振分析之前用 2%的氢氟酸对所有土壤样品进行处理，有效地去除了土壤中 Fe^{3+} 和其他干扰性的矿质元素、有机质等。到目前为止，核磁共振方法对土壤生物质炭的测定范围最为广泛，但其测量成本较高，并没有得到广泛应用。

由此可见，虽然这些方法在一定程度上都可以用来研究土壤生物质炭，但这些研究方法还均存在一些不足。因此，土壤中生物质炭的测定方法仍需加强研究，还需简化操作过程，提高测量的准确性，降低测量成本。

第二节 火烧对森林土壤生物质炭的影响

全世界每年发生几十万起森林火灾，导致几百万公顷的森林受到灾害，产生大量生物质炭。据统计，1950—2000 年我国平均每年有 75.76 万公顷的森林受到火灾影响，达到森林总面积的 0.56%。森林火灾不仅破坏了自然生态系统，向大气中释放大量的 CO_2、CH_4 等温室气体，燃烧后还产生大量生物质炭存留在土壤表层。据估计，现在每年由生物质燃烧而形成的生物质炭进入到土壤的数量为 0.05～0.2 Pg（Kuhlbusch，1998）。目前，全球变暖不断加剧和干旱频发，造成森林火灾的发生频率不断增加，森林火灾带来的生物质炭释放量也不断增加。火烧同时还会改变土壤中原有有机碳的数量、质量、组成和分布等，并会进一步影响土壤有机碳的转化。土壤中生物质炭的储量和分布不仅受火烧时间、火烧频率和火烧程度等火烧强度的影响，还与生态系统类型、可燃物的种类、火烧时的气象条件和地理位置等有关。

一、林火对不同土层土壤生物质炭含量的影响

在不同森林生态系统中，因为不同树种生物体的含碳量等性质不同，火烧所产生的生物质炭的含碳量也就存在差异。例如，刘兆云等（2009）发现，在 0～10cm 和 10～20cm 土层中，阔叶林土壤生物质炭的平均含量一般高于针叶林。在亚热带森林生态系统中，他们通过调查分析火烧过的和未火烧过的林地，发现无论是 0～10cm、10～20cm 还是 20～30cm 土层的土壤均表现为火烧过的林地中土壤生物质炭的含量高于未火烧过的林地（图 5-3）。在 0～10cm、10～20cm 和 20～30cm 土层火烧过的土壤生物质炭含量分别比未火烧过的高 $3.93g \cdot kg^{-1}$、$1.75g \cdot kg^{-1}$ 和 $1.05g \cdot kg^{-1}$。这些结果显示火烧对土壤生物质炭含量的影响随土层深度的增加而降低。同时，生物质炭在土壤有机碳中所占的比例为 32.6%～40.2%，火烧对该比例有降低趋势，但差异不显著（图 5-4）。此外，生物质炭在土壤有机碳中所占的比例随土层深度的增加而降低。与未发生过火灾的林地相比，近 40 年内发生过火灾的林地土壤生物质炭含量明显较高，但对亚表层土壤生物质炭的含量没有明显的影响。

火烧频率是影响林地土壤生物质炭的一个因素。然而，不同研究所得到的结果存在差异。在欧洲赤松林的有机层中，随着火烧频率的增加，生物质炭在

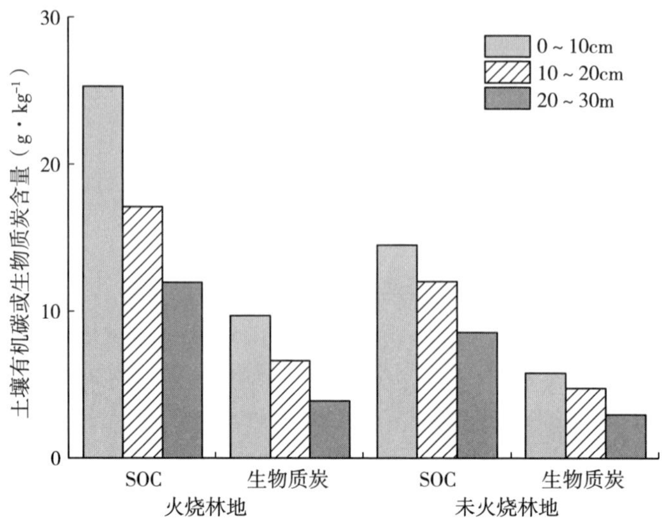

图 5-3　火烧后森林土壤生物质炭在不同土层土壤中的含量

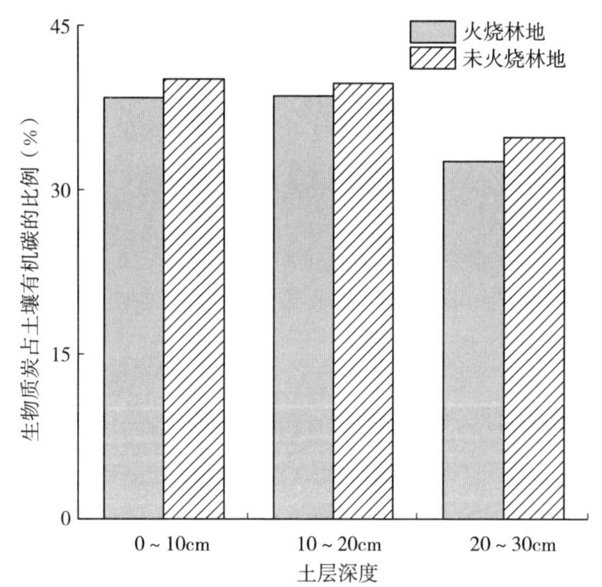

图 5-4　生物质炭在森林不同土层土壤有机碳中所占的比例

土壤有机碳中所占的比例逐渐下降，例如在火烧频率较高情况下，生物质炭仅占土壤有机碳的 3.6%（Czimczik et al.，2005），这可能是因为随着火烧频率的增加，生物质炭发生了氧化。在 6 年内发生过 2～3 次火烧的温带稀树草原，其 0～10cm 土层土壤生物质炭含量为 1.4～1.7g·kg^{-1}，而没有发生过火烧的草原土壤生物质炭的含量为 1.6g·kg^{-1}，这表明火烧没有影响土壤生物质炭的含量（Ansley et al.，2006）。同样，在美国南部的温带稀树草原中，Dai 等（2005）发现，与未发生火烧的土壤相比较，2 次夏季重复性火烧、4 次冬季重复性火烧和夏秋季交替性火烧后土壤生物质炭的含量变化较小，但是生物质炭占土壤有机碳的比例有所增加，他们认为这是剖面中土壤黏粒、粉粒和生物活动的综合结果。

二、火烧强度对土壤生物质炭的影响

火烧强度是影响林地生物质炭生产的重要因素。为研究不同强度火烧对大兴安岭天然林土壤生物质炭的影响，雷雨雨（2015）在大兴安岭地区阿木尔林业局红旗林场落叶松林以 2011 年 10 月发生火烧的迹地为研究对象，根据烧死木的比例划分了火烧的强度，烧死木比例约为 25%的为轻度火烧，烧死木比例约为 82%的为重度火烧，从而选取出轻度火烧迹地和重度火烧迹地，并以附近没有受到火烧影响的落叶松林地作为对照。在 0～20cm 土层内，对照、轻度火烧迹地和重度火烧迹地土壤生物质炭的含量分别为 4.27～13.66g・kg^{-1}、4.96～15.40g・kg^{-1}和 5.42～35.03g・kg^{-1}（表 5-1）。无论是否经过火烧，土壤生物质炭的含量均随着土层深度的增加而降低，均表现为 0～5cm 土层土壤生物质炭的含量显著高于 5～10cm 和 10～20cm 土层。未发生火烧的样地（对照）0～5cm 土层土壤生物质炭的含量分别是 5～10cm、10～20cm 土层的 1.79 倍和 3.2 倍，轻度火烧迹地 0～5cm 土层土壤生物质炭的含量分别是 5～10cm、10～20cm 土层的 2.05 倍和 3.10 倍，重度火烧迹地 0～5cm 土层土壤生物质炭的含量分别是 5～10cm、10～20cm 土层的 3.94 倍和 6.46 倍。轻度火烧迹地土壤生物质炭的含量与未发生火烧的样地之间差异不显著，说明轻度火烧对林地土壤生物质炭的含量影响不大。重度火烧迹地不同土层土壤生物质炭的含量均高于未发生火烧的样地。与未发生火烧的样地相比，重度火烧迹地 0～5cm 土层生物质炭的含量增加了 21.37g・kg^{-1}，是未发生火烧的样地的 2.56 倍，增加幅度较大，并且达到差异显著水平，而 5～10cm 土层和 10～20cm 土层生物质炭的含量虽然有增加趋势，但没有达显著水平，说明重度火烧对林地土壤生物质炭含量的影响主要发生在表层土壤。未发生火烧的样地有 83.8%的土壤生物质炭分布在 0～10cm 土层，而在重度火烧迹地 89.0%的生物质炭分布在 0～10cm 土层，这在一定程度上说明火烧中土壤表面焦化不完全燃烧的植物枯落物残体对表层生物质炭的积累发挥了重要作用。

表 5-1　不同强度火烧对落叶松林土壤生物质炭含量的影响（g・kg^{-1}）

土层深度	未火烧	轻度火烧	重度火烧
0～5cm	13.66	15.40	35.03

（续）

土层深度	未火烧	轻度火烧	重度火烧
5～10cm	7.63	7.53	8.88
10～20cm	4.27	4.96	5.42

在高寒的大兴安岭地区，林地枯落物分解慢，林地表面形成了较厚枯落物层，火烧期间产生的生物质炭较多，使得生物质炭占土壤有机碳的比例较大。在落叶松林，生物质炭占土壤有机碳的比例为14.0%～28.0%（雷雨雨，2015）。在未火烧（对照）样地和轻度火烧迹地，生物质炭占土壤有机碳的比例分别为14.0%～18.1%和18.4%～22.1%，也均表现为随土层深度增加而先升后降的趋势；而在重度火烧迹地生物质炭在土壤有机碳中的比例为17.3%～28.0%，随土层深度增加也表现出逐渐下降的趋势（表5-2）。轻度火烧没有影响生物质炭占土壤有机碳的比例在不同土层中的变化，但是重度火烧影响了生物质炭占土壤有机碳的比例在不同土层中的变化，即与0～5cm土层相比较，重度火烧显著降低了5～10cm和10～20cm土层土壤中生物质炭占土壤有机碳的比例。轻度火烧迹地和重度火烧迹地土壤中生物质炭占土壤有机碳的比例高于未火烧样地，在0～5cm土层土壤生物质炭所占比例由15.7%分别增至21.3%和28.0%，增加幅度最大，而在5～10cm土层生物质炭占土壤有机碳的比例则由18.1%分别增至22.1%和20.6%，在10～20cm土层由14.0%分别增至18.4%和17.3%。这表明火烧增加了生物质炭对土壤有机碳的贡献。火烧后对土壤生物质炭含量的变化程度不仅与火烧前林地地上可燃物数量有关，还受燃烧的温度和燃烧程度等因素影响，进而导致火烧后生物质炭占土壤有机碳的比例不同。

表5-2　不同强度火烧对落叶松林土壤生物质炭占有机碳百分比的影响（%）

土层深度	未火烧	轻度火烧	重度火烧
0～5cm	15.7	21.3	28.0
5～10cm	18.1	22.1	20.6
10～20cm	14.0	18.4	17.3

土壤中有机碳的含量和生物质炭的含量之间存在线性关系，但它们之间的斜率随火烧强度的增强而逐渐增强（图5-5）。这种良好的线性关系表明在大兴安岭落叶松林中生物质炭对土壤有机碳有着重要的贡献，在土壤有机碳的积累过程中扮演了重要的角色。一方面，这与土壤有机碳和生物质炭的输入来源有关，火烧可能同时增加了土壤有机碳和生物质炭的含量；另一方面，由于生物质炭具有高度的芳香化结构和较高的生物化学及热稳定性，使得土壤中的有

机碳得以保存，并且生物质炭颗粒表面具有多孔结构和羧基、酚羟基等多种含氧官能团，能够吸附和固定土壤中的有机物和黏土矿物，固持土壤中的有机碳，使生物质炭的含量与土壤有机碳的含量保持一定的线性关系。

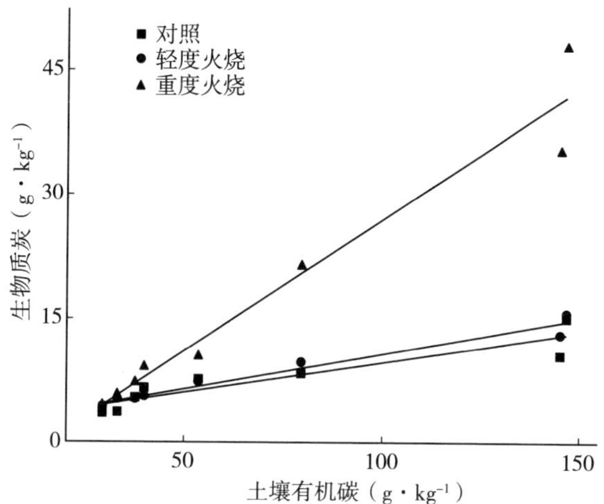

图 5-5　大兴安岭落叶松林土壤中有机碳含量和生物质炭含量的相关性

与土壤有机碳类似，土壤生物质炭也可以采用物理的密度分组法分为轻组组分和重组组分。雷雨雨（2015）利用了密度为 1.8g·cm^{-3}的碘化钠溶液将土壤生物质炭分离为轻组和重组。在 0～20cm 土层内，未火烧样地、轻度火烧迹地和重度火烧迹地土壤轻组生物质炭的含量分别为 2.37～7.20g·kg^{-1}、3.19～11.0g·kg^{-1}和 2.35～30.25g·kg^{-1}（表 5-3）。土壤轻组生物质炭的含量均随着土层深度的增加而降低。无论是轻度火烧还是重度火烧，0～5cm 土层土壤轻组生物质炭的含量显著高于 5～10cm 和 10～20cm 土层。轻度火烧迹地 0～5cm、5～10cm 和 10～20cm 土层土壤轻组生物质炭的含量分别比未火烧样地高出 3.8g·kg^{-1}、1.25g·kg^{-1}和 0.82g·kg^{-1}；重度火烧迹地 0～5cm 和 5～10cm 土层土壤轻组生物质炭的含量分别比未火烧样地高出 23.05g·kg^{-1}和 1.65g·kg^{-1}，但仅在 0～5cm 土层中土壤轻组生物质炭的含量发生了显著变化，其原因可能是重度火烧后焦化的植物残体有助于表层土壤轻组生物质炭的积累。这说明，轻度火烧对林地土壤轻组生物质炭含量的影响较小，重度火烧对土壤轻组生物质炭含量的显著影响也仅发生在 0～5cm 土层。

表 5-3　不同火烧强度下落叶松林土壤轻组和重组生物质炭的含量（g·kg^{-1}）

土层深度	轻组生物质炭			重组生物质炭		
	未火烧	轻度火烧	重度火烧	未火烧	轻度火烧	重度火烧
0～5cm	7.20	11.0	30.25	6.45	4.41	4.79

（续）

土层深度	轻组生物质炭			重组生物质炭		
	未火烧	轻度火烧	重度火烧	未火烧	轻度火烧	重度火烧
5～10cm	3.01	4.26	4.66	4.63	3.27	4.22
10～20cm	2.37	3.19	2.35	1.90	1.77	3.06

在0～20cm土层，未火烧样地、轻度火烧迹地和重度火烧迹地土壤重组生物质炭的含量分别为1.90～6.45g·kg^{-1}、1.77～4.41g·kg^{-1}、3.06～4.79g·kg^{-1}。与土壤轻组生物质炭含量的变化一致，土壤重组生物质炭的含量也随土层深度的增加而降低，并且0～5cm土层和10～20cm土层之间差异显著。在0～5cm土层，土壤重组生物质炭的含量在轻度火烧迹地为4.41g·kg^{-1}、重度火烧迹地为4.79g·kg^{-1}，分别比未火烧样地降低了2.04g·kg^{-1}和1.66g·kg^{-1}，但是轻度火烧迹地和重度火烧迹地之间差异不显著，这说明无论是轻度火烧还是重度火烧均降低了0～5cm土层土壤重组生物质炭的含量，而对5cm以下土层土壤重组生物质炭的含量影响较小。

轻组和重组生物质炭在总生物质炭中所占比例与火烧强度有关。轻组生物质炭在总生物质炭中所占比例在轻度火烧迹地中随土层深度增加呈现为先降后升的趋势，而在重度火烧迹地则表现为随土层深度的增加而降低；重组生物质炭在总生物质炭中所占比例在轻度火烧迹地中随土层深度增加则先升后降，在重度火烧迹地随土层深度增加而增加（表5-4）。轻度火烧增加了0～5cm和5～10cm土层中轻组生物质炭在总生物质炭中的比例，具体为在0～5cm土层中该比例从未火烧样地的50.85%显著增加到71.73%，在5～10cm土层中从未火烧样地的39.55%显著增加到57.10%，在10～20cm土层中虽然从未火烧样地的58.62%增加到了65.92%，但差异不显著。重度火烧也影响了轻组生物质炭在总生物质炭中所占比例，在0～5cm和5～10cm土层分别增加到84.74%和51.62%，但是在10～20cm土层轻组生物质炭在总生物质炭中所占比例呈现下降趋势，即从58.62%下降为44.51%。火烧后0～5cm土层土壤轻组生物质炭在总生物质炭中的比例都显著高于重组生物质炭，而在5～10cm和10～20cm土层中因变异较大，轻组和重组生物质炭在总生物质炭中的比例没有差异。

表5-4 不同火烧强度下落叶松林土壤轻组和重组生物质炭在总生物质炭中所占比例（%）

项目	处理	0～5cm	5～10cm	10～20cm
轻组生物质炭	未火烧	50.85	39.55	58.62
	轻度火烧	71.73	57.10	65.92
	重度火烧	84.74	51.62	44.51

（续）

项目	处理	0～5cm	5～10cm	10～20cm
重组生物质炭	未火烧	49.15	60.45	41.38
	轻度火烧	28.27	42.90	34.08
	重度火烧	15.26	48.38	55.49

三、海拔对土壤生物质炭的影响

在同一区域的森林生态系统中，海拔不仅影响土壤有机碳的分布，也影响火烧及其产生的生物质炭，这是因为不同海拔高度下森林的生产力和林下枯落物数量存在差别。在亚热带的福建省建阳市区域内，张颖妮（2011）在收集分析森林火灾数据的基础上筛选出研究地点，选择了海拔为150～200m、200～250m、250～300m和300～350m火烧过的森林，采集相应的土壤，然后进行室内分析。研究发现，土壤生物质炭的含量在0～30cm土层中分别为5.24g·kg^{-1}、6.80g·kg^{-1}、7.98g·kg^{-1}和4.34g·kg^{-1}（图5-6）。海拔为200～250m和250～300m的火烧森林0～10cm、10～20cm和20～30cm土层土壤生物质炭含量均高于海拔为150～200m和300～350m的森林，并且以海拔为300～350m的森林为最低。这可能与不同海拔高度上森林植被的类型尤其是其生物量的差异有关。在该研究区域较低海拔处多以毛竹林为主，植被更新较快，地表枯枝落叶相对较少，因而火烧对此处土壤生物质炭的含量影响较小；海拔

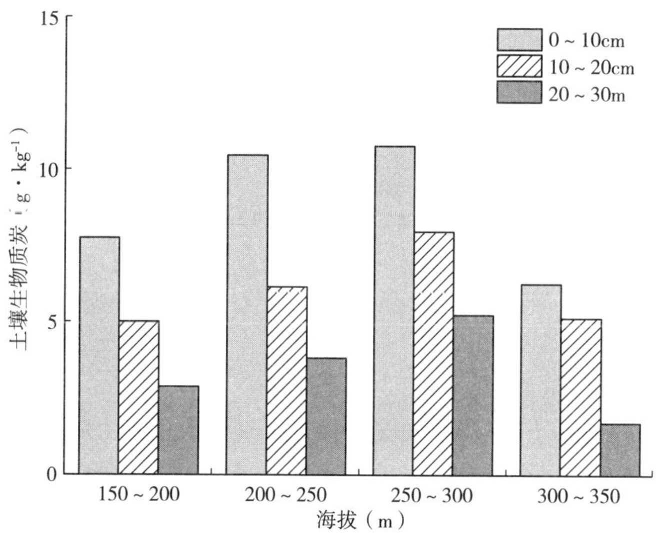

图5-6　海拔对亚热带森林土壤生物质炭含量的影响

300～350m处发生火灾的概率小，且山顶多以油茶、锥栗等经济作物为主，因而即使发生火灾可燃烧的生物量也不多。另外，高海拔处雨水的冲刷作用相对较为严重，可以将部分生物质炭冲刷到低海拔处。

对土壤生物质炭含量的影响可能还与坡度、坡向等有关。土壤生物质炭来源于林地生物量的不完全燃烧，因而火灾发生过程中林地生物量较大的地方比如下坡和中坡处会产生较多的生物质炭。同时，在上坡和坡顶处的生物质炭在降雨时会向下部发生迁移。在坡度为10°～20°、20°～30°和30°～40°的林地中土壤生物质炭的含量明显小于坡度为40°～50°的林地（图5-7）。在调查取样时发现坡度为20°～30°的样地，火烧时间较早，现在大部分植被已经重新恢复，林地利用也较好。林地北坡表层土壤（0～10cm）生物质炭含量相对较高，这可能与北坡环境温度相对较低、地表枯落物分解相对较慢有关。

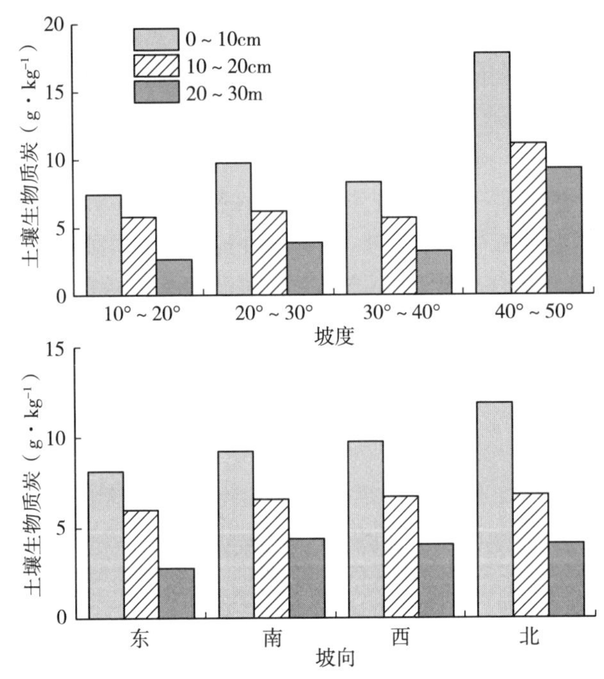

图5-7 坡度和坡向对亚热带森林土壤生物质炭含量的影响

第三节 生物质炭对土壤性质的影响

生物质炭作为一种物质添加到土壤后会引起土壤的物理性质、化学性质、生物学性质等发生一系列的变化。例如，生物质炭输入增加了土壤孔隙率并降低了土壤堆积密度，有利于氧气在土壤中的扩散（Jones et al.，2011）。生物质炭中含有大量的养分（如氮、磷、有机碳）、矿质元素（钠、钾、钙）以及金属离子，它们的变化进一步改变微生物群落结构，有利于土壤肥力的提高（Wu et al.，2020）。

一、生物质炭对土壤腐殖质的影响

土壤腐殖质是土壤肥力的物质基础，传统的化学分析方法将其分为胡敏酸、富里酸和胡敏素 3 个组分。其中胡敏酸为腐殖质中最为活跃的组分，其组成、结构和性质的变化会影响土壤肥力。白小艳（2018）采用室内模拟培养的方法向农田土壤东北黑土中添加不同数量的生物质炭，研究培养 360d 后土壤腐殖质的含量、组成及其性质的变化。从图 5-8 可以看出，培养结束后土壤有机碳含量随着生物质炭添加量的增加几乎呈线性增加。土壤有机碳含量随着生物质炭施用量的递增依次增加了 2.79g・kg^{-1}、6.21g・kg^{-1}和 10.94g・kg^{-1}，幅度分别为 13.1%、29.2%和 51.5%。在培养 360d 后土壤中富里酸含量随着生物质炭添加量的增加而出现不同程度的下降，富里酸含量的绝对变化量从对照土壤中的 3.3g・kg^{-1}降低到 2.9～3.1g・kg^{-1}；富里酸含量的相对变化量下降得更为明显，从对照的 15.0%下降到 10.0%（图 5-9）。土壤胡敏酸含量也随着生物质炭添加量的增加而下降，胡敏酸含量的绝对变化量从对照的 5.3g・kg^{-1}降低到 4.6g・kg^{-1}（添加生物质炭 0.4%的土壤）、4.3g・kg^{-1}（添加生物质炭 1.0%的土壤）和 4.26g・kg^{-1}（添加生物质炭 2.0%的土壤）；胡敏酸含量的相对变化量下降也更为明显，由对照的 25%下降到 14%（图 5-10）。

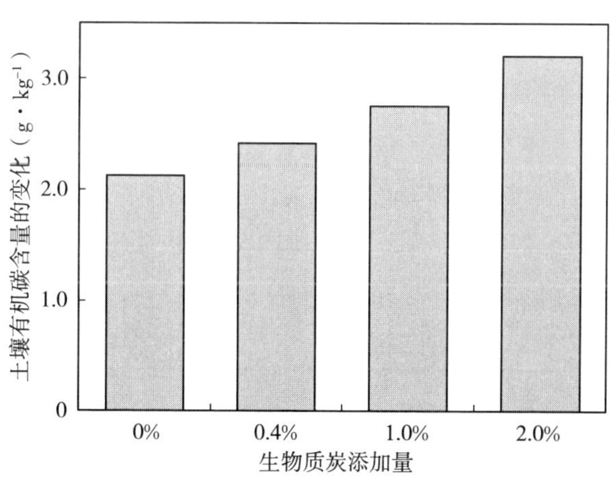

图 5-8　添加生物质炭后土壤有机碳含量的变化

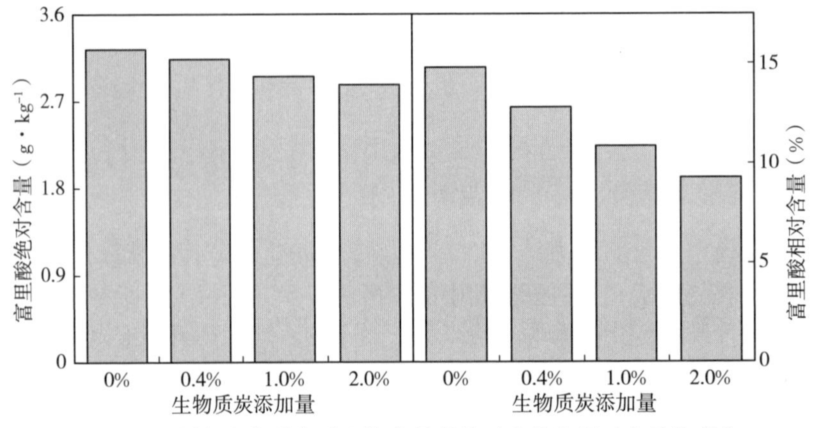

图 5-9 添加生物质炭后土壤富里酸绝对含量和相对含量的变化

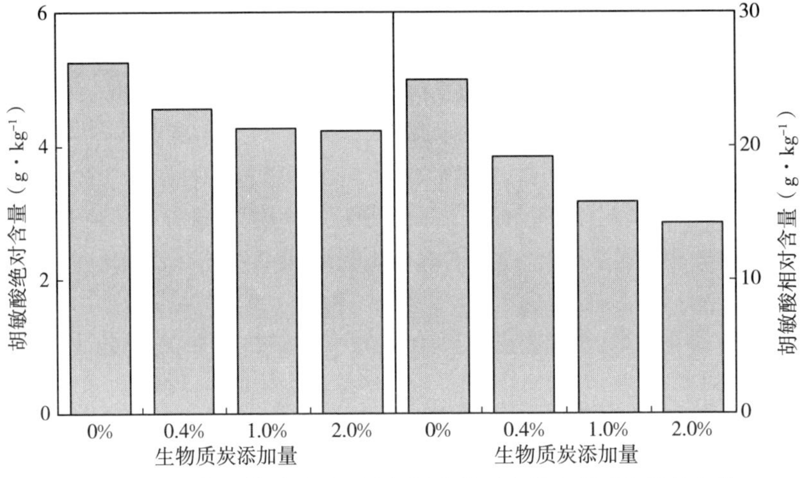

图 5-10 添加生物质炭后土壤胡敏酸绝对含量和相对含量的变化

就土壤中胡敏素含量而言，培养 360d 的土壤胡敏素含量随生物质炭添加量的递增而增加，具体为从对照的 10g·kg^{-1}分别增加到 14.5g·kg^{-1}（添加生物质炭 0.4%的土壤）、15.8g·kg^{-1}（添加生物质炭 1%的土壤）、19.2g·kg^{-1}（添加生物质炭 2%的土壤），增加幅度分别为 45%、58%和 92%；胡敏素的相对含量也从对照的 47%增加到 2%处理的 65%（图 5-11）。由此可见，生物质炭的添加对土壤腐殖质不同组分的影响是存在差异的，生物质炭的添加对土壤有机碳含量的增加作用主要是因为胡敏素的增加，而胡敏酸和富里酸的含量不仅没有增加，反而还出现了一定程度的下降，说明了这些原本容易提取的组分，或者被添加的生物质炭吸附固定，或者转化为胡敏素。

土壤腐殖质及其组分具有不同的含氧官能团，可以利用傅里叶红外光谱来

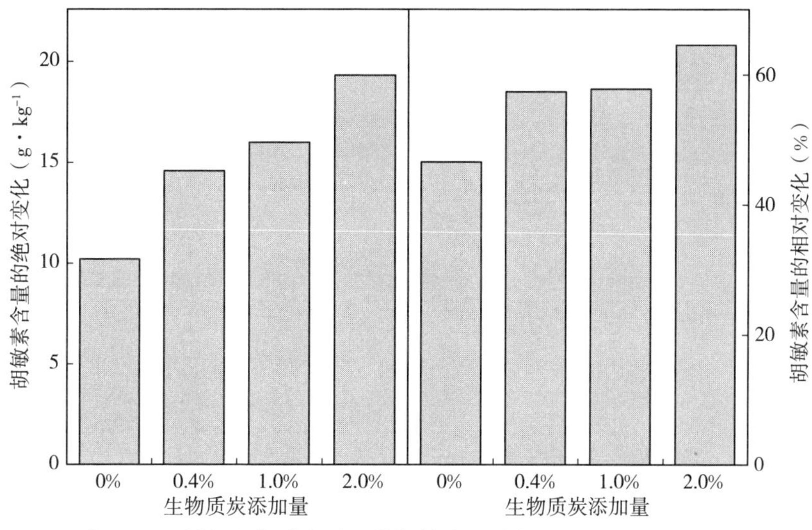

图 5-11 添加生物质炭后土壤胡敏素绝对含量和相对含量的变化

研究。根据已有的研究结果，红外光谱的不同吸收波段可以对应不同的官能团和化合物（表 5-5）。从图 5-12 可以看出，在添加不同数量的生物质炭后，胡敏酸的傅里叶红外光谱吸收峰主要出现在 3 400cm^{-1}、2 920cm^{-1}、2 850cm^{-1}、1 720cm^{-1}、1 620cm^{-1}、1 400cm^{-1}、1 230cm^{-1}和 1 034cm^{-1}。生物质炭的添加没有影响胡敏酸的红外图谱特征，但是不同处理间的吸收强度存在差别。特征峰的吸收强度的多少可反映官能团量的相对多少。土壤胡敏酸在2 920cm^{-1}（脂族聚亚甲基）和 1 620cm^{-1}（芳香类）振动最为强烈（表 5-6）。从（2 920+2 850）/1 620 比值来看，土壤添加生物质炭后该比值呈下降趋势，表明添加生物质炭使胡敏酸的芳香性增强。2 920cm^{-1}、2 850cm^{-1}、1 720cm^{-1}吸收强度下降则表明胡敏酸的脂族性和氧化度下降。

表 5-5 土壤腐殖质红外光谱各吸收峰的归属

吸收频率（cm^{-1}）	振动形式	基团
3 407～3 384	O—H 伸缩	酚类化合物、羟基官能团
2 930～2 920	C—H 伸缩	脂肪族化合物
1 720	C=O 伸缩	羧基、醛、酮
1 650～1 640	C=O 伸缩	氨基化合物、羧化物
1 630～1 600	C=C 伸缩	芳环模式、烯烃
1 570～1 500	N—H 变形，C=N 伸缩	氨基化合物
1 515～1 510	芳香族 C=C 伸缩	木质素

（续）

吸收频率（cm^{-1}）	振动形式	基团
1 460～1 450	C—H 伸缩	脂肪族化合物
1 421～1 410	O—H 变形，C—O 伸缩	芳香醛、酚
1 320	C—N 伸缩	初级、二级芳香胺
1 240～1 220	C—O 伸缩，O—H 变形	羧基
1 080～1 030	C—O 伸缩	多糖、多糖类物质

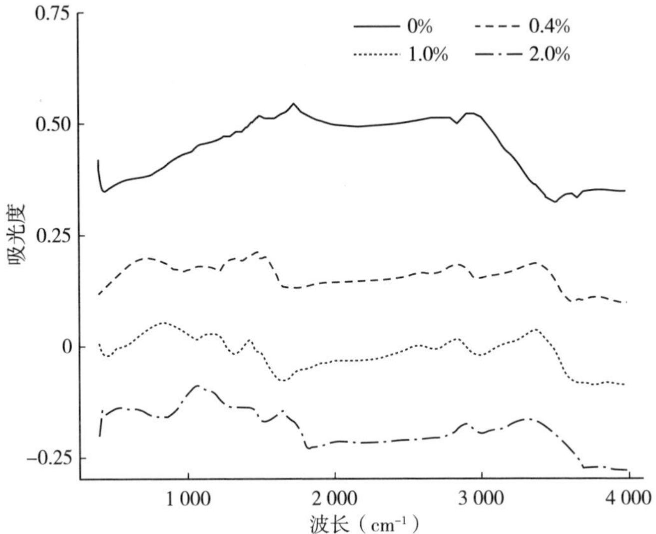

图 5－12　添加生物质炭后土壤胡敏酸的傅里叶红外光谱特征

表 5－6　添加生物质炭后土壤胡敏酸的红外光谱的半定量分析

项目	2 920 cm^{-1}	2 850 cm^{-1}	1 720 cm^{-1}	1 620 cm^{-1}	1 400 cm^{-1}	1 230 cm^{-1}	1 034 cm^{-1}	（2 920＋2 850）/1 720	（2 920＋2 850）/1 620
对照	1.99	0.34	3.78	2.11	0.61	1.70	2.84	0.526	0.943
0.4%	1.06	0.30	1.66	—	0.31	0.19	1.18	0.639	—
1.0%	1.61	0.42	—	1.94	0.10	0.08	0.07	—	0.830
2.0%	0.51	0.09	—	0.83	0.16	—	1.81	—	0.614

二、生物质炭对土壤活性有机碳的影响

为研究生物质炭对森林土壤活性有机碳的影响，李芳芳等（2011）采集了杉木人工林 0～15cm 土层的土壤，向土壤中分别添加 1%和 5%的生物质炭，

以不加生物质炭的土壤为对照，在25℃下培养28d，并在培养的第1天、第4天和第7天分别测定了土壤微生物生物量碳和氮以及可溶性有机碳和氮的含量。生物质炭的添加没有影响土壤微生物生物量碳的动态变化，土壤微生物生物量碳均在培养第4天出现下降现象，之后逐渐增加（图5-13）。与培养第1天相比，在第4天土壤微生物生物量碳含量出现了显著下降，并达到最低点，其中没添加生物质炭的土壤中微生物生物量碳含量下降幅度最大，为24.9%，添加1%生物质炭的土壤下降了24.2%，添加5%生物质炭的土壤下降了13.7%；在第4天之后土壤微生物生物量碳含量开始逐渐增加，并在第7天时基本稳定。

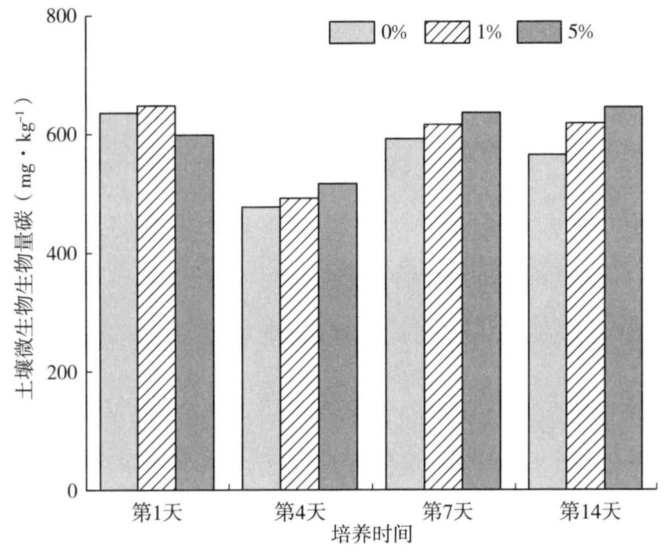

图5-13　添加生物质炭对杉木人工林土壤微生物生物量碳的影响

添加生物质炭影响土壤微生物生物量氮的动态变化趋势（图5-14）。在没有添加生物质炭的土壤中，微生物生物量氮含量尽管在第7天有增加的趋势，但在培养过程中整体呈缓慢下降的趋势，从最初的45.5mg·kg^{-1}下降至38.5mg·kg^{-1}；在添加1%生物质炭的土壤中微生物生物量氮含量在培养过程中整体呈缓慢波动的趋势，由开始的42.3mg·kg^{-1}增加至51.8mg·kg^{-1}，在第4天和第14天土壤微生物生物量氮含量出现了小幅度的下降；在添加5%生物质炭的土壤中微生物生物量氮含量在培养过程中始终处于增加的状态，并在第14天趋于稳定，由最初的38.9mg·kg^{-1}增加至62.0mg·kg^{-1}。在整个培养过程中，添加生物质炭在培养初期降低了土壤微生物生物量氮含量，而在培养后期则增加了土壤微生物生物量氮含量，并且土壤微生物生物量氮含量随生物质炭添加量的增加而增大。

生物质炭添加影响了土壤可溶性有机碳和有机氮的含量（图5-15）。在

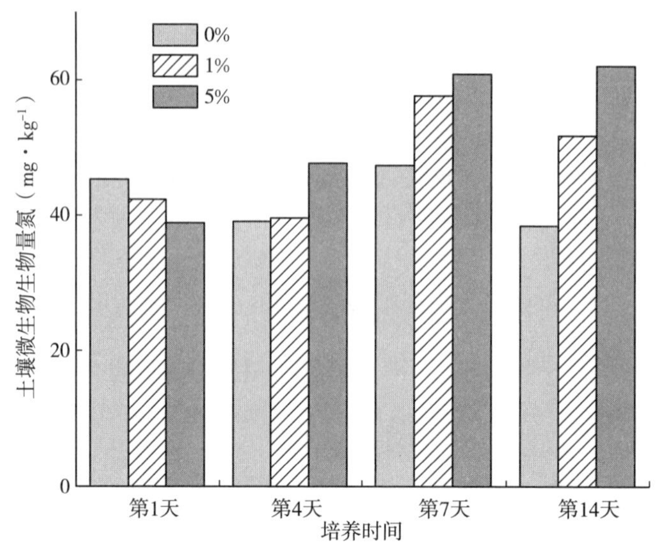

图 5-14　添加生物质炭对杉木人工林土壤微生物生物量氮的影响

14d 的培养期间，没有添加生物质炭的土壤可溶性有机碳含量为 109.8～121.5mg·kg^{-1}，添加 1%生物质炭的土壤可溶性有机碳含量为 111.4～129.9mg·kg^{-1}，添加 5%生物质炭的土壤可溶性有机碳含量为 125.8～168.9mg·kg^{-1}。在整个培养期间，添加 5%生物质炭显著增加了土壤可溶性有机碳含量，而添加 1%生物质炭仅在第 1 天增加了土壤可溶性有机碳含量。生物质炭的添加对土壤可溶性有机氮含量的影响与可溶性有机碳有所不同。添

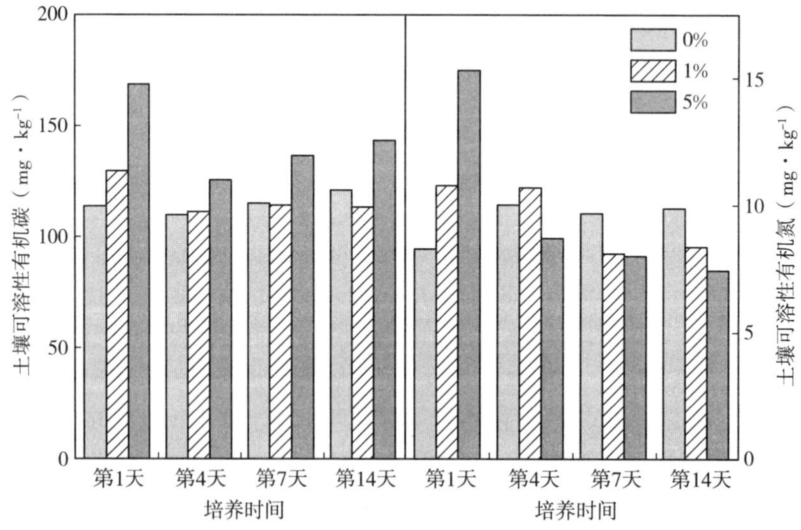

图 5-15　添加生物质炭对杉木人工林土壤可溶性有机碳和有机氮含量的影响

加 5%生物质炭仅在培养初期（第 1 天）增加了土壤可溶性有机氮含量，而在第 14 天添加生物质炭则显著降低了土壤可溶性有机氮含量。

三、生物质炭对土壤微生物群落组成的影响

利用盆栽实验的方法，陆人方等（2020）向土壤中加入了 500℃下由竹枝炭化 3h 得到的生物质炭，在生物质炭添加 8 个月后发现添加低剂量（5t・hm^{-2}）的生物质炭增加了马尾松和杉木盆栽幼苗土壤的总磷脂脂肪酸、革兰氏阳性菌和放线菌脂肪酸的含量，分别增加了 28.9%和 51.8%、28.6%和 52.6%、29.1%和 27.3%（图 5－16）。添加低剂量的生物质炭后杉木土壤革兰氏阳性菌中 i15:0、a15:0、i16:0 脂肪酸，以及革兰氏阴性菌中 16:1ω7c、18:1ω7c 脂肪酸含量高于对照，添加低剂量的生物质炭显著增加马尾松和杉木土壤中 Me16:0 脂肪酸的含量。马尾松土壤添加中剂量生物质炭（10t・hm^{-2}）后革兰氏阳性菌中 a15:0、革兰氏阴性菌中 16:1ω7c 脂肪酸含量高于对照。添加高剂量（20t・hm^{-2}）的生物质炭对马尾松和杉木土壤总磷脂脂肪酸、革兰氏阳性菌、细菌、真菌和放线菌脂肪酸含量有降低趋势，但差异不显著。然而，生

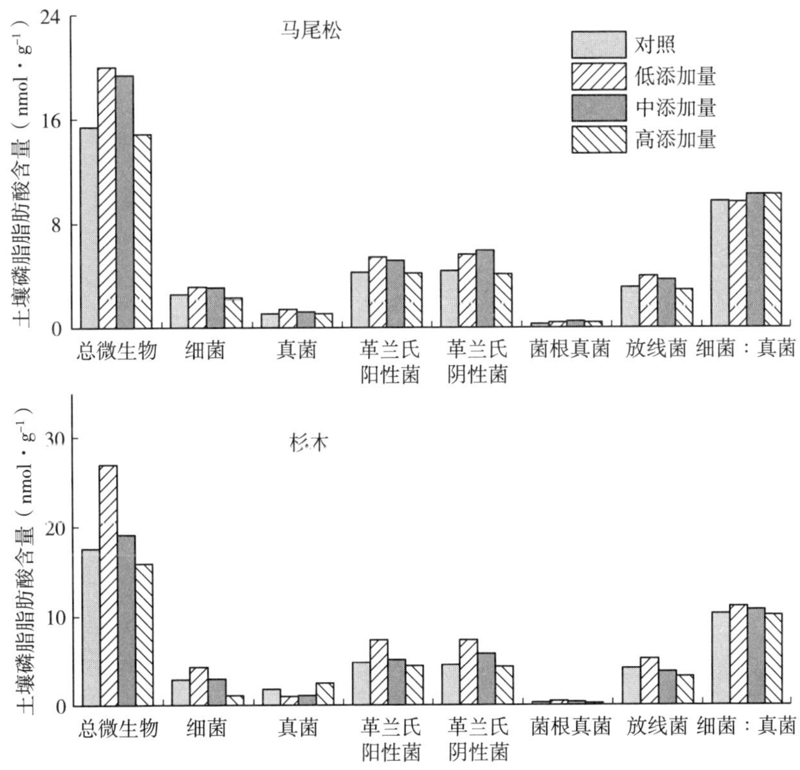

图 5－16　添加生物质炭对马尾松和杉木土壤微生物磷脂脂肪酸含量的影响

物质炭添加没有改变马尾松和杉木土壤细菌：真菌比，说明生物质炭添加没有影响土壤的微生物群落结构。

生物质炭的制备温度通过影响生物质炭的性质可以调控土壤微生物的群落结构及其组成。通过室内培养实验，卢伟伟等（2020）发现添加 300℃（低温）和 500℃（高温）制备的生物质炭对杨树林土壤微生物各类群占微生物总群落比例的影响存在差异（图 5－17）。在培养 7d 时，添加低温和高温制备的生物质炭分别使土壤细菌占微生物总群落的比例分别提高了 5.9％和 11.8％，并且主要是提高了细菌中革兰氏阳性菌，而对革兰氏阴性菌的影响较小，从而使得革兰氏阴性菌：革兰氏阳性菌的比值分别降低了 7.5％和 21.4％；添加低温和高温制备的生物质炭使土壤放线菌占微生物总群落的比例分别降低了 15.2％和 17.5％；添加低温制备的生物质炭对土壤真菌的影响不大，而添加高温制备的生物质炭使土壤真菌占微生物总群落的比例降低了 13.5％，并使土壤真菌：细菌比降低了 22.4％。与之相反，在培养 30d 时，添加低温和高温制备的生物质炭降低了细菌占微生物总群落的比例，提高了真菌和放线菌占微生物总群落的比例，并且呈现出高温制备的生物质炭比低温制备的生物质炭对土壤微生物的影响更大。在培养 60d 时，低温和高温制备的生物质炭对土壤微生物群落结构的影响没有明显差别。这表明土壤微生物群落结构对生物质炭添加的响应受到生物质炭的制备温度和培养时间等多个因素的影响。

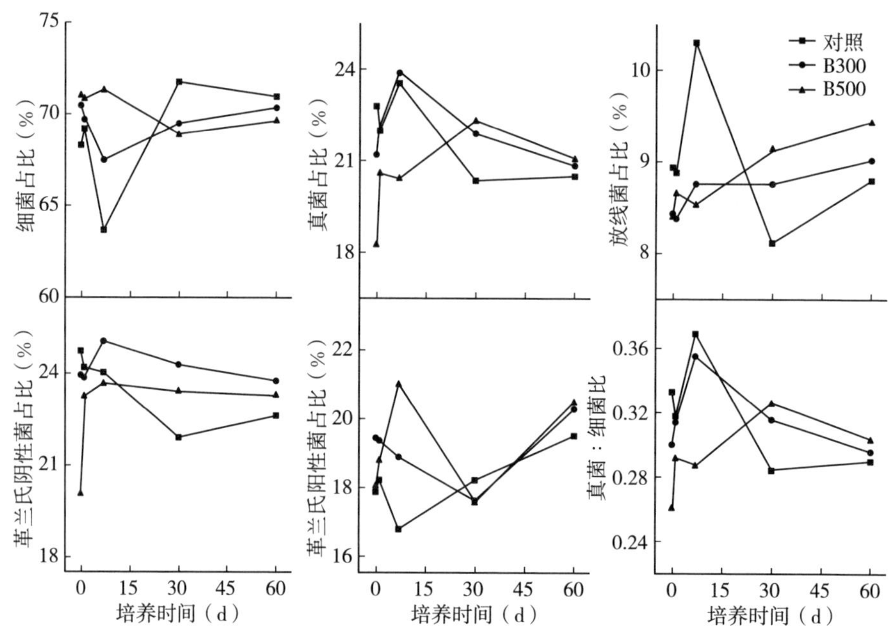

图 5－17　添加不同温度制备的生物质炭对杨树人工林土壤微生物各类群的影响
（B300、B500 分别为 300℃和 500℃条件下制备的生物质炭）

四、生物质炭对土壤酶活性的影响

生物质炭在土壤碳固存、减少温室气体排放、改善土壤质量和提高植物生产力等方面的作用与生物炭对土壤微生物和酶活性的影响密不可分。陆人方等（2020）利用盆栽实验的方法，向土壤中加入500℃下竹枝炭化3h得到的生物质炭，在添加生物质炭8个月后发现土壤水解酶的活性发生了显著变化（图5-18）。添加高剂量（20t·hm^{-2}）的生物质炭显著促进马尾松土壤蔗糖酶活性，酶活性提高了44.9%，而添加中剂量（10t·hm^{-2}）的生物质炭则显著降低了马尾松和杉木土壤蔗糖酶活性，分别降低了47.4%和50.9%。添加低剂量（5t·hm^{-2}）的生物质炭促进土壤纤维素酶活性，分别使马尾松和杉木土壤纤维素酶活性增加15.9%和53.5%，而添加中剂量和高剂量的生物质炭则抑制了土壤纤维素酶活性。其中添加中剂量的生物质炭使马尾松和杉木土壤纤维素酶活性分别降低39.7%和15.3%，添加高剂量的生物质炭则分别使马尾松和杉木土壤纤维素酶活性降低59.5%和30.6%。生物质炭的添加对马尾松和杉木土壤脲酶活性基本没有影响，但对土壤多酚氧化酶和过氧化物酶活性影响显著。添加高剂量的生物质炭使马尾松土壤多酚氧化酶活性增加79.3%，而

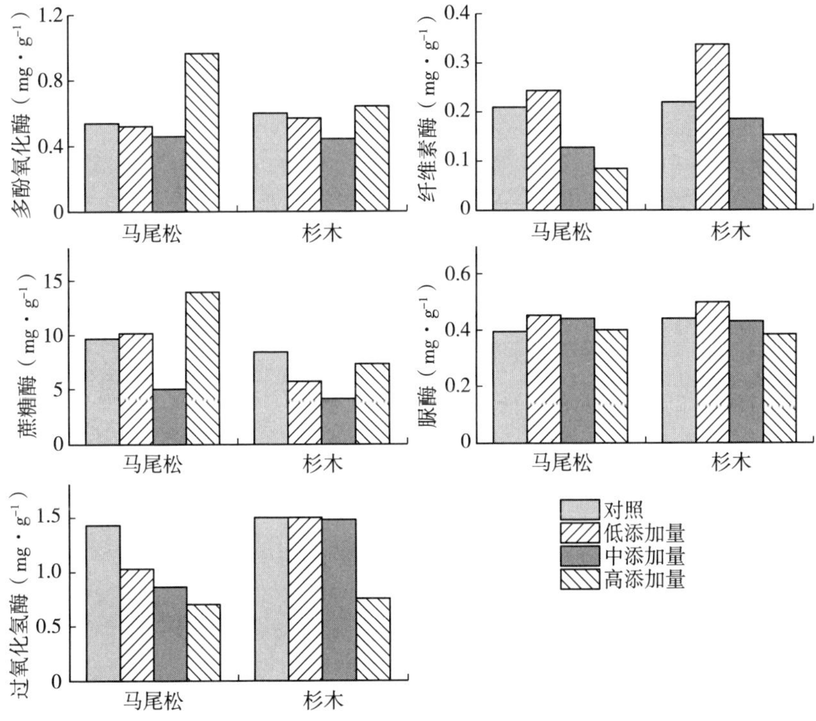

图5-18　添加生物质炭对马尾松和杉木土壤氧化还原酶和水解酶活性的影响

使马尾松和杉木土壤过氧化酶活性分别降低 50.5%和 49.7%。

生物质炭的制备温度、基材性质（如 pH 和碳：氮比值）等也可能影响土壤酶活性对生物质炭的响应。然而，通过室内培养实验，卢伟伟等（2020）发现添加 300℃和 500℃制备的生物质炭虽然没有改变所测定的 4 种酶的时间变化动态，但显著影响了土壤酶活性（图 5－19）。在实验前期（第 7 天），生物质炭的添加降低了 β－葡萄糖苷酶活性，在实验后续时间添加 500℃制备的生物质炭则显著增强了 β－葡萄糖苷酶活性，而添加 300℃制备的生物质炭则对 β－葡萄糖苷酶活性影响较小。整体上来看，生物质炭的添加提高了纤维二糖糖苷酶活性，特别是在第 30 天纤维二糖糖苷酶活性达到最大值，即生物质炭的添加对土壤纤维二糖糖苷酶活性的影响在培养前半段时间逐渐增强，其后开始减弱。在培养前期，500℃制备的生物质炭对纤维二糖糖苷酶活性的影响大于 300℃制备的生物质炭，但实验后期它们的影响基本没有差别。添加 500℃制备的生物质炭在第 7 天对多酚氧化酶活性的提高幅度最大，而添加 300℃制备的生物质炭在第 7 天对多酚氧化酶活性基本没有影响。在第 30 天和 60 天，添加 300℃和 500℃制备的生物质炭均显著增强了多酚氧化酶活性。如果不考虑时间因素，在整个培养时间，与不添加生物质炭相比，添加 500℃制备的生物质炭分别使 β－葡萄糖苷酶活性和纤维二糖糖苷酶活性分别提高 21.2%和 34.7%，

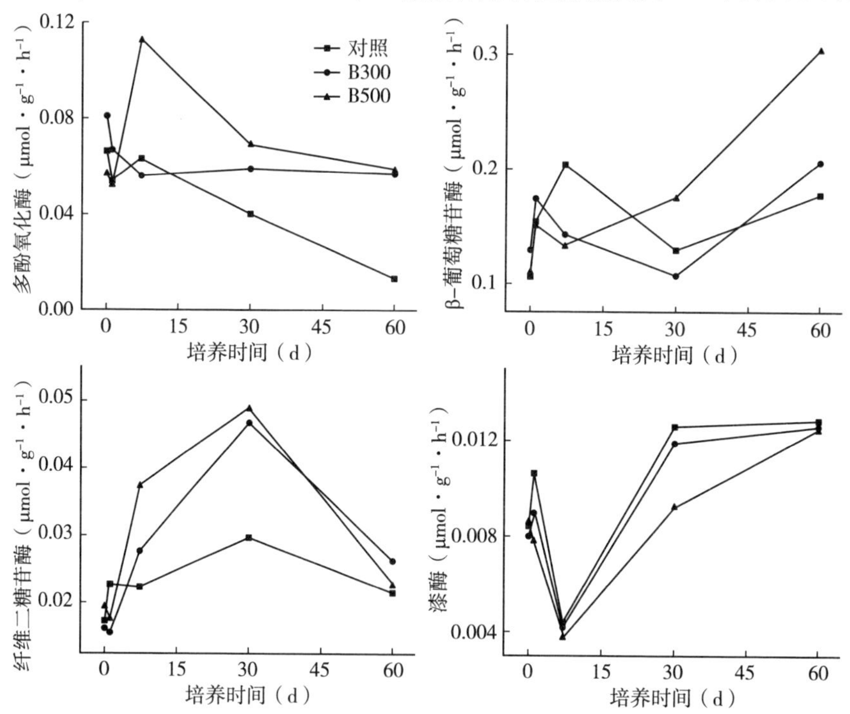

图 5－19 添加 300℃和 500℃制备的生物质炭对杨树林土壤酶活性的影响

而添加 300℃和 500℃制备的生物质炭使多酚氧化酶活性分别提高 33.8%和 40.1%。添加 500℃制备的生物质炭在第 30 天降低了土壤漆酶活性。

通过整合分析，Pokharel 等（2020）研究了生物质炭的添加对 12 种土壤酶活性的影响，并确定了影响这些酶活性的关键因素。生物质炭的添加显著增加了土壤脲酶、碱性磷酸酶和脱氢酶的活性，分别增加了 23.1%、25.4%和 19.8%，但没有影响其他酶的活性（图 5-20）。添加生物质炭可以将与氮获取相关的酶的活性提高 23.3%，但没有影响与碳和磷获取相关的酶的活性。在酸性土壤中生物质炭的添加对土壤微生物生物量碳的影响与对碳获取和氮获取相关的酶的影响具有显著的线性关系，而在中性和碱性土壤中则没有这种关系。在酸性土壤中，生物质炭对土壤微生物生物量碳的影响与碳获取相关的酶的影响呈负相关，而与氮获取相关的酶的影响呈正相关。在 pH 小于 6.5、总碳小于 $20g \cdot kg^{-1}$和总氮小于 $2g \cdot kg^{-1}$的土壤中，生物质炭的添加对土壤微生物生物量碳和酶活性的促进作用更明显。人们进一步分析了土壤 pH、总碳、全氮和土壤质地对微生物生物量碳和与氮获取相关的酶的影响。例如，在总碳含量小于 $10g \cdot kg^{-1}$的土壤中生物质炭的添加可使脲酶活性增加 33.3%，在总碳含量为 $10 \sim 20g \cdot kg^{-1}$ 的土壤中添加生物质炭后脲酶的活性增加 31.2%，当土壤总碳含量高于 $20g \cdot kg^{-1}$时添加生物质炭对脲酶的活性没有影响（图 5-21）。在质地较细的土壤中生物质炭的添加明显增加了脲酶活性，这可能是因为添加的生物质炭改善了土壤的通气性。同样，在中性土壤中生物

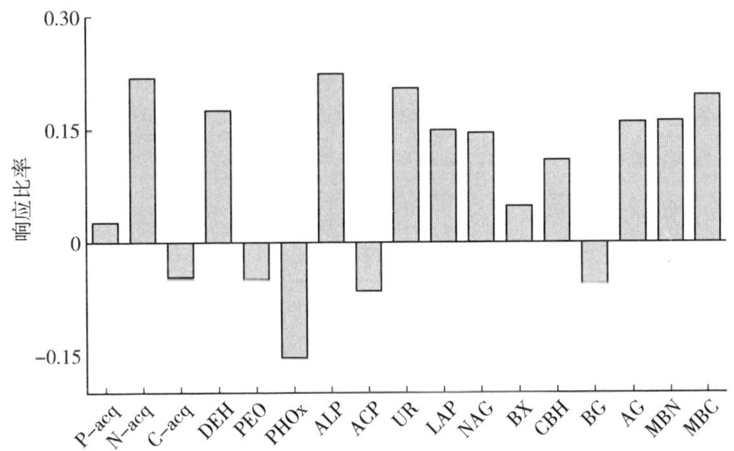

图 5-20 生物质炭的添加对土壤微生物生物量碳和氮及酶活性的影响

（P-acq、N-acq、C-acq 分别为磷、氮和碳获取酶，DEH、PEO、PHOx、ALP、ACP、UR、LAP、NAG、BX、CBH、BG、AG 分别为脱氢酶、过氧化物酶、多酚氧化酶、碱性磷酸酶、酸性磷酸酶、脲酶、亮氨酸氨基肽酶、β-1,4-N-乙酰葡糖氨糖苷酶、β-1,4-木糖苷酶、β-D-纤维二糖水解酶、β-1,4-葡萄糖苷酶、α-1,4-葡萄糖苷酶）

质炭的添加使脱氢酶活性增加40%。生物质炭的添加对碱性磷酸酶活性的影响取决于土壤的pH、总碳、总氮和质地。譬如，在酸性土壤中，添加生物质炭使碱性磷酸酶活性增加了52%，而在中性和碱性土壤中碱性磷酸酶活性则没有发生变化。生物质炭的添加使酸性和碱性土壤中与氮获取相关的酶的活性分别显著提高了26.6%和27.3%，使与氮获取相关的酶的活性在总碳小于10g·kg^{-1}的土壤中增加了34.8%和总氮小于1g·kg^{-1}的土壤中增加了32.7%。

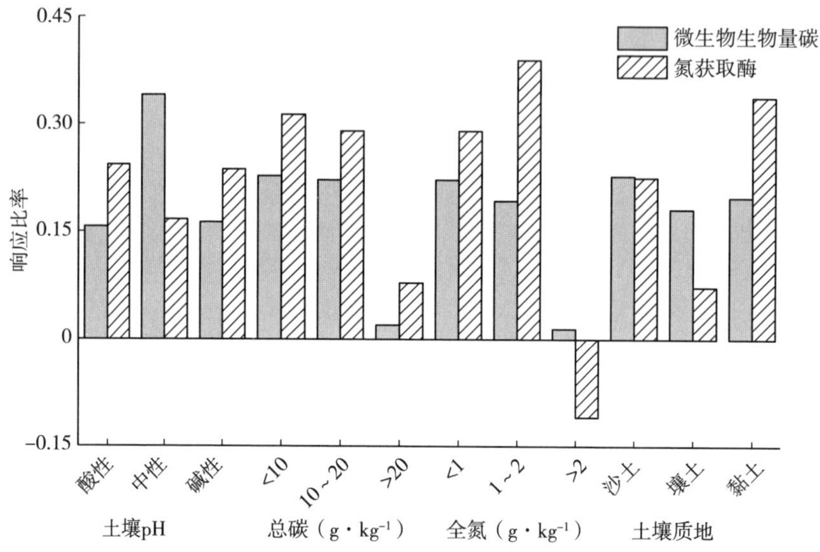

图5-21　生物质炭的添加对土壤微生物生物量碳和与氮获取相关的酶的活性的影响

添加低温、中温和高温（>550℃）制备的生物质炭使脲酶活性分别增加了10.7%、24.3%和25.9%（Pokharel et al.，2020）。但是，当生物质炭添加量低于3%以及添加由农作物残余物和木质物质作为原料制备的生物质炭时土壤碱性磷酸酶的活性显著提高。在制备温度低于350℃和碳∶氮比值低于100条件下制备的生物质炭可提高脱氢酶活性，添加350～550℃温度下制备的pH高于10和碳∶氮比值低于<50的生物质炭增加了土壤脲酶和脱氢酶的活性。

不同生物质炭的添加对土壤脱氢酶、脲酶和碱性磷酸酶活性的影响见表5-7。

表5-7　不同生物质炭的添加对土壤脱氢酶、脲酶和碱性磷酸酶活性的影响

项目	脱氢酶		脲酶		碱性磷酸酶	
	样本量（个）	效应值	样本量（个）	效应值	样本量（个）	效应值
生物质炭来源						
作物残余物	42	0.252	40	27.5	53	21.3
木质物质	52	0.176	40	15.5	20	25.7

（续）

项目	脱氢酶		脲酶		碱性磷酸酶	
	样本量（个）	效应值	样本量（个）	效应值	样本量（个）	效应值
生物质炭火烧温度						
高温	40	−1.5	35	25.9	10	41.5
中温	41	19.1	51	24.3	53	24.9
低温	18	65.9	3	10.7		
生物质炭 pH						
＜8	17	44.9	3	−24.2	16	17.0
8～10	40	7.6	43	23.2	24	30.2
＞10	27	3.6	43	33.5	23	19.8
生物质炭碳：氮比值						
＜50	30	29.3	25	53.3	23	14.5
50～100	20	37.1	32	29.4	27	32.1
＞100	38	−2.3	26	3.6	21	25.9
生物质炭添加量						
＜1.0％	31	13.4	25	22.5	26	41.2
1.0％～3.0％	39	13.4	39	22.6	32	30.2
3.0％～5.0％	4	−2.6	14	11.2	3	2.2
＞5.0％	31	27.1	9	50.6	7	−18.9

第四节　生物质炭的分解

一、土壤性质对生物质炭分解的影响

生物质炭的稳定性或者可分解性直接决定着归还到林地中的生物质炭能否实现高效的碳固持和温室气体减排。由于生物质炭性质的特殊性，通常认为生物质炭极其稳定、难以分解，将生物质炭人为地添加到土壤中并期望其可以长期固定下来，并作为人类应对全球气候变化的一条重要途径。但是，已有研究发现，生物质炭并没有我们想象的那么稳定，其中还含有一些比较容易分解的碳组分。为研究土壤性质对生物质炭分解的影响，朱依凡（2020）采集了常绿阔叶林、常绿针叶林和落叶阔叶林 3 种林地的土壤，这些土壤的性质具有较大的差异（表 5－8）。通过向土壤中添加 ^{13}C 标记的生物质炭，进行室内模拟培养 365d，其中生物质炭的添加量为土壤有机碳（按照碳含量计算）的 5％。在

表 5-8 落叶阔叶林、常绿阔叶林和常绿针叶林土壤的基本性质

项目	落叶阔叶林	常绿阔叶林	常绿针叶林
沙粒（%）	29.5	14.7	11.0
粉粒（%）	37.1	40.5	37.7
黏粒（%）	33.4	44.8	51.3
pH	4.45	3.73	4.22b
土壤有机碳（$g \cdot kg^{-1}$）	26.8	39.5	21.8b
全氮（$g \cdot kg^{-1}$）	1.97	3.45	1.91
碳∶氮比值	13.60	11.5	11.4
全磷（$g \cdot kg^{-1}$）	0.27	0.65	0.21
全钾（$g \cdot kg^{-1}$）	18.2	22.5	18.8
可溶性有机碳（$g \cdot kg^{-1}$）	179.3	92.9	68.9
MBC（$mg \cdot kg^{-1}$）	331.7	358.6	334.8
MBN（$mg \cdot kg^{-1}$）	26.1	69.1	80.2
铵态氮（$mg \cdot kg^{-1}$）	5.92	7.77	10.8
硝态氮（$mg \cdot kg^{-1}$）	1.28	5.60	4.15a
有效磷（$mg \cdot kg^{-1}$）	4.04	1.89	0.84
速效钾（$mg \cdot kg^{-1}$）	83.1	66.9	53.2

注：表中 MBC、MBN 分别表示微生物量碳、微生物量氮。数据为平均值±标准误，每行不同字母表示差异显著（$P<0.05$）。

培养期间生物质炭在不同土壤中呈现相同的分解趋势，培养前期的分解速率很快，但是随着培养时间的增长，分解速率迅速下降并维持相对稳定（图 5-22）。这表明土壤性质没有改变生物质炭分解的时间动态变化趋势。同时，生物质炭的分解在培养期间可以分成两个阶段，即 0～34d 为快速分解期，34～365d 为慢速分解期。在这 3 种森林土壤中，生物质炭的分解速率有显著的差异。生物质炭的分解速率在常绿针叶林土壤中显著高于落叶阔叶林和常绿针叶林土壤，并且在落叶阔叶林土壤中的生物质炭分解速率显著高于常绿针叶林（图 5-23）。不同培养阶段的生物质炭分解速率也存在显著差异，表现为前期显著高于后期。在落叶阔叶林、常绿阔叶林和常绿针叶林土壤中生物质炭前期的平均分解速率分别为 4.9$mg \cdot kg^{-1} \cdot d^{-1}$、6.7$mg \cdot kg^{-1} \cdot d^{-1}$和 2.9$mg \cdot kg^{-1} \cdot d^{-1}$；后期的平均分解速率则分别为 1.1$mg \cdot kg^{-1} \cdot d^{-1}$、1.5$mg \cdot kg^{-1} \cdot d^{-1}$和 0.7$mg \cdot kg^{-1} \cdot d^{-1}$。此外，培养阶段和土壤的交互作用对生物质炭的分解影响显著（表 5-9）。

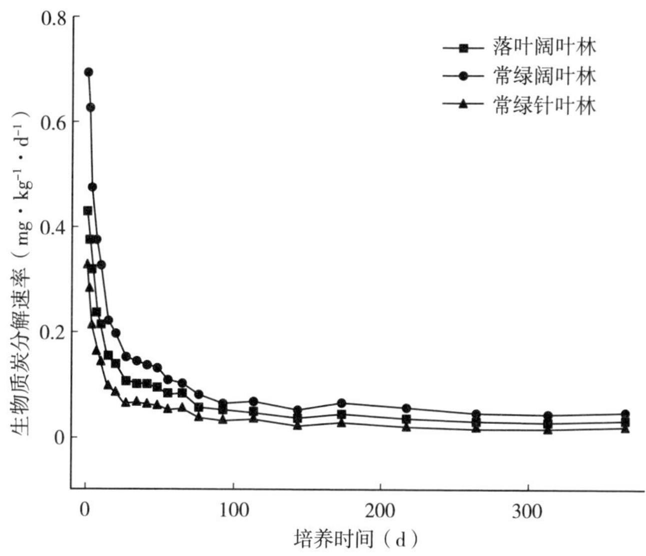

图5－22　生物质炭在落叶阔叶林、常绿阔叶林和常绿针叶林土壤中的分解动态

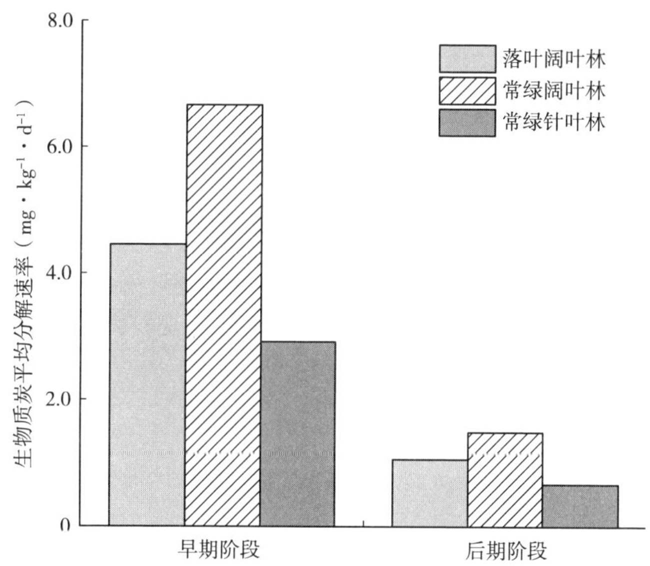

图5－23　在不同培养阶段生物质炭在落叶阔叶林、常绿阔叶林和常绿针叶林土壤中的平均分解速率

表5－9　生物质炭分解的重复测量方差分析

项目	df（自由度）	F（统计量）	显著性
土壤类型（S）	2	11.660	0.001

（续）

项目	df（自由度）	F（统计量）	显著性
生物质炭（B）	1	0.379	0.546
分解阶段（ST）	1	263.325	0.000
S×B	2	3.701	0.045
S×ST	2	19.142	0.000
B×ST	1	0.006	0.940
S×B×ST	2	1.448	0.261

经过 365d 的分解，生物质炭的分解量占所添加生物质炭的 0.65%～1.45%，并且在不同森林土壤之间显著差异（图 5-24）。生物质炭在常绿阔叶林土壤中分解量最多，为 724.4mg·kg^{-1}，占所添加生物质炭的 1.45%，其次为落叶阔叶林土壤，生物质炭的分解量为 505.0mg·kg^{-1}，占添加生物质炭的 1.01%；在常绿针叶林土壤中分解量最少，仅为 324.5mg·kg^{-1}，占添加生物质炭的 0.65%。这证实了生物质炭不同于葡萄糖、纤维素、植物凋落物等，即使在适宜的环境条件下其微生物可利用性也很低。因此，生物质炭能在土壤中留存几百年甚至上千年。同时许多研究指出，尽管生物质炭高度复杂的芳香结构使其难以被分解（Lehamnn，2007），但是其含有一部分易分解的有机碳（Lehmann et al.，2011），使得生物质炭同其他外源碳一样，能够为在短期内土壤微生物的生长提供能源。因此，我们推测在培养的 365d 中分

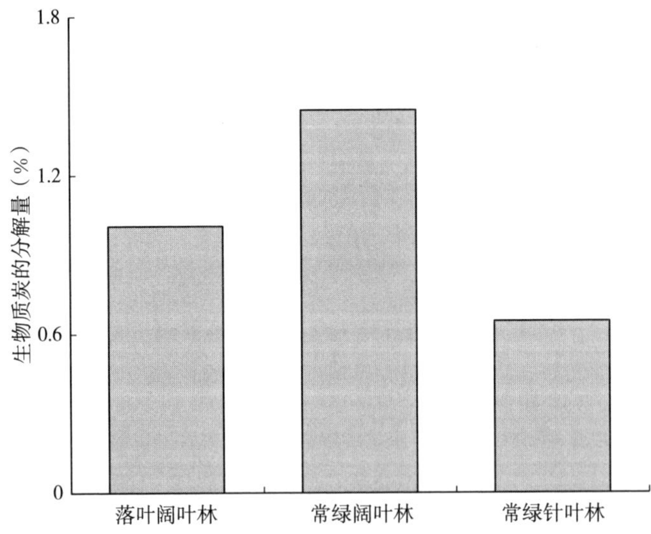

图 5-24 培养期间落叶阔叶林、常绿阔叶林和常绿针叶林土壤中生物质炭的分解量

解的生物质炭可能大部分是其中的易分解有机碳。该研究中生物质炭在培养前期的快速分解正是因为这一部分易分解有机碳的加入刺激微生物生长，从而促进对生物质炭的分解。随着培养时间的增加，生物质炭分解速率迅速下降。生物质炭分解速率的迅速下降，一方面可能是土壤团聚体对生物质炭颗粒的吸附保护作用，另一方面是微生物对底物的偏好利用。

二、氮添加对生物质炭分解的影响

在室内模拟培养前，分别向落叶阔叶林、常绿阔叶林和常绿针叶林土壤中添加了土壤全氮的2.5%、5%、10%和15%的无机氮，添加的为NH_4NO_3溶液。我们研究发现，氮添加对生物质炭的分解有显著影响（表5-10），但是氮添加和土壤类型的交互作用对生物质炭的分解没有影响，而氮添加和培养阶段对生物质炭的分解存在显著的交互作用，主要表现为不同数量的氮添加在培养前期对土壤中生物质炭的分解有一定的促进作用，但是培养后期对生物质炭的分解没有影响（图5-25）。氮添加在培养前期对生物质炭分解的促进作用与氮添加量有关，并且在不同土壤中存在差异。其中，添加较低剂量的氮（土壤全氮的2.5%和5%）对土壤生物质炭的分解速率没有影响。在落叶阔叶林土壤中，添加土壤全氮的10%和15%的氮显著促进了生物质炭的早期分解速率，分别比不添加氮的土壤生物质炭分解速率提高了43.3%和75.1%（图5-25），

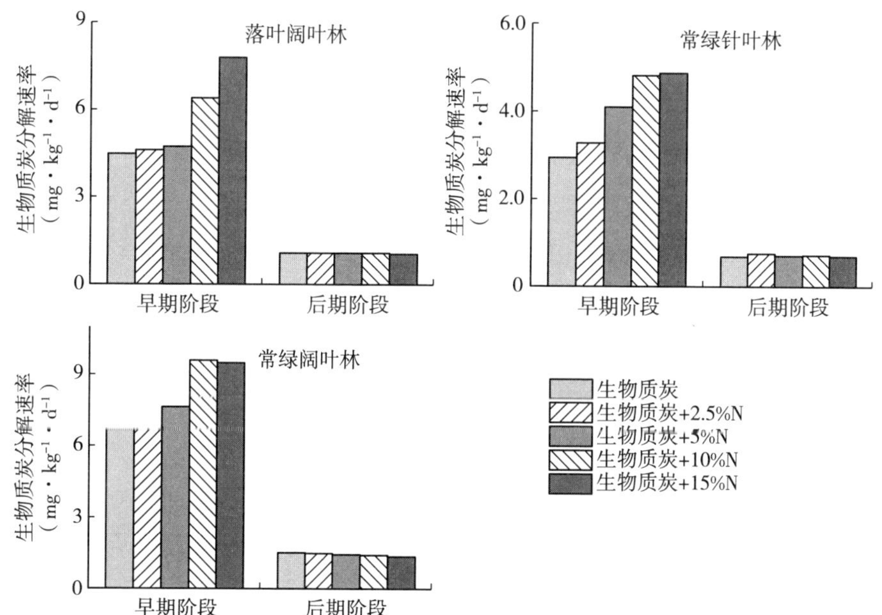

图5-25　不同培养阶段添加的生物质炭在落叶阔叶林、常绿阔叶林和常绿针叶林土壤中的分解速率

在常绿阔叶林土壤中生物质炭的分解速率分别增加了 43.3%和 42.5%，而在常绿针叶林土壤中生物质炭的分解速率增加幅度的更大，提高了 64.3%和 66.3%。由此可见，氮添加在培养前期均促进生物质炭的分解，并且这种促进作用随着氮添加量的增大有所增加。

表 5-10 氮添加对添加到 3 种森林土壤中生物质炭在不同培养阶段分解速率影响的多因素方差分析

项目	df（自由度）	F（统计量）	显著性
森林类型（F）	2	144.19	0
分解阶段（S）	1	1 734.01	0
氮添加（N）	4	22.13	0
F×S	2	68.81	0
F×N	8	1.152	0.337
S×N	4	23.43	0
F×S×N	8	1.29	0.257

通过 365d 培养后氮添加对土壤生物质炭的分解量影响显著，主要表现在添加高剂量的氮处理（图 5-26）。在落叶阔叶林土壤中，添加土壤全氮的 10%和 15%的氮后土壤中的生物质炭分别分解了 1.2%和 1.1%，分别比没有添加氮情况下生物质炭分解量提高 21.2%和 12.4%，在常绿针叶林土壤中它

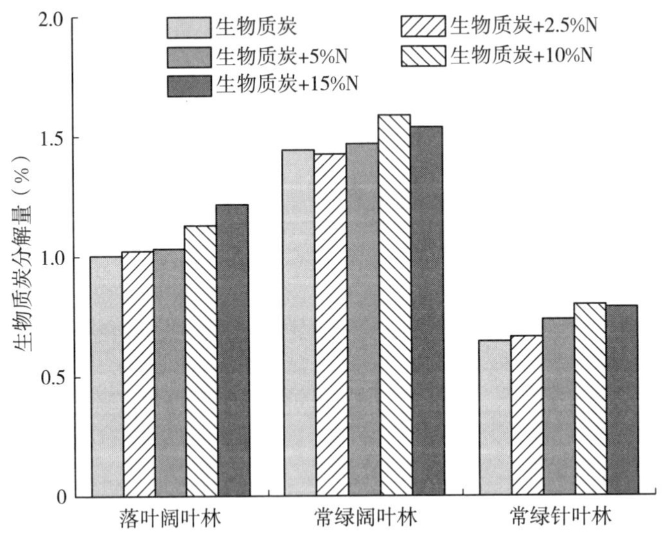

图 5-26 培养 1 年后生物质炭在落叶阔叶林、常绿阔叶林和常绿针叶林土壤中的累计分解量

们使生物质炭的分解量分别提高了23.6%和22.2%，而在常绿阔叶林土壤中生物质炭的分解量仅分别提高了9.9%和6.8%。这说明在森林土壤中氮素有效性是生物质炭分解的限制因素，特别是落叶阔叶林和常绿针叶林。

第五节　生物质炭添加对土壤 CO_2 释放的影响

一、土壤呼吸

为了研究生物质炭的添加对土壤呼吸的影响，杨萌（2017）在毛竹林中添加了0t·hm^{-2}、5t·hm^{-2}和15t·hm^{-2}生物质炭，定期监测土壤总呼吸、自养呼吸和异养呼吸的变化。无论是否添加生物质炭，毛竹林土壤总呼吸、自养呼吸和异养呼吸速率均呈现出明显的季节性变化，并且季节变化态势没有受生物质炭的添加影响（图5-27）。在不添加生物质炭的毛竹林中土壤总呼吸速率的年变化范围为0.90～5.19μmol·m^{-2}·s^{-1}，年均值为3.14μmol·m^{-2}·s^{-1}，在添加5t·hm^{-2}和15t·hm^{-2}生物质炭的毛竹林中土壤总呼吸速率的年变化范围分别为1.02～5.52μmol·m^{-2}·s^{-1}和1.05～5.68μmol·m^{-2}·s^{-1}，年均值分别是3.13μmol·m^{-2}·s^{-1}和3.25μmol·m^{-2}·s^{-1}（表5-11）。与不添加生物质炭的毛竹林相比较，添加15t·hm^{-2}的生物质炭显著增加了土壤总呼吸速率。生物质炭的添加没有影响土壤总呼吸的时间动态变化，即土壤总呼吸速率最高值出现在夏季的7月和8月，最低值出现在冬季的1月。

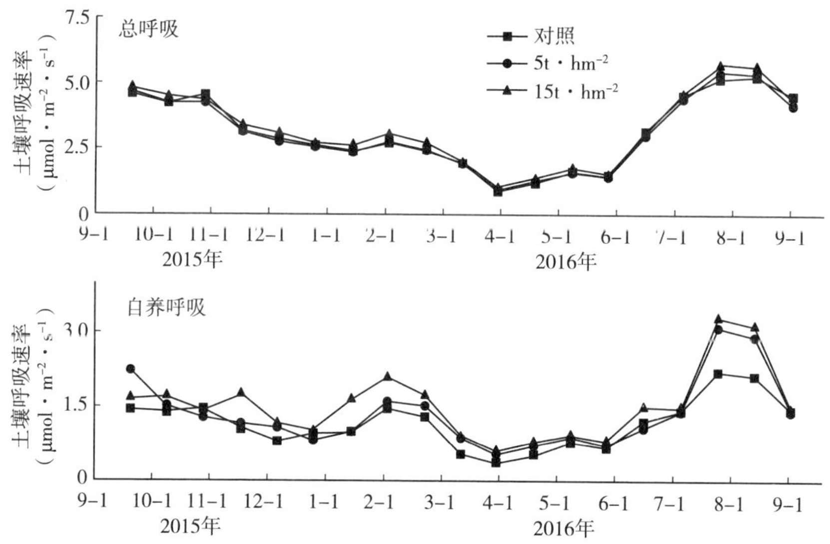

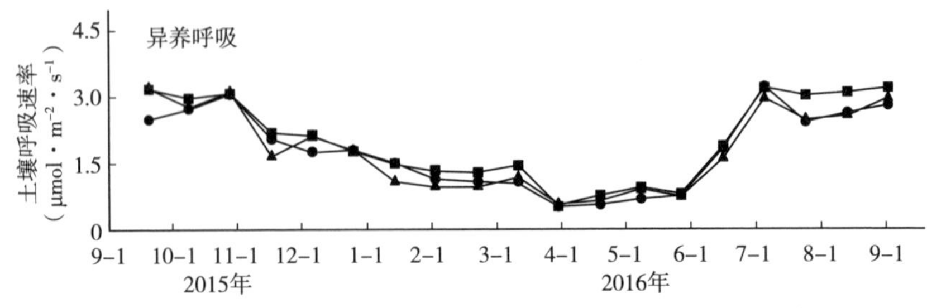

图 5-27　生物质炭添加量对毛竹林二氧化碳释放量的影响

生物质炭的添加降低了土壤异养呼吸速率。在不添加生物质炭的毛竹林中土壤异养呼吸速率的年变化范围为 0.56～3.20μmol·m^{-2}·s^{-1}，年均值分别为 2.00μmol·m^{-2}·s^{-1}；而在添加 5t·hm^{-2} 和 15t·hm^{-2} 生物质炭的毛竹林中，土壤异养呼吸速率的年均值分别为 1.79μmol·m^{-2}·s^{-1} 和 1.78μmol·m^{-2}·s^{-1}，年变化范围分别为 0.48～3.23μmol·m^{-2}·s^{-1} 和 0.54～3.14μmol·m^{-2}·s^{-1}。土壤异养呼吸速率的最高值出现在夏季，最低值出现在冬季，与气温的变化趋势相同。与土壤异养呼吸速率相反，生物质炭的添加显著增强了毛竹林土壤自养呼吸速率，并且土壤自养呼吸速率随生物质炭添加量的增加而增强。在没有添加生物质炭的毛竹林中，土壤自养呼吸速率的年变化范围为 0.34～2.15 μmol·m^{-2}·s^{-1}，年均值为 1.14 μmol·m^{-2}·s^{-1}；在添加 5t·hm^{-2} 和 15t·hm^{-2} 生物质炭的毛竹林中，土壤自养呼吸速率的年变化范围分别为 0.54～3.09μmol·m^{-2}·s^{-1} 和 0.51～3.25μmol·m^{-2}·s^{-1}，年均值分别为 1.34μmol·m^{-2}·s^{-1} 和 1.48μmol·m^{-2}·s^{-1}。与土壤异养呼吸速率相似，土壤自养呼吸速率也表现为夏季最高，冬季最低。生物质炭的添加降低了毛竹林土壤异养呼吸在土壤总呼吸的比重，添加 5t·hm^{-2} 和 15t·hm^{-2} 生物质炭后该比重由对照的 63.9%分别降低为 57.2%和 54.6%，而自养呼吸在土壤总呼吸的比重则由对照的 36.1%分别增加为 42.8%和 45.4%。由此可见，在毛竹林中生物质炭的添加改变了土壤异养呼吸和自养呼吸对总呼吸的贡献。

就毛竹林土壤 CO_2 年释放量而言，添加高剂量（15t·hm^{-2}）生物质炭显著增加了土壤 CO_2 累积释放量。这是由于添加高剂量生物质炭对土壤自养呼吸 CO_2 年累积释放量的促进作用大于其对土壤异养呼吸 CO_2 年累积释放量的抑制作用。而添加低剂量（5t·hm^{-2}）的生物质炭对土壤自养呼吸 CO_2 年累积释放量的促进作用基本上与其对土壤异养呼吸 CO_2 年累积释放量的抑制作用相似，导致其对土壤 CO_2 累积释放量的影响不显著。具体来讲，没有添加生物质炭的毛竹林土壤 CO_2 年累积释放量为 41.45t·hm^{-2}，而添加 5t·hm^{-2} 和 15t·hm^{-2} 生物质炭后毛竹林土壤 CO_2 年累积释放量分别增加了 0.40t·hm^{-2} 和 1.96t·hm^{-2}。添加 5t·hm^{-2} 和 15t·hm^{-2} 生物质炭后毛竹林土壤异养呼吸

CO_2 的年累积释放量由没有添加生物质炭林地的 25.88t • hm^{-2} 分别降低到 23.02t • hm^{-2} 和 22.69t • hm^{-2}；而土壤自养呼吸 CO_2 的年累积释放量则从 15.57t • hm^{-2} 分别增加到 18.83t • hm^{-2} 和 20.72 t • hm^{-2}，即分别增加了 3.26t • hm^{-2} 和 5.15t • hm^{-2}。

表 5 - 11　生物质炭添加量对毛竹林土壤呼吸及其组分的年均和年累积释放量的影响

项目	CO_2 年均释放量（$\mu mol \cdot m^{-2} \cdot s^{-1}$）			CO_2 年累积释放量（$t \cdot hm^{-2}$）		
	总呼吸	异养呼吸	自养呼吸	总呼吸	异养呼吸	自养呼吸
对照	3.14	2.00	1.14	41.45	25.88	15.57
B1	3.13	1.79	1.34	4 185	23.02	18.83
B2	3.25	1.78	1.48	43.41	22.69	20.72

注：B1 和 B2 分别为添加 5t • hm^{-2} 和 15t • hm^{-2}。

通过分析添加生物质炭后土壤呼吸及其组分与土壤可溶性有机碳和微生物生物量碳的相关性，杨萌（2017）研究了生物质炭的添加是否改变了土壤可溶性有机碳和微生物生物量碳对土壤呼吸的调控作用。研究结果显示，在没有添加生物质炭的毛竹林中，毛竹林土壤总呼吸速率、异养呼吸速率、自养呼吸速率与土壤可溶性有机碳和微生物生物量碳含量之间存在显著的相关关系，而添加生物质炭后毛竹林土壤总呼吸、异养呼吸、自养呼吸与土壤可溶性有机碳和微生物生物量碳含量之间的相关性减弱，变为不显著（表 5 - 12）。这表明生物质炭的添加改变了土壤可溶性有机碳和微生物生物量碳对土壤呼吸的调控作用。

表 5 - 12　添加生物质炭条件下毛竹林土壤呼吸及其组分与可溶性有机碳和微生物生物量碳含量的关系

生物质炭添加量	可溶性有机碳			微生物生物量碳		
	0t • hm^{-2}	5t • hm^{-2}	15t • hm^{-2}	0t • hm^{-2}	5t • hm^{-2}	15t • hm^{-2}
土壤呼吸	$0.055\ 7X-4.686$	$0.037\ 3X-2.634$	$0.031\ 6X-2.206$	$0.023\ 4X-4.026$	$0.017\ 5X-2.861$	$0.010\ 5X-0.478$
异养呼吸	$0.036\ 9X-3.030$	$0.022\ 9X-1.815$	$0.016\ 2X-1.042$	$0.014\ 1X-2.351$	$0.009\ 4X-1.507$	$0.005\ 6X-0.223$
自养呼吸	$0.020\ 8X-1.657$	$0.014\ 4X-0.819$	$0.015\ 4X-1.164$	$0.009\ 3X-1.675$	$0.008\ 1X-1.353$	$0.004\ 9X-0.255$

二、土壤有机碳分解及其激发效应

生物质炭虽然被认为是相对比较稳定、难分解的物质，但是将其添加到土壤中也可以通过影响土壤性质和微生物的活性及群落结构来改变土壤有机碳的分解。朱依凡（2020）采用室内模拟培养的方法，向落叶阔叶林、常绿阔叶林和常绿针叶林土壤中分别添加了生物质炭，添加量为土壤有机碳的 5%，比较生物质炭的添加对不同森林土壤的有机碳分解及其激发效应的影响。生物质炭的添加没有改变土壤有机碳分解的时间变化趋势，在培养开始时土壤有机碳具有较高的分解速率，但随后快速下降并在培养后期保持相对稳定（图 5－28）。随着培养时间的增长，土壤有机碳的分解速率变化很大，整体上可以将土壤有机碳的分解分为两个阶段：0～34d 为分解前期，34～365d 为分解后期。在 3 种森林中生物质炭的添加对土壤有机碳分解的影响存在差异。生物质炭的添加没有影响落叶阔叶林土壤有机碳的分解，但促进了常绿阔叶林土壤有机碳的分解和抑制了常绿针叶林土壤有机碳的分解（图 5－28）。进一步的分析结果表明，生物质炭的添加对常绿阔叶林土壤有机碳分解的促进作用发生在整个培养

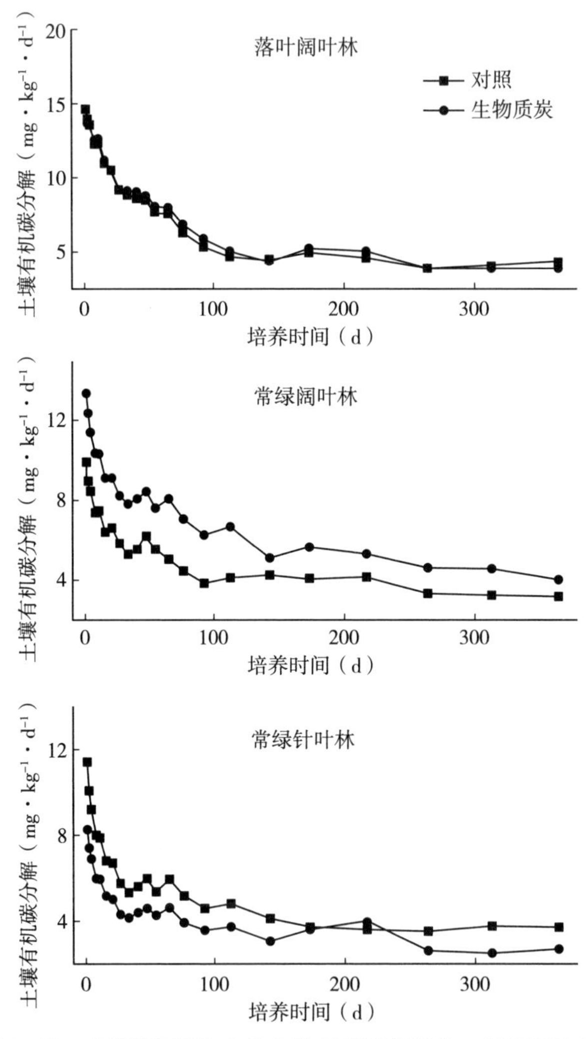

图 5－28　培养期间添加生物质炭后落叶阔叶林、常绿阔叶林和常绿针叶林土壤有机碳的分解动态

过程，而抑制常绿针叶林土壤有机碳的分解主要发生在培养前期（图 5-29）。与不添加生物质炭的土壤相比，生物质炭的添加使常绿阔叶林土壤有机碳的累计分解量显著增加了 39.6%，而使常绿针叶林土壤有机碳的累计分解量减少了 20.4%，对落叶阔叶林土壤有机碳的累计分解量没有显著影响。

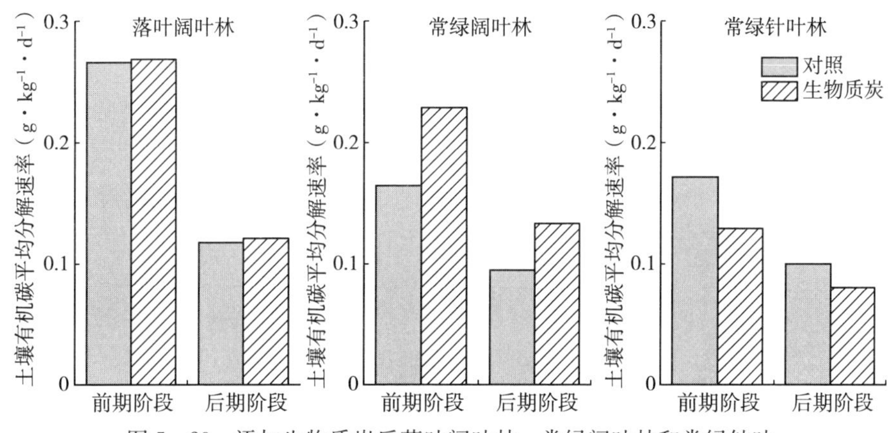

图 5-29　添加生物质炭后落叶阔叶林、常绿阔叶林和常绿针叶林土壤有机碳在培养前期和后期的平均分解速率

生物质炭的添加改变了原土壤有机碳的分解，产生了激发效应，但是在 3 种森林土壤中激发效应的强度存在显著差异。在落叶阔叶林、常绿阔叶林和常绿针叶林土壤中相对激发效应的强度分别为 3.1%、40.9% 和 -17.4%（图 5-30）。这表明生物质炭的添加所诱导的激发效应的强度与土壤性质有关。在落

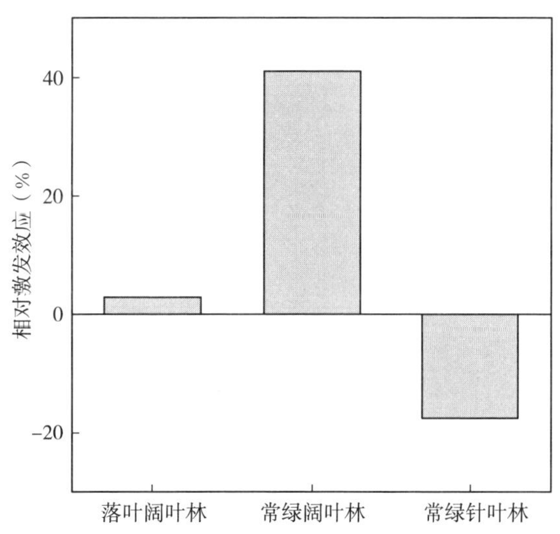

图 5-30　添加生物质炭在落叶阔叶林、常绿阔叶林和常绿针叶林土壤中产生的相对激发效应

叶阔叶林和常绿阔叶林土壤中，生物质炭中的活性组分可以为土壤微生物提供能量，刺激微生物生长，使微生物生物量增加和胞外酶活性增强，从而促进微生物对土壤有机碳的分解，形成正激发效应（Keith et al.，2011；Luo et al.，2011）。同时，生物质炭的孔隙也可以为微生物提供一个适宜的生长环境从而促进其对土壤有机碳的分解。但是，关于生物质炭的添加产生激发效应的研究也存在一些相反的结果。在常绿针叶林土壤中生物质炭的添加产生了负激发效应，这与已有的部分研究结果一致（Blanco-Canqui et al.，2020；Zheng et al.，2018）。这可能是因为生物质炭表面的孔隙吸附了土壤中的养分和胞外酶，从而抑制微生物对土壤有机碳的分解。

三、土壤氮有效性对生物质炭诱导的激发效应的影响

土壤氮有效性可能影响生物质炭所诱导的土壤有机碳分解的激发效应。为探讨这一问题，朱依凡（2020）采用室内模拟培养的方法，通过向3种森林土壤中同时添加生物质炭和不同剂量的无机氮，监测土壤有机碳分解的变化情况。在培养前一次性地向土壤中分别添加了相当于土壤全氮2.5%、5%、10%和15%的无机氮。土壤氮有效性的增加对激发效应的影响在3种森林中存在差异，相对激发效应强度的范围为−19.8%～40.9%（图5-31）。在落叶阔叶林土壤中，生物质炭的添加引起了微弱的正激发效应，而土壤氮有效性的增加则改变了激发效应的方向，使得正激发效应转为负激发效应，并且负激发效应的强度随着土壤氮有效性的增加而增强。在常绿阔叶林土壤中，生物质炭的添加引起了强烈的正激发效应，而土壤氮有效性的增加降低了正激发效应

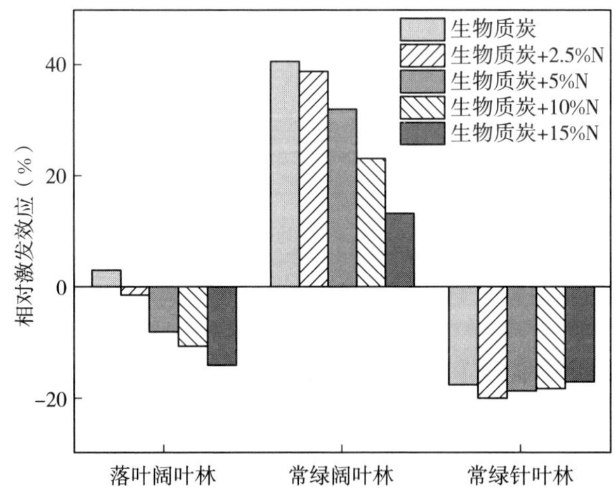

图5-31　不同氮添加条件下生物质炭在落叶阔叶林、常绿阔叶林和常绿针叶林土壤中诱导的相对激发效应

的强度，从 40.9%降低到 13.4%，且正激发效应的强度随着土壤氮有效性的增加而逐渐减小，即土壤氮素有效性的增加减弱了正激发效应。这说明在落叶阔叶林和常绿阔叶林土壤中增加土壤氮的有效性有助于降低生物质炭诱导的土壤有机碳分解，有利于土壤有机碳的固持。但是，在常绿针叶林土壤中土壤氮有效性的增加没有显著影响激发效应的强度。

四、生物质炭的添加量对激发效应的影响

除养分等土壤性质影响激发效应的强度和方向外，外源有机碳的添加数量也影响激发效应。我们通过向 3 种性质差别较大的杉木人工林土壤中分别添加土壤有机碳 2.5%、5%、10%、15%和 20%的生物质炭，测定土壤有机碳的分解，探讨了生物质炭的添加量对土壤有机碳分解的激发效应的影响。3 种经过长期施肥处理的杉木林土壤的基本理化性质如表 5 - 13 所示。生物质炭的添加没有改变土壤有机碳分解的时间动态（图 5 - 32），但是生物质炭的添加量显著影响了土壤有机碳的分解速率，并且与土壤类型和培养阶段存在交互作用。在培养前期，生物质炭的添加显著促进了土壤有机碳的分解，并且随生物质炭添加量的增加土壤有机碳分解的促进作用增强（图 5 - 33）。然而，在培养中期和后期，生物质炭的添加对土壤有机碳分解的影响较小，并且其随生物质炭添加量的变化没有规律可言。因此，对于整个培养过程而言，生物炭的添加虽然在前期对土壤有机碳的分解具有短暂的促进作用，但对整个培养期间土壤有机碳分解量的影响较小。

表 5 - 13　3 种经过长期施肥处理的杉木林土壤的基本理化性质

项目	未施肥土壤	施氮肥土壤	施磷肥土壤
有机碳（$g \cdot kg^{-1}$）	17.09	16.01	16.67
全氮（$g \cdot kg^{-1}$）	1.40	1.29	1.38
碳：氮比值	12.25	12.38	12.08
全磷（$g \cdot kg^{-1}$）	0.35	0.32	0.64
pH	4.37	3.83	4.34
铵态氮（$mg \cdot kg^{-1}$）	22.09	3.54	17.85
硝态氮（$mg \cdot kg^{-1}$）	1.81	9.54	2.48
有效率（$mg \cdot kg^{-1}$）	12.29	10.98	77.81
MBC（$mg \cdot kg^{-1}$）	364.26	260.22	297.27
MBN（$mg \cdot kg^{-1}$）	51.88	17.68	46.18

注：MBC 和 MBN 分别为土壤微生物生物量碳和微生物生物量氮。

生物质炭的添加量显著影响了土壤有机碳分解的激发效应，并且在不同培

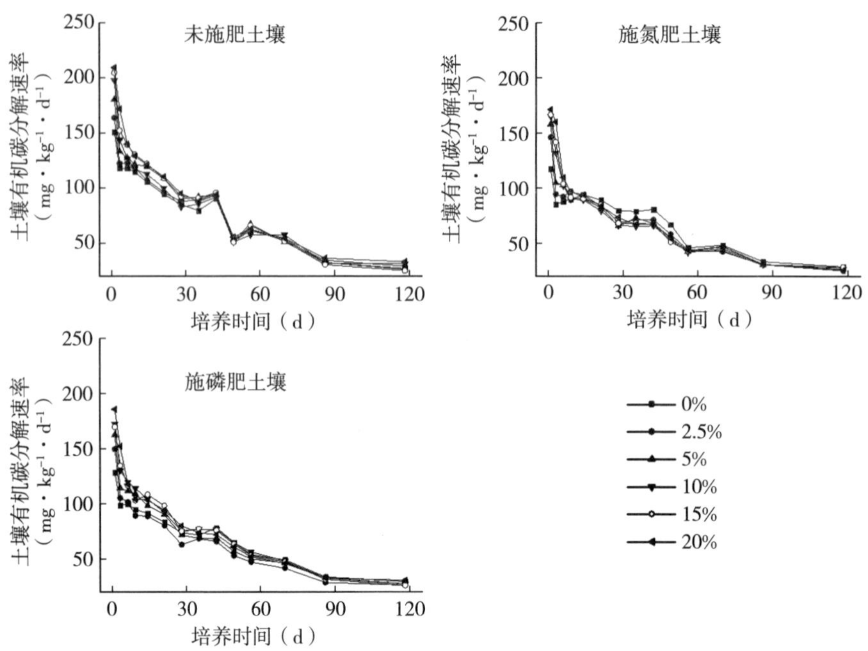

图 5-32 生物质炭添加量对 3 种杉木人工林土壤有机碳分解的影响

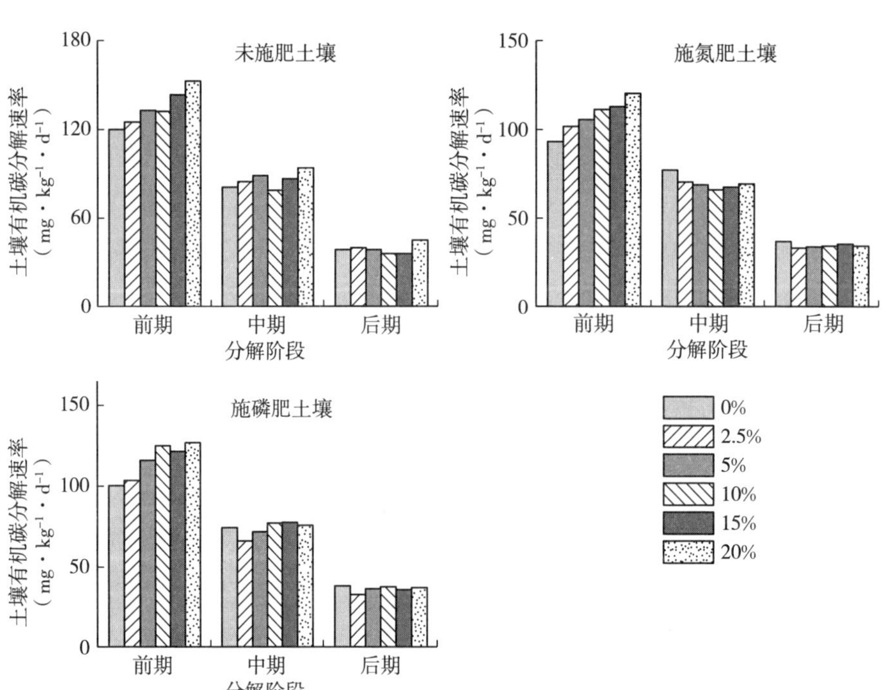

图 5-33 生物质炭添加量对 3 种杉木林土壤有机碳在不同培养阶段分解速率的影响

养阶段和不同森林土壤中表现得有所不同（表 5 - 14）。对于 3 种森林土壤来说，生物质炭的添加在培养前期所引起的正激发效应的强度随着生物质炭添加量的增加而增强（图 5 - 34）。在培养前期，添加低剂量的生物质炭所产生的激发效应的强度为 2.6%～15.4%，添加中剂量生物质炭产生的激发效应的强度为 10.9%～24.0%，添加高剂量生物质炭产生的激发效应的强度则为 20.3% ～29.6%。土壤性质影响激发效应的强度对生物质炭添加量的响应，特别是在培养的中期和后期。总体而言，添加生物质炭促进了土壤有机碳的分解，产生了正激发效应。

表 5 - 14　生物质炭添加量对不同培养阶段相对激发效应影响的多因素方差分析

项目	d*f*	*F*	Sig.
森林类型（*F*）	2	21.04	0.000
分解阶段（*S*）	2	177.36	0.000
生物质炭（*B*）	4	18.70	0.000
F×*S*	4	14.78	0.000
S×*B*	8	5.56	0.000
S×*B*	8	3.55	0.001
F×*S*×*B*	16	0.93	0.539

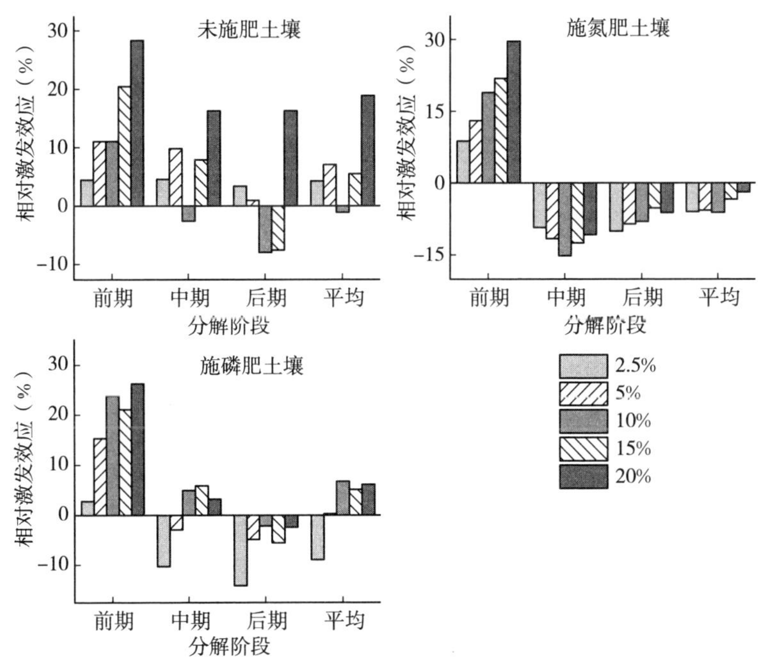

图 5 - 34　生物质炭添加量对 3 种杉木林土壤在不同培养阶段相对激发效应的影响

土壤生物质炭在全球陆地生态系统的功能维持与提升以及碳循环中具有重要地位和作用，加强生物质炭的稳定性及其固碳效应的研究极其重要。不同条件下制备的生物质炭性质差异极大，首先需要统一和改进生物质炭的制备方法和测定方法。为正确评价生物质炭在全球碳循环中的作用，开展不同自然和人为条件下生物质炭的分解速率与机制，以及在土壤系统中的迁移过程等问题的研究很重要。现有研究大部分是基于单点或小区域，有必要加强大尺度的森林土壤生物质炭的储量、分布格局及其控制机理等方面的研究。土壤生物质炭的研究既属于基础理论研究，在农田生态系统中又是一项具实用价值的应用基础研究，如何更好地将研究成果在森林生态系统中应用值得思考。

参考文献

白小艳，2018. 生物质炭特性及其施用对土壤腐殖质的作用 . 长春：吉林农业大学 .

雷雨雨，2015. 不同强度火烧对大兴安岭天然林土壤黑碳的影响 . 哈尔滨：东北林业大学 .

李芳芳，高人，尹云锋，等，2011. 黑碳添加对杉木人工林土壤微生物量碳氮的影响 . 亚热带资源与环境学报，6 (4)：49 - 54.

刘兆云，章明奎，2009. 林地土壤中黑碳的出现及分布特点 . 浙江林学院学报，26 (3)：341 - 345.

陆人方，葛晓改，王灵玲，等，2020. 生物质炭添加对马尾松和杉木根系及土壤微生物结构的影响 . 生态环境学报，29：2153 - 2162.

卢伟伟，耿慧丽，张伊蕊，等，2020. 生物质炭对杨树人工林土壤微生物群落的影响 . 南京林业大学学报（自然科学版），44 (4)：143 - 150.

邱敬，高人，杨玉盛，等，2009. 土壤黑碳的研究进展 . 亚热带资源与环境学报，4：88 - 94.

杨萌 . 2017. 不同用量生物质炭输入对毛竹林土壤呼吸组分的影响 . 杭州：浙江农林大学 .

张颖妮 . 2011. 过火后森林土壤黑碳的分布格局特征研究 . 福州：福建农林大学 .

张旭东，梁超，诸葛玉平，等，2003. 黑碳在土壤有机碳生物地球化学循环中的作用 . 土壤通报，34 (4)：349 - 355.

朱依凡，2022. 生物炭介导的森林土壤有机碳分解激发效应及其对氮添加的响应 . 沈阳：中国科学院沈阳应用生态研究所 .

Ansley R J，Boutton T W，Skjemstad J O，2006. Soil organic carbon and black carbon storage and dynamics under different fire regimes in temperate mixed - grass savanna. Global Biogeochemical Cycles，20：GB3006.

Atkinson C J，Fitzgerald J D，Hipps N A，2010. Potential mechanisms for achieving agricultural benefits from biochar application to temperate soils：a review. Plant and Soil，337：1 - 18.

Blanco - Canqui H，Laird D A，Heaton E A，et al.，2020. Soil carbon increased by twice the amount of biochar carbon applied after 6 years：Field evidence of negative priming. Global Change Biology Bioenergy，12：240 - 251.

Brodowski S, Rodionov A, Haumaier L, et al., 2005. Revised black carbon assessment using benzene polycarboxy licacids. Organic Geochemistry, 36: 1299-1310.

Cheng C H, Lehmann J, Engelhard M H, 2008. Natural oxidation of black carbon in soils: Changes in molecular form and surface charge along a climosequence. Geochimica et Cosmochimica Acta, 72: 1598-1610.

Crutzen P J, Andreae M O, 1990. Biomass burning in the tropics: impact on atmospheric chemical and biogeochemical cycles. Science, 250: 1669-1671.

Czimczik C I, Schmidt M I, Schulze E D, 2005. Effects of increasing fire frequency on black carbon and organic matter in podzols of Siberian Scots pine forests. European Journal of Soil Science, 56: 417-428.

Dai X, Boutton T W, Glaser B, et al., 2005. Black carbon in a temperate mixed-grass savanna. Soil Biology and Biochemistry, 37: 1879-1881.

Day D, Evans R J, Lee J W, et al., 2005. Economical CO_2, SO_x, and NO_x capture from fossil-fuel utilization with combined renewable hydrogen production and large-scale carbon sequestration. Energy, 30: 2558-2579.

DeLuca T H, Aplet G H, 2008. Charcoal and carbon storagein forest soils of the Rocky mountain west. Frontiers in Ecology and the Environment, 1: 18-24.

Enders A, Hanley K, Whitman T, et al., 2012. Characterization of biochars to evaluate recalcitrance and agronomic performance. Bioresoure Technology, 114: 644-653.

Glaser B, Haumaier L, Guggenberger G, et al., 1997. Black carbon in soils: the use of benzene polycarboxylic acids as specific indicators. Mitteilungen der Deutschen Bodenkund lichen Gesellschaft, 85: 237-240.

Hammes K, Schmidt M W L, Smemik R J, et al., 2007. Comparison of quantification methods to measure fire-derived (back/elemental) carbon in soils and sediments using reference materials from soil, water, sediment and the atmosphere. Global Biogeochem Ical Cycles, 21: GB3016.

Keith A, Singh B, Singh B P. 2011. Interactive priming of biochar and labile organic matter mineralization in a smectite-rich soil. Environmental Science and Technology, 45: 9611-9618.

Kuhlbusch T A J, 1998. Black carbon and the carbon cycle. Science, 280: 1903-1904.

Jindo K, Mizumoto H, Sawada Y, et al., 2014. Physical and chemical characterization of biochars derived from different agricultural residues. Biogeosciences, 11: 6613-6621.

Jones M W, De Aragao L E O C, Dittmar T, et al., 2019. Environmental controls on the riverine export of dissolved black carbon. Global Biogeochemical Cycles, 33: 849-874.

Jones D L, Murphy D V, Khalid M, et al., 2011. Short-term biochar-induced increase in soil CO_2 release is both biotically and abiotically mediated. Soil Biology and Biochemistry, 43: 1723-1731.

Kuzyakov Y, Subbotina I, Chen H, et al., 2009. Black carbon decomposition and incorporation into soil microbial biomass estimated by ^{14}C labeling. Soil Biology and Biochemistry,

41：210－219.

Lehmann J，Rondon M，2006. Bio－char soil management on highly weathered soils in the humid tropics. Biological Approaches to Sustainable Soil Systems，113：517－530.

Lehmann J，2007. A handful of carbon. Nature，447：143－144.

Lehmann J，Rillig M C，Thies J，et al.，2011. Biochar effects on soil biota－A review. Soil Biology and Biochemistry，43：1812－1836.

Liang B，Lehmann J，Solomon D，et al.，2006. Black carbon increases cation exchange capacity in soils. Soil Science Society of American Journal，5：1719－1730.

Lim B，Cachier H P，1996. Determ ination of black carbon by chemical oxidation and thermal treatment in recent marine and lake sediments and Cretaceous－Tertiary clays. Chemical Geology，131：143－154.

Luo Y，Durenkamp M，De Nobili M，et al.，2011. Short term soil priming effects and the mineralisation of biochar following its incorporation to soils of different pH. Soil Biology and Biochemistry，43：2304－2314.

Nguyen B T，Lehmann J，Kinyangi J，et al.，2008. Long－term black carbon dynamics in cultivated soil. Biogeochemistry，89：295－308.

Pokharel P，Ma Z L，Chang S X，2020. Biochar increases soil microbial biomass with changes in extra－and intracellular enzyme activities：a global meta－analysis. Biochar，2：65－79.

Rumpel C，Alexis T M，Chabbi A，et al.，2006. Black carbon contribution to soil organic matter composition in tropical sloping land under slash and burn agriculture. Geoderma，130：35－46.

Schmidt M W I，Noack A G，2000. Black carbon in soils and sediments：analysis，distribution，implications，and current challenges. Global Biogeochemical Cycle，14：777－793.

Skjemstad J O，Clarke P，Taylor J A，et al.，1994. The removal of magnetic materials from surface soils. Soil Research of Australia Journal，32：1215－1229.

Wardle D A，Nilsson M C，Zackrisson O，2008. Fire－derived charcoal causes loss of forest humus. Science，320：629.

Wu S，Zhang Y，Tan Q，et al.，2020. Biochar is superior to lime in improving acidic soil properties and fruit quality of Satsuma mandarin. Science of the Total Environment，714：136722.

Yu X Y，Ying G G，Kookana R S，2006. Sorption and desorption behaviors of diuron in soils amended with charcoal. Journal of Agricultural and Food Chemistry，54：8545－8550.

Zheng H，Wang X，Luo X，et al.，2018. Biochar－induced negative carbon mineralization priming effects in a coastal wetland soil：Roles of soil aggregation and microbial modulation. Science of the Total Environment，610－611：951－960.

第六章　深层土壤有机碳

深层土壤是相对于表层土壤而言的，虽然目前对深层土壤还没有明确的界定，在大部分研究中通常是指土层深度在20cm以下的土壤。与表层土壤相比，深层土壤的有机碳含量较低。但是，由于深层土壤的数量巨大，其所储存的有机碳的数量比我们想象的多得多。据估算，陆地生态系统表层土壤（0～20cm）所存储的有机碳约为615Pg，而深层土壤（20～100cm）所储存的有机碳已超过表层土壤（Rumpel et al.，2011）。因此深层土壤有机碳是全球碳循环的重要组成部分，其储量的增加在有效缓解全球大气CO_2浓度升高和气候变暖方面的作用不可忽视。尽管深层土壤有机碳储量在整个土壤有机碳储量中占有举足轻重的分量，然而目前土壤有机碳循环的研究绝大部分集中在表层土壤，对深层土壤有机碳循环的关注还不足。

与表层土壤有机碳相比，深层土壤有机碳的性质及其所处的环境等存在有较大差异（Rumpel et al.，2012；Jia et al.，2019；周艳翔等，2013），其循环过程及其对外界环境变化的响应可能与表层土壤有机碳不同。深层土壤中大部分微生物因受到能量限制而处于“碳饥饿”状态或休眠状态（Fontaine et al.，2007），而这种状态在环境变化条件下会进一步加剧或得到缓解，从而使深层土壤有机碳的循环过程对环境变化更敏感。对于深层土壤的研究，近年来已备受重视，尤其是Fontaine等（2007）采用室内培养的方法比较了深层土壤和表层土壤有机碳的分解及其对有机物添加的响应，促进了对深层土壤有机碳循环过程的研究。认知深层土壤有机碳循环过程对深入认识陆地生态系统特别是土壤的碳库功能，重新估算全球生态系统的碳循环具有十分重要的意义。目前大多数碳循环模型都是将深层土壤有机碳和表层土壤有机碳的循环过程视为相同，忽视了有机碳在土壤剖面中的异质性。为此，本章根据国内外在深层土壤有机碳循环方面的研究进展，重点阐述深层土壤有机碳的来源与性质、深层土壤活性有机质的垂直变化、深层土壤有机碳的分解、人为干扰和气候变化对深层土壤有机碳循环的影响。

第一节　深层土壤有机碳概述

一、深层土壤有机碳的来源

在森林生态系统中，植物残体是土壤有机碳最重要的初始来源。表层土壤有机碳主要来源于地上的残落物（包括凋落物和林木采伐所产生的植物残体）和分布在表层土壤中的根系及其分泌物，而深层土壤有机碳则主要来源于根系及其分泌物以及表层土壤有机碳的淋溶（Jobbagy et al.，2000）。植物残体的数量和性质等都影响到土壤有机碳的质量和性质。一般情况下，浅根性植物的根系主要分布在表层或浅层土壤中，深根系植物的根系则分布在较深层的土壤中。这也就是说，浅根性植物的根系更多地影响表层土壤有机碳，而深根性植物的根系对深层土壤有机碳的变化起主导作用。当然，植物根系在土壤中的分布还会受到土壤不同土层中水分有效性的影响。例如，在缺少水分的干旱地区植物根系分布的土层比较深，有的植物根系分布深度可达 10 米以上。在全球范围内，0.3 米深的土壤中至少分布了 50％的根系，而在 2 米的深度则分布了 95％的根系。

相对于地上枯落物输入来说，根系生物量和周转期对土壤有机碳积累起到更重要的决定作用。Nepstad 等（1994）指出深层土壤有机碳主要来源于植物根系，植物根系控制着深层土壤有机碳的循环和分布。这是因为根系在生长过程中通过死亡过程不断产生新的脱落物，并在土壤中不断沉积，为土壤有机碳提供了可靠的有机物质来源。一般情况下，植物根系向根际土壤中释放的有机碳量占植物光合固定总碳量的 1％～40％。Fisher 等（1994）发现，森林深层土壤每年固定的碳占土壤 1m 内总碳的 15％。同时，植物根系在生长过程中通过代谢和非代谢途径分泌有机酸、糖类、酚类和各种氨基酸等低分子质量的可溶性有机物和高分子质量黏胶物质（包括黏胶和外酶）。因此，植物根系分泌物对于深层土壤有机碳来源的贡献不容忽视。

由于土壤微生物周转非常快，死亡的微生物体不断在土壤中积累。因此，微生物对土壤有机碳的贡献可能比原来估计的大得多，甚至是深层土壤有机碳的重要来源（Moritz et al.，2009）。近期一些研究发现，土壤有机碳中的脂类物质主要来自微生物。尽管大部分研究认为深层土壤中微生物活性比较低，也有研究发现，有大量的微生物存活在深层土壤中，并且微生物还具有丰富的多样性（Fritze et al.，2000；Blume et al.，2002）。Fierer 等（2003）对不同地形 2m 深土壤中微生物群落丰富度和微生物量碳的垂直分布进行了研究，结果表明，平地和山谷 0～2m 土壤中均具有较高的微生物丰富度与微生物生物量碳，在 2m 深处仍具有较高的微生物生物量碳，分别为 12.1mg・kg^{-1} 和 24.7mg・kg^{-1}。Ni 等（2020）的研究显示，微生物残体在土壤剖面中的分布呈现出随土壤深度的增加而减少的现象，而微生物残体对土壤有机碳的贡献却相反，随着土壤深度的增加而增加（图 6-1），Moritz 等（2009）在热带森林中土壤微生物残体或氨基糖来源碳对土壤有机碳的贡献随土层深度的增加而增大（图 6-2）。因此，微生物对于深层土壤有机碳的作用是不可或缺的。这是因为土壤微生物是植物残体分解进入土壤及土壤有机碳分解的驱动者，其死亡残体又是土壤有机碳的重要来源。

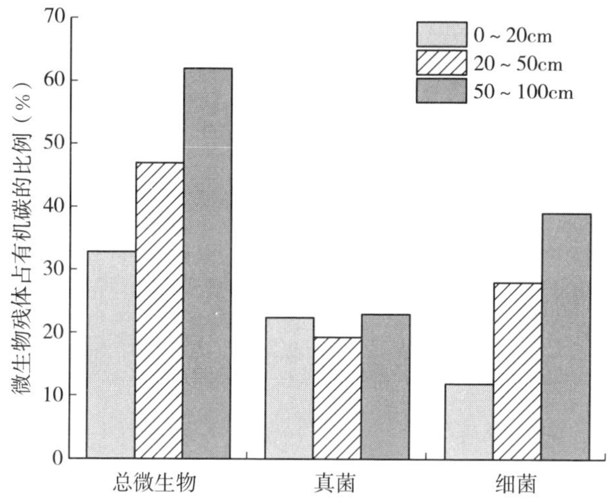

图6-1　微生物残体对土壤有机碳的贡献随土层深度的变化

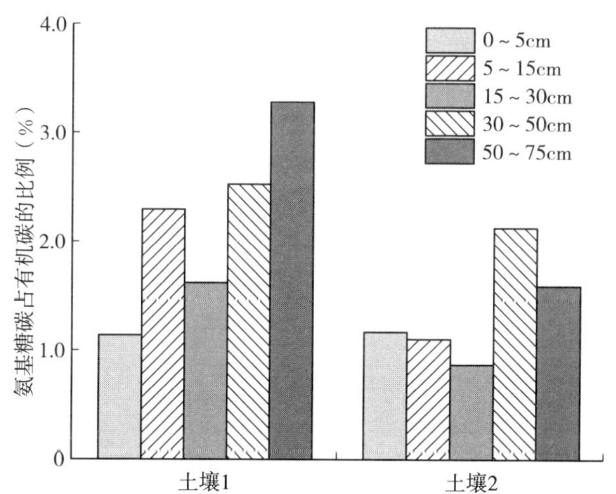

图6-2　在热带森林土壤中氨基糖来源碳占土壤有机碳的比例

二、土壤有机碳随土层深度的变化

土壤有机碳随土壤剖面深度增加而下降的垂直分布规律早已被人们所认识。由于深层土壤有机碳含量低，人们对深层土壤有机碳的关注较少。目前很少有研究对表层土壤和深层土壤同时进行分析，限制了对表层和深层土壤有机碳差异的深入认识。据估计深层土壤有机碳占1m土层土壤有机碳的比例超过50%，在土壤有机碳循环中具有重要地位。深层土壤有机碳也参与生态系统碳循环，但周转速率明显低于表层土壤有机碳。Trumbore等（1995）指出表层土壤有机碳活性较高，而深层土壤有机碳主要为难分解碳库，活性较低。Fontaine等（2007）通过对表层和深层土壤有机碳的物理化学性质的分析，并结合室内模拟培养，指出新鲜有机物质的补充是控制深层土壤有机碳稳定性的关键因素，如果深层土壤中无新鲜有机物输入，即使是在有利于土壤微生物生存的环境条件下该土壤有机碳也会长期稳定保存。因此，在未来气候变化过程中，深层土壤将会长期保持有机碳，不会因为气温的升高而分解加快。深层土壤的碳：氮比值通常低于表层土壤，深层土壤的能量和养分含量相对于表层土壤也比较低，导致深层土壤中大部分微生物因受到能量限制而处于“碳饥饿”状态或休眠状态（Fontaine et al.，2007；Billings et al.，2015）。从全球来说，土壤有机碳的垂直分布与植被的相关性要高于气候，土壤有机碳总量与气候的相关性更强。

土壤活性有机碳组分中的易氧化有机碳含量随着土层的增加逐渐降低，在0～60cm土层内变化幅度较大，在60cm以下土壤易氧化有机碳含量变化较小，趋于平稳（图6-3）。相对于撂荒地，不同生长阶段的油松林深层土壤易氧化有机碳含量的增加幅度为32.9%～58.7%，从而导致幼龄林、中龄林和成熟林土壤易氧化有机碳储量显著高于撂荒地。中龄林和成熟林土壤易氧化有机碳储量显著高于幼龄林，而三者的深层土壤易氧化有机碳储量没有差异。

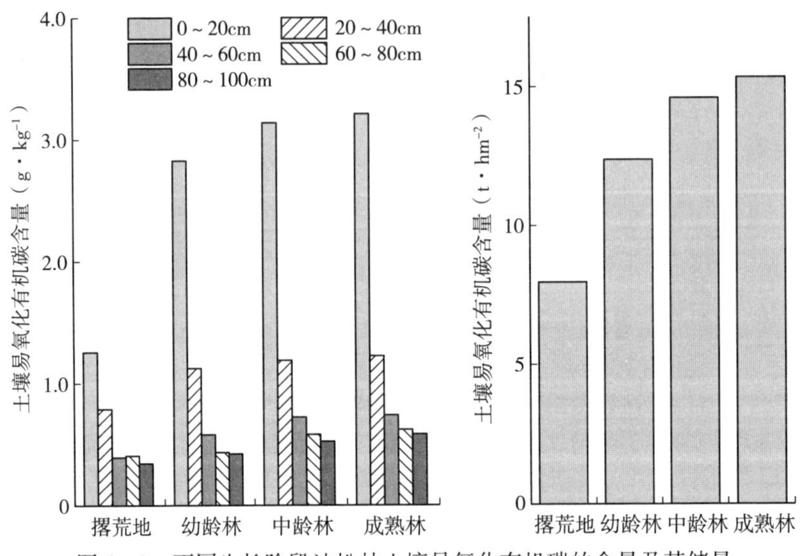

图6-3　不同生长阶段油松林土壤易氧化有机碳的含量及其储量

三、深层土壤有机碳的性质

由于深层土壤所处的环境条件与表层土壤存在较大差别，因此深层土壤有机碳的性质可能也与表层土壤存在差异。由表 6-1 可以看出，与土壤有机碳的含量相似，深层土壤有机碳的碳∶氮比值通常随着土层深度的增加而降低。与土壤有机碳含量随着土层深度的增加而降低相反，在植物群落长期没有发生改变的生态系统中土壤有机碳的 $\delta^{13}C$ 值一般表现为随着土层深度的增加而增加，尤其是在 C3 植物生态系统中土壤有机碳的 $\delta^{13}C$ 值的富集作用更为明显（图 6-4）。在我国贵州喀斯特地形区域的林地中，一些研究者发现，在发育较为成熟的土壤剖面中，土壤 $\delta^{13}C$ 值随着土壤深度的加深有偏正趋势。在中国内蒙古短花针茅荒漠草原，张林等（2009）的研究结果也表明土壤 $\delta^{13}C$ 值随着土壤深度的增加而不断增大。土壤有机碳 ^{13}C 随土壤深度增加而富集可能有以下几种原因。第一，大气中 CO_2 的 $\delta^{13}C$ 值不断降低。随着工业化的进程，大量的含有贫 ^{13}C 的煤炭、石油等化石燃料燃烧导致大气中 CO_2 的 $\delta^{13}C$ 值出现了降低，即偏负，约降低了 0.13%。植物通过吸收大气中的 CO_2 所形成的光合产物必然会反映出这一变化，植物生物体中的 $\delta^{13}C$ 值出现下降。所以，早期形成的深层土壤有机碳的 $\delta^{13}C$ 值大于新近形成的表层土壤有机碳。第二，微生物在对土壤有机碳的分解与利用过程中存在同位素分馏现象，即微生物喜欢利用富含 ^{12}C 的轻质碳源，从而使 ^{13}C 在土壤中富集，以至于存留在土壤中的有机碳的 $\delta^{13}C$ 值逐渐偏正。第三，土壤有机碳的颗粒大小随着土壤深度的增加而降低，而土壤有机碳的物理结构尺寸越小，说明其分解程度越高，其 $\delta^{13}C$ 值一般也较大。

表 6-1　森林土壤有机碳含量随土层深度的变化

文献	土层深度（cm）	有机碳（$g \cdot kg^{-1}$）	全氮（$g \cdot kg^{-1}$）	碳∶氮比值	森林类型
Rumpel et al.，2012	0～10	123.5	7.8	15.8	辐射松
	10～30.5	86.4	6.5	13.3	
	>50	23.5	1.8	13.1	
	0～5	196.3	14.0	14.0	月桂林
	5～32.5	93.9	8.0	11.7	
	55～81	30.7	2.4	12.8	
	>81	16.6	1.7	9.8	
肖好燕等，2016	0～10	20.0	2.2	15.6	天然林
	40～60	3.7	0.53	12.2	

（续）

文献	土层深度（cm）	有机碳（g·kg⁻¹）	全氮（g·kg⁻¹）	碳：氮比值	森林类型
肖好燕等，2016	0～10	14.6	1.6	15.5	格氏栲林
	40～60	2.8	0.56	8.6	
	0～10	9.9	1.4	12.5	杉木林
	40～60	4.7	0.64	12.6	
邓小军等，2014	0～10	63.5	4.68	23.4	杉木林
	20～40	28.0	2.53	19.1	
	60～80	9.0	1.12	13.8	
	0～10	86.7	6.40	23.3	水青冈林
	20～40	50.3	3.82	22.7	
	60～80	28.7	2.36	20.9	
	0～10	59.9	3.08	33.5	毛竹林
	20～40	31.5	2.44	22.3	
	60～80	22.9	1.75	22.8	
丘清燕，2020	0～20	23.8	2.1	19.8	武夷山常绿阔叶林
	30～40	9.0	0.8	19.3	
廖畅等，2016	0～10	54.8	7.69	12.3	常绿落叶阔叶混交林
	10～30	33.6	5.12	11.3	
	30～60	20.7	3.51	10.1	

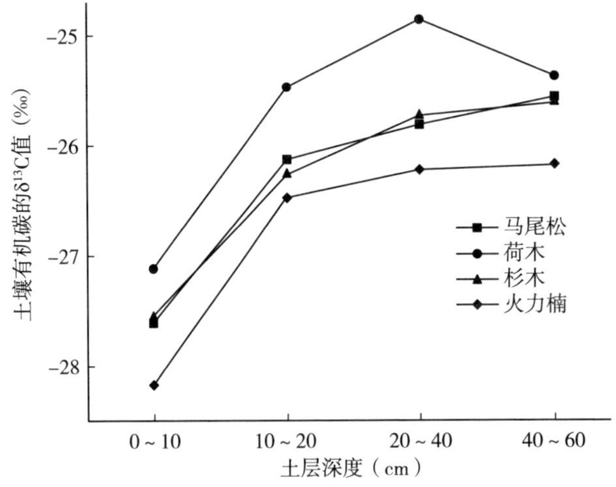

图 6-4　土壤有机碳的 $\delta^{13}C$ 值随土层深度的变化

可溶性有机质是土壤活性有机质的一个重要组分，其官能团在养分维持中具有重要作用。由于土壤可溶性有机质的化学组成和结构比较复杂，除了少量低分子质量可溶性有机质可以直接分离、纯化和化学检测之外，高分子质量可溶性有机质的化学组成和结构还难以确定。紫外-可见光谱技术、红外光谱技术、^{13}C 核磁共振技术和热裂解-气相色谱技术等已应用于研究土壤可溶性有机质的化学组成和结构特征。相比于其他技术，紫外-可见光谱技术操作相对简单、灵敏度较高，并且所需要的样品量少，也不破坏样品结构，已广泛用于研究土壤可溶性有机质的宏观化学组成和结构特征，比如疏水和芳构化程度、分子质量大小。在土壤可溶性有机质的紫外-可见光谱中，通常用 254nm 或 280nm 波长处的单位吸光度值（E_{254}或 E_{280}）来指示土壤可溶性有机质的芳香化程度和微生物的可利用性；250nm 和 365nm 波长处的吸光度值之比（$E2/E3$）可表征土壤可溶性有机质分子质量的大小。它们的值越大，暗示土壤可溶性有机质中芳香族化合物数量越多，分子质量越大，结构越复杂，土壤微生物可利用性也就越低。然而，目前关于土壤可溶性有机质光谱特征的研究以淋溶层或表层土壤为主，对深层土壤研究得比较少。

为了研究深层土壤可溶性有机质的光谱特征，蒋友如等（2014）选取了湘东丘陵区 4 种典型母质发育的酸性紫色土、花岗岩红壤、板岩红壤和第四纪红土红壤为研究对象，利用紫外-可见光谱技术分析不同土层土壤可溶性有机质的数量和宏观化学结构特征。其中，酸性紫色土和花岗岩红壤的地上乔木为马尾松，板岩红壤的地上植被为次生常绿阔叶林，优势树种为樟树，第四纪红土红壤为茶园。结果表明，土壤可溶性有机质的吸光度值随波长增加而减小，在 E_{240}、E_{250}、E_{280}和 E_{365}吸光度值中 E_{240}值最大（表 6－2）。第四纪红土红壤土壤可溶性有机质的 $E280$ 值随土壤深度的增加呈升高趋势，最大吸光度值出现在最底层土壤。然而，板岩红壤和酸性紫色土可溶性有机质的 E_{280}值则在40～60cm 土层土壤中出现最大吸光度值。土壤可溶性有机质的 $E2/E3$ 值在 1.760～3.385 以酸性紫色土和第四纪红土红壤略高，随土壤深度的增加总体上呈升高趋势。总的来说，土壤可溶性有机质的 E_{280}值和 $E2/E3$ 比值基本上是随着土层深度的加深表现为升高趋势，这表明随着土层深度的加深，土壤可溶性有机质的化学结构趋于复杂、化学稳定性升高。这一变化趋势可能与表层土壤中可溶性有机质在向深层土壤淋溶和迁移过程中，随着微生物的降解和活性有机碳输入减少有关。在 40～60cm 土层，土壤可溶性有机质的 E_{280} 和 $E2/E3$值相对其他土层较高，反映这些深层土壤颗粒吸附的可溶性有机质化学结构最为复杂和稳定。

表 6-2 森林土壤可溶性有机质的紫外-可见光谱特征在土壤剖面中的变化

土壤类型	土层（cm）	E_{240}	E_{250}	E_{280}	E_{365}	$E2/E3$
酸性紫色土	0～20	0.088	0.082	0.066	0.041	2.00
	20～40	0.088	0.080	0.062	0.037	2.15
	40～60	0.124	0.112	0.085	0.043	2.62
板岩红壤	0～20	0.076	0.070	0.056	0.037	1.89
	20～40	0.084	0.077	0.063	0.042	1.86
	40～60	0.094	0.085	0.067	0.000	2.13
花岗岩红壤	0～20	0.083	0.076	0.060	0.040	1.89
	20～40	0.081	0.074	0.058	0.038	1.95
	40～60	0.071	0.070	0.050	0.034	2.09
第四纪红土红壤	0～20	0.074	0.068	0.049	0.030	2.25
	20～40	0.086	0.079	0.063	0.042	1.87
	40～60	0.087	0.080	0.065	0.039	2.04

第二节 干扰对深层土壤有机碳的影响

一、森林类型

与表层土壤相比较，深层土壤受到外界环境的干扰程度相对较弱。植物根系是深层土壤有机碳的重要来源，栽植根系特性不同的树种，比如浅根系树种与深根系树种，将会对深层土壤有机碳的形成和积累产生不同程度的影响。同时，由于树种生物学特性、凋落物的性质和数量的差异也会引起不同土层深度土壤有机碳的数量和组成等不同。固态^{13}C核磁共振波谱技术（简称^{13}C-NMR）是测定有机物质化学结构的一种技术手段，同时可以定性、定量分析有机物质的化学组成，已成为研究土壤有机碳化学结构的有效手段。根据^{13}C-NMR技术，通常可以将土壤有机碳的核磁共振波谱划分为四大类官能团，即烷基碳（Alkyl C）、含氧烷基碳（O-Alkyl C）、芳香碳（Aromatic C）和羰基碳（Carbonyl C），它们对应的化学位移分别为0～45、45～110、110～160和160～200（表6-3）。其中部分官能团还可以进一步细分，例如烷氧碳还可以细分为甲氧基碳（45～60）、炔基碳（60～90）和双氧烷基碳（90～110）。这些官能团可以指征特定种类的生物大分子化合物。含氧烷基碳主要来源于半纤维素、纤维素、糖类或类乙醇物质，代表容易被微生物代谢利用的糖类，即易分解碳；烷基碳和芳香族碳则表征难以被微生物降解利用的木质素、单宁等碳化合物，即难分解碳。通常用 Alkyl C/O－Alkyl C 比值（即 A/A－O 比值）来评价土壤有机碳的分解程度，也可以用其反映腐殖物质烷基化程度的高低，其比值越小说明有机质的分解程度越低。

表 6－3　固态 ^{13}C 核磁共振波谱技术测定有机碳官能团及相应的大分子化合物

化学位移	有机物官能团	生物大分子化合物
0～45	烷基碳	长链脂肪族、蜡质、角质、软木质
45～60	含氧烷基碳，甲基氧碳	含氨烷基、氨基酸、木质素
60～90	炔基碳	醇类、氨基糖、塔日酸、脱氢母菊酯、聚炔烃
90～110	双氧烷基碳	半纤维素
110～140	芳香碳，苯环基碳	单宁、木质素
140～160	酚芳香基碳	单宁、木质素、软木质
160～190	羧基羰基碳，羧基碳，酰胺碳	酰胺、酯
190～220	羰基碳	酮、醌、醛

我们采用固态 ^{13}C 核磁共振波谱技术分析了马尾松、荷木、火力楠和杉木的新鲜凋落叶、细根以及不同土层深度土壤有机碳的化学结构特征。如表 6－4 所示，马尾松、木荷、火力楠和杉木这 4 种树种的细根和凋落叶的有机碳化学结构存在差异，同时同一树种的细根和凋落叶的有机碳化学结构差别也比较大，甚至大于细根或凋落叶在不同树种间的差异。无论是植物还是土壤均是含氧烷基碳含量最高，这主要是化学位移为 60～90 的炔基碳占了较大的比例。0～10cm 土层土壤有机碳中含氧烷基碳的含量略低于 40～60cm 土层土壤有机碳，而芳香碳的含量则相反，表现为在 0～10cm 土层土壤有机碳中的含量高于 40～60cm 土层土壤有机碳。

表 6－4　亚热带地区 4 种森林植物和土壤的有机碳化学结构特征（%）

森林类型	样品	烷基碳	含氧烷基碳	芳香碳	羰基碳
马尾松林	细根	4.40	71.17	22.84	1.59
	凋落叶	11.54	64.16	20.81	3.50
	0～10cm 土壤	16.75	48.35	27.98	6.91
	40～60cm 土壤	19.61	53.31	20.14	6.90
荷木林	细根	7.70	63.92	25.89	2.50
	凋落叶	15.45	58.17	21.30	5.08
	0～10cm 土壤	19.27	52.87	20.01	7.84

（续）

森林类型	样品	烷基碳	含氧烷基碳	芳香碳	羰基碳
火力楠林	40～60cm 土壤	15.54	53.41	22.80	8.25
	细根	8.29	69.94	18.61	3.15
	凋落叶	15.92	59.54	20.80	3.74
	0～10cm 土壤	19.08	50.49	23.08	7.34
	40～60cm 土壤	18.44	55.12	19.16	7.28
杉木林	细根	4.87	66.73	25.95	2.46
	凋落叶	15.15	63.03	18.53	3.29
	0～10cm 土壤	18.28	46.10	28.47	7.15
	40～60cm 土壤	18.07	51.68	20.88	9.38

为比较亚热带地区不同树种对土壤有机碳及其组分的影响，肖好燕等（2016）采集了天然林、格氏栲林、杉木林和毛竹林土壤，分析了土壤有机碳、可溶性有机质以及微生物生物量碳的含量。研究结果显示，天然林表层（0～10cm）土壤有机碳含量为 34.4g·kg^{-1}，显著高于杉木林的 17.1g·kg^{-1}和毛竹林的 17.2g·kg^{-1}，但与格氏栲林（25.1g·kg^{-1}）差别不显著（表 6-5）。然而就深层（40～60cm）土壤而言，天然林土壤有机碳含量为 6.4g·kg^{-1}，与其他三种森林土壤有机碳含量差异不显著，但是杉木林的 8.1g·kg^{-1}和毛竹林的 6.8g·kg^{-1}土壤有机碳含量显著高于格氏栲林。通过分析表层土壤与深层土壤有机碳含量的比值，研究发现天然林和格氏栲林的比值远大于杉木林和毛竹林，这可能是杉木和毛竹的根系对 40～60cm 土层土壤的贡献更大。

表 6-5　4 种亚热带森林表层和深层土壤有机碳、全氮和碳：氮比值

土层深度（cm）	森林类型	土壤有机碳（g·kg^{-1}）	全氮（g·kg^{-1}）	碳：氮比值
0～10	天然林	34.4	2.2	15.6
	格氏栲林	25.1	1.6	15.5
	杉木林	17.1	1.4	12.5
	毛竹林	17.2	1.5	11.5
40～60	天然林	6.4	0.53	12.2
	格氏栲林	4.8	0.56	8.6
	杉木林	8.1	0.64	12.6
	毛竹林	6.8	0.67	10.0

森林土壤可溶性有机碳主要来源于凋落物的分解、根系分泌物和微生物残体，树种可以通过这些过程影响土壤可溶性有机碳的含量。土壤可溶性有机碳

根据使用的溶液可以分为盐溶性有机碳和水溶性有机碳，根据溶液的温度又可以分为冷水浸提和热水浸提的可溶性有机碳。肖好燕等（2016）发现，无论是冷水浸提可溶性有机碳还是热水浸提可溶性有机碳的含量在 4 种森林类型 0～10cm 土层土壤中的差别都较大（表 6－6）。天然林土壤可溶性有机碳的含量显著高于格氏栲林和杉木林，但与毛竹林差异不显著。其中天然林冷水浸提和热水浸提可溶性有机碳的含量分别为 46.0mg·kg^{-1}和 1 005.0mg·kg^{-1}，格氏栲林分别为 12.0mg·kg^{-1}和 417.0mg·kg^{-1}，杉木林分别为 8.8mg·kg^{-1}和 241.2mg·kg^{-1}，毛竹林分别为 31.7mg·kg^{-1}和 624.7mg·kg^{-1}。在 0～10cm 土层，森林类型也显著影响了可溶性有机碳在土壤有机碳中所占的比例。就冷水浸提可溶性有机碳而言，其占土壤有机碳的比例在天然林、格氏栲林、杉木林和毛竹林中分别为 0.13％、0.06％、0.05％和 0.19％，表现为天然林和毛竹林显著高于格氏栲林和杉木林。热水浸提可溶性有机碳在土壤有机碳中的比例与冷水浸提可溶性有机碳在 4 种森林中的变化一致。然而，在 40～60cm 土层森林类型没有显著影响土壤可溶性有机碳的含量及其在土壤有机碳中的比例。这表明森林类型对土壤可溶性有机碳的影响主要体现在表层土壤，对深层土壤影响较小。无论是 0～10cm 土层还是 40～60cm 土层，森林类型对土壤可溶性有机氮的含量及其占土壤全氮的比例与可溶性有机碳相似（表 6－7）。

表 6－6　4 种亚热带森林表层和深层土壤可溶性有机碳含量及其占土壤有机碳的比例

土层深度	森林类型	可溶性有机碳含量（mg·kg^{-1}）		可溶性有机碳占有机碳的比例（％）	
		冷水浸提	热水浸提	冷水浸提	热水浸提
0～10	天然林	46.0	1 005.1	0.13	2.89
	格氏栲林	12.0	417.0	0.06	1.71
	杉木林	8.8	241.2	0.05	1.40
	毛竹林	31.7	624.7	0.19	3.03
40～60	天然林	8.7	91.8	0.14	1.43
	格氏栲林	5.6	74.2	0.11	1.54
	杉木林	3.2	84.7	0.04	1.04
	毛竹林	8.7	98.1	0.14	1.50

表 6－7　4 种亚热带森林表层和深层土壤可溶性有机氮含量及其占土壤全氮的比例

土层深度（cm）	森林类型	可溶性有机氮含量（mg·kg^{-1}）		可溶性有机氮占土壤全氮的比例（％）	
		冷水浸提	热水浸提	冷水浸提	热水浸提
0～10	天然林	4.6	43.2	0.21	1.98

（续）

土层深度（cm）	森林类型	可溶性有机氮含量（mg·kg⁻¹）		可溶性有机氮占土壤全氮的比例（%）	
		冷水浸提	热水浸提	冷水浸提	热水浸提
0～10	格氏栲林	2.9	28.8	0.22	1.85
	杉木林	2.7	22.0	0.21	1.61
	毛竹林	3.6	34.5	0.24	2.31
40～60	天然林	2.0	9.5	0.38	1.82
	格氏栲林	1.6	8.6	0.26	0.83
	杉木林	1.5	8.2	0.24	1.27
	毛竹林	2.1	10.0	0.33	1.52

在上述研究的基础上，肖好燕等（2016）计算了4种森林表层和深层土壤的可溶性有机碳与可溶性有机氮的比值（表6-8）。森林类型对0～10cm土层土壤可溶性有机碳与可溶性有机氮的比值影响显著，其中天然林和毛竹林土壤冷水可溶性有机碳与可溶性有机氮的比值显著大于杉木林，土壤热水可溶性有机碳与可溶性有机氮的比值显著大于格氏栲林和杉木林；而在40～60cm土层森林类型对土壤可溶性有机碳与可溶性有机氮的比值影响不显著。在这4种森林类型中，天然林和毛竹林的凋落物数量和凋落物质量（如碳：氮比值）显著高于格氏栲林和杉木林。一方面是因为凋落物为土壤微生物提供了大量的碳源和养分，提高土壤微生物的生物量和活性，从而增加天然林和毛竹林表层土壤可溶性有机碳和氮的含量。另一方面是高质量凋落物的分解速率更高，将会有更多的有机碳和氮由凋落物进入天然林和毛竹林土壤中，提高土壤可溶性有机碳和氮的含量。另外，冷水浸提可溶性有机碳：可溶性有机氮比值与热水浸提

表6-8　4种亚热带种森林表层和深层土壤可溶性有机碳：可溶性有机氮比

土层深度（cm）	森林类型	冷水浸提可溶性有机碳：可溶性有机氮比值	热水浸提可溶性有机碳：可溶性有机氮比值
0～10	天然林	10.0	23.0
	格氏栲林	6.9	14.4
	杉木林	3.2	10.9
	毛竹林	8.8	18.0
40～60	天然林	4.9	11.9
	格氏栲林	3.5	8.6
	杉木林	2.1	9.8
	毛竹林	3.8	10.3

可溶性有机碳∶可溶性有机氮比值之间存在差别，前者明显低于后者，这说明不同温度的溶液所得到的可溶性有机物的化学成分不同。

他们还测定了4种森林表层和深层土壤微生物生物量碳含量。森林类型显著影响了0～10cm土层土壤微生物生物量碳，而对深层土壤（40～60cm）影响不显著（表6-9）。在0～10cm土层，天然林、格氏栲林、杉木林和毛竹林土壤微生物生物量碳的含量分别为308.1mg·kg^{-1}、180.5mg·kg^{-1}、138.8mg·kg^{-1}和219.7mg·kg^{-1}。在40～60cm土层，这4种森林土壤微生物生物量碳的含量在111.6～138.0mg·kg^{-1}。然而，森林类型对土壤微生物生物量碳占土壤有机碳的比例的影响在0～10cm和40～60cm土层土壤中均不显著。在0～10cm土层，土壤微生物生物量碳占土壤有机碳的比例在0.8%～1.3%，显著低于40～60cm土层土壤的1.5%～2.7%。

表6-9　4种亚热带森林表层和深层土壤微生物生物量碳含量及其占土壤有机碳的比例

土层深度（cm）	森林类型	微生物生物量碳含量（mg·kg^{-1}）	微生物生物量碳占土壤有机碳的比例（%）
0～10	天然林	308.1	0.9
	格氏栲林	180.5	0.8
	杉木林	138.8	0.8
	毛竹林	219.7	1.3
40～60	天然林	122.2	1.8
	格氏栲林	111.6	1.5
	杉木林	121.1	1.8
	毛竹林	138.0	2.7

二、森林更新方式

森林更新方式可以通过人为干扰的强弱来影响林内微环境以及地上凋落物和地下细根的输入，来调控土壤有机碳的形成与分解。在中亚热带地区，周艳翔（2013）选择了约200年没有被干扰的米槠天然林，以及经过人工促进更新的米槠林（简称为米槠人促更新林）、杉木人工林和马尾松人工林，其中米槠天然林的林龄在260～300年，其他森林的林龄约为40年，探讨了森林更新方式对不同深度土壤有机碳含量及其组分的影响。森林更新方式显著影响了表层土壤有机碳的含量，其中米槠天然林0～10cm和10～20cm土层土壤有机碳含量显著高于其他3种森林，但是森林更新方式对深度为20cm以下的土壤有机碳含量影响很小，表明森林更新方式没有影响深层土壤有机碳的含量（图6-5）。米槠天然林经过不同更新方式转变成米槠人促更新林、杉木人工林和马尾松人工林后表层土壤有机碳含量显著下降，在 0～10cm 土层从米槠天然林的 40.9g・kg^{-1}分别下降到 29.2g・kg^{-1}、22.3g・kg^{-1}和 20.6g・kg^{-1}，下降的幅度分别为 29%、45%和 50%。但是，随着土壤深度的增加土壤有机碳含量下降的幅度减小。

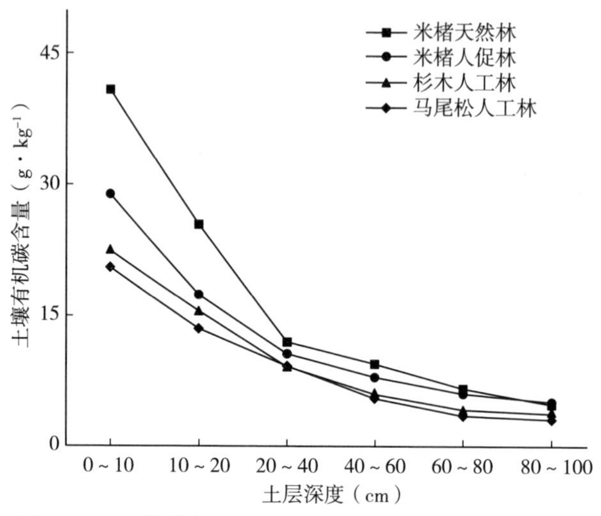

图 6－5　亚热带森林不同更新方式对土壤有机碳的影响

森林更新方式显著影响了土壤有机碳储量。在 0～100cm 土层内米槠天然林土壤有机碳储量为 176.7t・hm^{-2}，而米槠人促林、杉木人工林和马尾松人工林分别为 141.7t・hm^{-2}、116.1t・hm^{-2}和 111.9t・hm^{-2}，即在 1m 内米槠天然林土壤有机碳储量分别是米槠人促林、杉木人工林和马尾松人工林的 1.25 倍、1.52 倍和 1.58 倍（表 6－10），说明随着更新时人为干扰强度的加大，土壤有机碳储量下降。森林更新方式对土壤有机碳储量的影响主要体现在 0～20cm 土层，20cm 以下的深层土壤碳储量分别为 86.0t・hm^{-2}、84.6t・hm^{-2}、66.3t・hm^{-2}、64.3t・hm^{-2}。米储人促更新林、杉木人工林和马尾松人工林 0～20cm 土层土壤有机碳储量分别占 1 m 深土壤有机碳储量的 39.3%、42.9%和 42.5%，而 20cm 以下的深层土壤有机碳储量占 60.7%、57.1%和 57.5%。这也说明深层土壤对有机碳的固持具有重要作用，不可忽视。由于凋落物是土壤有机碳最主要的来源，森林更新方式对土壤有机碳的影响也主要归因于凋落物数量和质量的变化，以及更新初期的人为干扰。米槠天然林转变为米槠人促更新林、杉木人工林和马尾松人工林后，地上凋落物的年生产量显著降低。同时，更新方式对林地的植物细根生物量也显著影响。例如，在 0～20cm 土层米槠天然林的植物细根生物量为 191.1g・m^{-2}，而马尾松人工林和杉木人工林分别为 50.1g・m^{-2}和 122.7g・m^{-2}；在 60～80cm 土层，米槠天然林的植物细根生物量为 33.4g·m^{-2}，马尾松人工林为 12.4g·m^{-2}。

表 6-10　亚热带森林不同更新方式下土壤有机碳储量

土层深度（cm）	米槠天然林 t·hm^{-2}	米槠人促林 t·hm^{-2}	杉木人工林 t·hm^{-2}	马尾松人工林 t·hm^{-2}
0～20	78.81	55.68	49.78	47.59
20～40	33.70	30.35	25.50	26.52
40～60	28.22	23.39	17.50	16.17
60～80	20.85	17.83	10.80	10.12
80～100	15.11	14.42	10.80	10.12

不同森林更新方式对表层与深层土壤可溶性有机碳含量都有显著影响。在0～10cm 土层，米槠天然林、米槠人促更新林、杉木人工林和马尾松人工林土壤可溶性有机碳含量分别为 98.2mg·kg^{-1}、111.3mg·kg^{-1}、64.2mg·kg^{-1}和 91.5mg·kg^{-1}（图 6-6）。米槠人促更新林土壤可溶性有机碳含量比米槠天然林增加了 13.3%，而杉木人工林和马尾松人工林土壤可溶性有机碳含量则分别为米槠天然林的 65.4%和 93.2%。在 10～20cm 土层 3 种更新方式的森林土壤可溶性有机碳含量均与米储天然林有显著差异，其中米槠天然林、米槠人促更新林、杉木人工林和马尾松人工林土壤可溶性有机碳含量分别为 34.9mg·kg^{-1}、25.1mg·kg^{-1}、46.3mg·kg^{-1}和 15.5mg·kg^{-1}。以上结果说明森林更新方式显著影响了 0～20cm 土层土壤可溶性有机碳含量。与表层土壤相比，在 60～80cm 的深层土壤中土壤可溶性有机碳含量大幅度下降，米

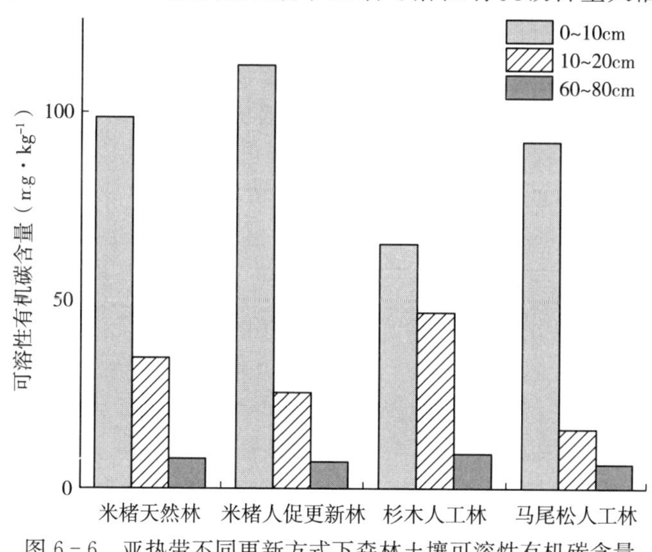

图 6-6　亚热带不同更新方式下森林土壤可溶性有机碳含量

槠天然林、米槠人促更新林、杉木人工林和马尾松人工林的土壤可溶性有机碳含量分别为 7.38mg・kg^{-1}、6.47mg・kg^{-1}、9.46mg・kg^{-1}和6.01mg・kg^{-1}。此外，表层和深层土壤可溶性有机碳占土壤有机碳的比例均表现为杉木人工林>马尾松人工林>米槠人促林>米槠天然林，说明人工林土壤活性有机碳所占比例高于米槠天然林和人促更新林。

无论是表层土壤还是深层土壤，森林更新方式都显著影响了土壤微生物生物量碳。0～10cm 土层米槠天然林、米槠人促更新林、杉木人工林和马尾松人工林的土壤可溶性有机碳含量分别为 557mg・kg^{-1}、521mg・kg^{-1}、650mg・kg^{-1}和 479mg・kg^{-1}，即杉木人工林土壤微生物生物量碳含量最高，分别比米槠天然林、米槠人促更新林和马尾松人工林高 16.7%、24.8%和35.7%（图 6－7）。在 10～20cm 土层，米槠天然林、米槠人促更新林、杉木人工林和马尾松人工林的土壤可溶性有机碳含量分别为 306mg・kg^{-1}、483mg・kg^{-1}、401mg・kg^{-1}和 424mg・kg^{-1}，表现为米储人促更新林土壤微生物生物量碳含量最高，分别比米槠天然林、杉木人工林和马尾松人工林高 57.8%、20.4%和13.9%。60～80cm 土层与 10～20cm 土层相似，也表现为米槠人促更新林土壤微生物生物量碳含量最高，为 80.5mg・kg^{-1}，其次为马尾松人工林（66.0mg・kg^{-1}）、米槠天然林（62.9mg・kg^{-1}）和杉木人工林（56.3mg・kg^{-1}）。

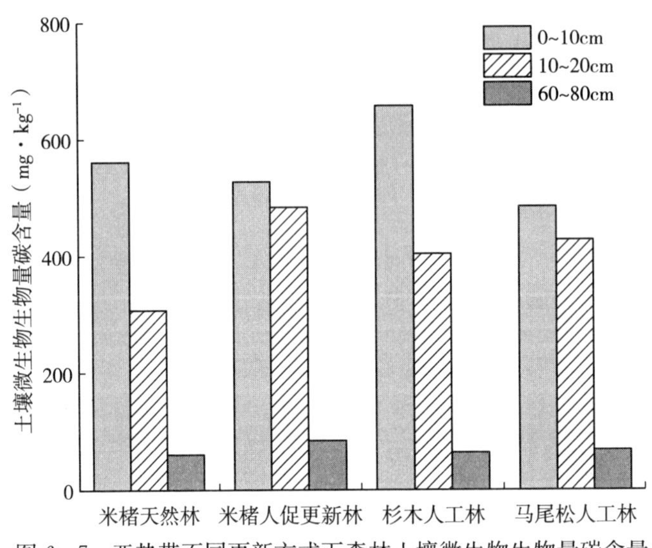

图 6－7 亚热带不同更新方式下森林土壤微生物生物量碳含量

三、火干扰

火干扰是调控森林生态系统碳循环的重要因子，在以往研究中因深层土壤有机碳没有受到林火的直接作用而经常被忽略。其实，林火对表层土壤理化性质和生物学性质的影响可以通过传导、淋溶和沉积作用被传递到深层土壤，从而直接或间接地改变深层土壤的理化性质，并使得深层土壤有机碳循环过程发生变化。譬如，林火发生时所产生的高温虽然不能直接影响深层土壤微生物，但是林火能够通过降低深层土壤的含水量、提高深层土壤的温度和微生物可利用碳源有效性的变化等来影响微生物的群落结构与活性，进而影响土壤有机碳循环。有研究显示，林火极有可能通过改变土壤环境和土壤有机碳化学组分而使深层土壤碳的稳定性发生变化，进而改变森林碳的分配格局和循环过程。

为研究火干扰对不同土层深度土壤有机碳的影响，南鹏辉等（2017）于2014年8月选取了内蒙古地区呼中自然保护区内发生火灾4年后的火烧迹地为研究对象，采集了不同深度土层的土壤。火烧迹地的土壤含水量显著低于未过火林地，而土壤温度和pH则相反，显著高于未过火林地（表6-11）。就土壤pH而言，在0～20cm土层，火烧迹地比未过火林地高了1.15个单位，即使是40～60cm土层，火烧迹地也比未过火林地高了0.29个单位。0～20cm土层火烧迹地土壤有机碳的含量为35.38g・kg^{-1}，显著低于未过火林地的49.30g・kg^{-1}，但是在该土层土壤可溶性有机碳的含量在火烧迹地与未过火林地之间差异不显著。在40～60cm和60～120cm土层火烧迹地的土壤有机碳含量分别为8.53g・kg^{-1}和7.77g・kg^{-1}，比未过火林地低了6.26g・kg^{-1}和4.24g・kg^{-1}；土壤可溶性有机碳的含量也表现为火烧迹地低于未过火林地，其中火烧迹地土壤可溶性有机碳的含量在40～60cm和60～120cm土层分别为70.2mg・kg^{-1}和84.1mg・kg^{-1}，是未过火林地的59.5%和72.9%。

表6-11　林火干扰对森林不同深度土壤pH、有机碳含量和可溶性有机碳含量的影响

土层深度（cm）	pH		土壤有机碳含量（g・kg^{-1}）		可溶性有机碳含量（mg・kg^{-1}）	
	未过火林地	火烧迹地	未过火林地	火烧迹地	未过火林地	火烧迹地
0～20	4.00	5.15	49.30	35.38	506.7	409.5
20～40	4.36	4.88	18.21	15.02	113.2	107.1
40～60	4.49	4.78	14.79	8.53	118.0	70.2
60～120	4.59	4.87	12.01	7.77	115.4	84.1

林火干扰虽然没有影响0～20cm和20～40cm土层土壤的碳：氮比值，但降低了40～60cm和60～120cm土层土壤的碳：氮比值，火烧迹地土壤的碳：氮比值随着土层深度的增加而逐渐降低，而未过火林地土壤的碳：氮比值在40～60cm土层和60～120cm土层高于20～40cm土层（图6-8）。这说明火干扰改变了土壤碳：氮比值随土层深度的变化趋势。在40～60cm和60～120cm土层，火烧迹地土壤的碳：氮比值低于未过火林地。40～60cm和60～120cm土层火烧迹地土壤的碳：氮比值分别为15.0和15.3，未过火林地的碳：氮比

值分别为 26.1 和 22.0。

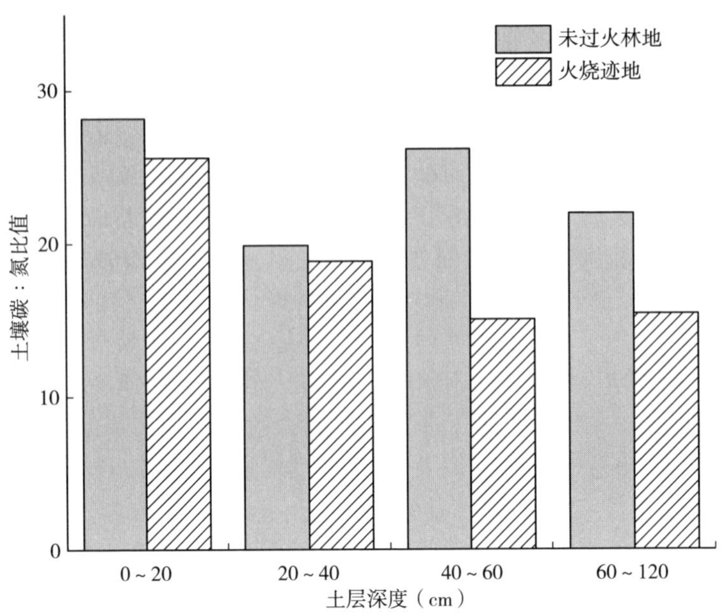

图 6-8 林火干扰对不同深度土壤碳：氮比值的影响

林火干扰没有显著影响表层土壤可溶性有机碳含量及其占土壤总碳的比例，但是显著影响了深层土壤可溶性有机碳含量及其占土壤总碳的比例，具体表现为火烧迹地 40～60cm 和 60～120cm 土层土壤可溶性有机碳的含量显著低于未过火林地相同深度，但是土壤可溶性有机碳在 60～120cm 土层占土壤总碳的比例显著高于未过火林地（图 6-9）。火烧迹地在 0～20cm 和 20～40cm 土层土壤微生物生物量碳的含量比未过火林地低，在 40～60cm 土层没有差异，而在 60～120cm 土层也高于未过火林地，土壤微生物生物量碳占土壤总碳的比例在 40～60cm 和 60～120cm 土层显著高于未过火林地（图 6-10）。由于该地区属于冻土区，火干扰提高了深层土壤的温度，使永久冻土层发生了变化，土壤环境比未过火林地更适合微生物活动，从而导致深层土壤微生物生物量碳含量显著高于未过火林地。

林火干扰对土壤有机碳的影响还与林火强度有关。在亚热带地区，罗碧珍等（2020）比较了不同林火强度对马尾松林土壤有机碳的影响。在同一土层，林火干扰对土壤有机碳含量的降低作用随林火干扰强度的增强而呈下降趋势，但表层土壤的下降幅度大于深层土壤，即林火干扰强度对土壤有机碳含量的降低作用随土壤深度的增加而逐渐减小（图 6-11）。在 20～30cm 和 30～40cm 土层中度和重度林火干扰对土壤有机碳含量的影响显著，在土壤深度超过 40cm 后，不同林火干扰强度对土壤有机碳含量的影响不显著。与对照样地相

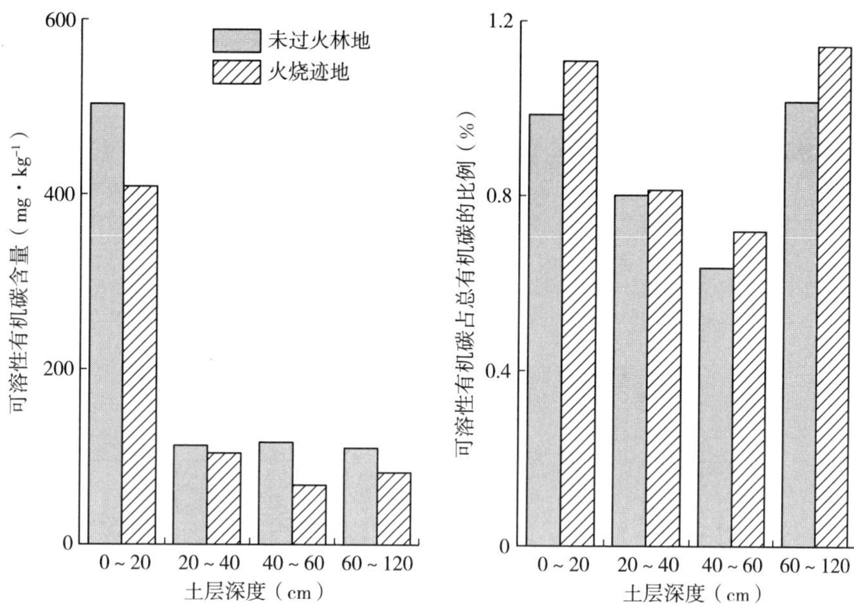

图 6-9　林火干扰对不同深度土壤可溶性有机碳及其占土壤有机碳比例的影响

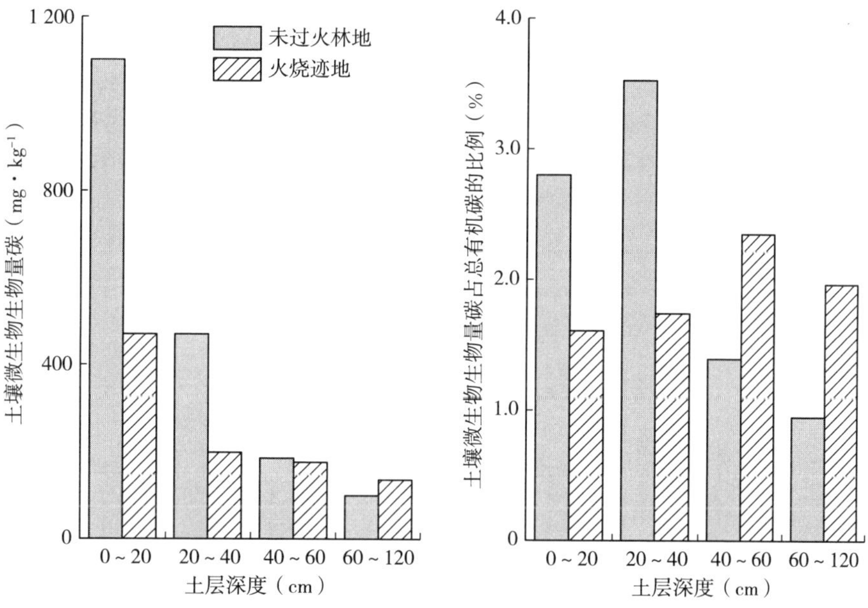

图 6-10　林火干扰对不同深度土壤微生物生物量碳及其占土壤有机碳的比例的影响

比，各林火干扰强度对 0～10cm 和 10～20cm 土层土壤有机碳密度的影响显著，其中轻度、中度和重度火烧干扰后马尾松林 0～10cm 土层土壤有机碳密度分别下降了 14.6%、30.6%和 35.5%，在 10～20cm 土层分别下降了

13.3%、25.5%和37.8%（图6-12）。在20～30cm和30～40cm土层仅重度火烧干扰对马尾松林土壤有机碳密度的影响显著，而在40～100cm土层任何强

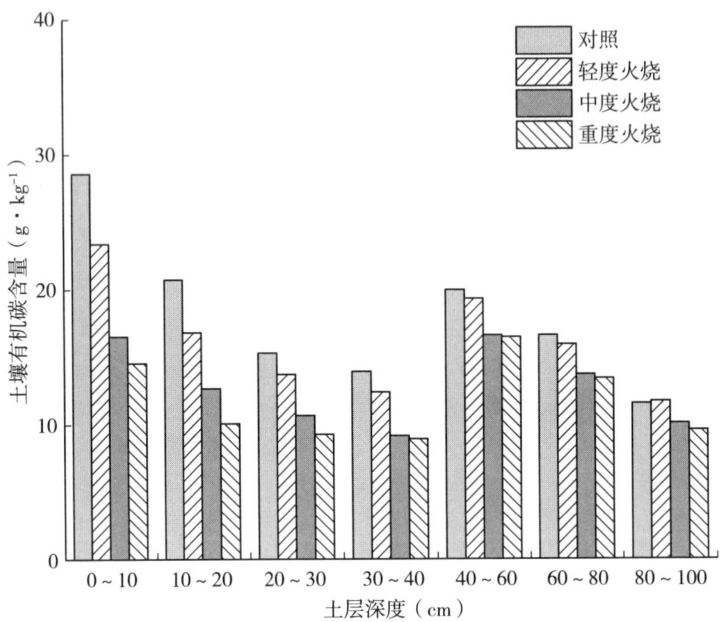

图6-11　林火干扰对马尾松林土壤有机碳含量的影响

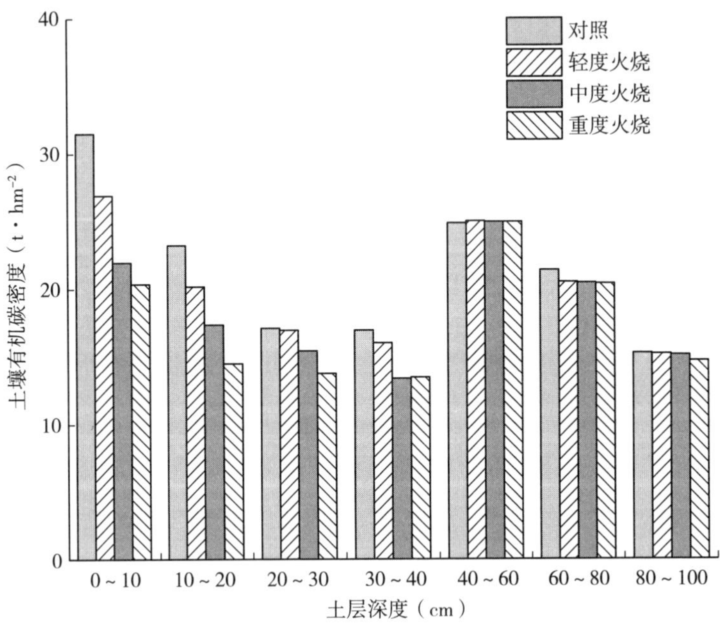

图6-12　林火干扰对马尾松林土壤有机碳密度的影响

度的火烧干扰对土壤有机碳密度的影响都不显著。总体上，土壤有机碳密度表现为重度火烧干扰>中度火烧干扰> 轻度火烧干扰。在轻度、中度和重度火烧干扰后马尾松林 1m 深度的土壤有机碳储量分别为 140.9t·hm^{-2}、128.3 t·hm^{-2} 和 121.7t·hm^{-2}，分别比对照样地降低了 6.4%、14.8%和 19.2%。

林火干扰强度对马尾松林土壤微生物生物量碳和可溶性有机碳的影响在不同土层之间存在差异。在 0～10cm 和 10～20cm 土层 3 种强度的林火干扰均显著影响了土壤微生物生物量碳含量，并且土壤微生物生物量碳含量随林火干扰强度的增强而显著降低（图 6-13）。在 0～10cm 土层，对照、轻度、中度和重度火烧干扰下土壤微生物生物量碳的含量分别为 364.8mg·kg^{-1}、255.5mg·kg^{-1}、192.6mg·kg^{-1}和 124.8mg·kg^{-1}，在 10～20cm 土层则分别为 227.4mg·kg^{-1}、173.2mg·kg^{-1}、97.7mg·kg^{-1}和 68.7mg·kg^{-1}。就 0～20cm 土层整体而言，轻度、中度和重度火烧干扰使土壤微生物生物量碳含量分别比对照降

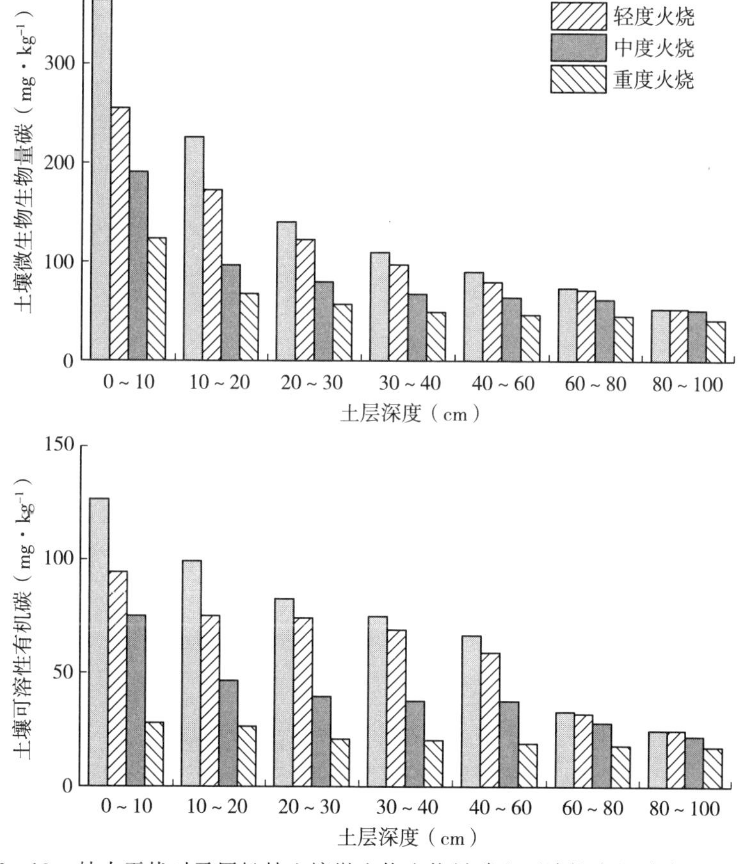

图 6-13 林火干扰对马尾松林土壤微生物生物量碳和可溶性有机碳含量的影响

低了 27.6%、50.9%和 67.0%。在 20～40cm 土层，与对照相比，轻度、中度和重度火烧干扰使土壤微生物生物量碳含量分别下降了 12.3%、40.2%和 56.7%，但仅中度和重度火烧干扰的影响表现为显著；在 40～100cm 土层仅重度火烧干扰显著降低了土壤微生物生物量碳的含量，降低幅度为 36.3%。在 0～20cm 土层，林火干扰显著降低了土壤可溶性有机碳的含量，轻度、中度和重度火烧干扰强度使土壤可溶性有机碳的含量分别下降了 24.9%、46.0%和 76.1%。在 20～40cm 土层中度和重度火烧干扰使可溶性有机碳显著降低了 50.8%和 73.5%。在 40～100cm 土层仅重度火烧干扰显著影响土壤可溶性有机碳的含量，使其下降了 55.2%。火烧干扰显著降低了马尾松林细根的生物量，并且降低幅度与林火强度正相关（图 6－14），并且相关性分析结果显示，土壤微生物生物量碳和可溶性有机碳与土壤有机碳密度和植物细根生物量显著相关。火烧干扰对马尾松林土壤微生物生物量碳和可溶性有机碳的影响与土壤有机碳总量和植物根系生物量的变化有关。

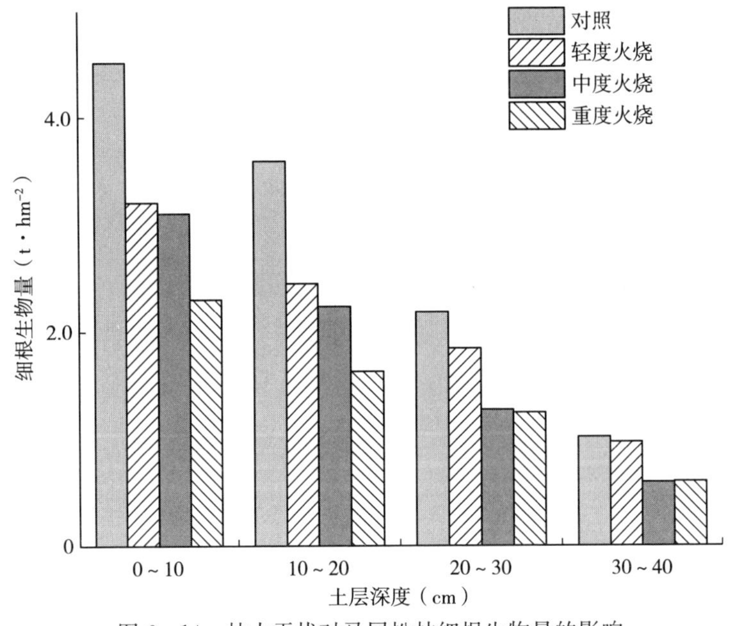

图 6－14　林火干扰对马尾松林细根生物量的影响

第三节　深层土壤呼吸

大量的有机碳储存于深层土壤，深层土壤有机碳库的变化对于全球碳平衡和温室气体排放十分重要。然而深层土壤有机碳长期稳定固存的机制问题仍未明晰。深入研究深层土壤有机碳的稳定性和分解特征，尤其是在为实现碳中和而奋斗的背景下，对促进深层土壤固碳具有重要意义。深层土壤所处的特殊环境条件以及有机碳与微生物间的物理隔离，以及外源新鲜有机质的输入不足，导致微生物处于碳饥饿状态，新陈代谢受到限制，使得深层土壤有机碳的分解与表层土壤存在较大差异。另外，深层土壤较低的氧气浓度可能会限制微生物的数量及其活性，使其随着土壤深度的增加而降低。深层土壤有机碳分解的碳通量很大，对大气 CO_2 浓度的变化有深刻的影响。由于深层土壤有机碳的储量较大，即使分解速率相对较小，其分解也会形成很大的碳通量，对整个陆地系统的碳平衡产生重要的影响。

一、深层土壤呼吸的主要研究方法

深层土壤呼吸是一个复杂的地下碳动态过程。目前由于研究方法、技术水平和仪器设备等方面的问题，限制了对深层土壤呼吸的研究。这也是为何大量的研究只关注土壤表层呼吸及其与生物因子、非生物因子等之间的关系。表层土壤呼吸主要利用静态箱法、红外气体分析仪（如 Licor－8100）等进行测定，而原位直接深层土壤呼吸更困难。于是一些学者开发了气体井法和固定 CO_2 探头法等方法来测定深层土壤 CO_2 浓度。

在测定深层土壤 CO_2 浓度的方法中比较常用的两种方法是气体井法和固定 CO_2 探头法。气体井法就是在不同深度的土壤上放置一个气体收集装置，形成气体井，并将与气体收集装置相连接的气管引到地表。在每次观测时从气管内抽取一定体积的气体来测量 CO_2 的浓度或直接利用 CO_2 浓度分析仪进行测定。该方法操作简单，仪器设备要求低，但测量的准确性不高。同时，该方法无法连续监测深层土壤中 CO_2 浓度，并且每次抽取气体都会影响土壤的微环境，可能形成负压，进而影响到土壤中 CO_2 的释放。该方法还需要同时测量总孔隙度、土壤容重、土壤含水量和饱和含水量等物理参数来计算 CO_2 通量。固定 CO_2 探头法则是在一定深度的土壤中埋入 CO_2 浓度监测探头直接测定 CO_2 的浓度，可以连续测量土壤中 CO_2 的浓度及其变化。该方法的优点是能够自动、连续地测量土壤中 CO_2 浓度的变化，同时对土壤环境的干扰较小，但是设备相对较贵，尤其是开展多点、多深度研究时成本比较高。由于 CO_2 浓度监测探头只能固定在一个位置，其所测量的土壤面积有限，在空间异质性较大的森林生态系统中该方法测量的结果存在一些不确定性。后来有学者针对此不足对固定 CO_2 探头法进行了改进。例如，DeSutter 等（2008）将带孔的膨体四氟乙烯（ePTFE）管子埋入不同深度的土壤中，使来自同一土层深度不同位置的气体在管子中循环，然后使用气体分析仪对 CO_2 的浓度进行测量，形成一种综合空间和时间变量的方法。这些方法主要是利用气体在土壤中自由扩散的原理来测定 CO_2 的浓度。

土壤垂直剖面中不同土层土壤 CO_2 的通量可以反映土壤中 CO_2 的产生和传输，也反映了其动态。目前估算土壤垂直剖面中不同土层土壤中 CO_2 通量的主要方法有基于过程的扩散模型和统计分析。基于过程的扩散模型考虑到了土壤生物活性、土壤剖面中 CO_2 的存储量以及土壤孔隙度和含水量等对气体交换过程的影响。扩散法主要是通过测量土壤 CO_2 浓度的变化和 CO_2 在土壤中的扩散系数，采用 Fick 扩散法则计算土壤 CO_2 的通量。在使用 Fick 扩散法计算土壤 CO_2 通量时，准确测量土壤中 CO_2 的浓度和气体扩散系数十分重要。同时还需要选择合适的扩散系数模型，不同的扩散系数模型所得到计算结果可能存在差异。目前，一些学者通过室内模拟和野外实验的方法得出了一些计算土壤中气体扩散系数的经验模型（表 6 - 12），用来计算土壤不同深度的 CO_2 通量。

表 6 - 12　几种土壤气体扩散系数模型

作者	模型结构	优缺点
Millingto et al.，1961	$D_p/D_0=\varepsilon^{3/10}/\Phi^2$	考虑了土壤类型对气体扩散的影响，对不同质地土壤有较好的准确性，扩散系数为经验模型
Fuller et al.，1966	$D_p=D_0'[T_{field}/T_{lab}]^{1.75}$	可以在室内对气体扩散系数进行计算，控制实验温度，但室内测量的扩散系数，改变了原位土壤的微环境
Troeh et al.，1982	$D_p/D_0=[(\varepsilon-u)/(1-u)]^b$	在气体传输和预测模型时效果很好，但对土壤物理属性的描述不清楚
Moldrup et al.，1999	$D_p/D_0=\Phi^2(\varepsilon/\Phi)^{2+3b}$	引入了 Campbell 的土壤水特征参数 b 作为描述区域尺度上土壤容重异质性的指标，模型是对干燥土壤气体扩散系数的描述，但对水分充足的土壤气体扩散系数的计算误差较大
Moldrup et al.，2004	$D_p/D_0=\Phi^2(\varepsilon/\Phi)^X X=\log[(2\varepsilon_{100}^3+0.04\varepsilon_{100})/\Phi^2]/\log(\varepsilon_{100}/\Phi)$	对原状土壤不需要完整的 SWC 曲线，只需要基质势在－100cm 的土壤含水量，但是该模型需以 3 个假设为基础，并且对参数 X 的物理意义表达不明确

无论用哪种模型计算气体扩散系数，基于 Fick 扩散法则计算土壤不同深度 CO_2 通量（F_s，$\mu mol\cdot m^{-2}\cdot s^{-1}$）的公式为：

$$F_s=-\varepsilon D_a\times\Delta C_{(z)}/\Delta z$$

式中，ε 为土壤中相对气体扩散系数；D_a 为自由大气 CO_2 扩散系数（温度为 20℃或 293.15K、p 为 1.013×10^5Pa，D_a 为 1.47×10^{-5} $m^{-2}\cdot s^{-1}$）；C 为深度 z（m）时土壤 CO_2 浓度（$\mu mol\cdot m^{-2}\cdot s^{-1}$）。

二、不同土层土壤 CO_2 浓度

在亚热带地区，王超等（2011）在造林密度为 1 800 株/hm^{-2}、林龄约 40 年的杉木人工林中挖取了深度为 1m 的土壤剖面，在不同土层布设测量土壤 CO_2 浓度的装置，以测量土壤 CO_2 释放。为研究不同土层土壤 CO_2 浓度的日变化，他们每半小时观测一次土壤 CO_2 浓度。如图 6－15 所示，在 5～40cm 深度各土层的土壤 CO_2 浓度的日变化模式基本相同，呈现为单峰变化曲线，但是土壤 CO_2 浓度的峰值出现的时间略有差别。在 60cm 和 80cm 深处，土壤 CO_2 浓度的峰值出现得明显早于其他土层。随着土层深度的增加，5～60cm 处土壤 CO_2 浓度逐渐升高。在 5cm、10cm、20cm、40cm、60cm 处土壤 CO_2 浓度的日平均值分别为 892.6$\mu mol\cdot mol^{-1}$、3 049.8$\mu mol\cdot mol^{-1}$、5 041.3$\mu mol\cdot mol^{-1}$、5 210.8$\mu mol\cdot mol^{-1}$和 7 714.8$\mu mol\cdot mol^{-1}$，但是在 80cm 处土壤 CO_2 浓度低于 60cm 处。通过 Moldrup 气体扩散系数模型计算了不同土层深度土壤 CO_2 释放速率日变化。不同土层深度土壤 CO_2 释放速率的日变化模式存在较大差异（图 6－16）。在 5cm 处土壤 CO_2 释放速率的变化曲线呈 W 形，在 8:00 和 17:00 左右出现两个峰值，其中 17:00 的峰值与 5cm 深

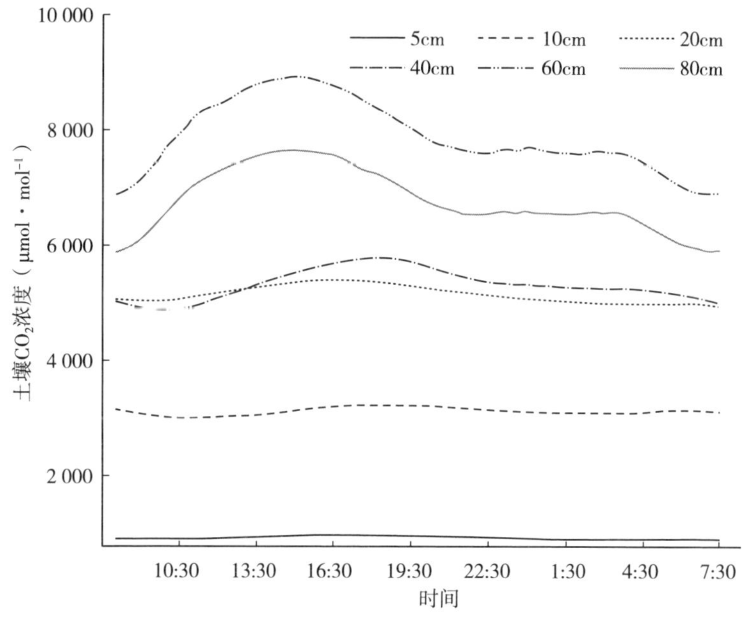

图 6－15　杉木人工林不同深度土壤 CO_2 浓度的日变化

度土壤温度的峰值出现时间相近；在 10cm 处土壤 CO_2 释放速率的变化与该处土壤温度的变化模式基本一致，即随着土壤温度的升高，土壤 CO_2 释放速率逐渐增加；在 20cm 深度处土壤 CO_2 释放速率最低，其日变化波动也大于其他土层。深度为 40cm 和 60cm 的土壤 CO_2 释放速率的日变化模式相近，均为单峰模式，最大值出现在 12:00～14:00。土壤 5cm、10cm、20cm、40cm、60cm 各深度土壤 CO_2 释放速率日平均值分别为 2.17$\mu mol \cdot m^{-2} \cdot s^{-1}$、2.18$\mu mol \cdot m^{-2} \cdot s^{-1}$、0.54$\mu mol \cdot m^{-2} \cdot s^{-1}$、1.65$\mu mol \cdot m^{-2} \cdot s^{-1}$ 和 1.74$\mu mol \cdot m^{-2} \cdot s^{-1}$。

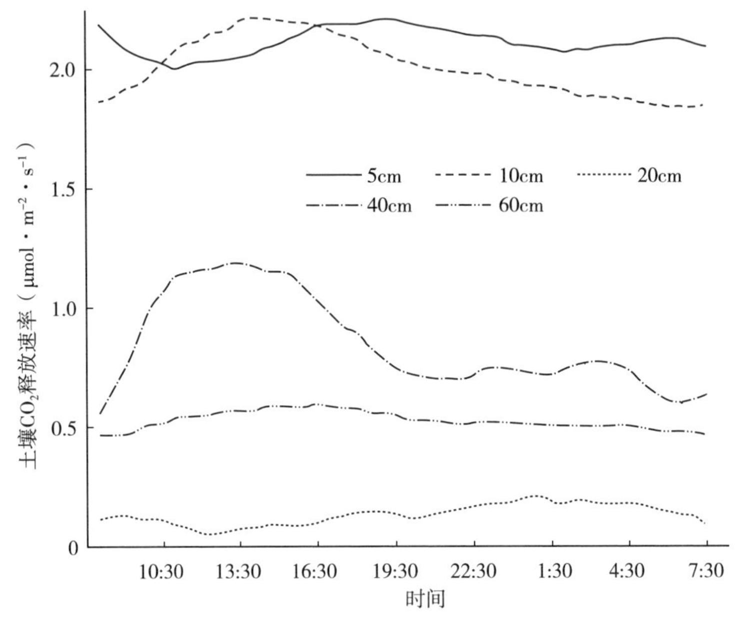

图 6-16　杉木人工林不同深度土壤 CO_2 释放速率的日变化

在美国加利福尼亚州大学的 Blodgett 实验林中，Hicks Pries 等测定了 0～80cm 深度内 5 个土层的土壤 CO_2 释放速率。在 0～15cm、15～30cm、30～50cm、50～70cm 和 70～90cm 土层中，土壤 CO_2 的释放速率分别为 0.491$g \cdot m^{-3} \cdot h^{-1}$、0.258$g \cdot m^{-3} \cdot h^{-1}$、0.121$g \cdot m^{-3} \cdot h^{-1}$、0.036$g \cdot m^{-3} \cdot h^{-1}$ 和 0.016 $g \cdot m^{-3} \cdot h^{-1}$（图 6-17），这说明随着土层深度的增加，$CO_2$ 释放速率显著下降。然而通过土壤 CO_2 释放速率与土壤温度和含水量的相关性分析，他们发现 CO_2 释放速率与土壤温度和含水量的相关性较小，仅在 50～70cm 土层中显著相关，且 CO_2 释放速率与土壤温度呈正相关，而与土壤含水量呈负相关。

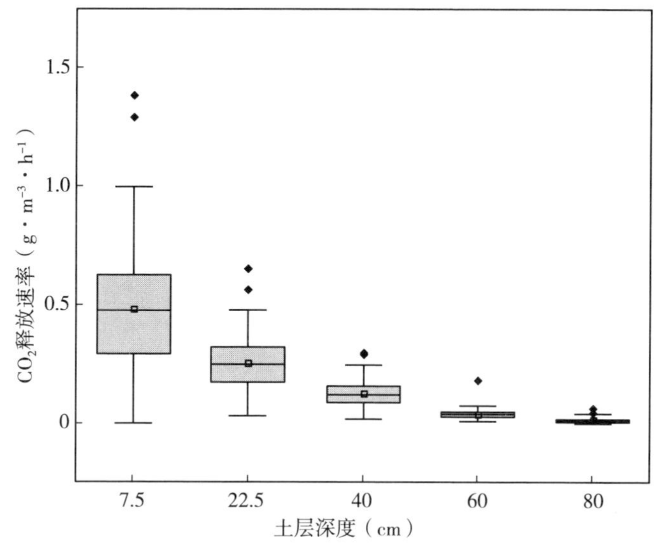

图 6-17　温带森林土壤 CO_2 释放速率随土层深度的变化

三、深层土壤有机碳分解的激发效应

深层土壤的环境与表层土壤存在差异，并且深层土壤有机碳的分解还可能受到能源、养分等限制，因此深层土壤对外源有机碳输入的响应程度和方向可能与表层土壤不同。尽管有关表层土壤有机碳分解的激发效应已开展了大量研究工作，深层土壤有机碳分解的激发效应还知之甚少，从而也导致一些模型通常是假设深层土壤有机碳的分解过程与表层土壤相同。目前仅有一些比较表层土壤与深层土壤之间激发效应强度的研究，但研究结果不一致。有的研究结果显示表层土壤中的激发效应高于深层土壤（Paterson et al.，2013；Salomé et al.，2010；Bernal et al.，2016）。这可能是由于深层土壤中的微生物活性较低以及可以被微生物利用的易分解有机质非常有限，而激发效应被认为是某些“特定”微生物类群的功能（Fontaine et al.，2011），因此深层土壤中能够分解土壤有机碳的微生物类群在添加易分解的外源有机质后将不再利用土壤有机碳进行生长代谢。此外，深层土壤中有机质的化学稳定性较高，以及土壤颗粒对有机质较强的物理保护作用均可能是限制深层土壤激发效应强度的潜在原因。与之相反，一些研究发现激发效应的强度随土层深度的增加而增强（Wang et al.，2014；Hartley et al.，2010）。例如，Karhu 等（2016）研究了北方森林不同深度土壤的激发效应，其研究结果显示相对激发效应的强度随着土壤深度的增加而增大。Tian 等（2016）也发现深层土壤激发效应的强度是表层土壤的 2 倍，并且激发效应的强度与土壤中利用土壤有机碳为代谢底物的微生物活性有关，激发效应随着此类微生物活性的增大而增强。这些研究结果支持了深层土壤微生物受能量和碳源限制的说法。

为探索亚热带地区森林深层土壤有机碳分解对外源碳输入的响应，Wang等（2014）采集0～10cm和60～70cm深处的杉木人工林土壤，采用^{13}C同位素示踪技术和磷脂脂肪酸方法，通过室内模拟实验，分析了不同处理下来源于土壤有机碳分解所产生的CO_2、微生物群落结构及其对外源有机碳利用率的变化。研究结果显示，添加凋落物后促进深层土壤有机碳的分解，但添加火力楠叶产生的促进作用大于添加马尾松叶（图6-18）；添加氮素降低了凋落物对土壤有机碳分解产生的激发效应，此结果符合微生物的氮素挖掘理论。添加凋落物刺激了微生物生长，增加了微生物生物量，而氮添加则降低了土壤真菌∶细菌比，但增加了革兰氏阳性菌∶革兰氏阴性菌比；较多的凋落物碳被16:0和18:1ω9c脂肪酸所指示的微生物所利用（图6-19）。

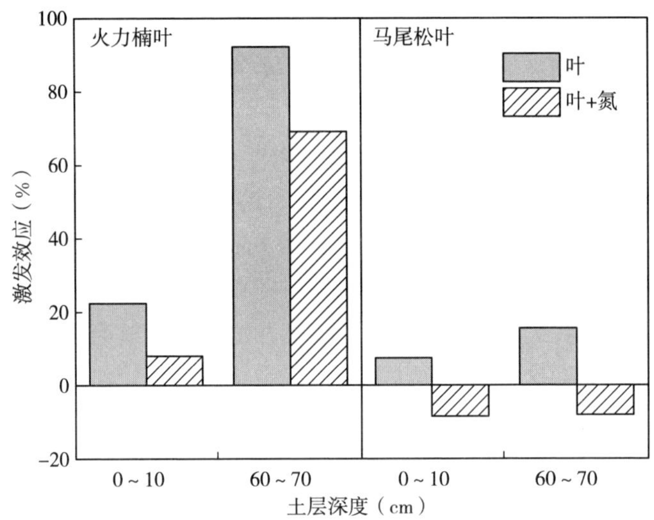

图6-18　添加火力楠和马尾松凋落物对杉木人工林0～10cm和60～70cm土壤有机碳分解的影响

为了探讨不同土层土壤有机碳分解的激发效应及其微生物决策群落的相对变化，廖畅等（2016）采集了以青冈和大穗鹅耳枥为优势树种的亚热带常绿落叶阔叶混交林0～10cm、10～30cm和30～60cm土层的土壤，添加^{13}C标记的葡萄糖进行室内模拟培养试验，分析不同土层土壤有机碳分解的激发效应，研究微生物决策群落（r-K策略者）的相对变化以探讨激发效应的产生机理。表层土壤的CO_2释放速率显著高于深层土壤，在15d培养期内0～10cm土层土壤CO_2释放速率为10.55～12.47mg・kg^{-1}・h^{-1}，10～30cm土层为4.46～6.19mg・kg^{-1}・h^{-1}，30～60cm土层为2.43～4.01mg・kg^{-1}・h^{-1}（图6-

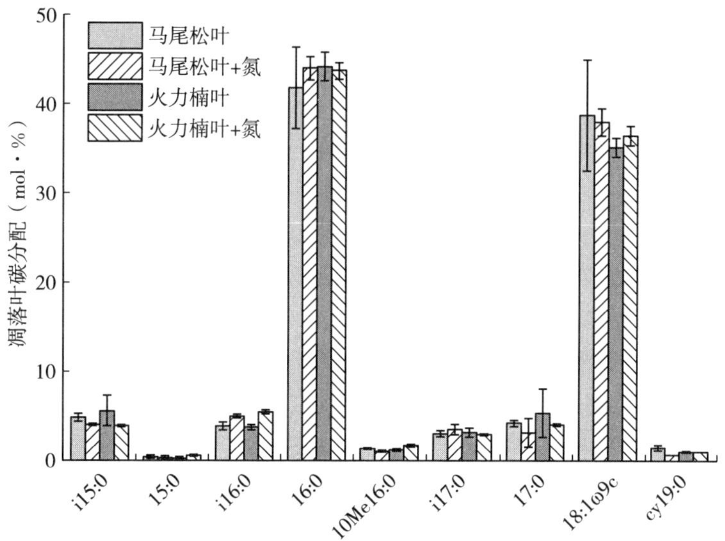

图 6-19　外加凋落叶碳在深层土壤几类微生物脂肪酸中的分配

20)。向土壤中添加葡萄糖促进了土壤有机碳的分解，即产生了正激发效应(图 6-21)。在 15d 的培养过程中激发效应的强度随时间的延长有降低的趋势，同时激发效应的强度随土层深度增加而增强，在 0～10cm、10～30cm 和 30～60cm 土层激发效应的强度分别为 47.1%～139.7%、91.0%～213.2%和 159.2%～291.9%。由此可见，与表层土壤相比较，深层土壤具有较强的激发

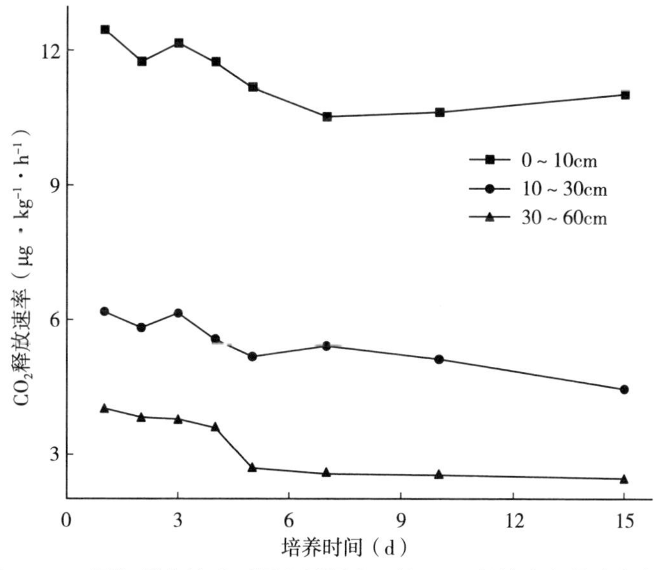

图 6-20　添加葡萄糖后不同土层深度土壤 CO_2 释放速率的动态变化

效应，表明深层土壤对外源有机碳的输入更为敏感，这可能是因为深层土壤中大部分微生物受到碳限制，处于“碳饥饿”状态或休眠状态，外源碳的加入激活了这部分微生物。

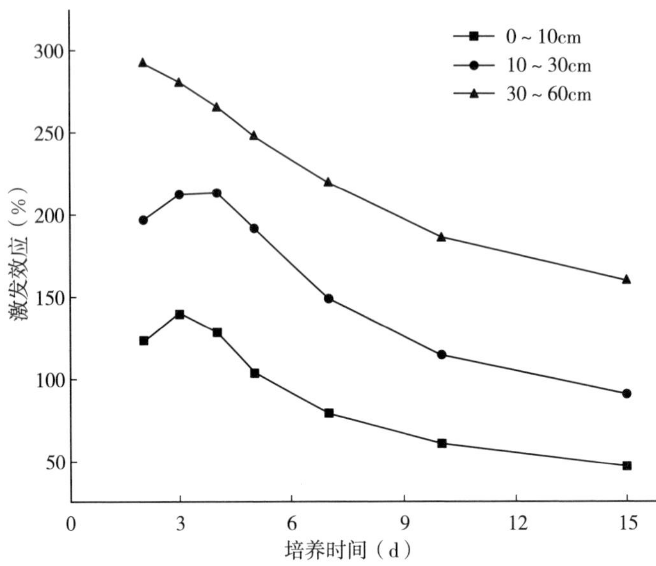

图 6-21　添加葡萄糖后不同土层深度土壤相对激发效应强度的动态变化

葡萄糖的添加显著降低了亚热带常绿落叶阔叶混交林各土层土壤微生物的最大比生长速率，并且在 10～30cm 和 30～60cm 土层中的降低幅度大于 0～10cm 土层（表 6-13）。该结果表明添加葡萄糖使土壤微生物中 r-策略者的相对比例下降而 k-策略者的相对比例增加，并且该变化在深层土壤中表现更明显。土壤微生物群落从 r-策略到 k-策略的转化表明微生物群落向分解土壤中难分解有机质为主的微生物的转变，促进了土壤中难分解有机质的分解，从而

表 6-13　不同深度土壤微生物的生长特征参数对葡萄糖添加的响应

土层深度（cm）	添加葡萄糖	最大比生长速率（$\mu g \cdot h^{-1}$）	未生长时初始呼吸速率（$\mu g \cdot g^{-1}$）	指数生长时初始呼吸速率（$\mu g \cdot g^{-1}$）
0～10	不	0.142	4.51	0.699
	是	0.124	7.96	4.015
10～30	不	0.194	2.71	0.075
	是	0.138	3.24	0.980
30～60	不	0.202	1.29	0.043
	是	0.149	1.26	0.478

产生正激发效应。以往利用代谢指纹技术和磷脂脂肪酸方法的研究也发现了外源碳添加可以引起土壤微生物的群落结构和功能的变化，这也说明土壤有机碳分解的激发效应主要是由土壤微生物群落的变化引起的。添加葡萄糖后深层土壤中可溶性有机碳与可溶性氮的比值为76.0，显著高于表层土壤的13.0，说明添加葡萄糖后深层土壤可能存在更为强烈的氮限制，而微生物为了维持自身的碳∶氮比均衡，需要通过分解土壤有机碳来获取氮源，从而加剧了土壤有机碳的分解，产生更强烈的激发效应。

目前虽然已有一些研究探讨了深层土壤有机碳的分解及其激发效应，增加了对深层土壤有机碳循环过程的认知，但是这些研究以室内模拟培养为主。室内培养试验虽然能够控制土壤的温度、含水量、氧气状况等影响因素，使这些因素保持一致，其研究结果对理解深层土壤有机碳循环具有重要价值，但是室内模拟培养试验也具有一定的局限性，不能完全反映野外林地的自然状态，研究结果在林地中的应用存在不确定性。另外，深层土壤的采集和准备方法与表层土壤类似，例如在培养前土壤过筛，这在一定程度上改变或者破坏了深层土壤的物理结构和所处的微环境（比如通气性和氧气环境），还可能引起底物可利用性的改变。这些都可以直接或间接地影响土壤微生物的组成和活性，进而影响深层土壤有机碳的分解及其对环境变化的响应。因此，探讨深层土壤有机碳循环过程的研究方法对准确理解和认知深层土壤有机碳循环显得十分重要和紧迫。

第四节 深层土壤有机碳对全球变暖和氮沉降增加的响应

一般情况下，表层土中碳库的周转比深层土更加快速，并且受到全球变化的干扰强度更剧烈，因此各种环境变化对表层土碳动态的影响及其对气候变化的反馈得到了广泛关注。虽然深层土壤碳库难以受到全球变化的直接影响，但是通过深根系植物输入易分解碳和养分，以及淋溶作用和地下径流等途径（Chabbi et al.，2009），深层土壤有机碳的形成与分解也会受到全球变化的间接影响。深层土壤的化学计量比、微生物群落特征，以及碳和养分的循环特征与表层土存在巨大差异（De Graaff et al.，2014；Fontaine et al.，2007）。因此，深层土壤碳库对全球变化的响应程度可能与表层土不同。此外，深层土壤中贮存了大量的有机碳和氮素（James et al.，2015；Rumpel et al.，2011），深层土壤中碳的动态循环对全球变化的响应至关重要。

一、深层土壤碳的变化

气候变暖不仅增加表层土壤的温度，还会提高深层土壤的温度，改变其土壤有机碳循环过程。在亚热带地区，蒲晓婷（2016）利用杉木幼林增温与氮添加实验，比较了不同处理下土壤全碳、全氮、微生物生物量碳和可溶性有机碳的变化。该实验在增温的基础上添加了 $40kg \cdot hm^{-2} \cdot a^{-1}$ 和 $80kg \cdot hm^{-2} \cdot a^{-1}$ 的硝酸铵，分别称为低氮和高氮处理。该研究包括了对照、增温、添加低氮、添加高氮、增温＋添加低氮、增温＋添加高氮 6 个处理。经过 1 年时间的增温，杉木幼林土壤 15cm、30cm 和 60cm 处的温度分别提高了 4.5℃、3.6℃和 2.5℃。试验处理 1 年后除增温＋添加高氮处理对 0～10cm 土层土壤全碳没有显著影响外，其他处理都显著降低了 0～10cm 土层土壤全碳的含量，尤其是单独增温处理使土壤全碳降低的幅度最大，达到了 11.1%（图 6－22）。在10～20cm 土层，单独增温使土壤全碳含量显著降低了 14.2%，然而增温＋添加高氮处理显著增加土壤全碳含量。增温及其与添加高氮的交互处理显著增加了 20～40cm 土层土壤全碳的含量，增加幅度分别为 8.4%和 35.4%。在 40～60cm 土层，仅增温＋添加高氮处理显著增加了土壤全碳的含量，增加幅度为 32.3%，其他处理对土壤全碳含量基本没有影响。就土壤碳：氮比值而言，单独增温、添加氮及增温＋氮添加对 0～10cm 土壤碳：氮比值的影响不显著（图 6－23）。与对照相比，单独增温使 10～20cm 土层土壤碳：氮比值增加了 4.85%，但差异

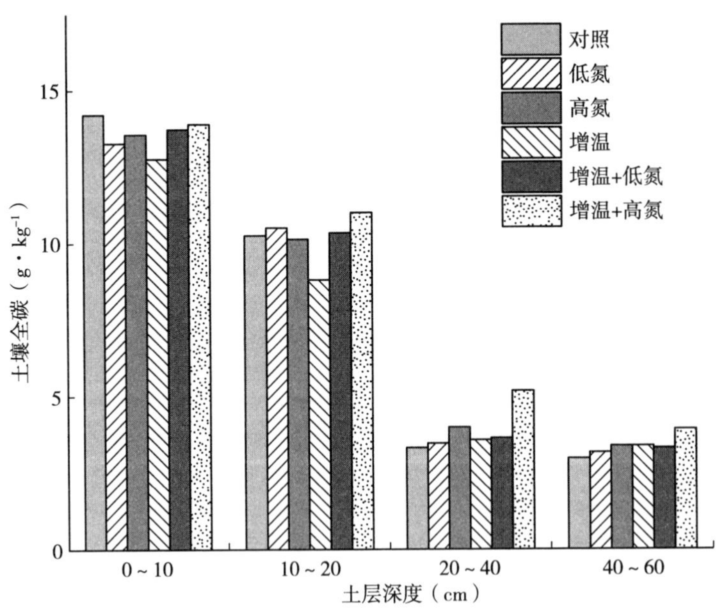

图6－22 模拟增温和氮沉降对杉木幼林不同深度土壤全碳含量的影响

不显著，其他处理对土壤碳：氮比值的影响也不显著；在 20～40cm 土层和 40～60cm 土层，无论是增温还是添加氮均没有显著影响土壤碳：氮比值。

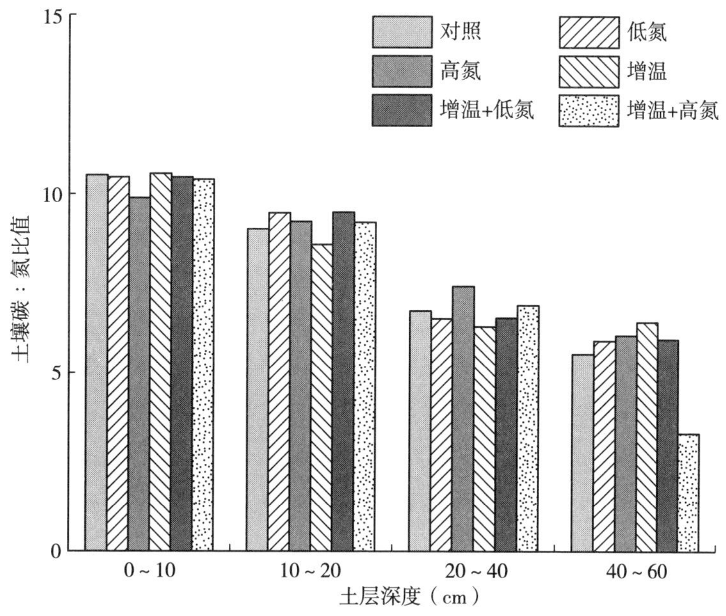

图 6－23　模拟增温和氮沉降对杉木幼林不同深度土壤碳：氮比值的影响

添加低氮及其与增温的交互处理改变了土壤微生物生物量碳含量随土层深度的增加而减小的变化趋势，使土壤微生物生物量碳含量随土层深度的变化表现为先减小后增加的变化趋势（图 6－24）。在 0～10cm 土层，单独增温和添加氮均显著增加土壤微生物生物量碳含量，而增温＋添加氮处理则降低了土壤微生物生物量碳含量。添加低氮处理和增温＋添加氮显著减少了 10～20cm 土层土壤微生物生物量碳含量；在 20～40cm 土层除添加低氮处理外其他处理均显著降低土壤微生物生物量碳含量。在 40～60cm 土层，添加低氮处理显著增加土壤微生物生物量碳含量，而增温、添加高氮处理及其交互处理显著降低土壤微生物生物量碳含量。

与土壤微生物生物量碳类似，土壤微生物生物量氮含量也随土层深度的增加而降低（图 6－25）。在 0～10cm 土层，增温和添加氮均显著减少了土壤微生物生物量氮含量。在 10～20cm 土层，除添加高氮处理外其他处理也显著降低土壤微生物生物量氮含量。在 20～40cm 土层，除增温＋添加高氮处理对土壤微生物生物量氮含量没有显著影响外，其他处理都增加了土壤微生物生物量氮含量；在 40～60cm 土层，增温及其与添加低氮的交互处理显著增加了土壤微生物生物量氮含量，增加的幅度分别为 216.2％和 150.0％，其他处理对土壤微生物生物量氮含量没有显著影响。

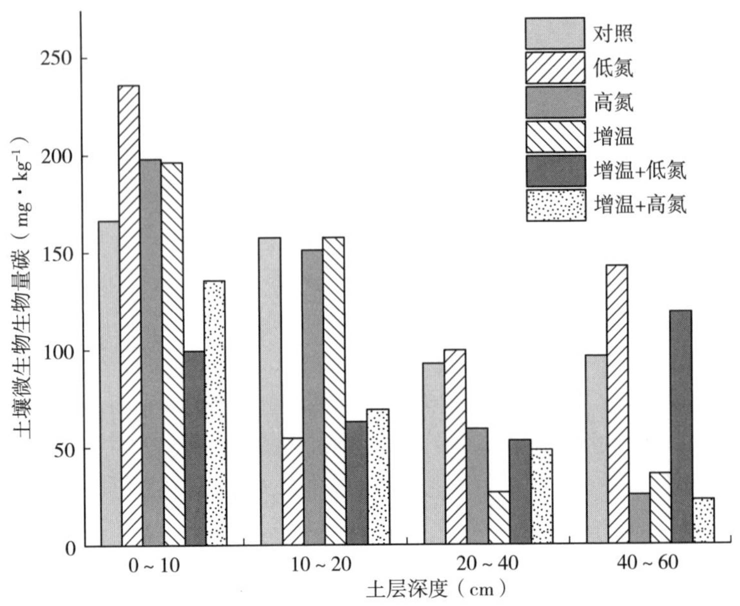

图 6-24 模拟增温和氮沉降对杉木幼林不同深度土壤微生物生物量碳的影响

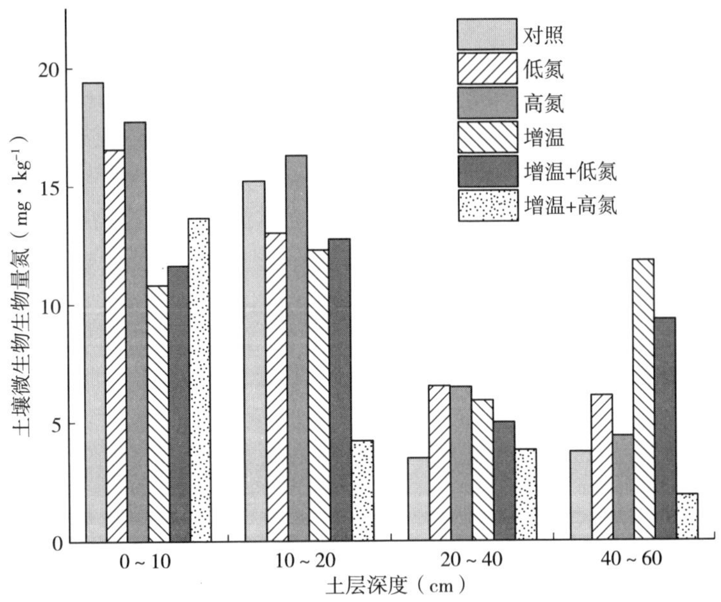

图 6-25 模拟增温和氮沉降对杉木幼林不同深度土壤微生物生物量氮的影响

为了探讨增温和氮添加对土壤溶液中溶解性有机质含量的影响，蒲晓婷(2016) 测定了土壤溶液中溶解性有机碳和氮的含量。研究结果显示，增温和氮添加显著降低了 15cm 处土壤溶液中溶解性有机碳的含量（图 6－26）。对照处理土壤溶液中溶解性有机碳的含量为 14.19g・kg^{-1}，而增温和氮添加处理均不足其 1/3，其中增温、低氮添加、高氮添加、增温＋低氮添加和增温＋高氮添加处理土壤溶液中溶解性有机碳的含量分别为 4.65g・kg^{-1}、3.44g・kg^{-1}、2.83g・kg^{-1}、3.29g・kg^{-1}和 4.04g・kg^{-1}。在 30cm 处增温或添加氮处理对土壤溶液中溶解性有机碳的含量没有显著影响。在 60cm 处，单独添加氮显著降低了土壤溶液中溶解性有机碳的含量，而其他处理虽然对土壤溶液中溶解性有机碳有降低趋势，但影响不显著。增温对土壤溶液中溶解性有机碳含量的影响与土壤对可溶性有机碳的吸附能力有关。土壤对溶液溶解性有机碳的吸附是一个放热过程（Bu et al.，2011），增温会导致土壤吸附溶解性有机碳的能力减弱，同时增温后破坏土壤大团聚体结构使团聚体吸附溶解性有机碳的能力也减弱。因此，增温后表层土壤可能有更多的溶解性有机碳淋溶到深层土壤中。添加高氮后 15cm 和 60cm 处土壤溶液中溶解性有机氮含量显著降低，分别比对照降低了 56.9％和 89.9％；单独添加氮对 30cm 处土壤溶液中溶解性有机氮的含量没有影响，而增温增加了土壤溶液中溶解性有机氮含量。

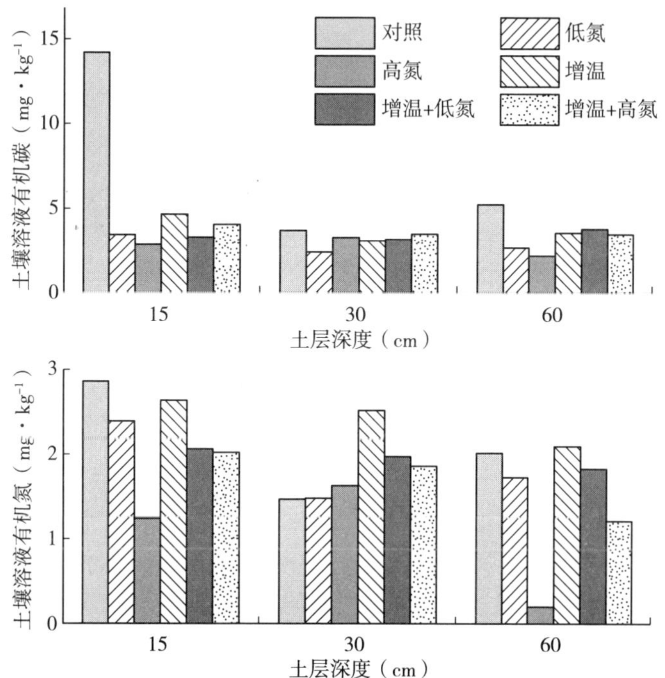

图 6－26　模拟增温和氮沉降对杉木幼林不同土层深度土壤溶液中溶解性有机碳和有机氮含量的影响

增温和氮添加影响了土壤溶液中可溶性有机质的芳香化指数。氮添加以及高氮与增温的交互处理显著增加了 15cm 处土壤溶液中可溶性有机质的芳香化指数，其中低氮和增温与高氮的交互处理使土壤溶液中可溶性有机质的芳香化指数分别比对照增加了 120%和 100%（图 6－27）。在 30cm 处单独添加高氮处理使土壤溶液中可溶性有机质的芳香化指数显著降低了 38.7%，而其他处理则均显著增加了可溶性有机质的芳香化指数，其中增温处理的影响幅度最大，达到了 40.6%。在 60cm 处除单独添加低氮处理没有影响可溶性有机质的芳香化指数外，其他处理均显著增加了可溶性有机质的芳香化指数，也是增温处理的影响幅度最大，达到了 111.7%。增温和氮添加对土壤溶液中可溶性有机质的芳香化指数的影响具有明显的交互作用，其中在 15cm 处表现为协同作用，而在 30cm 和 60cm 处则表现为拮抗作用。

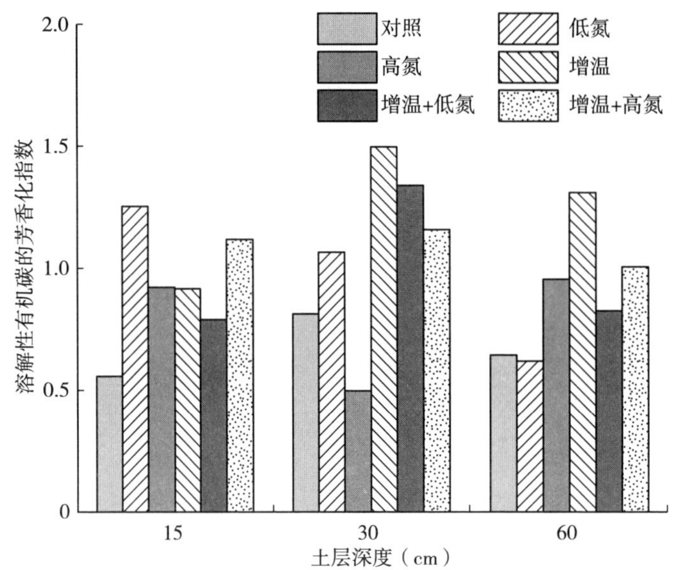

图 6－27　模拟增温和氮沉降对杉木幼林不同深度土壤溶液中溶解性有机质芳香化指数的影响

二、深层土壤 CO_2 释放

有证据表明，土壤对全球变暖的主要响应是异养呼吸的增加，但在评估全球变暖如何影响土壤碳储量方面仍存在不确定性。该不确定性的其中一个来源是当前缺乏对深层土壤有机碳动态的了解。深层土壤储存了全球一半以上的有机碳，而气候模型在预测深层土壤有机碳动态变化时将其与表层土壤几乎同步变暖，并且采用表层土壤有机碳的循环参数值。这可能会影响模型预测的准确性。

在杉木人工幼林，在增温进行 2 个月之后蒲晓婷（2016）利用气体井法进行为期 1 年、每半个月原位采集一次 15cm、30cm 和 60cm 处的 CO_2 气体，然后利用气相色谱仪分析气体中 CO_2 浓度。增温使 15cm、30cm 和 60cm 处的土壤温度分别比对照高出 4.5℃、3.6℃和 2.5℃，使土壤平均含水量分别降低 5.4%、7.2%和 14.5%。研究结果显示，3 个深度的土壤 CO_2 浓度均具有明显的季节变化，15cm 处的土壤 CO_2 浓度出现了 2 个明显的高峰，分别在 7 月初和 9 月初，而在 7 月底至 8 月底出现了低谷，土壤 CO_2 浓度的最低值则出现在 12 月至翌年 2 月（图 6 - 28）。30cm 处的土壤 CO_2 浓度在 7 月初至 9 月底也出现了 2 个高峰，并且 9 月底的土壤 CO_2 浓度显著高于 7 月初。60cm 处的土壤 CO_2 浓度的季节变化基本上表现为单峰，但是季节变异明显小于 15cm 和 30cm 处，其中最大值出现在 8 月底。深层土壤 CO_2 浓度显著高于表层土壤，并表现出随土层深度的增加 CO_2 浓度升高，而且增温对深层土壤 CO_2 浓度的增加作用大于表层土壤，尤其是在冬季。

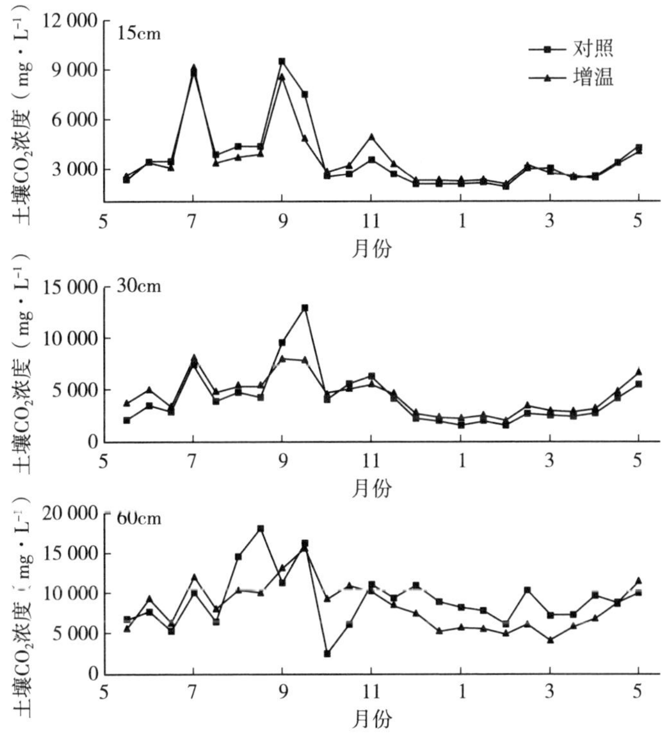

图 6 - 28　模拟增温对杉木幼林不同深度土壤 CO_2 浓度的影响

增温显著增加了杉木人工幼林土壤 CO_2 速率，并且其增加的幅度随土层深度的增加变大，即在 15cm、30cm、60cm 处增温处理的土壤年平均 CO_2 释放速率分别比对照增加了36%、180%和192%。在15cm处增温使土壤CO_2速率由对照处理的0.99μmol・m^{-2}・s^{-1}增加到1.35μmol・m^{-2}・s^{-1}，增加幅度为36.4%，但是增温没有影响土壤CO_2释放速率的季节变化，CO_2释放速率的最大值出现在9月底（图6－29）。在30cm处增温也显著增加了土壤CO_2的释放速率，增温后土壤CO_2释放速率为0.24～1.35μmol・m^{-2}・s^{-1}，而对照处理的土壤CO_2释放速率为0.05～0.50μmol・m^{-2}・s^{-1}，增温和对照处理土壤CO_2释放速率的差值在12月至3月明显小于其他月份。同时，研究结果还显示增温扩大了在30cm处土壤CO_2释放速率的季节变异。在60cm处增温和对照处理土壤CO_2年均释放速率分别为0.36μmol・m^{-2}・s^{-1}和0.12μmol・m^{-2}・s^{-1}，其中增温土壤CO_2释放速率在11月大于其他时间。

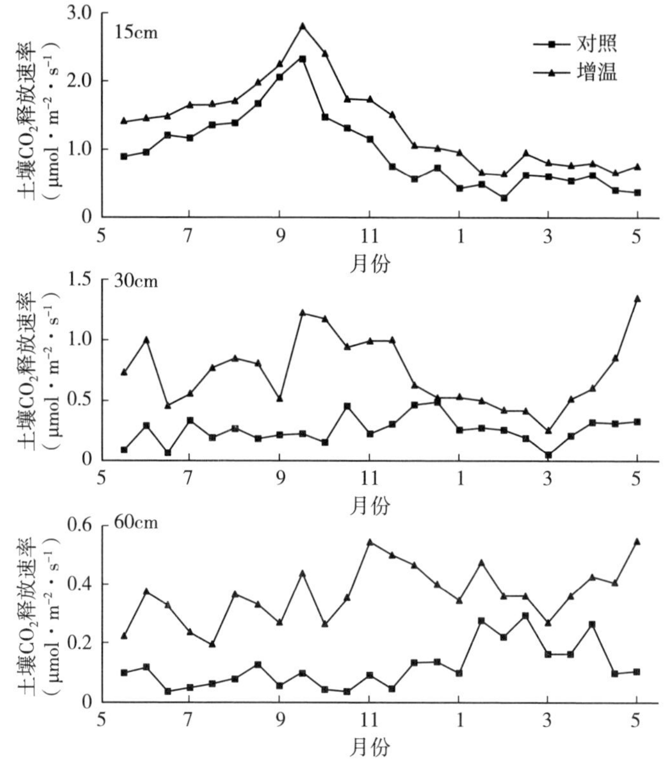

图6－29 模拟增温对杉木幼林不同深度土壤CO_2释放速率的影响

氮添加改变了增温对土壤CO_2释放速率的影响，并且与氮添加量有关。蒲晓婷（2016）的研究结果显示，在15cm处添加氮对土壤CO_2释放速率有增加的趋势，尤其是氮添加与增温的交互处理，仅添加高氮与增温的交互处理显著增加了的土壤CO_2释放速率，并且比单独添加高氮处理增加了40%（图6－29和图6－30）。在30cm处添加低氮处理对土壤CO_2释放速率有增加的趋势，添加高氮处理基本上没有影响，但是添加高氮与增温的交互处理显著增加了土壤 CO_2 释放速率。同时，增温降低了添加低氮对土壤 CO_2 释放速率季节变化的影响。高氮添加显著降低了在 60cm 处土壤 CO_2 释放速率，但是氮添加基本上没有影响增温下土壤 CO_2 的释放速率。

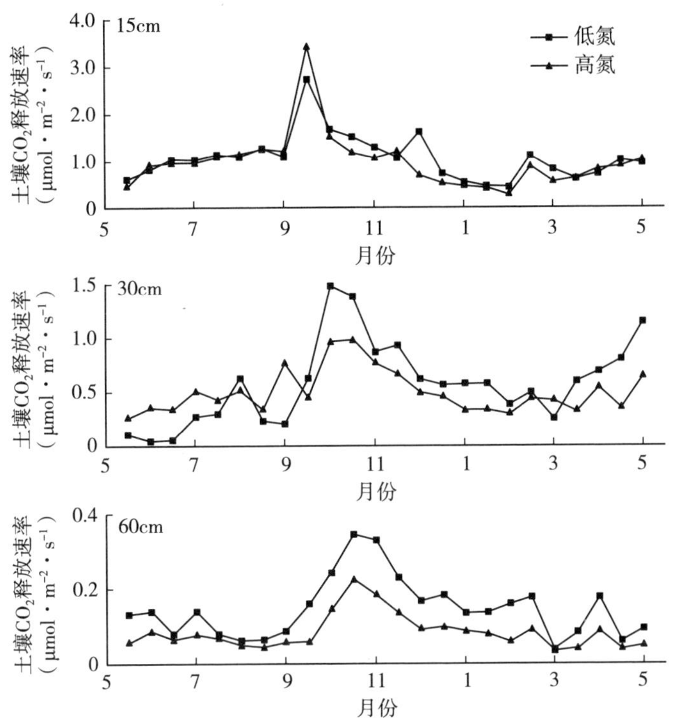

图 6-30 模拟氮沉降对杉木幼林不同深度土壤 CO_2 释放速率的影响

利用每月测得的 2 次相同土层土壤 CO_2 释放速率的平均值代表该月份相应土层的平均 CO_2 释放速率，然后乘以该月份的时间，计算得出该月份同一土层土壤 CO_2 释放通量，最后通过累加月 CO_2 释放通量计算得出 CO_2 年释放通量。蒲晓婷（2016）的研究结果显示，在对照样地土壤 CO_2 年释放通量在 15cm、30cm 和 60cm 处分别为 13.3t·hm^{-2}、6.5t·hm^{-2} 和 2.1 t·hm^{-2}（表 6-14）。增温显著增加了土壤 CO_2 年释放通量，并且随土层深度的增加而增加的幅度越大，在 15cm、30cm 和 60cm 处分别增加了 27.1%、52.9%和 194.1%。氮添加对土壤 CO_2 年释放通量的影响较小，仅高氮添加显著降低了 60cm 处的 CO_2 年释放通量，降低了 45.4%。增温与低氮添加的交互处理显著增加了 60cm 处的土壤 CO_2 年释放通量，而增温与高氮添加的交互处理显著增加了各土层土壤的 CO_2 年释放通量，并且增加作用随着土层深度的加深而增强。

表 6-14 氮沉降和增温对杉木幼林不同深度土壤 CO_2 年通量的影响

土层（cm）	对照（$t \cdot hm^{-2}$）	低氮（$t \cdot hm^{-2}$）	高氮（$t \cdot hm^{-2}$）	增温（$t \cdot hm^{-2}$）	增温+低氮（$t \cdot hm^{-2}$）	增温+高氮（$t \cdot hm^{-2}$）
15	13.27	14.42	13.27	16.87	16.21	18.42
30	6.45	8.11	6.74	9.86	6.97	13.58
60	2.05	1.97	1.12	6.03	5.77	5.98

土壤呼吸是不同深度土壤内根系呼吸和异养呼吸即微生物分解有机物等释放 CO_2 共同作用的结果。在巴拿马地区的热带森林中，Nottingham 等（2020）对深度为 1.2m 的土壤剖面进行 4℃的增温处理，研究发现在增温的 2 年时间内土壤 CO_2 释放量增加了 55%，由对照的 $18.8t \cdot hm^{-2} \cdot a^{-1}$ 增加到了 $29.2t \cdot hm^{-2} \cdot a^{-1}$。在此基础上，采用去除根系的方法区分来自根系的自养呼吸和土壤的异养呼吸，他们研究发现，增温所增加的 CO_2 释放量主要来自土壤异养呼吸，即土壤原有有机碳和凋落物的分解。增温使土壤异养呼吸增加了 67.5%，由土壤异养呼吸释放的 CO_2 量从对照的 $12.0t \cdot hm^{-2} \cdot a^{-1}$ 增加到 $20.1\ t \cdot hm^{-2} \cdot a^{-1}$；根系呼吸受增温的影响较小，在增温区为 $9.0t \cdot hm^{-2} \cdot a^{-1}$，仅比对照区的 $6.8t \cdot hm^{-2} \cdot a^{-1}$ 增加 32.3%。在该研究区域，土壤含水量比较高，特别是在湿季土壤含水量在 40%以上时，较高的土壤含水量可能因氧气供给不足而限制了微生物活动，所以增温引起的土壤含水量的下降在某种程度上缓解了此限制，进而促进了土壤 CO_2 的释放。

三、深层土壤有机碳分解对全球变暖响应的温度敏感性

土壤有机碳分解对温度变化的响应通常被称为温度敏感性，一般用 Q_{10} 来表示，即温度变化 10℃情况下土壤有机碳分解速率的变化。土壤有机碳分解的温度敏感性在很大程度上决定着全球碳循环与气候变化之间的反馈关系，也是陆地生态系统模型预测土壤碳库及其碳-气候响应强度的重要参数。尽管深层土壤的有机碳储量很大，但关于深层土壤有机碳分解对全球变暖的研究仍然不足。由于深层土壤有机碳分解温度敏感性的数据不足，目前大多数的碳循环模型中都将整个土壤剖面视为均质体，认为它们对全球变暖的响应是相同的，在预测时表层和深层土壤采用相同的温度敏感性。然而事实并非如此，这也导致模型预测结果存在较大的不确定性。

由于深层土壤是陆地生态系统的重要有机碳库，近年来越来越多的研究开始关注深层土壤有机碳分解的温度敏感性。Li 等（2020）在中国采集了 90 个典型森林 0～100cm 土壤，采用室内培养的方法探讨深层土壤有机碳分解的温度敏感性。研究发现，Q_{10} 随着土壤深度的增加而显著增大，0～10cm、10～

20cm、20～35cm、35～50cm、50～70cm 和 70～100cm 六个土层土壤有机碳分解的温度敏感性分别为 3.21、3.34、3.56、3.90、4.21 和 4.53（图 6－31）。这表明深层土壤有机碳的分解对温度变化敏感，全球变暖背景下损失的可能性大。同时，研究还发现温度越低的地区深层土壤温度敏感性增加的幅度越大。而在全球尺度上，通过整合已有的研究结果，发现土壤有机碳分解温度敏感性的大小在不同土层深度中变化规律不明显，具有波动性，在 35～50cm 土层最大（表 6－15）。部分土层土壤有机碳分解的温度敏感性的文献数据量较少，可能影响了该研究结果的准确性。由此可见，在预测模型时将土壤剖面视为均质体即忽视了土壤有机碳分解 Q_{10} 值随土层深度的变化会低估全球变暖背景下土壤有机碳的损失。Li 等（2020）通过增强回归树模型分析了各因子对各土层土壤有机碳分解温度敏感性的相对贡献，结果表明表层土壤与深层土壤 Q_{10} 的主要影响因素也存在差异（图 6－32）。表层土壤 Q_{10} 主要受气候因子的影响，而深层土壤 Q_{10} 除了受气候因子影响外，还受土壤碳质量和黏粒含量的影响，并且碳质量的相对贡献随土壤深度的增加而增大，气候因子的相对贡献随土壤深度的增加而降低，并在 40cm 处基本稳定。

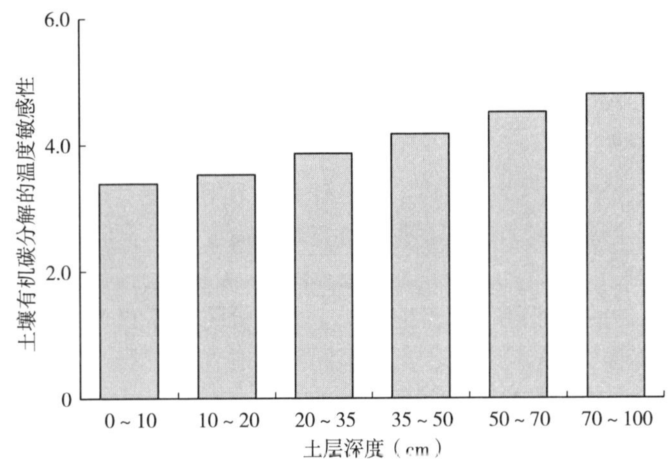

图 6－31　中国典型森林土壤有机碳分解温度敏感性随土壤深度增加而增大

表 6－15　全球主要陆地生态系统不同深度土壤有机碳分解温度敏感性的变化

土层深度（cm）	森林	草地	农田	湿地	泥炭地	苔原
0～10	2.7	4.7	3.6	2.6	4.2	4.7
10～20	2.5	4.1	—	2.8	3.0	6.0
20～35	2.9	2.7	4.6	3.1	3.3	1.3
35～50	3.6	2.3	2.0	3.5	4.4	2.0

（续）

土层深度（cm）	森林	草地	农田	湿地	泥炭地	苔原
50～70	2.0	1.6	1.7	—	3.3	1.2
70～100	2.7	4.0	1.4	—	1.2	1.2

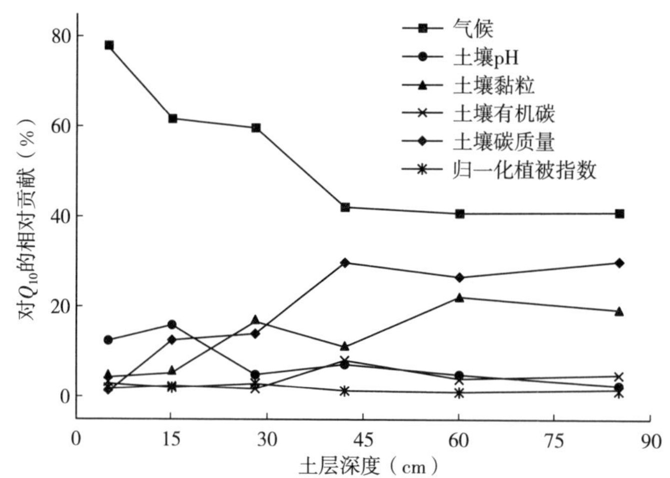

图 6-32　不同因子对不同土层深度土壤有机碳分解温度敏感性（Q_{10}）调控作用的相对贡献

由于深层土壤储存着大量碳，在全球碳循环和全球变化中具有重要作用，其已经受到了全球变化和土壤等领域研究者的高度关注。但是，到目前为止我们对深层土壤有机碳循环过程的认知还是极其欠缺的，研究方法也有待于完善，亟须引入新的技术手段。目前深层土壤有机碳循环的研究，尤其是土壤有机碳分解，以室内模拟培养为主，会不同程度地改变深层土壤的微环境，这都会影响深层土壤有机碳的循环过程。由于对深层土壤有机碳循环过程的认知不足，导致目前的碳周转等模型基本上都是假定深层土壤有机碳循环过程及其控制机制与表层土壤是相同的，对环境变化的响应也相同，这必将会降低模型模拟和预测的准确性。因此，亟须加强深层土壤有机碳循环过程及其对多环境因素变化响应的研究。

参考文献

蒋友如，盛浩，王翠红，等，2014. 湘东丘陵区 4 种林地深层土壤溶解性有机碳的数量和光谱特征．亚热带资源与环境学报，9（3）：61-67.

廖畅，田秋香，汪东亚，等，2016. 外源碳输入对中亚热带森林深层土壤碳矿化和微生物决策群落的影响．应用生态学报，27：2848－2854.

罗碧珍，胡海清，罗斯生，等，2020. 林火干扰对广东马尾松林土壤有机碳密度及其活性有机碳的影响．南京林业大学学报（自然科学版），44：132－140.

南鹏辉，曹宁阳，齐麟，等，2017. 林火对北方森林深层土壤有机碳的影响．林业资源管理，5：52－60.

蒲晓婷，2016. 模拟增温与氮沉降对深层土壤呼吸及土壤溶液 DOM 的影响．福州：福建师范大学．

王超，黄群斌，杨智，等，2011. 杉木人工林不同深度土壤 CO_2 通量．生态学报，31：5711－5719.

肖好燕，刘宝，余再鹏，等，2016. 亚热带典型林分对表层和深层土壤可溶性有机碳、氮的影响．应用生态学报，27：1031－1038.

张林，孙向阳，乔永，等，2009. 不同放牧强度下荒漠草原土壤有机碳及其 $\delta^{13}C$ 值分布特征．水土保持学报，23（5）：149－153.

周艳翔，2013. 亚热带森林不同更新方式对深层土壤有机碳的影响．福州：福建师范大学．

Bernal B，McKinley D C，Hungate B A，et al.，2016. Limits to soil carbon stability; Deep，ancient soil carbon decomposition stimulated by new labile organic inputs. Soil Biology and Biochemistry，98：85－94.

Blume E，Bischoff M，Reichert J M，et al.，2002. Surface and subsurface microbial biomass，community structure and metabolic activity as a function of soil depth and season. Applied Soil Ecology，20（30）：171－181.

Bu X L，Ding J M，Wang L M，et al.，2011. Biodegradation and chemical characteristics of hot－water extractable organic matter from soils under four different vegetation types in the Wuyi Mountains，southeastern China. European Journal of Soil Biology，47（2）：102－107.

Chabbi A，Kögel－Knabner I，Rumpel C，2009. Stabilised carbon in subsoil horizons is located in spatially distinct parts of the soil profile. Soil Biology and Biochemistry，41：256－261.

De Graaff M A，Jastrow J D，Gillette S，et al.，2014. Differential priming of soil carbon driven by soil depth and root impacts on carbon availability. Soil Biology and Biochemistry，69：147－156.

DeSutter T M，Sauer T J，Parkin T B，et al.，2008. A subsurface，closed loop system for soil carbon dioxide and its application to the gradient efflux approach. Soil Science Society of America Journal，72：126－134.

Fierer N，Schimel J P，Holden P A，2003. Variations in microbial community composition through two soil depth profiles. Soil Biology and Biochemistry，35：167－176.

Fisher M J，Rao I M，Ayarza M A，et al.，1994. Carbon storage by introduced deep－rooted grasses in the South American savannas. Nature，371：236－238.

Fontaine S，Henault C，Aamor A，et al.，2011. Fungi mediate long term sequestration of carbon and nitrogen in soil through their priming effect. Soil Biology and Biochemistry，43：86－96.

Fontaine S, Barot S, Barré P, et al., 2007. Stability of organic carbon in deep soil layers controlled by fresh carbon supply. Nature, 450: 277 - 280.

Fritze H, Pietikäinen J, Pennanen T, 2000. Distribution of microbial biomass and phospholipid fatty acids in Podzol profiles under coniferous forest. European Jouranl of Soil Science, 51: 565 - 573.

Fuller E N, Schettler P D, Giddings J C, 1966. A new method for prediction of binary gas - phase diffusion coefficient. Industrial & Engineering Chemistry Research, 58: 19 - 27.

Hartley I P, Hopkins D W, Sommerkorn M, 2010. The response of organic matter mineralisation to nutrient and substrate additions in sub - arctic soils. Soil Biology and Biochemistry, 42: 92 - 100.

James J, Knight E, Gamba V et al., 2015. Deep soil: Quantification, modeling, and significance of subsurface nitrogen. Forest Ecology and Management, 336: 194 - 202.

Jia J, Cao Z J, Liu C Z, et al., 2019. Climate warming alters subsoil but not topsoil carbon dynamics in alpine grassland. Global Change Biology, 25: 4382 - 4393.

Jobbagy E G, Jackson R B, 2000. The vertical distribution of soil organic carbon and its relation to climate and vegetation. Ecological Application, 10: 423 - 436.

Karhu K, Hilasvuori E, Fritze H, et al., 2016. Priming effect increases with depth in a boreal forest soil. Soil Biology and Biochemistry, 99: 104 - 107.

Li J Q, Pei J M, Pendall E, et al., 2020. Rising temperature may trigger deep soil carbon loss across forest ecosystems. Advanced Science, 7: 2001242.

Millington R J, Quirk J M, 1961. Permeability of porous solids. Transactions of the Faradary Society, 57: 1200 - 1207.

Moldrup P, Olesen T, Yamaguchi T, et al., 1999. Modeling diffusion and reaction in soils: IV. The Buckingham Burdine Campbell equation for gas diffusivity in undisturbed soil. Soil Science, 164: 542 - 551.

Moldrup P, Olesen T, Yoshikawa S, et al., 2004. Three - porosity model for predicting the gas diffusion coefficient in undisturbed soil. Soil Science Society of America Journal, 68: 750 - 759.

Moritz L K, Liang C, Wagai R, et al., 2009. Vertical distribution and pools of microbial residues in tropical forest soils formed from distinct parent materials. Biogeochemistry, 92: 83 - 94.

Nepstad D C, De Carvalho C R, Davidson E A, et al., 1994. The role of deep roots in the hydrological and carbon cycles of Amazonian forests and pastures. Nature, 372: 666 - 669.

Ni X Y, Liao S, Tan S Y, et al., 2020. The vertical distribution and control of microbial necromass carbon in forest soils. Global Ecology and Biogeography, 29: 1829 - 1839.

Nottingham A T, Meir P, Velasquez E, et al., 2020. Soil carbon loss by experimental warming in a tropical forest. Nature, 584: 234 - 237.

Paterson E, Sim A, 2013. Soil - specific response functions of organic matter mineralization to the availability of labile carbon. Global Change Biology, 19: 1562 - 1571.

Rumpel C, Kögel - Knabner I, 2011. Deep soil organic matter—a key but poorly understood component of terrestrial C cycle. Plant and Soil, 338: 143 - 158.

Rumpel C, Rodríguez - Rodríguez A, González - Pérez J A, et al., 2012. Contrasting composition of free and mineral - bound organic matter in top - and subsoil horizons of Andosols. Biology of Fertility Soils, 48: 401 - 411.

Salomé C, Nunan N, Pouteau V, et al., 2010. Carbon dynamics in topsoil and in subsoil may be controlled by different regulatory mechanisms. Global Change Biology, 16: 416 - 426.

Tian Q X, Yang X L, Wang X G, et al., 2016. Microbial community mediated response of organic carbon mineralization to labile carbon and nitrogen addition in topsoil and subsoil. Biogeochemistry, 128: 125 - 129.

Troeh F R, Jabro J D, Kirkham D, 1982. Gaseous diffusion equations for porous material. Geoderma, 27: 239 - 253.

Trumbore S E, Davidson E A, De Camargo P B, et al., 1995. Belowground cycling of carbon in forests and pastures of eastern amazonia. Global Biogeochemical Cycles, 9 (4): 515 - 528.

Wang Q K, Wang Y P, Wang S L, et al., 2014. Fresh carbon and nitrogen inputs alter organic carbon mineralization and microbial community in forest deep soil layers. Soil Biology and Biochemistry, 72: 145 - 151.

图书在版编目（CIP）数据

森林土壤有机碳研究 / 王清奎著. -- 北京 ：中国农业出版社，2024. 9. -- ISBN 978-7-109-32450-3

Ⅰ. S714

中国国家版本馆 CIP 数据核字第 20242P07T4 号

森林土壤有机碳研究

SENLIN TURANG YOUJITAN YANJIU

中国农业出版社出版

地址：北京市朝阳区麦子店街 18 号楼

邮编：100125

责任编辑：李昕昱　　文字编辑：徐志平

版式设计：王　怡　　责任校对：吴丽婷

印刷：北京中兴印刷有限公司

版次：2024 年 9 月第 1 版

印次：2024 年 9 月北京第 1 次印刷

发行：新华书店北京发行所

开本：700mm×1000mm　1/16

印张：20

字数：385 千字

定价：138.00 元